Cisco | Networking Academy®
Mind Wide Open™

思科网络技术学院教程

IT基础（第5版）

IT Essentials

PC Hardware and Software Companion Guide

Fifth Edition

[美] 思科网络技术学院 著

思科系统公司 译

人民邮电出版社

北京

图书在版编目（CIP）数据

思科网络技术学院教程：第5版. IT基础 / 美国思科网络技术学院著；思科系统公司译. -- 北京：人民邮电出版社，2014.12
ISBN 978-7-115-37246-8

Ⅰ. ①思… Ⅱ. ①美… ②思… Ⅲ. ①计算机网络－高等学校－教材 Ⅳ. ①TP393

中国版本图书馆CIP数据核字(2014)第243240号

版 权 声 明

◆ 著　　[美]思科网络技术学院
译　　思科系统公司
责任编辑　傅道坤
责任印制　张佳莹　彭志环

◆ 人民邮电出版社出版发行　北京市丰台区成寿寺路 11 号
邮编 100164　电子邮件 315@ptpress.com.cn
网址 http://www.ptpress.com.cn
三河市海波印务有限公司印刷

◆ 开本：787×1092 1/16
印张：28
字数：821 千字　　2014 年 12 月第 1 版
印数：1-4 000 册　　2014 年 12 月河北第 1 次印刷

著作权合同登记号　图字：01-2014-6024 号

定价：60.00 元

读者服务热线：(010)81055410　印装质量热线：(010)81055316
反盗版热线：(010)81055315
广告经营许可证：京崇工商广字第 0021 号

内容提要

思科网络技术学院项目是思科公司在全球范围内推出的一个主要面向初级网络工程技术人员的培训项目，旨在让更多的年轻人学习最先进的网络技术知识，为互联网时代做好准备。

本书是思科网络技术学院 IT 基础知识的配套书面课程，主要内容包括：个人计算机系统简介、实验程序和工具使用、计算机组装、预防性维护概述、操作系统、网络、笔记本电脑、移动设备、打印机的基本信息、计算机和网络的安全、IT 专业人员的沟通技巧、高级故障排除等知识。本书每章的最后还提供了复习题，并在附录中给出了答案和解释，以检验读者每章知识的掌握情况。

本书适合开设了 IT 基础课程的学生阅读，还适合作为高等院校计算机基础的公共课程。

审校者序

思科网络技术学院项目（Cisco Networking Academy Program）是由思科公司携手全球范围内的教育机构、公司、政府和国际组织，以普及最新的网络技术为宗旨的非盈利性教育项目。作为“全球最大课堂”，思科网络技术学院自 1997 年面向全球推出以来，已经在 165 个国家拥有 10000 所学院，至今已有超过 400 万学生参与该项目。思科网路技术学院项目于 1998 年正式进入中国，在十余年的时间里，思科网络技术学院已经遍布中国的大江南北，几乎覆盖了所有省份。

作为思科规模最大、持续时间最长的企业社会责任项目，思科网络技术学院将有效的课堂学习与创新的基于云技术的课程、教学工具相结合，致力于把学生培养成为与市场需求接轨的信息技术人才。

本书是思科网络技术学院教程《IT 基础：PC 硬件和软件（第 5 版）》的官方学习教材，本课程是为高中、技术学校、大专院校或大学内希望从事 IT 工作以及学习计算机如何工作、如何组装计算机、如何排除硬件和软件问题的学生而设计的。本课程涵盖计算机软硬件的基础知识和高级概念，例如安全、网络和 IT 专业人员的职责。学生在学完本课程后，能够描述计算机的内部组件、组装计算机系统、安装操作系统、使用系统工具和诊断软件进行故障排除。学生还将能够连接到 Internet 以及在网络环境中共享资源。

本书在编排结构上各部分内容相对独立，非常适合不同读者的阅读和查阅。读者可以从头到尾按序学习，也可以根据需要有选择地跳跃式阅读。相信本书一定能够成为学生和相关从业人员的参考书。

在本书的审校过程中，得到了家人、学生的大力支持和帮助，在此表示衷心的感谢。感谢人民邮电出版社给我们这样一个机会，全程参与到本书的审校过程。特别感谢我的学生隋萌萌和宋胜男，在本书的审校工作中，他们做了大量细致有效的工作。

本书内容涉及面广，由于时间仓促，加之自身水平有限，审校过程中难免有疏漏之处，敬请广大读者批评指正。

肖军弼，中国石油大学（华东）

2014 年 10 月于青岛

关于特约作者

Kathleen Czurda-Page 是北爱达荷学院思科网络技术学院的首席讲师。她教授 IT 基础和 CCNA 课程，以及企业课程和企业领导力课程中的计算机简介。Kathleen 拥有北爱达荷学院商务计算机应用专业学位。她获得了爱达荷大学职业技术教育学士学位、成人与组织学习硕士学位，以及成人/组织学习与领导力专业教育专家学位。她还持有思科和 CompTIA 认证。Kathleen 与家人一起居住在爱达荷州科达伦市。

Laura Kier 是位于华盛顿州斯波坎市斯波坎社区学院思科网络技术学院的领导人。她教授 CCNA Exporation、ITE 和 CCNA 安全课程，以及企业软件计算机课程。Laura 拥有俄勒冈州立大学理学学士学位以及斯波坎社区学院计算机取证和网络安全认证。她是思科网络技术学院认证教师，并且拥有 CCNA、A+和 Net+认证。她和她的丈夫居住在华盛顿州斯波坎市。

前　言

本书是思科网络技术学院教程《IT 基础：PC 硬件和软件（第 5 版）》的补充教材，主要是为高中、技术学校、大专院校或大学内希望从事 IT 工作以及学习计算机如何工作、如何组装计算机、如何排除硬件和软件问题的学生而设计的。

本书涵盖计算机软硬件的基础知识和高级概念，例如安全、网络和 IT 专业人员的职责。学生在学完本课程后，能够描述计算机的内部组件、组装计算机系统、安装操作系统、使用系统工具和诊断软件进行故障排除。学生还将能够连接到 Internet 以及在网络环境中共享资源。本书的新主题包括移动设备（如平板电脑和智能手机）和客户端虚拟化，扩展主题包括 Microsoft Windows 7 操作系统、安全性、网络连接和故障排除。

本书的读者

本书的读者对象是在思科网络技术学院学习本课程的学生。这些学生通常希望从事信息技术（IT）方面的工作，或者想要学习有关计算机工作原理、组装计算机的方法以及排除硬件和软件故障的方法等方面的知识。

本书的特点

本书有助于理解计算机系统和排除系统故障的问题。每章中突出显示的部分包含如下几项。

- **学习目标**：每章都是从学习目标列表开篇，这些学习目标应当在本章结束时熟练掌握。学习目标作为重点问题，指出本章所涵盖的概念。
- **关键术语**：每章都包含本章所包含的关键术语列表，它们按照在各自章节中出现的顺序排列。关键术语用于巩固本章所介绍的概念，并有助于您在学习新章节之前理解本章的内容。
- **注释、列表、图和表**：本书包含图、流程和表，以配合对于目标内容详细的文字性解释，有助于解释和理论、概念、命令及设定顺序并实现其可视化。
- **总结**：每章最后是本章所涵盖的概念的总结。该总结提供了本章的摘要，可以辅助学生的学习。
- **“检查你的理解”复习题**：复习题在每章的最后呈现出来，作为对本章所学知识的一个评估。此外，这些复习题用于巩固在本章中介绍的概念，并有助于您在学习下一章之前测试您对本章的理解。这些问题的答案可在附录中找到。

本书的组织方式

本书分为 12 章和一个附录。

- **第 1 章，“个人计算机简介”**：信息技术（IT）是计算机硬件和软件应用程序的设计、开发、实施、支持和管理。计算机是按照一系列指令来对数据进行处理的电子机器。计算机系统由硬件和软件组件组成。本章讨论计算机系统中的硬件组件，选择替换的计算机组件，以及专用计算机系统的配置。
- **第 2 章，“实验程序和工具使用”**：本章介绍工作场所的基本安全规程、硬件和软件工具以及危险物质的处置。这些安全准则有助于保护个人安全，避免出事故或受伤，并且还能够保护设备以免损坏。其中有些准则旨在保护环境以免被弃置不当的物质所污染。您也将学习如何保护设备和数据以及如何正确使用手和软件工具。

- **第 3 章，“计算机组装”**：技术人员的大部分工作是组装计算机。作为一名技术人员，在处理计算机组件时，必须使用合理的方法有条不紊地操作。有时，可能要确定是升级还是更换客户计算机的组件。在安装步骤、故障排除技术和诊断方法方面，培养自己的高级技能十分重要。本章讨论了组件的硬件和软件兼容性的重要性。
- **第 4 章，“预防性维护概述”**：故障排除是系统化的过程，用于找出计算机系统中故障的原因以及更正相关的硬件和软件问题。在本章中，您将学习用于创建预防性维护计划和故障排除流程的一般指导原则。这些指导原则是用于帮助您培养预防性维护和故障排除技能的起点。
- **第 5 章，“操作系统”**：操作系统（OS）控制计算机上的几乎所有功能。本章中，您将了解到与 Windows 2000、Windows XP、Windows Vista 和 Windows 7 操作系统相关的组件、功能和术语。
- **第 6 章，“网络”**：本章概述网络原理、标准和用途。本章将介绍建立网络所需的不同类型的网络拓扑、协议、逻辑模型和硬件。配置、故障排除以及预防性维护也是本章要讲解的内容。您还将了解网络软件、通信方法和硬件关系。
- **第 7 章，“笔记本电脑”**：随着移动需求的增加，移动设备的普及度不断提高。您需要了解如何配置、维修和维护这些设备。之前学过的关于台式计算机的知识将对笔记本电脑和便携设备有所帮助。不过，这两种技术之间的差异相当显著。本章将介绍这些不同之处以及如何使用笔记本电脑专用技术。
- **第 8 章，“移动设备”**：移动设备是指任何手持式轻便设备，它们通常使用触摸屏进行输入。与台式计算机或笔记本电脑类似，移动设备使用操作系统来运行应用程序（应用）、游戏以及播放电影和音乐。尽可能多地熟悉不同移动设备非常重要。技术人员可能必须要清楚如何配置、维护和维修各种移动设备。掌握处理移动设备必需的技能对技术人员的职业发展很重要。本章将重点介绍移动设备的许多特性及其功能，包括配置、同步和数据备份。
- **第 9 章，“打印机”**：本章将介绍有关打印机的基本信息。我们将学习打印机如何工作、购买打印机时需要考虑哪些因素，以及如何将打印机连接至一台计算机或一个网络。
- **第 10 章，“安全性”**：技术人员需要理解计算机和网络安全。不能实施正确的安全规程将会对用户、计算机和普通大众造成不良影响。如果不遵循正确的安全规程，私人信息、企业机密、金融数据、计算机设备和国家安全项目就会处于危险境地。本章介绍了安全性如此重要的原因、安全威胁、安全规程、如何排除安全性问题，以及如何与客户共同协作确保实施了可能的最佳保护。
- **第 11 章，“IT 专业人员”**：作为计算机技术人员，您不仅应当能够修理计算机，还应当能够与人沟通交流。事实上，故障排除不仅是了解修理计算机的方法，也是与客户沟通的过程。在本章中，您将学习如何像使用螺丝刀那样游刃有余地运用良好的沟通技巧。
- **第 12 章，“高级故障排除”**：在技术人员的职业生涯中，学习计算机组件、操作系统、网络、笔记本电脑、打印机和安全性问题的故障排除技术和诊断方法，掌握其高级技能极其重要。高级故障排除有时可能意味着问题非常独特或解决方案难以执行。在本章中，您将学习如何如何运用故障排除流程解决计算机问题。
- **附录，“‘检查你的理解’问题答案”**：该附录列出了包含在每章末尾的“检查你的理解”复习题的答案。

目　　录

第 1 章

个人计算机简介

学习目标

通过完成本章的学习，您将能够回答下列问题：

- 什么是计算机系统？
- 如何识别机箱和电源的名称、用途和特征？
- PC 内部组件的名称、用途和特征是什么？
- 端口和线缆的名称、用途和特征是什么？
- 如何识别输入设备的名称、用途和特征？
- 如何识别输出设备的名称、用途和特征？
- 哪些情况下需要替换计算机组件？
- 如何确定需要购买或更新的组件？
- 如何选择组件的替代品或更新组件？
- 专业计算机系统的类型有哪些？
- 专业计算机系统的硬件和软件要求有哪些？

关键术语

下列为本章所用的关键术语。您可以在本书的术语表中找到其定义。

硬件
软件
电源
交流电（AC）
直流电（DC）
规格尺寸
不间断电源（UPS）
键控式连接器
欧姆定律
现场可更换单元（FRU）
主板
芯片组
北桥
南桥
中央处理单元（CPU）
缓存
精简指令集计算机（RISC）
复杂指令集计算机（CISC）
超线程
HyperTransport
前端总线（FSB）
超频
CPU 降频
单核 CPU
双核 CPU
散热片
只读存储器（ROM）
可编程只读存储器（PROM）
可擦写可编程只读存储器（EPROM）
带电可擦写可编程只读存储器（EEPROM）
随机存取存储器（RAM）
易失性存储器
动态 RAM（DRAM）
静态 RAM（SRAM）
快页模式（FPM）
扩展数据输出（EDO）
同步动态随机存取存储器（SDRAM）
双倍数据率同步动态随机存取存储器（DDR SDRAM）
第二代双倍数据率同步动态随机存取存储器（DDR2 SDRAM） mini-PCI
第三代双倍数据率同步动态随机存取存储器（DDR3 SDRAM）软盘驱动器
Rambus DRAM（RDRAM）
双列直插式组件（DIP）
内存模块

单列直插式内存模块（SIMM）
双列直插式内存模块（DIMM）
Rambus 直插式内存模块（RIMM）
小型双列直插式内存模块
缓存内存
非奇偶校验
奇偶校验
错误更正码（ECC）
适配卡
网络接口卡（NIC）
独立磁盘冗余阵列（RAID）
并行端口
串行端口
扩展槽
外围组件互连（PCI）
加速图形端口（AGP）
PCI Express（PCIe）
工业标准体系结构（ISA）
CI-Extended（PCI-X）
硬盘驱动器
固态驱动器（SSD）
光盘驱动器
闪存驱动器
集成驱动电子设备（IDE）
高级技术附件（ATA）
增强型集成驱动电子设备（EIDE）
高级技术附件（ATA-2）
并行 ATA（PATA）
串行 ATA（SATA）
外部串行 ATA（eSATA）
小型计算机系统接口（SCSI）
数据线缆
视频端口
数字视频接口（DVI）
显示电缆
高清多媒体接口（HDMI）
视频图形阵列（VGA）
S 视频
输入/输出（I/O）端口
通用串行总线
FireWire
PS/2 端口
输入设备
键盘、视频、鼠标（KVM）切换器
输出设备
阴极射线管（CRT）
液晶显示器（LCD）
发光二极管（LED）
有机 LED（OLED）
等离子
数字光处理（DLP）
显示器分辨率
像素
点距
对比度
刷新率
隔行扫描
逐行扫描
纵横比
原始分辨率
数据总线
地址总线
时钟速度
频率
读卡器
CAx 工作站
音频和视频编辑工作站
虚拟化
虚拟桌面基础结构（VDI）
家庭影院个人计算机（HTPC）
电视调谐器和有线电视卡

计算机是按照一系列指令来对数据进行处理的电子机器。世界上出现的第一台电子计算机的体积足有一间房屋大小，搭建、管理和维护需要好几组人马。现在的计算机系统速度呈指数级增长，体积却只是最初计算机的零头而已。

计算机系统由硬件和软件组件组成。硬件是物理设备，它包括机箱、存储器、键盘、显示器、线缆、扬声器和打印机等。软件包括操作系统和应用程序。操作系统指示计算机操作，这些操作包括识别、访问和处理信息等。应用程序则执行各种功能。程序与程序之间的差异可能很大，具体取决于访问或生成信息的类型。例如，结算支票簿的指令与在 Internet 上模拟现实世界的指令截然不同。

本章将讨论计算机系统中的硬件组件、计算机组件替代品的选择，以及专用计算机系统的配置。

1.1 机箱和电源

计算机的机箱是计算机系统必不可少的组件，它为内部组件提供保护并起到散热的作用。体积、I/O 端口的位置以及内置驱动器托架的数量是购买机箱时需要考虑的一些属性。机箱需要与主板的规格尺寸以及电源兼容。

1.1.1 机箱

计算机机箱包含安放计算机内部组件的底座以及起保护作用的外壳。计算机机箱通常由塑料、钢或铝制成，有各种不同的样式。

除了起保护和支撑作用外，机箱还提供帮助内部组件散热的环境。机箱风扇推动空气流过机箱，当气流通过较热组件时，会将热量带离机箱，此过程可防止计算机组件过热。机箱还帮助预防静电损坏。计算机内部组件通过连接到机箱来接地。

所有计算机都需要一个电源将来自墙面插座的交流电（AC）转换为直流电（DC）。每台计算机还需要一块主板，主板是计算机中的主电路板。计算机机箱的尺寸和形状通常取决于主板、电源和其他内部组件。

机箱的尺寸和布局通常称为规格尺寸。机箱的基本外形有卧式和立式，如图 1-1 所示。卧式机箱分为超薄型和全尺寸，立式机箱有迷你型和全尺寸两种。

图 1-1 计算机机箱的类型

用户可以选择较大的机箱，以便将来需要时安放增加的组件。也可以选择不占空间的小机箱。一般来说，机箱要耐用、易于维护，并有足够的扩展空间。

计算机机箱的叫法有很多种：

- 计算机机箱；
- 机柜；
- 立式机箱；
- 机盒；
- 机壳。

在选择机箱时，必须考虑多种因素：

- 主板尺寸；
- 外置或内置驱动器安装位置（称为托架）的数量；
- 可用空间。

请参阅表1-1查看计算机机箱特性的列表。

表1-1 选择计算机机箱

因素	理由
型号类型	机箱主要有两种型号。一种适用于卧式PC，另一种适用于立式计算机。可以使用的机箱类型取决于用户选择的主板类型。机箱的大小和形状必须与主板完全匹配
尺寸	如果计算机有许多组件，则需要更大的通风空间以便系统散热
可用空间	在空间紧张的地方，卧式机箱可以节省空间，因为显示器可以放置在主机上。卧式机箱的设计可能会制约可添加组件的数量和大小
电源	电源的额定功率和连接类型必须与所选择的主板类型相匹配
外观	有些人根本不在乎机箱的外观，还有些人却认为外观非常重要。如果想要漂亮的机箱，市面上有许多机箱设计可供选择
状态显示	掌握机箱内的情况非常重要。安装在机箱外部的LED指示灯能够告诉用户系统是否已通电、硬盘是否正在使用中以及计算机是否处于睡眠或休眠模式
通风孔	所有机箱的电源处都有一个通风孔，有的机箱在背面另有通风孔，以便让空气流入、流出系统。有的机箱会设计较多的通风孔，以便满足系统较高的散热需求。如果机箱内密密麻麻地安装了许多设备，就会发生这种发热量很大的情况

注意： 应选择与电源和主板的物理尺寸相称的机箱。

1.1.2 电源

电源提供的功率必须足够当前安装的组件使用，并要留有余地，因为以后可能增加其他组件。如果选择的电源仅够当前组件使用，等到升级其他组件时，可能需要更换电源。

电源（如图1-2所示）将来自墙面插座的交流电（AC）转换为直流电（DC），后者电压较低。计算机内的所有组件都需要直流电。电源有三种主要规格，AT（Advanced Technology）、ATX（AT Extended）和ATX12V。ATX12V是当今计算机最常用的规格。

计算机可以容忍功率的轻微波动，但是大幅偏差可能造成电源故障。不间断电源（UPS）可以保护计算机，防止因功率变化导致的问题。UPS使用功率变换器。功率变换器将UPS电池的直流电流转换为交流电，通过内置电池为计算机提供交流电。内置电池则是通过从交流电源转换而来的直流电流持续充电。

图 1-2 电源

连接器

现在的连接器大多都是键控式的。键控式连接器设计成只能单向插入。每个电源连接器使用的电压都不同，如表 1-2 所示。用于将特定组件连接到主板上不同端口的连接器也不同。

- Molex 键控式连接器连接光盘驱动器、硬盘驱动器或其他使用早期技术的设备。
- Berg 键控式连接器连接软盘驱动器。Berg 连接器比 Molex 连接器小。
- SATA 键控式连接器连接光盘驱动器或硬盘驱动器。SATA 连接器比 Molex 连接器更宽、更薄。
- 20 针或 24 针插槽连接器连接主板。24 针连接器分两排，每排 12 针；20 针连接器也分两排，每排 10 针。
- 4 针到 8 针辅助电源连接器有两排，每排 2 到 4 针，为主板上的所有区域供电。辅助电源连接器与主电源连接器形状相同，只不过尺寸较小，它还可为计算机内的其他设备供电。
- 6/8 针 PCIe 电源连接器也有两排，每排 3 到 4 针，为其他内部组件供电。

早期的标准电源使用两个称为 P8 和 P9 的连接器连接到主板。P8 和 P9 不是键控式连接器，可能会被装反，所以存在损坏主板或电源的可能。安装这类连接器时，要求将两根黑线紧靠在一起，置于整个插槽的中间。

表 1-2　　功率颜色代码

电压	电缆颜色	使用
+12V	黄色	磁盘驱动器电机、风扇、散热装置和系统总线插槽
−12V	蓝色	一些串行端口电路以及早期的可编程只读存储器（PROM）
+3.3V	橙色	最新的 CPU、部分内存以及 AGP 视频卡
+5V	红色	主板、早期的处理器，许多主板组件
−5V	白色	ISA 总线卡以及早期的 PROM
0V	黑色	接地（电路回路）

注意： 如果连接器很难插入，请尝试重新调整连接器方向，或者检查一下，确保没有引脚弯折，也没有异物妨碍插入。如果很难插入线缆或其他部件，说明某个地方出错了。线缆、连接器和组件为配套设计，接合应非常顺畅。千万不要强行插入连接器或组件，如果连接器插入不当，可能会损坏插头和连接器。一定要耐心操作，确保按正确的方式插接硬件。

1.1.3 电学和欧姆定律

以下是电学的 4 个基本变量：

- 电压（U）；
- 电流（I）；
- 功率（P）；
- 电阻（R）。

电压、电流、功率和电阻是计算机技术人员必须要掌握的电子术语。

- **电压**：是推动电子通过电路所需要的力的度量值。电压的度量单位是伏（V）。计算机电源通常输出几种不同的电压。
- **电流**：是流过电路的电子数量的度量值。电流的度量单位是安培，简称安（A）。计算机电源输出的每个电压，都对应不同的安培值。
- **功率**：是推动电子流过电路所需的压力（电压）乘以流过该电路的电子数量（电流）所得到的度量值。其度量单位为瓦特（W）。计算机电源的额定单位是瓦特。
- **电阻**：是电流在电路中通过时遇到的阻力，单位为欧姆（Ω）。电阻越小，允许通过电路的电流就越高，因此功率也越高。好的保险丝电阻很低，有的几乎为0欧姆。

有一个基本公式，表达了三者之间的相互关系，这就是欧姆定律。从该公式可看出，电压等于电流乘以电阻：

$U=IR$

在电气系统中，功率等于电压乘以电流：

$P=UI$

在电路中，增加电流或电压，功率也会增大。

注意： 举例来说，假设有一条简单的电路，电路中有一个9V灯泡连接到9V电池。灯泡的功率输出为100W。使用公式$P=UI$，可以计算此9V灯泡要达到100W功率需要多少安的电流。

已知P=100W且U=9V，则算式求解如下：

$I=P/U$=100W/9V=11.11A

如果使用12V电池和12V灯泡来输出100W功率，结果又如何？

$I=P/U$=100W/12V=8.33A

后者输出的功率相同，但电流更小。

按照图1-3所示的欧姆三角形，可计算电压、电流或电阻，前提时其中两个变量已知。要想查看正确的公式，只要遮住未知变量就行了，然后按所示公式计算，就能得出未知变量。例如，如果电压和电流已知，遮住R可以看到公式U/I。计算V/I可得出R。使用图1-3所示的欧姆定律图表，根据任意两个已知变量，即可计算4个电学基本变量中的任意一个变量。

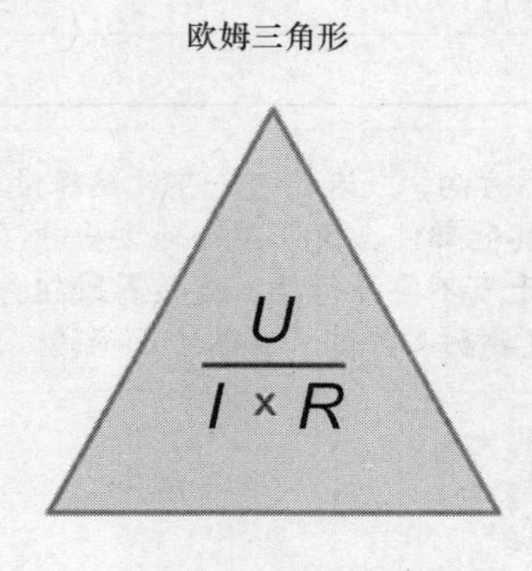

图1-3a 欧姆三角形

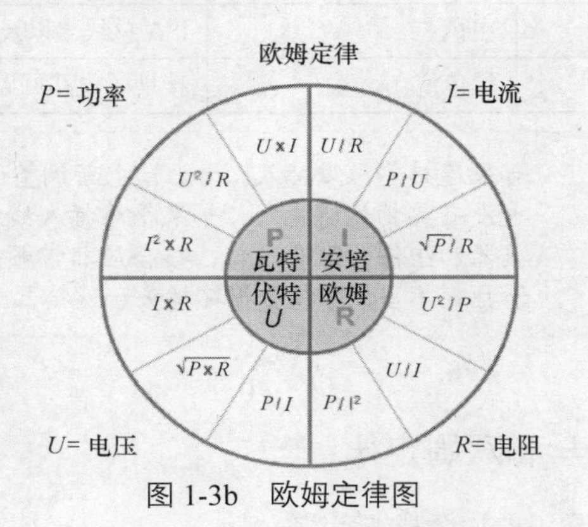

图1-3b 欧姆定律图

计算机通常使用输出容量为 250W 到 800W 的电源。但是，有些计算机需要 1200W 及更高容量的电源。在组装计算机时，应选择功率足够大，能为所有组件供电的电源。计算机内的每个组件都使用特定大小的功率。相关功率信息，可以查阅制造商文档。在决定选用哪种电源时，一定要确保所选电源的功率够大，能够支持当前组件的需求。电源的额定瓦数越高，容量越大；因此，能够负担的设备也越多。

大多数电源的背面都有一个小开关，称为电压选择开关。这个开关可以将电源的输入电压设置为 110V/115V 或 220V/230V。带有此开关的电源称为双电压电源。具体设置为哪个电压，取决于在哪个国家使用电源。将电压切换到错误的输入电压，可能损坏计算机电源和其他部件。如果电源无此开关，则会自动检测并设置正确的电压。

警告： 不要打开电源外壳。电源内部的电容器（如图 1-4 所示）可能长时间带电。电源被视为现场可更换单元（FRU），这意味着如果电源不再工作，请不要将电源固定安装在计算机上，而应当将其更换下来。

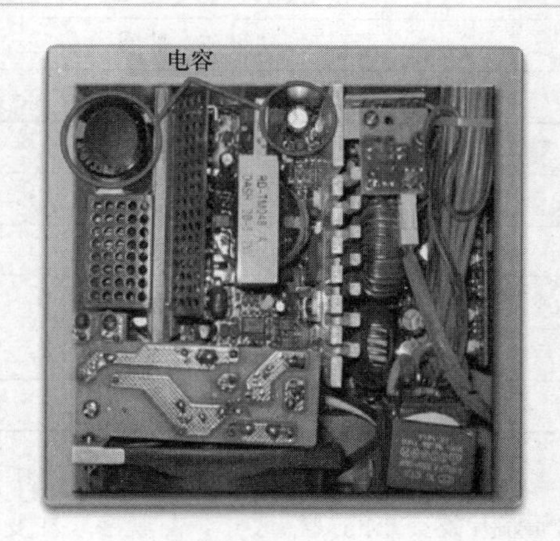

图 1-4　电源电容

1.2　PC 的内部组件

本节将讨论计算机内部组件的名称、用途和特性。

1.2.1　主板

主板是主印刷电路板，含计算机总线，亦称电气通路。这些总线允许数据在组成计算机的各种组件之间传递。图 1-5 显示了各种主板。主板也称为系统板或母板。

主板容纳中央处理单元（CPU）、随机访问存储器（RAM）、扩展槽、散热片和风扇组件、基本输入/输出系统（BIOS）芯片、芯片组，以及互连主板组件的电路。主板上还有插槽、内置和外置连接器以及各种端口。

主板的规格尺寸与基板的大小和形状相关。主板的规格尺寸还说明不同组件和设备在主板上的物理布局。主板的规格尺寸决定了各个组件到主板的插接方式以及计算机机箱的形状。主板规格尺寸有多种，如表 1-3 所示。

图 1-5 主板

表 1-3 规格尺寸

AT	高级技术
ATX	高级技术扩展
Mini-ATX	紧凑型高级技术扩展
Micro-ATX	紧凑型高级技术扩展
LPX	窄板设计扩展
BTX	平衡技术扩展
Mini-ITX	比 Micro-ATX 规格更小
Nano-ITX	比 Mini-ITX 更紧凑
Pico-ITX	尺寸只有 Mini-ITX 的一半
Mobile-ITX	最小的 ITX 主板

台式计算机最常见的主板规格尺寸是基于 IBM AT 主板的 AT。AT 主板最大可至约约 30 厘米宽。因其尺寸大、笨重，于是人们开始开发更小的规格尺寸。但规格尺寸变小后，散热片和风扇常会干扰扩展槽的使用。

一种更新型的规格尺寸 ATX 应运而生，它在 AT 的设计基础上进行了改进。ATX 机箱容纳 ATX 主板上集成的 I/O 端口。ATX 电源通过一个 20 针连接器连接到主板，取代了早期的主板规格中容易让人插接错误的 P8 和 P9 连接器。ATX 电源不再使用物理开关，而是用来自主板的信号来加电和断电。

后来，人们设计了更小的规格尺寸，这就是 Micro-ATX，它向后兼容 ATX。由于 Micro-ATX 主板的安装点是 ATX 板上所用安装点的子集，而且 I/O 面板也相同，因此可以在全尺寸 ATX 机箱中使用 Micro-ATX 主板。

因为 Micro-ATX 板通常使用与全尺寸 ATX 板相同的芯片组（北桥和南桥）和电源连接器，因此它们的很多组件可以通用。但是，Micro-ATX 机箱通常比 ATX 机箱小得多，因此扩展槽也更少。

有些制造商还生产基于 ATX 设计的专用规格。这造成有些主板、电源和其他组件不与标准 ATX 机箱兼容。

ITX 规格因其尺寸极小而广受青睐。ITX 主板有很多型号。Mini-ITX 是最受欢迎的一种。Mini-ITX 规格尺寸功耗很小，不需要风扇来散热。Mini-ITX 主板只有一个 PCI 槽可插扩展卡。基于 Mini-ITX 规格的计算机可在不便使用大体积计算机或需要安静的场合中使用。

主板上还有一组重要组件，这就是是芯片组。芯片组由主板上的各种集成电路组成。它们控制系统硬件如何与 CPU 和主板交互。CPU 安装在主板的插槽或插座中。主板上的插座决定了可安装的 CPU 类型。

芯片组允许 CPU 与计算机的其他组件通信和交互，与系统内存（即 RAM）、硬盘驱动器、视频卡和其他输出设备交换数据。芯片组确定了主板上可增加多少内存。芯片组还决定了主板上的连接器类型。

大多数芯片组分成两个截然不同的组件，北桥和南桥。每个组件的具体功能因制造商而异。一般来说，北桥控制对 RAM 和视频卡的访问，以及 CPU 与 RAM 和视频卡通信的速度。视频卡有时集成到北桥中。AMD 和 Intel 都有将内存控制器集成到 CPU 内核中的芯片，此举提高了性能，降低了功耗。而南桥在大多数情况下，允许 CPU 与硬盘驱动器、声卡、USB 端口及其他 I/O 端口通信。

1.2.2 CPU

人们将中央处理单元（CPU）视为计算机的大脑。有时也称它为处理器。大多数计算都在 CPU 中进行。从计算能力看，CPU 是计算机系统最重要的元件。CPU 有多种不同的规格尺寸，每种样式都要求主板上有特定的插槽或插座。常见 CPU 制造商包括 Intel 和 AMD。

CPU 插座或插槽是主板与处理器之间的连接点。目前使用的大多数 CPU 插座和处理器都是围绕针脚栅格阵列（PGA，如图 1-6 所示）和接点栅格阵列（LGA，如图 1-7 所示）的体系架构构建的。在 PGA 体系结构中，处理器底面的针脚插入插座，通常是零插拔力（ZIF）。ZIF 是指将 CPU 插入主板插座或插槽所需的力量。在 LGA 体系结构中，针脚在插座中，而不是在处理器上。

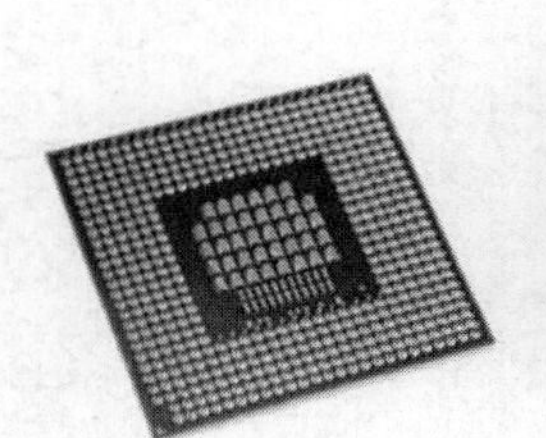

图 1-6 PGA CPU 和插座

图 1-7 LGA CPU 和插座

基于插槽的处理器（如图 1-8 所示）形如盒子，并插入形似扩展槽的插槽中（如图 1-9 所示）。

图 1-8 插槽式 CPU

图 1-9 带有 CPU 插槽的主板

CPU 执行由一系列存储的指令构成的程序。每种型号的处理器都有各自可执行的指令集。CPU 执行程序的方式是，按照程序和指令集的指示处理每一段数据。在 CPU 执行程序的某个步骤时，其余指令和数据存储在附近的一个特殊内存中，这就是缓存。按指令集划分的两种主流 CPU 体系结构。

- **精简指令集计算机（RISC）**：该体系结构使用相对较小的指令集。RISC 芯片的设计目的在于大大提高指令的执行速度。
- **复杂指令集计算机（CISC）**：该体系结构使用一套宽泛的指令集，从而减少每个操作的步骤。

有些 Intel CPU 采用超线程技术来增强 CPU 性能。有了超线程，多段代码（线程）可在 CPU 中同时执行。对操作系统来说，一个带超线程的 CPU 在处理多个线程时，就像是两个 CPU 在执行。

有些 AMD 处理器使用 HyperTransport 来增强 CPU 性能。HyperTransport 技术的应用可使 CPU 与北桥芯片之间高速、低延迟连接。

CPU 的能力由其处理速度和可处理的数据量来衡量。CPU 的速度按每秒周期数来评定，如每秒百万周期，称为兆赫（MHz），每秒十亿周期，称为吉赫（GHz）。CPU 一次可处理的数据量取决于前端总线（FSB）的大小。此总线也称为 CPU 总线或处理器数据总线。FSB 宽度增加时，可以达到更高的性能。FSB 的宽度以位为单位。位是计算机中最小的数据单位，也是处理数据时所用的二进制格式。当前的处理器使用 32 位或 64 位 FSB。

超频是用于使处理器的工作速度超过其原始规格的一种技术。建议不要使用超频技术提高计算机性能，因为可能损坏 CPU。与超频相对的是 CPU 降频。使用 CPU 降频技术时，处理器将低于额定速度运行，从而降低功耗或减少产生的热量。降频常用在笔记本电脑和其他移动设备上。

最新的处理器技术促使 CPU 制造商能够通过各种方法将多个 CPU 内核集成在一个芯片中。这些 CPU 能够并发处理多条指令。

- **单核 CPU**：一个 CPU 内一个内核，全部处理工作都由该内核完成。主板制造商可能提供多个插座来容纳多个处理器，从而让客户能够组装强大的多处理器计算机。
- **双核 CPU**：一个 CPU 内两个内核，两个内核可同时处理信息。
- **三核 CPU**：一个 CPU 内三个内核，实际上是一个四核处理器禁用了一个核。
- **四核 CPU**：一个 CPU 内四个内核。
- **六核 CPU**：一个 CPU 内六个内核。
- **八核 CPU**：一个 CPU 内八个内核。

1.2.3 散热系统

电流在电子元件之间流动时会产生热量。计算机组件在保持凉爽时性能更好。如果不散除热量，计算机运行速度会变慢。如果热量过多聚集，还可能损坏计算机组件。

增加机箱内空气流动可以带走更多热量。安装在机箱内的机箱风扇（如图 1-10 所示），可以有效散热。

除了机箱风扇外，散热片也会吸走 CPU 内核的热量。散热片顶部的风扇（如图 1-11 所示），可散除 CPU 上的热量。

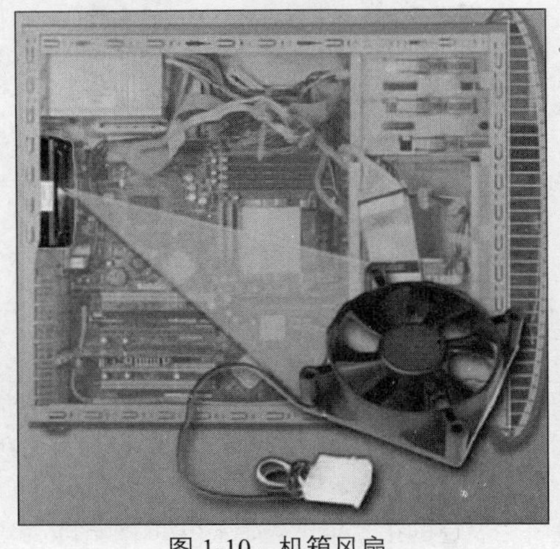

图 1-10 机箱风扇

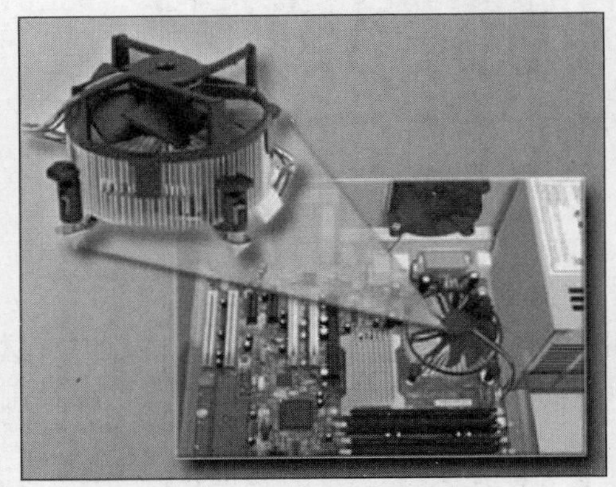

图 1-11 CPU 风扇

其他一些组件也容易因温度过高而损坏，有时也会配备风扇。视频适配卡也会产生大量的热量，所以会使用专用于图形处理单元（GPU）散热的风扇，如图 1-12 所示。

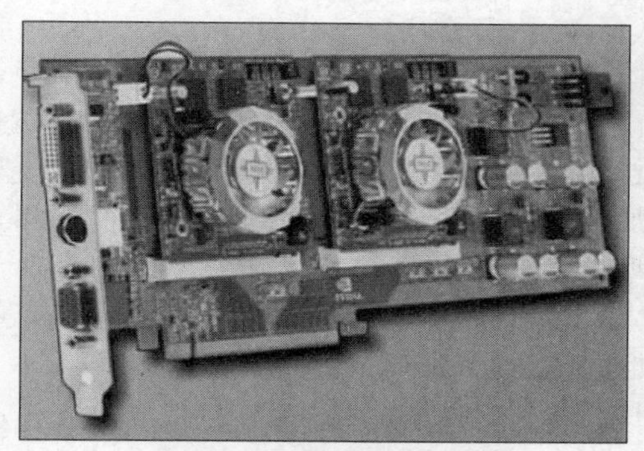

图 1-12 显卡散热系统

使用极速 CPU 和 GPU 的计算机可能需要水冷系统。即在处理器上方安装一块金属板，用水泵将水沿输水管送到金属板上，吸走处理器产生的热量，再沿途送到散热器，将热量释放到空气中，然后往复循环。

1.3 ROM 和 RAM

ROM 和 RAM 为大量计算机设备提供内存。它们在内存大小和模块大小方面各不相同，且具有不同的功能。ROM 包含计算机的基本指令，例如引导和加载操作系统。RAM 芯片存储在内存单元中，安装便捷，卸载简单，有助于更新升级。有些 RAM 采用奇偶校验的方法提高数据的完整性和可靠性。另一种专用内存称为缓存。它存储使用频率较高的数据和命令。下面的部分将更为详细地介绍 ROM、RAM、模块、奇偶校验和缓存。

1.3.1 ROM

内存芯片以字节为单位存储数据。字节代表字母、数字和符号之类的信息。一个字节是一个 8 位数组。每个位在内存芯片中存储为 0 或 1。

只读存储器（ROM）芯片位于主板和其他电路板上。ROM 芯片包含可直接由 CPU 访问的指令。基本操作指令，如引导计算机和加载操作系统，存储在 ROM 中。ROM 芯片会一直保存其中的内容，即使计算机断电也会保留。这些内容不可通过常规方式擦除或更改。ROM 的类型包括如下几种。

- 只读存储器（ROM）：信息在制造 ROM 芯片时写入。ROM 芯片不可擦除或重写。此类 ROM 现已不再使用。
- 可编程只读存储器（PROM）：信息在制造 PROM 芯片之后写入。PROM 芯片不可擦除或重写。
- 可擦写可编程只读存储器（EPROM）：信息在制造 EPROM 芯片之后写入。EPROM 芯片可用紫外线擦除。需使用特殊设备。
- 带点可擦写可编程只读存储器（EEPROM）：信息在制造 EEPROM 之后写入。EEPROM 芯片也称为闪存 ROM。EEPROM 芯片无需从计算机上取下即可擦除和重写。

注意：ROM 有时也被称为固件。这种说法容易引起误解，因为固件实际上是存储在 ROM 芯片中的软件。

1.3.2 RAM

随机存取存储器（RAM）是存储 CPU 正在访问的数据和程序的临时存储器。RAM 是易失性存储器，也就是说，当计算机断电后，内容随即擦除。计算机中的 RAM 越多，用于存储和处理大程序和大文件的容量就越多。增加 RAM 也能增强系统性能。计算机能安装的 RAM 数量的最大值受主板和操作系统的限制。不同类型的 RAM 如下。

- 动态 RAM（DRAM）是一种内存芯片，用作计算机的主要内存。为了维护存储在芯片内的数据，DRAM 必须随着电子脉冲不断刷新。
- 静态 RAM（SRAM）是一种内存芯片，用作计算机的缓存内存。SRAM 比 DRAM 快得多，且不必频繁刷新。SRAM 比 DRAM 昂贵得多。
- 快页模式（FPM）DRAM 是支持分页的内存。分页式访问数据的速度比普通 DRAM 快。FPM 内存过去用于 Intel 486 和 Pentium 系统。
- 扩展数据输出（EDO）RAM 是一种允许在连续数据访问之间发生重叠的内存。这加速了从内存中检索数据的访问时间，因为 CPU 不必等到一个数据访问周期结束才开始另一个数据访问周期。
- 同步 DRAM（SDRAM）是与内存总线同步运行的 DRAM。内存总线指的是 CPU 与主要内存之间的数据路径。控制信号用于协调 SDRAM 与 CPU 之间的数据交换。
- 双倍数据率 SDRAM（DDR SDRAM）是传输数据的速度为 SDRAM 两倍的内存。DDR SDRAM 通过在每个时钟周期内以两倍的速度传输数据来提升性能。
- 第二代双倍数据率 SDRAM（DDR2 SDRAM）速度比 DDR-SDRAM 内存快。DDR2 SDRAM 减小了信号线之间的噪音和串扰，性能优于 DDR SDRAM。
- 第三代双倍数据率 SDRAM（DDR3 SDRAM）将 DDR2 SDRAM 的时钟频率增加了一倍，从而扩展了内存带宽。DDR3 SDRAM 比 DDR2 SDRAM 更省电，产生的热量也更少。
- Rambus DRAM（RDRAM）是专为高速通信开发的一种内存芯片。RDRAM 芯片不太常用。

1.3.3 内存模块

早期的计算机将 RAM 作为单独的芯片安装在主板上。这种单独的内存芯片被称为双列直插式组件（DIP）芯片，它们安装不便，容易松动。为了解决此问题，设计师将内存芯片焊接在特殊电路板上，从而形成内存模块。不同类型的内存模块如表 1-4 所示。

注意： 内存模块可以是单面或双面。单面内存模块只在模块的一侧包含 RAM。双面内存模块在两侧都包含 RAM。

表 1-4 内存模块

DIP	双列直插封装（DIP）是一种独立的内存芯片。DIP 有两排金属针脚用于连接到主板
SIMM	单列直插内存模块（SIMM）是一种含有几个内存芯片的小型电路板。SIMM 有 30 针或 72 针配置
DIMM	双列直插式存储模块（DIMM）是一种含有 SDRAM、DDR SDRAM、DDR2 SDRAM 和 DDR3 SDRAM 芯片的电路板。有 168 针 SDRAM DIMM、184 针 DDR DIMM、240 针 DDR2 及 DDR3 DIMM
RIMM	Rambus 直插内存模块（RIMM）是一种包含 RDRAM 芯片的电路板。常见的 RIMM 有一个 184 针配置
SODIMM	小型双列直插内存模块（SO-DIMM）有支持 32 位传输的 72 针和 100 针配置，也有支持 64 位传输的 144 针、200 针和 204 针配置。这种 DIMM 更小巧、容量更大，它提供随机访问数据存储，适合在笔记本电脑、打印机及其他需要节省空间的设备中使用

内存的速度直接影响处理器能够处理的数据量，因为内存越快，处理器的性能也越高。处理器速度提高时，内存速度也必须随之提高。例如，单通道内存能够以每时钟周期 64 位的速度传输数据。双通道内存使用第二个内存通道提高速度，产生 128 位的数据传输速率。

DDR 技术使 SDRAM 的最大带宽翻倍。DDR2 性能更快，耗能更少。DDR3 的运行速度比 DDR2 还要高。但是，这些 DDR 技术都不向前或向后兼容。

表 1-5 显示了很多常见的内存类型和速度。

表 1-5　常见的内存类型与特性

内存类型	行业名称	峰值传输速率	前端总线
PC100 SDRAM	PC-100	800 Mbit/s	100 MHz
PC133 SDRAM	PC-133	1060 Mbit/s	133 MHz
DDR-333	PC-2700	2700 Mbit/s	166 MHz
DDR-400	PC-3200	3200 Mbit/s	200 MHz
DDR2-667	PC2-5300	5333 Mbit/s	667 MHz
DDR2-800	PC2-6400	6400 Mbit/s	400 MHz
DDR3-1333	PC3-10600	10667 Mbit/s	1333 MHz
DDR3-1600	PC3-12800	12800 Mbit/s	1600 MHz
DDR3-1866	PC3-14900	14933 Mbit/s	1867 MHz
DDR3-2133	PC3-17000	17066 Mbit/s	2133 MHz

1. 缓存内存

静态 RAM（SRAM）用作缓存内存，用于存储最近使用过的数据和指令。SRAM 提高了处理器访问数据的速度，超过了从速度较低的 DRAM 或主内存中检索数据的速度。三种最常见的缓存内存类型如下。

- L1 缓存是内部缓存，集成在 CPU 中。
- L2 缓存是外部缓存，原来安装在主板上靠近 CPU 的地方。现在 L2 缓存都集成到了 CPU 中。
- L3 缓存用在一些高端工作站及服务器 CPU 中。

2. 错误检测

数据未能正确存储在 RAM 芯片中时，即发生内存错误。计算机使用不同的方法来检测和更正内存中的数据错误。3 种不同类型的错误检测如下。

- 非奇偶校验内存不检查内存错误。
- 奇偶校验内存含有 8 个数据位，并另外增加一位进行错误检测。错误检测位被称为奇偶校验位。
- 错误更正码（ECC）内存能检测内存中多个位的错误，并能更正内存中的单一位的错误。

1.3.4 适配卡和扩展槽

适配卡可添加特定设备的控制器，或替换有故障的端口，从而增加计算机功能。图 1-13 显示了多种类型的适配卡，其中的很多适配卡都可集成到主板中。

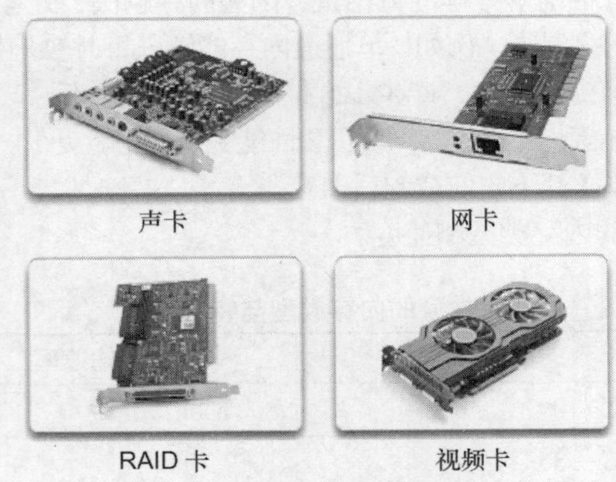

图 1-13 适配卡

一些常见的适配卡用于扩展和定制计算机的功能。

- **网络接口卡（NIC）**：使用网线将计算机连接到网络。
- **无线网卡**：通过射频信号将计算机连接到网络。
- **声卡**：提供音频功能。
- **视频卡**：提供图形功能。
- **采集卡**：将视频信号发送到计算机，以便通过视频采集软件，将这些信号录制到计算机硬盘驱动器。
- **电视调谐器卡**：将有线电视、卫星或天线连接到安装的调谐器卡上，这样就能在 PC 上观看和录制电视信号。
- **调制解调器适配器**：使用电话线将计算机连接到 Internet。
- **小型计算机系统接口（SCSI）适配器**：将 SCSI 设备（如硬盘驱动器或磁带驱动器）连接到计算机。
- **独立磁盘冗余阵列（RAID）适配器**：将多个硬盘驱动器连接到计算机，以提供冗余并提高性能。
- **通用串行总线（USB）端口**：将计算机连接到外围设备。
- **并行端口**：将计算机连接到外围设备。
- **串行端口**：将计算机连接到外围设备。

计算机主板上有扩展槽，用于安装适配卡。适配卡连接器的类型必须与扩展槽匹配。不同类型的扩展槽如表 1-6 所示。

表 1-6 扩展槽

 图 1-14 PCI	外围组件互连（PCI）是一种 32 位或 64 位的扩展槽。PCI 是目前大多数计算机使用的标准插槽

续表

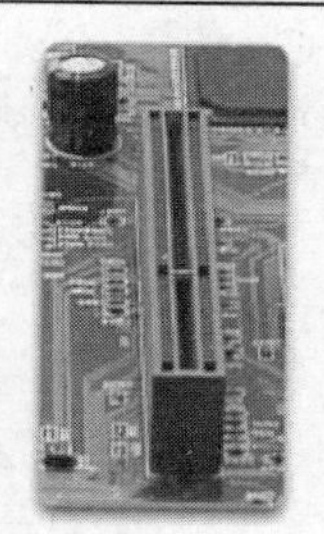 图 1-15 AGP	加速图形端口（AGP）供视频卡使用。随着 AGP 规格的发展，带宽也逐步增加。端口的带宽可为原来带宽的 2 倍、4 倍或 8 倍
 图 1-16 PCIe	PCI Express（PCIe）是一种串行总线扩展槽。PCIe 有 x1、x4、x8 和 x16 几种插槽。PCIe 作为一种可供视频卡使用的扩展槽正在逐步取代 AGP，并且可供其他类型的适配器使用
 图 1-17 ISA	工业标准体系结构（ISA）是一种 8 位或 16 位扩展槽。这种技术已经过时，现在很少使用
 图 1-18 EISA	扩展工业标准体系结构（EISA）是一种 32 位扩展槽。这种技术已经过时，现在很少使用
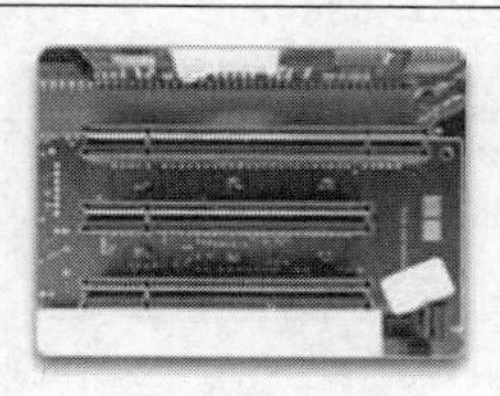 图 1-19 MCA	微通道体系结构（MCA）是 IBM 专有的 32 位扩展槽。这种技术已经过时，现在很少使用

续表

 图 1-20 PCI-X	PCI-Extended（PCI-X）是一种 32 位总线，与 PCI 总线相比，带宽更高。PCI-X 的速度可高达 PCI 的 5 倍
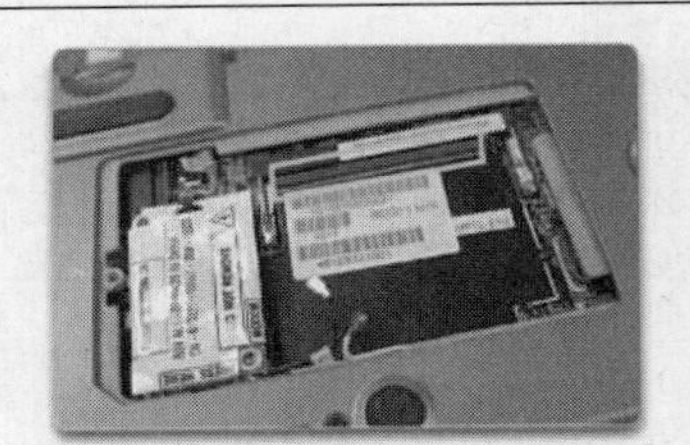 图 1-21 Mini PCI	Mini PCI 是一种笔记本使用的 32 位总线。Mini PCI 有 3 种不同的规格：Type I、Type II 和 Type III

1.3.5 存储设备和 RAID

存储驱动器（如图 1-22 所示）在磁存储、光存储或半导体存储介质上读写信息。驱动器可用于永久存储数据，或者从介质磁盘检索信息。

软盘驱动器

硬盘驱动器

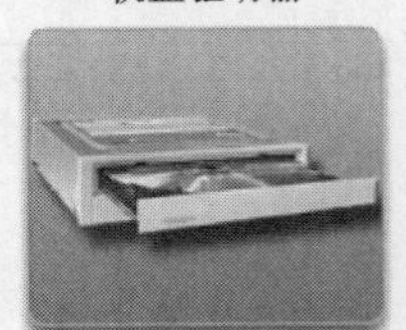

光盘驱动器

外部闪存驱动器

图 1-22 存储驱动器

存储驱动器可安装在计算机机箱内，如硬盘驱动器。为便于携带，某些存储驱动器可使用 USB 端口、FireWire 端口、eSATA 或 SCSI 端口连接到计算机。这些便携式存储驱动器有时候称为可移动驱动器，并且可在多台计算机上使用。以下是一些常见类型的存储驱动器：

- 软盘驱动器；
- 硬盘驱动器；
- 光盘驱动器；
- 闪存驱动器。

1. 软盘驱动器

软驱，或称软盘驱动器，是使用 3.5 英寸可移动软盘的存储设备。这些软磁盘可存储 720KB 或

1.44MB 的数据。在计算机中，软驱通常配置为 A:驱动器。软盘驱动器内如果有可启动的软盘，就可用于启动计算机。5.25 英寸软盘驱动器是一种较早的技术，现在极少使用。

2. 硬盘驱动器

硬盘驱动器是用于存储数据的磁存储设备。在使用 Windows 系统的计算机中，硬盘驱动器通常配置为 C:驱动器，并且包含操作系统和应用程序。硬盘驱动器的存储容量从吉字节（GB）到太字节（TB）。硬盘驱动器的速度以每分钟转数（RPM）计。这是主轴转动盘片的速度，数据保存在盘片上。主轴速度越快，硬盘驱动器从盘片上检索数据的速度也越快。常见的硬盘驱动器主轴速度包括 5400 转/分钟、7200 转/分钟、10000 转/分钟，高端服务器硬盘驱动器最高可达 15000 转/分钟（RPM）。为了提高存储容量，可以添加多个硬盘驱动器。

传统硬盘驱动器使用磁存储技术。磁硬盘驱动器有专为转动磁片和移动驱动器磁头而设计的驱动器电机。相比之下，新型的固态驱动器（SSD）没有移动部件，并使用半导体来存储数据。由于 SSD 没有驱动器电机和移动部件，因此其能耗比磁硬盘驱动器少得多。非易失性闪存芯片管理 SSD 上的所有存储，因此数据访问速度更快、可靠性更高，而功耗更低。SSD 的外形与磁硬盘驱动器相同，使用的也是 ATA 或 SATA 接口。因此，可以用 SSD 替代磁盘驱动器。

3. 磁带驱动器

磁带最常用于备份或存档数据。磁带使用读/写磁头。虽然使用磁带驱动器的数据检索可能很快，但查找特定数据则很慢，因为必须卷动磁带才能找到数据。常见磁带容量从几 GB 到多 TB 不等。

4. 光盘驱动器

光盘驱动器使用激光读取光介质上的数据。有 3 种类型的光盘驱动器：

- 光盘（CD）；
- 数字多功能盘（DVD）；
- 蓝光光盘（BD）。

CD、DVD 和 BD 介质可以预刻录（只读）、可刻录（只写一次）或可重复刻录（多次读写）。CD 的数据存储容量约为 700MB。单层 DVD 光盘的数据存储容量大约 4.7GB，双面约 8.5GB。单层 BD 光盘的存储容量为 25GB，双层为 50GB。

光介质有多种类型。

- **CD-ROM**：预刻录的 CD 只读存储器介质。
- **CD-R**：可刻录一次的 CD 可刻录介质。
- **CD-RW**：可刻录、擦除和反复刻录的 CD 可重写介质。
- **DVD-ROM**：预刻录的 DVD 只读存储器介质。
- **DVD-RAM**：可刻录、擦除和反复刻录的 DVD RAM 介质。
- **DVD+/-R**：可刻录一次的 DVD 可刻录介质。
- **DVD+/-RW**：可刻录、擦除和反复刻录的 DVD 可重写介质。
- **BD-ROM**：预刻录电影、游戏或软件的蓝光只读介质。
- **BD-R**：可一次性刻录高清（HD）视频和 PC 数据存储的蓝光可刻录介质。
- **BD-RE**：用于高清视频录制和 PC 数据存储的蓝光可重写格式。

5. 外置闪存驱动器

外置闪存驱动器也称为拇指驱动器，是连接到 USB 端口的可移动存储设备。外置闪存驱动器使用与 SSD 相同类型的非易失性存储器芯片，并且无需电源来保留数据。操作系统可以像访问其他类型的驱动器一样访问这些驱动器。

6. 驱动器接口的类型

硬盘驱动器和光盘驱动器在制造时装配了不同的接口，接口用于将驱动器连接到计算机。为了在计算机中安装存储驱动器，驱动器上的连接接口必须与主板上的控制器相同。以下是一些常见的驱动器接口。

- **IDE**：集成驱动电子设备，也称为高级技术附件（ATA），是连接计算机和硬盘驱动器的早期驱动器控制器接口。IDE 接口使用 40 针连接器。
- **EIDE**：增强型集成驱动电子设备，也称为 ATA-2，是 IDE 驱动器控制器接口的改进版本。EIDE 支持大于 512MB 的硬盘驱动器，启用直接内存访问（DMA）来提高速度，并使用 AT 附件包接口（ATAPI）在 EIDE 总线上容纳光驱和磁带驱动器。EIDE 接口使用 40 针连接器。
- **PATA**：并行 ATA 是指 ATA 驱动器控制器接口的并行版本。
- **SATA**：串行 ATA 是指 ATA 驱动器控制器接口的串行版本。SATA 接口使用 7 针数据连接器。
- **eSATA**：外部串行 ATA 提供用于 SATA 驱动器的可热插拔外部接口。热插拔是指能够在计算机仍接通电源时，连接和断开设备。eSATA 接口使用 7 针连接器连接外部 SATA 驱动器。电缆长度可达 2 米。
- **SCSI**：小型计算机系统接口是可连接多达 15 个驱动器的驱动器控制器接口。SCSI 既可连接内置驱动器，也可连接外置驱动器。SCSI 接口使用 25 针、50 针或 68 针连接器。

RAID 提供了一种跨多硬盘存储数据的方法来获得冗余性。对操作系统来说，RAID 就像是一个逻辑磁盘。表 1-7 显示不同 RAID 级别之间的比较数据。以下术语描述 RAID 如何在各种磁盘上存储数据。

- **奇偶校验**：检测数据错误。
- **条带化**：将数据分写到多个驱动器上。
- **镜像**：将重复的数据存储在第二个驱动器上。

表 1-7 RAID 级别比较

RAID	驱动器最小数目	说明	优点	缺点
0	2	数据无冗余条带化	性能最高	无数据保护，一个驱动器故障会导致数据全部丢失
1	2	磁盘镜像	性能好，数据保护程度高，因为所有的数据都有备份	实施成本最高，因为需要多加一个同等容量的驱动器，或使用更大的容量
2	2	纠错码	此级别现已停用	使用 RAID3 可达到相同性能，成本却更低
3	3	以字节为单位进行条带化，使用专用的奇偶校验	适用于大量、有序的数据请求	不支持多个并发的读写请求
4	3	以块为单位进行条带化，使用专用的奇偶校验	支持多个读请求，如果磁盘出现故障，专用的奇偶校验可用作替代磁盘	因为使用专用的奇偶校验，故存在写请求瓶颈
5	3	综合运用数据条带化和奇偶校验	支持多个并发读写请求，使用奇偶校验将数据写入所有驱动器，可以使用其他驱动器上的信息重建数据	写性能比 RAID 0 和 1 慢

续表

RAID	驱动器最小数目	说明	优点	缺点
6	4	独立的数据磁盘，使用双奇偶校验	以块为单位进行条带化，使用分布在所有磁盘上的奇偶校验数据，可处理两个同时发生的驱动器故障	性能低于 RAID 5，有些磁盘控制器不支持
0+1	4	数据条带化和镜像组合在一起	性能高，数据保护程度最高	成本高，因为备份需要两倍的存储容量
10	4（必须为偶数）	条带集中的镜像集	具备容错能力，提高了性能	成本高，因为备份需要两倍的存储容量

1.3.6 内部线缆

驱动器需要电源线缆和数据线缆。电源可能有用来连接 SATA 驱动器的 SATA 电源连接器、用于连接 PATA 驱动器的 Molex 电源连接器，以及连接软盘驱动器的 Berg 连接器。机箱正面的按钮和 LED 灯通过前面板线缆连接到主板。图 1-23 显示了内部数据线缆。

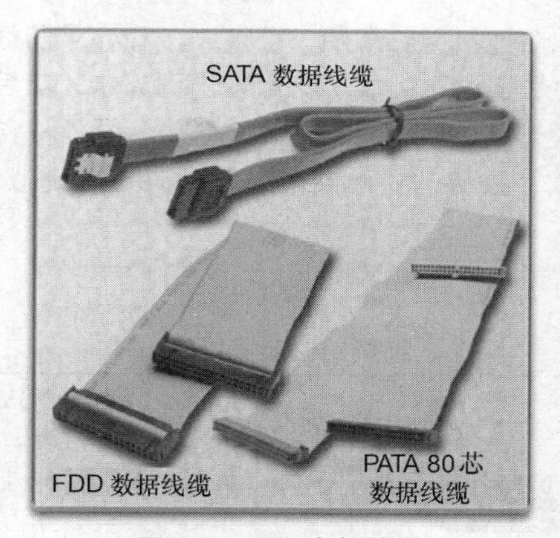

图 1-23 PC 内部线缆

数据线缆将驱动器连接到位于适配卡或主板上的驱动器控制器。以下是一些常见类型的数据线缆。

- **软盘驱动器（FDD）数据线缆**：有最多两个 34 针驱动器连接器和一个连接驱动器控制器的 34 针连接器。
- **PATA（IDE/EIDE）40 芯数据线缆**：起初，IDE 接口支持一个控制器带两个设备。引进扩展 IDE 后，引入了两个控制器，每个控制器能支持两个设备。40 芯带状电缆使用 40 针连接器。此电缆有两个连接驱动器的连接器，一个连接控制器的连接器。
- **PATA（EIDE）80 芯数据线缆**：随着 EIDE 接口的可用数据速率的提高，数据在传输过程中损坏的几率也升高。80 芯线缆是为传输速度大于等于 33.3Mbit/s 的设备引入的，实现了更可靠的平衡数据传输。80 芯线缆使用 40 针连接器。
- **SATA 数据线缆**：此线缆有七芯、一个连接驱动器的键控式连接器和一个连接驱动器控制器的键控式连接器组成。
- **SCSI 数据线缆**：有 3 种类型的 SCSI 数据线缆。窄型 SCSI 数据线缆有 50 芯，最多 7 个用于连接驱动器的 50 针连接器，及一个用于连接驱动器控制器（也称为主机适配器）的 50 针连接器。宽型 SCSI 数据线缆有 68 芯，最多 15 个用于连接驱动器的 68 针连接器，及一个用于连接主机适配器的 68 针连接器。Alt-4 SCSI 数据线缆有 80 芯，最多 15 个用于连接驱动器的

80针连接器，及一个用于连接主机适配器的80针连接器。

注意：　软驱线缆或PATA线缆上的有色线条标识线缆上的引脚1。安装数据线缆时，应始终确保线缆上的引脚1与驱动器或驱动器控制器上的引脚1对齐。键控式电缆只能单向连接到驱动器和驱动器控制器。

1.4　外部端口和线缆

计算机上的输入/输出（I/O）端口可连接外围设备，如显示器、打印机、扫描仪、便携式驱动器和音频设备。它们还能将计算机连接到网络资源，如调制解调器或外置网络驱动器。本节将讨论各种可用的端口和线缆。

1.4.1　视频端口和线缆

视频端口使用电缆将显示器连接到计算机。视频端口和显示器线缆传输模拟信号和/或数字信号。计算机是生成数字信号的数字设备。数字信号发送到显卡，然后通过线缆传输到数字显示器。数字信号还可由显卡转换为模拟信号，然后传输给模拟显示器。将数字信号转换为模拟信号通常会导致图像质量降低。支持数字信号的显示器电缆应比只支持模拟信号的那些线缆提供更高的图像质量。

几种视频端口和连接器类型如表1-8所示。

表1-8　视频端口和连接器

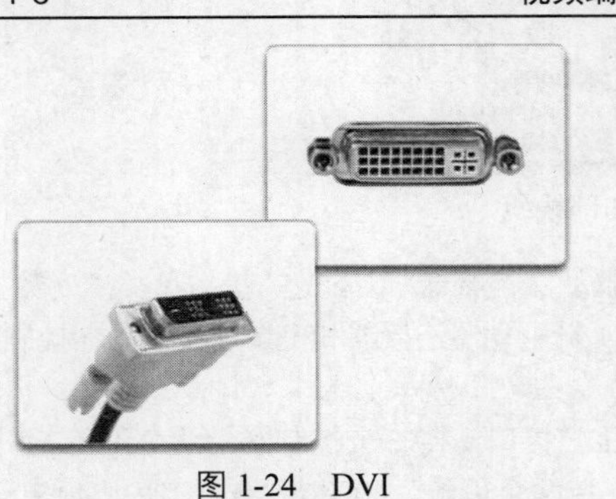 图1-24　DVI	数字视频接口（DVI）有24针用于数字信号，4针用于模拟信号。DVI-I既可用于模拟信号又可用于数字信号。DVI-D只处理数字信号，而DVI-A只处理模拟信号
图1-25　显示端口	显示端口有20针，可用于音频传输、视频传输或音视频同时传输

续表

 图 1-26 RCA	RCA 连接器有一个金属环环绕的中心插头，可用于传送音频或视频。常见 RCA 连接器是三个一组，其中黄色连接器传送视频，红白连接器传送左、右通道音频
 图 1-27 DB-15	DB-15 有 3 排共 15 针，常用于模拟视频
 图 1-28 BNC	BNC 连接器使用直角回转连接方案将同轴电缆连接到设备。BNC 用于数字或模拟音频或视频
 图 1-29 RJ-45	RJ-4 有 8 针，可用于数字或模拟音频或视频

续表

 图 1-30 miniHDMI	MiniHDMI 也称为 C 型 HDMI，有 19 针，比 HDMI 连接器小得多，并传输与 HDMI 连接器相同的信号

显示线缆将视频信号从计算机传输到显示设备。显示线缆的类型如图 1-31 所示。

- **高清多媒体接口（HDMI）**：传输数字视频和数字音频信号。数字信号提供高质量视频和高分辨率。
- **DVI**：传输模拟和/或数字视频信号。
- **视频图形阵列（VGA）**：传输模拟视频信号。模拟视频质量较低，容易受电气和无线电信号干扰。
- **分量/RGB**：通过三根屏蔽电缆（红、绿、蓝）传输模拟视频信号。
- **复合**：传输模拟音频或视频信号。
- **S 视频**：传输模拟视频信号。
- **同轴**：传输模拟和/或数字视频或音频信号。
- **以太网**：传输模拟和/或数字视频或音频信号。以太网还可以输电。

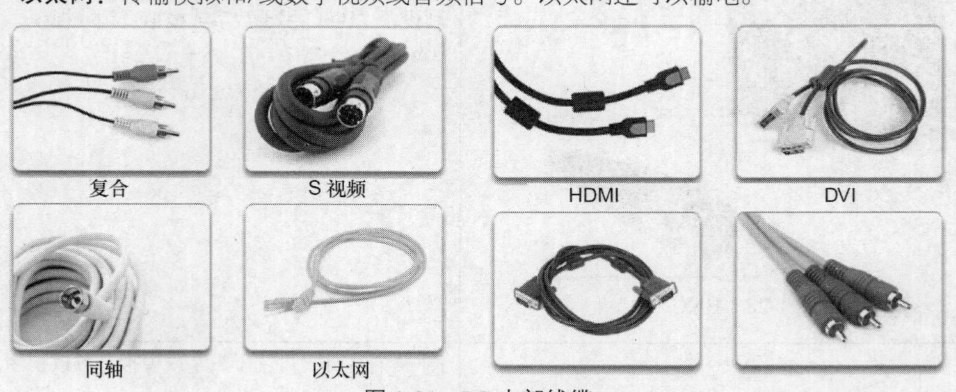

图 1-31 PC 内部线缆

1.4.2 其他端口和线缆

计算机上的输入/输出（I/O）端口连接外围设备，如打印机、扫描仪和便携式驱动器。以下是常用的端口和电缆：

- 串行；
- USB；
- FireWire；
- 并行；

- SCSI；
- 网络；
- PS/2；
- 音频；
- 苹果的雷电接口。

1. 串行端口和电缆

串行端口可以是 DB-9（如图 1-32 所示）或 DB-25 插头。串行端口一次传输一位数据。要连接调制解调器或打印机之类的串行设备，必须使用串行电缆。串行电缆最大长度 15.2 米。

2. 调制解调器端口和电缆

除了用来将外部调制解调器连接到计算机的串行电缆外，电话线将调制解调器连接到电话插口。电话线使用 RJ-11 连接器，如图 1-33 所示。

图 1-32 串行端口和电缆

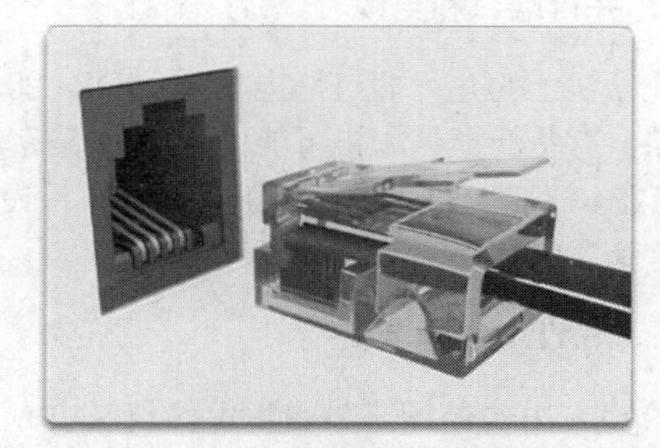

图 1-33 电话线和调制解调器线缆及连接器

3. USB 端口和电缆

通用串行总线（USB）是将外围设备连接到计算机的标准接口。当初是为了取代串行和并行连接而设计的。USB 设备可热插拔，这意味着用户可在计算机运行期间，连接和断开设备。USB 连接可在计算机、相机、打印机、扫描仪、存储设备以及很多其他电子设备上见到。USB 集线器连接多个 USB 设备。利用多个 USB 集线器，计算机上的单个 USB 端口可支持多达 127 台单独的设备。有些设备还可通过 USB 端口供电，省却了连接外部电源的需要。图 1-34 显示了带连接器的 USB 电缆。

USB 1.1 允许全速模式下最高 12Mbit/s 的传输速率，低速模式下 1.5Mbit/s。USB 1.1 电缆最大长度为 3 米。USB 2.0 传输速度最高可达 480Mbit/s。USB 2.0 电缆最大长度为 5 米。USB 设备的数据传输速度最高只能到特定端口允许的最大速度。USB 3.0 传输速度最高可达 5Gbit/s。USB 3.0 向后兼容以前版本的 USB。USB 3.0 电缆没有规定最大长度，但是普遍接受的最大长度是 9.8 英尺（3 米）。

4. FireWire 端口和电缆

FireWire 是将外围设备连接到计算机的高速、可热插拔接口。计算机上的单个 FireWire 端口可支持最多 63 个设备。有些设备还可通过 FireWire 端口供电，从而省却外部电源。FireWire 使用电气与电子工程师协会（IEEE）1394 标准，又称为 i.Link。IEEE 为该技术编写出版物并制定标准。图 1-35 显示了带连接器的 FireWire 电缆。

图 1-34 USB 电缆和连接器

图 1-35 FireWire 电缆和连接器

IEEE 1394a 标准支持的数据速率可达 400Mbit/s，电缆长度为 4.5 米或以下。此标准使用 4 针或 6 针连接器。IEEE 1394b 和 IEEE 1394c 标准允许的连接范围更广，包括 CAT5 UTP 和光纤。100 米距离以内，数据速率最高达 3.2Gbit/s，具体取决于使用的介质。

5. 并行端口和电缆

计算机上的并行端口是标准 A 型 DB-25 插孔。打印机上的并行连接器是标准 B 型 36 针 Centronics 连接器。有些新型打印机可能使用 C 型高密度 36 针连接器。并行端口一次可传输 8 位数据，并使用 IEEE 1284 标准。要连接打印机之类的并行设备，必须使用并行电缆。并行电缆（如图 1-36 所示）最大长度为 4.5 米。

6. eSATA 数据电缆

eSATA 电缆使用 7 针数据电缆将 SATA 设备连接到 eSATA 接口。此电缆不给 SATA 外置磁盘供电。由单独的电缆为磁盘供电。

7. SCSI 端口和线缆

SCSI 端口可以传输并行数据，速度超过 320Mbit/s，且可支持多达 15 台设备。如果单个 SCSI 设备连接到一个 SCSI 端口，电缆最大长度为 24.4 米。如果多个 SCSI 设备连接到一个 SCSI 端口，电缆最大长度可达 12.2 米。计算机上的 SCSI 端口可以是 25、50 或 80 针连接器，如图 1-37 所示。

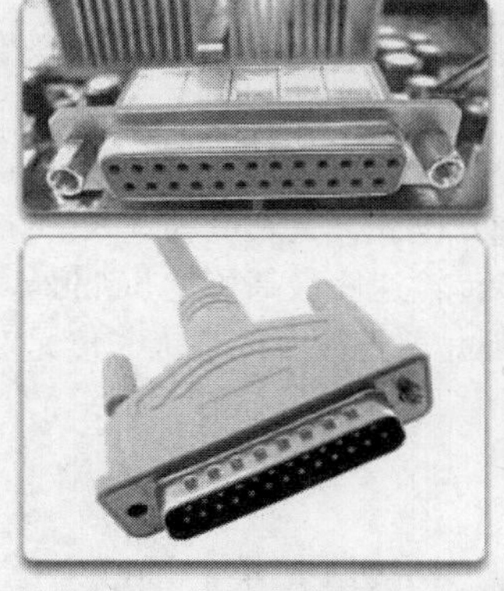

图 1-36 并行电缆和连接器

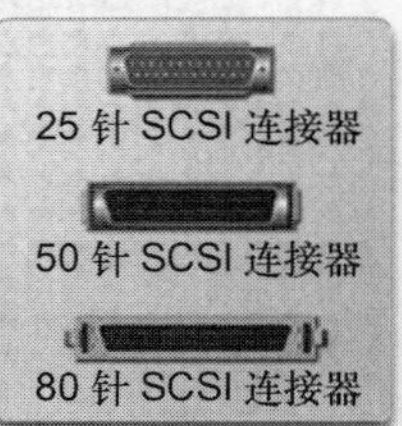

图 1-37 50 针 SCSI 电缆和 SCSI 连接器

注意： SCSI 设备必须在 SCSI 链的终点终结。须查阅设备手册了解终结步骤。

警告： 有些 SCSI 连接器很像并行连接器。注意电缆不要接错端口。SCSI 格式使用的电压可能损坏并行接口。SCSI 连接器应该有明显的标示。

8. 网络端口和电缆

网络端口也称为 RJ-45 端口，有 8 针，用于将计算机连接到网络。连接速度取决于网络端口的类型。标准以太网传输速度最高 10Mbit/s，快速以太网传输速度最高可达 100Mbit/s，吉比特以太网传输速度可高达 1000Mbit/s。网络电缆最大长度为 100 米。网络连接器如图 1-38 所示。

9. PS/2 端口

PS/2 端口将键盘或鼠标连接到计算机。PS/2 端口为 6 针微型 DIN 插孔。键盘和鼠标的连接器通常用不同颜色标示，如图 1-39 所示。如果端口未用颜色标示，请寻找每个端口旁边标示的鼠标或键盘小图形。

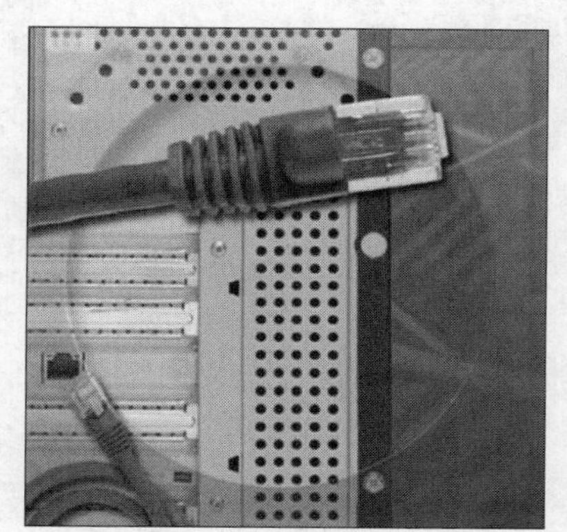

图 1-38 网络电缆和连接器

图 1-39 PS/2 电缆和连接器

10. 音频端口

音频端口将音频设备连接到计算机。以下是一些常用的音频端口，如图 1-40 所示。

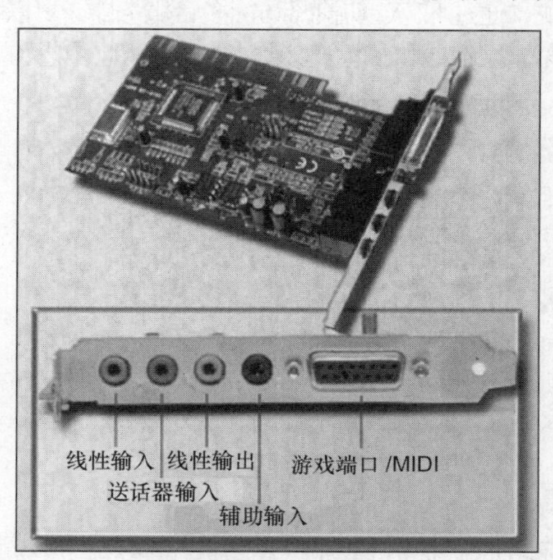

图 1-40 音频和游戏端口连接器

- **线性输入**：连接到外部源，如立体声系统。
- **送话器输入**：连接到送话器。

- **线性输出**：连接到扬声器或耳机。
- **索尼/飞利浦数字接口格式（S/PDIF）**：使用 RCA 连接器连接到同轴电缆，或使用 TosLink 连接器连接到光缆来支持数字音频。
- **游戏端口/MIDI**：连接到游戏杆或 MIDI 接口设备。

1.5 输入和输出设备

输入和输出设备用于计算机与用户之间的通信。这本节将介绍输入和输出设备的类型。

1.5.1 输入设备

输入设备将数据或指令输入计算机。以下是输入设备的一些例子。

- 鼠标和键盘。
- 游戏手柄和游戏杆。
- 数码相机和数字视频摄像机。
- 生物识别身份验证设备。
- 触摸屏。
- 数字转换器。
- 扫描仪。

1. 鼠标和键盘

鼠标和键盘是两种最常用的输入设备。鼠标用于在图形用户界面（GUI）上导航。键盘用于输入控制计算机的文本命令。

键盘、视频、鼠标（KVM）切换器是一种硬件设备，可实现用一个键盘、一个显示器和一个鼠标控制多台计算机。对企业来说，通过 KVM 切换器访问多台服务器，可以节省成本。对家庭用户来说，使用 KVM 切换器将一套键盘、显示器和鼠标连接到多台计算机，可以节约空间，如图 1-41 所示。

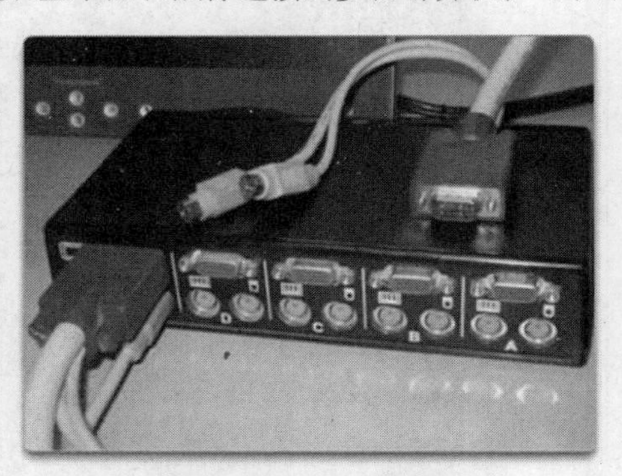

图 1-41 KVM 切换器

最新型的 KVM 切换器还增加了多台计算机共用 USB 设备和扬声器的功能。通常情况下，用户按一下 KVM 切换器上的按钮，就可以将控制权从一台计算机切换到另一台计算机。有些型号的切换器使用键盘上特定的键序列将控制权从一台计算机转移到另一台计算机，如按 **Ctrl>Ctrl>A>Enter** 控制连接在切换器上的第一台计算机，按 **Ctrl>Ctrl>B>Enter** 将控制权转移到下一台计算机。

2. 游戏手柄和游戏杆

用于玩游戏的输入设备包括游戏手柄和游戏杆。游戏手柄允许玩家用拇指操控手柄上的小操作杆来控制移动和视图。游戏过程中同时按多个按钮可以实现特定效果，如跳跃或射击。很多游戏手柄甚至有记录玩家按压力量的触发器。例如，在驾驶游戏中，玩家加力按压触发器时汽车就会加速。

游戏杆也用于玩游戏和进行模拟操作。游戏杆最适合模拟飞行，在这类游戏中，拉起游戏杆之类的动作可以模拟飞机爬升。

3. 数码相机和数字摄像机

数码相机和数字摄像机拍摄可存储在磁介质上的图像。存储后的图像文件可显示、可打印也可修改。网络摄像头可内置在显示器或笔记本电脑中，也可以单独出售，用于实时摄取图像。网络摄像头通常用于拍摄发布在 Internet 上的视频，或用于和别人视频聊天。它们还可以拍摄可保存到计算机的静态图像。在和别人视频聊天时，用户可以使用送话器进行语音通话；制作视频时，也要用送话器录制声音。

4. 生物识别设备

生物识别利用用户个人的独特特征，如指纹、语音识别或视网膜扫描。生物识别结合常规的用户名使用，可以保证只有授权人士才能访问数据。图 1-42 显示一台有内置指纹扫描仪的笔记本电脑。生物识别设备测量用户指纹的物理特征，如果指纹特征与数据库相符，而且提供的登录信息正确，即授予用户访问权限。

5. 触摸屏

触摸屏有压力敏感透明面板。计算机接收用户触摸的屏幕位置上特有的指令。

6. 数字转换器

设计师或艺术家利用数字转换器（如图 1-43 所示）创作蓝图、图像或其他艺术品，创作时，他们使用称为触笔的笔形工具在一块表面上绘图，这块表面可感测触笔落在表面上的位置。有些数字转换器有多个表面或传感器，可让用户用触笔在空中做动作来创作 3D 模型。

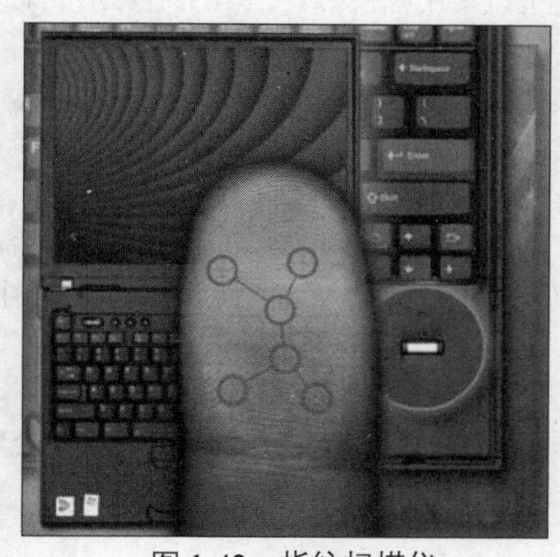

图 1-42 指纹扫描仪

图 1-43 数字转换器

7. 扫描仪

扫描仪将图像或文档数字化。保存后的数字化图像可显示、打印或修改。条形码读取器是一种读取通用产品码（UPC）条形码的扫描仪。它广泛应用于标价和库存信息。

1.5.2 输出设备

输出设备为用户显示来自计算机的信息。常见的输出设备有：

- 显示器和投影仪；
- 打印机、扫描仪和传真机；
- 扬声器和耳机。

1. 显示器和投影仪

显示器和投影仪是计算机的主要输出设备。显示器的类型有很多种，如图 1-44 所示。不同类型的显示器之间最重要的区别在于形成图像所用的技术。

图 1-44 显示器类型

以下是对各种显示技术的解释。

- **CRT**：阴极射线管（CRT）有三束电子束，每一束指向屏幕上的彩色荧光点，这些点在被电子束击中时会发出红光、蓝光或绿光。未被电子束击中的区域不发光。发光和不发光区域组合在一起，就形成了屏幕上的图像。有些电视机也使用此技术。CRT 前面通常有一个消磁按钮，用户可按此按钮来消除磁干扰造成的变色。
- **LCD**：液晶显示器（LCD）常用于平板显示器、笔记本电脑和一些投影仪。它由两个偏振滤光器组成，滤光器之间是液晶溶液。通过的电流会影响晶体的排列，让有些光通过，有些光通不过。光在有些区域通过，在有些区域不能通过，由此产生的效应便形成了图像。LCD 有两种形式，有源矩阵和无源矩阵。有源矩阵有时称为薄膜晶体管（TFT）。TFT 使每个像素都受控制，从而形成非常鲜明的彩色图像。无源矩阵比有源矩阵便宜，但图像控制水平较低。无源矩阵在笔记本电脑中不常用。
- **LED**：发光二极管（LED）显示器是使用 LED 背光来点亮显示器的 LCD 显示器。LED 功耗低于标准 LCD 背光，面板可以做得更薄、更轻、更亮，实现更好的对比度。
- **OLED**：有机 LED（OLED）显示器使用一层有机材料，这种材料在受到电刺激时会发光。此过程允许每个像素单独点亮，从而产生比 LED 更深的黑位。OLED 显示器比 LED 显示器还要薄，还要轻。
- **等离子**：等离子显示器是另一种类型的平板显示器，可以实现很高的亮度、很深的黑位以及很宽的颜色范围。等离子显示器的尺寸可达 381 厘米甚至更高。等离子显示器得名于其使用的离子化气体的小气室，当这些气室受到电刺激时，就会点亮。等离子显示器因其精确的视频呈现而常用于家庭影院中。

- **DLP**：数字光处理（DLP）是投影仪中使用的另一种技术。DLP 投影仪使用旋转色轮以及称为数字微镜器件（DMD）的微处理器控制反射镜阵列。每个反射镜对应于一个特定像素。每个反射镜将光反射向或反射离投影仪光学系统。这形成了黑白之间多达 1024 级灰度的单色图像。然后色轮添加颜色数据，以完成投影的彩色图像。

2. 多功能一体式打印机

打印机是生成计算机文件纸质副本的输出设备。有些打印机专用于特定应用，如打印彩色照片。多功能一体式打印机可提供多种服务，如打印、扫描、传真和复印。

3. 扬声器和耳机

扬声器和耳机是音频信号的输出设备。大多数计算机的音频支持或集成在主板中，或集成在适配卡中。音频支持包括允许输入和输出音频信号的端口。声卡有放大器来提升耳机和外部扬声器音量。

1.5.3 显示器特性

显示器分辨率是指可重现的图像细致度。

表 1-9 是常见的显示器分辨率的图表。

表 1-9 显示器分辨率

显示器标准	线性像素（宽×高）	纵横比
CGA	320×200	16:10
EGA	640×350	11:6
VGA	640×480	4:3
WVGA	854×480	16:9
SVGA	800×600	4:3
XGA	1024×768	4:3
WXGA	1280×800	16:10
SXGA	1280×1024	5:4
SXGA+	1400×1050	4:3
WSXGA	1600×1024	25:16
UXGA	1600×1200	4:3
HDTV	1920×1080	16:9
WUXGA	1920×1200	16:10
QXGA	2048×1536	4:3
QSXGA	2560×2048	5:4
WQUXGA	3840×2400	16:10
HXGA	4096×3072	4:3
WHXGA	5120×3200	8:5
HSXGA	5120×4096	5:4
WHSXGA	6400×4096	25:16
HUXGA	6400×4800	4:3
WHUXGA	7680×4800	8:5

分辨率设置越高，产生的图像质量就越好。显示器分辨率涉及多种因素。

- **像素**：术语像素是图像元素的简称。像素是组成屏幕的小点。每个像素由红、绿、蓝组成。

- **点距**：点距是屏幕上像素间的距离。点距数越小，产生的图像越好。
- **对比度**：对比度测量最亮点（白）与最暗点（黑）之间的光强度差异。对比度为 10000:1 的显示器与对比度 1000000:1 的显示器相比，所显示的白较暗，而黑较亮。
- **刷新率**：刷新率是每秒重建图像的频率。刷新率越高产生的图像越好，并减少闪烁度。
- **隔行/逐行扫描**：隔行扫描显示器扫描屏幕两次来形成图像。第一次扫描自上而下覆盖奇数行，第二次扫描覆盖偶数行。逐行扫描显示器自上而下一次扫描一行来形成图像。现在的大多数 CRT 显示器都是逐行扫描。
- **水平、垂直和色彩分辨率**：一行中的像素数为水平分辨率。屏幕的行数为垂直分辨率。可重现的颜色的数量是色彩分辨率。
- **纵横比**：纵横比是显示器显示区域的横向宽度与纵向高度之比。例如，4:3 纵横比适用于宽 16 英寸，高是 12 英寸的显示区域。4:3 纵横比还适用于宽是 24 英寸，高是 18 英寸的显示区域。宽是 22 英寸，高是 12 英寸的显示区域纵横比为 11:6。
- **原始分辨率**：原始分辨率是显示器所具有的像素数量。分辨率为 1280×1024 的显示器有 1280 个横向像素和 1024 个纵向像素。当发送到显示器的图像与显示器的原始分辨率匹配时，即为本机模式。

显示器有用于调整图像质量的控制器。以下是一些常见的显示器设置。

- **亮度**：图像的强度。
- **对比度**：亮暗对比。
- **位置**：图像在屏幕上的垂直和水平位置。
- **重置**：将显示器设置恢复为出厂设置。

另外，增加显示器可提高工作效率。增加显示器可扩展桌面尺寸，可打开更多窗口。很多计算机都具有内置功能，支持多显示器。

将多台显示器连接到一台计算机

注意： 要使用多台显示器，您需要两个或多个可用视频端口。

How To

步骤 1 单击开始>控制面板>显示。

步骤 2 单击更改显示设置（“屏幕分辨率”窗口会显示两个显示器图标。如果屏幕上没有显示多个显示器，则可能不支持该显示器）。

步骤 3 单击表示您的主显示屏的显示器图标。如果显示器还不是主显示器，可选中使它成为我的主显示器旁边的方框。

步骤 4 从多显示器下拉框中，选择扩展这些显示。

步骤 5 单击识别。Windows 7 将会显示大数字来标识两个显示器。拖放显示器图标，使其和显示器的物理布局匹配。

步骤 6 从下拉框中选择所需的分辨率和方向。

步骤 7 单击确定按钮。

1.6 选择 PC 组件

许多情况都要求您掌握选择计算机组件的知识和技能，诸如组装新的计算机、更新旧计算机或修理故障计算机等情况下都需要理解 PC 组件的选择。

1.6.1 机箱和电源

进行采购或执行升级之前，首先要确定客户的需求。询问客户要将哪些设备连接至计算机，包括内置和外置设备。必须选择合适的计算机机箱，可以容纳电源的形状和大小。

计算机机箱容纳电源、主板、内存和其他组件，如图 1-45 所示。如果要单独购买计算机机箱和电源，须确保所有组件都能够安装到新机箱中，并且电源有足够的功率，可以支持所有组件运行。机箱常常预先安装了电源。在此情况下，仍然需要验证电源提供的功率足够安装在机箱中的所有组件使用。

图 1-45 机箱和电源

电源将输入的交流电压转换为直流电压输出。电源通常提供 3.3、5 和 12V 的电压，电源的功率度量单位为瓦特。建议电源除满足当前安装的所有组件的功率需求外，额外留出大约 25%的余量。要确定总功率数需求，请将每个组件的功率数相加。如果组件上未列出功率数，请将组件的电压与安培数相乘来计算功率数。如果组件有几种不同的功率要求，请以最高要求为准。确定功率要求后，还要确保电源具备所有组件所需的连接器。

1.6.2 选择主板

市面上新推出的主板，如图 1-46 所示，往往新增了功能或采用了新的标准，可能不兼容部分旧组件。在选择更换的主板时，请确保主板支持 CPU、RAM、视频卡和其他适配卡。主板上的插槽和芯片组必须与 CPU 兼容。要继续使用原有的 CPU 时，主板还必须支持现有的散热器和风扇组件。特别要注意扩展槽的数目和类型。确保它们与现有的适配卡匹配，并且考虑将来会使用的新卡。现有的电源的连接必须和新主板匹配。最后，新主板的外形尺寸合适，能够安装到现用的计算机机箱中。

图 1-46 主板

不同的主板使用不同的芯片组。芯片组包含控制 CPU 与其他组件之间通信的集成电路。芯片组决定了可以安装到主板上的内存量，以及主板上的连接器的类型。组装计算机时，请选择具备所需功能的芯片组。例如，可以购买芯片组支持多个 USB 端口、eSATA 连接、环绕声和视频的主板。

主板具有不同类型的 CPU 插座和 CPU 插槽。插座或插槽为 CPU 提供了连接点和电子接口。CPU 封装必须与主板插座类型或 CPU 插槽类型匹配。CPU 封装包含 CPU、连接点以及 CPU 四周的散热材料。

数据通过被称为总线的电线集合从计算机的一个部件传输到另一个部件。总线有两个部件，总线的数据部分称为数据总线，它在计算机组件之间传送数据。地址部分称为地址总线，它传送 CPU 读写数据所在位置的内存地址。

总线大小决定了可同时传输的数据量。32 位总线从处理器向 RAM 或其他主板组件同时传输 32 位数据，64 位总线同时传输 64 位数据。总线的数据传输速度取决于时钟速度，度量单位为 MHz 或 GHz。

PCI 扩展槽连接至并行总线，并行总线通过多条电线同时发送多位数据。PCI 扩展槽现已逐渐被连接至串行总线的 PCIe 扩展槽所取代，串行总线一次发送一位数据，但速度较快。组装计算机时，请选择插槽既可满足当前需求又考虑了未来扩展的主板。例如，如果在组装能玩高级游戏的计算机，该游戏需要两个显卡，就可能选择具有两个 PCIe x16 插槽的主板。图 1-46 显示了主板。

1.6.3 选择 CPU、散热器和风扇组件

在购买 CPU 之前，请确保它与现有主板兼容。制造商的网站是最好的信息源，可用来调查 CPU 与其他设备之间的兼容性。在升级 CPU 时，一定要保持正确的电压。电压调节器模块（VRM）已集成到了主板中。使用跳线、位于主板上的开关或 BIOS 中的设置可以配置 CPU 电压设置。

多核处理器在同一电路中集成两个或更多个处理器。在同一芯片上集成多个处理器可以在处理器之间建立非常快捷的连接。多核处理器执行指令的速度比单核处理器快，并且多核处理器提高了数据吞吐量。指令可以同时分配给所有处理器。RAM 由多个处理器共享，因为内核位于同一芯片上。对于诸如视频编辑、游戏和照片处理之类的应用，建议使用多核处理器。

计算机能耗越高，机箱内产生的热量就越多。与多个单核处理器相比，多核处理器节省能耗，产生的热量更少，因此提高了性能和效率。

现代处理器的速度以 GHz 为度量单位。最大速率是指处理器可以无错运行的最大速度。以下两个主要因素可能会限制处理器的速度。

- 处理器芯片是通过电线互连的晶体管的集合。通过晶体管和电线传输数据会产生延迟。
- 当晶体管的状态从打开变为关闭或者从关闭变为打开时，会产生少量的热量。随着处理器速度的增加，产生的热量也随之增加。当处理器温度过高时，就会出错。

FSB 是 CPU 与北桥之间的通道。它用于连接各个组件，例如芯片组和扩展卡以及 RAM。数据可以在 FSB 中双向传输。总线频率以兆赫（MHz）为度量单位。CPU 的工作频率由时钟倍数乘以 FSB 速度来计算。例如，运行频率为 3200MHz 的处理器可能正在使用 400MHz 的 FSB。3200MHz 除以 400MHz 等于 8，因此 CPU 的速度是 FSB 的八倍。

处理器可进一步划分为 32 位和 64 位处理器。主要区别是处理器可同时处理的指令数不同。64 位处理器每个时钟周期处理的指令比 32 位处理器每个时钟周期处理的指令多。64 位处理器也可以支持更多内存。为了使用 64 位处理器的功能，请确保安装的操作系统和应用程序支持 64 位处理器。

CPU 是计算机机箱内最昂贵、最敏感的组件之一。CPU 可能会变得非常热。许多 CPU 需要散热器搭配风扇来进行散热。散热器是位于处理器和 CPU 风扇之间的一种铜质或铝质装置。散热器吸收处理器的热量，然后由风扇将热量散除。选择散热器或风扇时，需要考虑下列因素。

- **插座类型**：散热器或风扇类型必须与主板的插座类型匹配。

- **主板物理规格**：散热器或风扇不能干扰连接至主板的任何组件。
- **机箱尺寸**：散热器或风扇必须适合机箱尺寸。
- **物理环境**：散热器或风扇散热能力必须足够，以使CPU在温热环境中保持凉爽。

热量会对计算机机箱内的组件产生负面影响，CPU不是受其影响的唯一组件。计算机还有许多内部组件会在运行时产生热量。所以应该安装机箱风扇，一边将清凉的空气送入计算机机箱，一边将热量排到机箱外。选择机箱风扇时，需要考虑下列因素。

- **机箱尺寸**：大机箱通常需要大风扇，因为小风扇产生的气流不够。
- **风扇速度**：大风扇的转速比小风扇慢，这会减小风扇噪音。
- **机箱中的组件数**：计算机中组件越多，产生的热量就越多，所以需要更多、更大或更快的风扇。
- **物理环境**：机箱风扇的散热能力必须足够，以使机箱内部保持凉爽。
- **可用的安装位置数**：风扇的安装位置数因机箱而异。
- **可用的安装位置**：风扇的安装位置因机箱而异。
- **电路连接**：有些机箱风扇直接连接至主板，其他风扇则直接连接至电源。

注意：　机箱中所有风扇所产生的气流的方向必须一致，从一个方向一起吸入冷空气，从另一方向排出热空气。风扇安装方向相反或者风扇尺寸或速度不适合机箱，可能会导致气流相互抵消，不利于散热。

1.6.4 选择RAM

应用程序出现锁定不动或者计算机频繁显示错误消息时，可能需要更换新的RAM。要确定问题是不是RAM引起的，请按图1-47所示更换旧的RAM模块。重启计算机来查看计算机运行时是否显示错误消息。

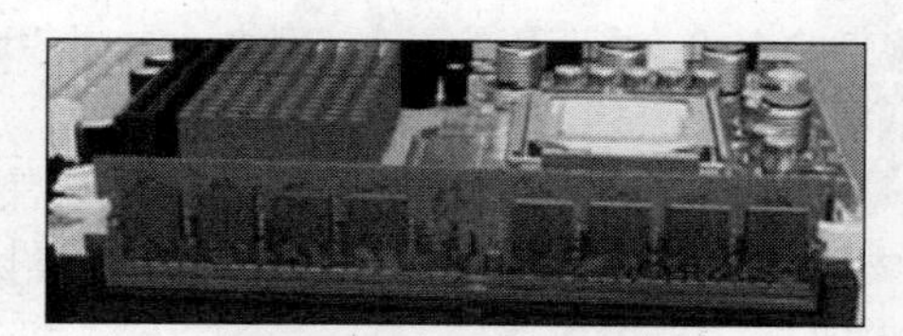

图1-47　RAM模块

选择新RAM时，必须确保它和当前主板兼容。而且还必须与计算机中目前安装的RAM类型相同。芯片组必须支持新RAM的速度。在购买更换用的RAM时，可随身携带原来的内存模块作为参考。

1.6.5 选择适配卡

适配器卡也称为扩展卡，是为特定任务而设计并向计算机添加额外的功能。图1-48显示当今市售的一些适配卡。

在购买适配卡之前，先回答下列问题。

- 有没有闲置扩展槽?
- 适配卡和闲置插槽是否兼容?
- 客户的当前需求和将来需求是什么?
- 有哪些可能的配置选项?
- 成为最佳选择的理由是什么?

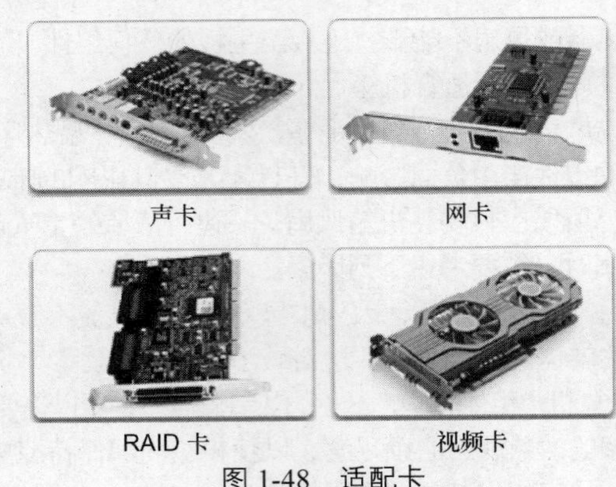

图 1-48　适配卡

如果主板没有兼容的扩展槽，则可以选择外置设备。影响选择过程的其他因素包括成本、保修、品牌名称、供应情况和规格尺寸。

1. 显卡

安装的显卡类型会影响计算机的总体性能。显卡要支持的程序和任务可能需要大量占用 RAM 和/或大量占用 CPU。购买新的显卡时要考虑下列因素。

- 插槽类型。
- 端口类型。
- 视频 RAM（VRAM）的数量和速度。
- 图形处理器单元（GPU）。
- 最大分辨率。

计算机系统必须具有插槽、RAM 和 CPU 以支持升级后显卡的完整功能，从而充分发挥显卡的所有优点。请根据客户当前和将来的需求选择正确的显卡。例如，如果想玩 3D 游戏，则显卡必须满足或超过想玩的任何游戏的最低要求。

有些 GPU 集成到了 CPU 中。如果 GPU 集成到了 CPU 中，则不需要购买独立显卡，除非需要高级视频功能，如 3D 图形显示和非常高的分辨率。要使用 CPU 的内置图形功能，请购买支持此功能的主板。

2. 声卡

安装的声卡类型决定了计算机的声音质量。购买新的声卡时要考虑下列因素。

- 插槽类型。
- 数字信号处理器（DSP）。
- 采样率。
- 端口和连接类型。
- 硬件解码器。
- 信噪比。

计算机系统必须具有优质的扬声器和重低音喇叭才能支持升级后声卡的完整功能。请根据客户当前和将来的需求选择正确的声卡。例如，如果客户想要听特定类型的环绕声，则声卡必须具有正确的硬件解码器才能再现此环绕声。此外，客户可以使用具有较高采样率的声卡获取更高的音准。

3. 存储控制器

存储控制器是可集成到主板或扩展卡上的芯片。存储控制器允许计算机系统扩展内置和外置驱动器。诸如 RAID 控制器之类的存储控制器也可以提供容错功能或更高的速度。购买新的存储控制器卡时要考虑下列因素。

- 插槽类型。
- 驱动器类型。
- 连接器数量。
- 连接器位置。
- 卡大小。
- 控制器卡 RAM。
- 控制器卡处理器。
- RAID 类型。

客户的数据存储量及数据保护级别需求，将影响所需的存储控制器类型的选择。请根据客户当前和将来的需求选择正确的存储控制器。例如，如果客户想要实现 RAID 5，则需要至少具有 3 个驱动器的 RAID 存储控制器。

4. 输入输出卡

在计算机中安装输入输出卡是添加输入输出端口的便捷方法。购买输入输出卡时要考虑下列因素。

- 插槽类型。
- 输入输出端口类型。
- 输入输出数量。
- 其他电源要求。

FireWire、USB、并行和串行端口是要在计算机中安装的一些最常见的端口。请根据客户的当前需求和将来需求选择正确的输入输出卡。例如，如果客户想要添加内部读卡器，并且主板没有内部 USB 连接，则需要具有内部 USB 连接的 USB 输入输出卡。

5. 网卡

客户升级网络接口卡（网卡），可以提高访问速度、增加带宽和提高访问效果。购买网卡时要考虑下列因素。

- 插槽类型。
- 速度。
- 连接器类型。
- 连接类型。
- 标准兼容性。

6. 采集卡

采集卡可将视频导入计算机以及在硬盘上录制视频。通过添加含有电视调谐器的采集卡，可以观看和录制电视节目。购买采集卡时要考虑下列因素。

- 插槽类型。
- 分辨率和帧速率。
- 输入输出端口。
- 格式标准。

计算机系统必须具有足够的 CPU 能力、充足的 RAM 以及高速存储系统，才能支持客户的采集、录制和编辑需求。请根据客户当前和将来的需求选择正确的采集卡。例如，如果客户想要在观看一个节目的同时录制另一个节目，则必须安装多个采集卡或者安装含有两个电视调谐器的一个采集卡。

1.6.6 选择硬盘和软盘驱动器

当存储设备无法满足客户的需求或者出现故障时，您可能需要更换该存储设备。存储设备出现故障的迹象可能包括：

- 异常噪音；
- 异常振动；
- 错误消息；
- 数据或应用程序损坏。

1. 软盘驱动器

软盘驱动器（FDD）现已很少使用，它们基本上已被USB闪存驱动器、外置硬盘、CD、DVD和内存卡所取代。如果现有的FDD出现故障，请使用较新的存储设备取代它。

2. 硬盘驱动器

硬盘驱动器将数据存储在磁性盘片上。硬盘驱动器的类型和大小不一。购买新的硬盘驱动器时要考虑若干因素。

- 添加还是更换。
- 内置还是外置。
- 机箱位置。
- 系统兼容性。
- 发热量。
- 噪音量。
- 电源要求。
- 容量。
- 机械或固态。
- 成本（每GB的价格为多少）。
- 旋转速度。

PATA硬盘使用40针/80芯电缆或40针/40芯电缆。如果客户的系统是旧系统或者不支持SATA，请选择PATA硬盘。

SATA和eSATA硬盘驱动器使用7针/4芯电缆。虽然SATA和eSATA电缆相似，但它们之间不能互换。SATA驱动器是内置驱动器。eSATA驱动器是外置驱动器。如果客户需要的数据传输率比PATA的数据传输率高得多，并且主板支持SATA或eSATA，请选择SATA或eSATA硬盘驱动器。

SCSI硬盘使用50针、68针或80针连接器。最多可将15个SCSI驱动器连接到SCSI驱动器控制器。SCSI驱动器的典型用途是运行服务器或实现RAID。SCSI设备通常采用串联方式连接，从而形成了一个链，此链通常称为菊花链，如图1-50所示。

SCSI链中的每台设备都必须具有唯一的ID，才能使计算机与正确的设备通信。其中包括SCSI适配器。通常，分配给SCSI适配器的编号最高。对于窄型SCSI，可以使用ID 0-7。对于宽型SCSI，可以使用ID 0-15。控制器的ID为7或15，链中的其他设备使用剩余的ID。在早期的SCSI安装中，使用跳线将SCSI ID分配给适配器和设备。现代适配器通常使用安装在适配器上或操作系统中的程序来分配ID。

有些驱动器可能具有热插拔功能。无须关闭计算机，即可将可热插拔的驱动器连接至计算机或从计算机上拔下。通常，为了安装eSATA硬盘，您应该关闭计算机、连接驱动器，然后重新打开计算机。可热插拔的eSATA驱动器可以随时插入计算机。外置USB硬盘也具有热插拔功能。请检查主板文档以确定是否可以使用可热插拔的驱动器。

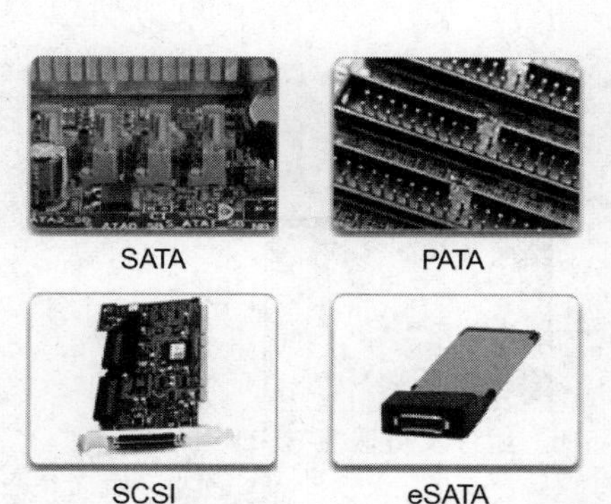

图 1-49 PATA、SATA、eSATA 和 SCSI 连接器

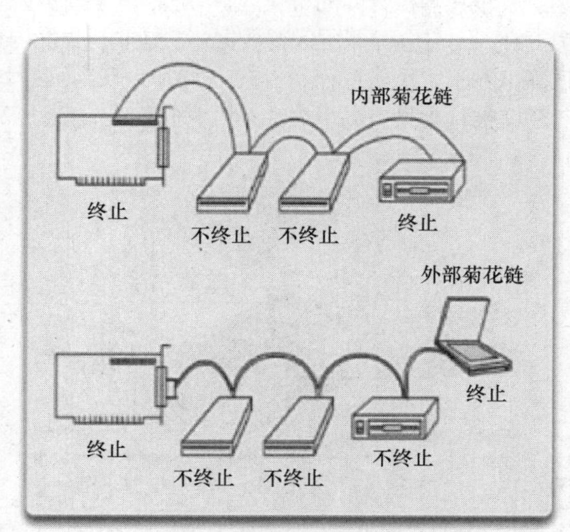

图 1-50 菊花链 SCSI 设备

参见表 1-10 查看 SCSI 类型列表。

表 1-10 SCSI 类型

SCSI 类型	也称为	连接器	最大吞吐量
SCSI-1		50 针 Centronics 50 针	5 Mbit/s
快速 SCSI	普通 SCSI	50 针 Centronics 50 针	10 Mbit/s
快宽 SCSI		50 针 68 针	20 Mbit/s
超级 SCSI	快速-20	50 针	20 Mbit/s
超宽 SCSI		68 针	40 Mbit/s
超级 2 SCSI	快速-40	50 针	40 Mbit/s
超级 2 宽带 SCSI		68 针 80 针	80 Mbit/s
超级 3 SCSI	超级-160	68 针 80 针	160 Mbit/s
超级 320 SCSI		68 针 80 针	320 Mbit/s

1.6.7 选择固态驱动器和读卡器

1. 固态驱动器（Solid State Drives）

SSD 可以使用多种类型的内存，如静态 RAM（SRAM）和动态 RAM（DRAM），这两种 RAM 都是易失性内存，需要电池持续供电防止数据丢失。它们也称为基于 RAM 的 SSD，常用于无法承受高延迟或较长停机时间的行业。亚马逊、电子商务公司是此类行业的实例。NAND 是 SSD 中使用的另一类闪存，无需电源即可保留数据；它是非易失性内存，常用于消费者市场的 SSD 中。NAND 价格更为低廉，除不采用磁片存储数据（如图 1-51a 和图 1-51b 所示）外，NAND 具有 SSD 的其他所有特征。SSD 被认为具有高可靠性，因为它们没有活动部件。

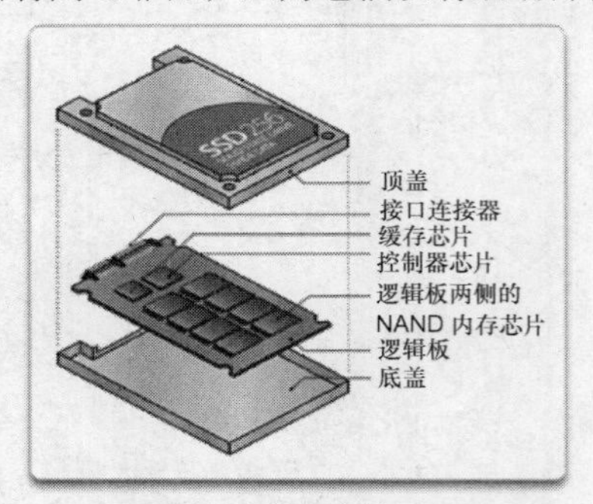

图 1-51a　非机械性 SSD

图 1-51b　组件及机械性 HHD 组件

如果客户有下列需求中的任意一项，请选择 SSD：

- 在极端环境下工作；
- 功耗小；
- 发热量小；
- 启动时间短。

2. 读卡器

读卡器是读写不同类型的介质卡的设备，介质卡常见于数码相机、智能手机或 MP3 播放器中。更换读卡器时，请确保读卡器支持所使用的卡的类型以及要读取的卡的存储容量。购买新的读卡器时要考虑若干因素：

- 内置还是外置；
- 使用的连接器类型；
- 支持的介质卡的类型。

请根据客户当前和将来的需求选择合适的读卡器。例如，如果客户需要使用多种类型的介质卡，则需要多格式读卡器。一些常见的介质卡如下。

- **安全数字（SD）**：SD 卡设计用于便携式设备，例如相机、MP3 播放器和平板电脑。SD 卡的容量可高达 4GB。SD 高容量（SDHC）卡可存储高达 32GB 的数据，而 SD 扩展容量（SDXC）卡可存储高达 2TB 的数据。
- **microSD**：微型版 SD 卡，常用于手机中。
- **CompactFlash**：CompactFlash 是一种较旧的格式，但仍然被广泛使用，因为其容量高（通常高达 128GB）并且速度快。CompactFlash 通常用作摄像头的存储设备。
- **记忆棒**：索尼公司生产的专用闪存。记忆棒用于相机、MP3 播放器、手持式视频游戏终端设备、手机和其他便携式电子设备中。

还有一类介质卡，即“极限数字”（xD 或 xD-Picture 卡）。xD 卡是针对很多相机和录音机应用而开发的卡，但是随着 SD 卡的广泛使用，xD 卡已被淘汰。xD 卡的最大容量为 2GB。

1.6.8　选择光盘驱动器

光盘驱动器使用激光在光存储介质上读写数据。购买光盘驱动器时要考虑下列因素。

■ 接口类型。

■ 读取功能。

■ 写入功能。

■ 格式。

CD-ROM 驱动器只能读取 CD。CD-RW 可以读写 CD。如果客户需要读写 CD，请选择 CD-RW。

DVD-ROM 驱动器只能读取 DVD 和 CD。DVD-RW 可以读写 DVD 和 CD。DVD 容纳的数据远远多于 CD 容纳的数据。如果客户需要读写 DVD 和 CD，请选择 DVD-RW。

蓝光读取器（BD-R）只能读取蓝光光盘、DVD 和 CD。蓝光刻录机（BD-RE）可以读写蓝光光盘和 DVD。蓝光光盘容纳的数据远远多于 DVD 容纳的数据。如果客户需要读写蓝光光盘，请选择 BD-RE 驱动器。

1.6.9 选择外置存储器

外置存储设备连接至外部端口，如 USB、IEEE 1394、SCSI 或 eSATA。连接至 USB 端口的外置闪存驱动器（有时称为拇指驱动器）是一种可移动的存储设备。购买外置存储设备时要考虑下列因素。

■ 端口类型。

■ 存储容量。

■ 速度。

■ 便携性。

■ 电源要求。

在使用多台计算机时，外置存储设备便于移动，使用方便。根据客户需求，选择正确的外置存储设备类型。例如，如果客户需要传输少量数据，如一篇演示文稿，则外置闪存驱动器是不错的选择。如果客户需要备份或传输大量数据，则选择外置硬盘。

1.6.10 选择输入和输出设备

选择输入和输出设备时，请首先了解客户对设备的需求。然后，在网上调研可行的解决方案并与客户讨论这些方案，还需要检查系统以确定要添加的设备。在确定客户需要的输入或输出设备之后，还要确定将其连接至计算机的方法。图 1-52 显示了常见的输入和输出连接器。

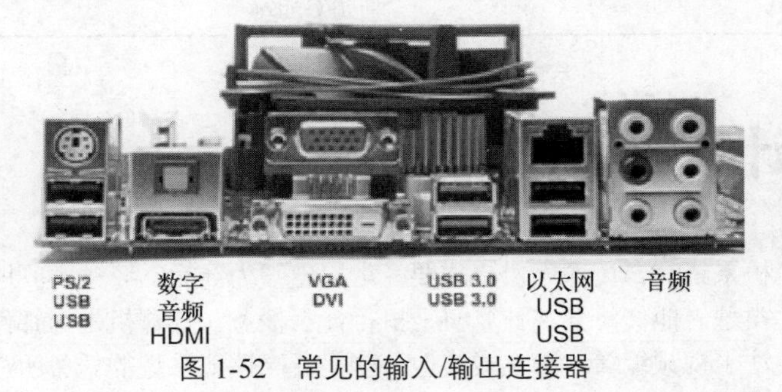

图 1-52 常见的输入/输出连接器

技术人员应该充分了解下列几种接口类型。

■ FireWire（IEEE 1394）：数据传输速度达 100、200 或 400Mbit/s，而 IEEE 1394b 的传输速度高达 800Mbit/s。

- 并行（IEEE 1284）：数据传输速度最高达 3Mbit/s。
- 串行（RS-232）：早期版本速度限于 20kbit/s，但新版本传输速度可达 1.5Mbit/s。
- SCSI（超-320 SCSI）：最多可连接 15 台设备，传输速度达 320Mbit/s。

USB 接口应用广泛并且用于许多不同的设备。图 1-53a 和图 1-53b 所示为 USB 1.1、USB 2.0 和 USB 3.0 的插头和连接器。

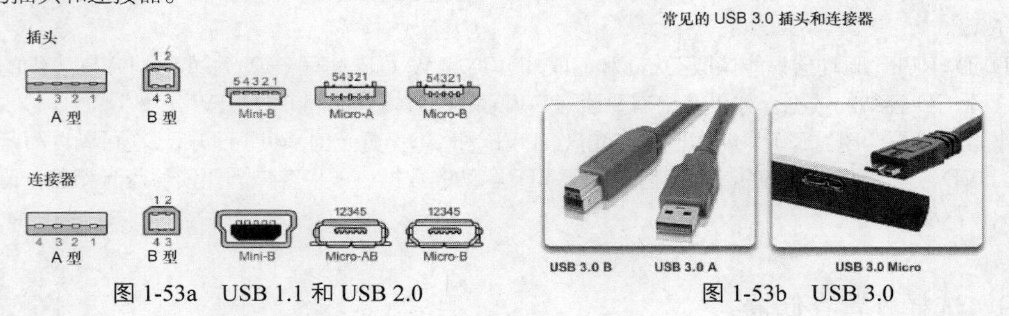

图 1-53a　USB 1.1 和 USB 2.0　　　图 1-53b　USB 3.0

SATA 接口近年来变得较为常见。SATA 正在逐步取代 IDE 和 EIDE，成为硬盘驱动器和 SSD 的标准接口。SATA 电缆更便于连接，因为它们只有两个头，驱动器无需进行跳线设置，如果主板支持热插拔，可以热插拔 eSATA 驱动器。参见表 1-11 中 PATA 和 SATA 速度的比较。

表 1-11　PATA 和 SATA 速度

接口	速度
ATA-1 (IDE)	8.3 Mbit/s
ATA-2 (EIDE)	16.6 Mbit/s
ATA-3 (EIDE)（略有改动）	16.6 Mbit/s
ATA-4 (Ultra-ATA/33)	33.3 Mbit/s
ATA-5 (Ultra-ATA/66)	66.7 Mbit/s
ATA-6 (Ultra-ATA/100)	100 Mbit/s
ATA-7 (Ultra-ATA/133)	133 Mbit/s
SATA 1.0	1.5 Gbit/s
SATA 2.0	3 Gbit/s
SATA 3.0	6 Gbit/s

1.7　专用计算机系统

设计和组装计算机系统时，技术人员必须要经常提出“为什么？”这类问题以确定用户或客户所需的组件和计算机的类型。他们将会在计算机上执行什么任务？计算机是为邮件或网页浏览之类的日常用途，还是更加关注于视频编辑、游戏或其他一些需要高性能系统的任务所用？

1.7.1　CAx 工作站

您可能需要为客户设计、组装和安装可执行特定任务的计算机。所有计算机都可运行程序、存储数据和使用I/O设备。专用计算机必须支持允许用户执行现有系统无法执行的任务的硬件和软件。专用计算机的一个示例是用于运行计算机辅助设计（CAD）或计算机辅助制造软件的工作站。

CAD或CAM（CAx）工作站用于设计产品和控制制造工艺。CAx工作站用于绘制蓝图、设计家居、汽车、飞机以及日常用品的很多零部件。CAx甚至用来开发在CAx工作站中使用的计算机零件。用于运行CAx软件的计算机必须支持用户设计和制造产品所需要的软件和I/O设备的需求。CAx软件通常很复杂，并且要求硬件强大稳定。在需要运行CAx软件时，应考虑以下硬件。

- **强大的处理器**：CAx软件必须非常快速地执行大量计算。在选择CPU时，必须要满足软件的需求。
- **高端视频卡**：某些CAx软件用于创建3D模型。逼真的阴影和纹理增加了模型的复杂性，因此需要可处理高分辨率和细节表现能力高的视频卡。而且，经常需要或必须使用多台显示器，以便用户同时处理代码、2D渲染和3D模型。所以要选择支持多台显示器的视频卡。
- **RAM**：由于CAx工作站处理海量数据，因此RAM举足轻重。安装的RAM容量越大，处理器读取慢存储器（如硬盘驱动器）的需求就会降低。只要主板和操作系统支持，应尽可能安装大容量内存。内存的质量和速度必须要高于CAx应用程序建议的最小限值。

1.7.2　音频和视频编辑工作站

在制作音频和视频材料的过程中，很多制作环节都要使用音频和视频编辑工作站。音频编辑工作站用来录制音乐、制作音乐CD和CD封面。视频编辑工作站可用来制作电视广告、黄金时间节目以及影院电影或家庭影片。

专用硬件配上专用软件构成的计算机，就能执行音频和视频编辑。音频编辑工作站上的音频软件（如图1-54所示）用来录制音频、通过混音和特殊效果控制音频的音效，并最终完成录制以供发行。视频软件用来剪切、复制、合并和更改视频剪辑。使用视频软件，还可以添加视频特效。在需要运行音频和视频编辑软件时，应考虑以下硬件。

图1-54　音频编辑工作站

- **专用声卡**：使用计算机在录音室内录制音乐时，可能需要处理来自麦克风的多路输入数据，以及声效设备收到的多路输出。必须要配备能够处理所有这些输入和输出的声卡。安装声卡之前，要调研不同的声卡制造商，了解客户需求，以便满足现代化的录音和控制工作室的全部需求。
- **专用视频卡**：若要实时合并和编辑不同的视频输入和特效，则必须要配备能够处理高分辨率和多个显示器要求的视频卡。安装视频卡之前，您必须要了解客户需求，调研各种视频卡，以使安装的视频卡能够处理来自数码相机和效果设备的海量信息。
- **大容量快速硬盘驱动器**：现代摄像机能够以很快的帧速率录制高分辨率录像。这些录像将转化为海量数据。小容量硬盘驱动器很快会被装满，而慢速硬盘驱动器跟不上处理要求，甚至时不时出现丢帧现象。大容量快速硬盘驱动器是录制无错帧或丢帧高端视频的必备组件。RAID 0或5等使用条带化技术的RAID级别有助于提高存储速度。

- **双显示器**：在处理音频和视频时，使用两三个显示器，甚至更多显示器可以非常方便地跟踪多个轨道、多个场景、多台设备和多个软件中的情况。安装之前，了解客户喜好的工作方式，以便确定多少台显示器最为有效。如果需要多台显示器，则在搭建音频或视频工作站时，必须要配置专用的视频卡。

1.7.3 虚拟工作站

您可能需要为使用虚拟化技术的客户组装计算机。在一台计算机上同时运行两个或更多操作系统即称为虚拟化。通常情况下，先安装一个操作系统，再使用虚拟化软件来安装和管理其他操作系统。可以使用多家软件公司的不同操作系统。

另有一种虚拟化技术称为虚拟桌面基础结构（VDI）。VDI允许用户登录到服务器来访问自己的虚拟计算机。从鼠标和键盘输入的指令可发送到服务器来操作虚拟计算机。声音和视频等输出会传回到访问虚拟计算机使用的计算机的扬声器和显示器。老式笔记本电脑之类的低功耗设备可以快速执行复杂计算，因为这些计算在功能更强大的服务器上执行。笔记本电脑、智能手机和平板电脑也可以访问VDI来使用虚拟计算机。虚拟计算还有其他功能。

- 在不损害当前操作系统环境的环境中测试软件或软件升级。
- 在同一台计算机上使用其他操作系统，如Linux或Ubuntu。
- 浏览Internet，无需担心损害安装的主系统。
- 运行现代操作系统不兼容的早期应用程序。

虚拟计算需要更强大的硬件配置，因为安装的每一个虚拟机都要有自己的资源。中等硬件水平的现代计算机上可以运行一两个虚拟环境，但是完整的VDI安装可能需要配备昂贵的高速硬件，才能支持多位用户使用多个不同的环境。以下是运行虚拟计算机所需的部分硬件。

- **最大RAM**：需要有足够的RAM来满足每个虚拟环境以及主计算机的需求。只使用极少虚拟机的标准安装至少需要64MB的RAM才能支持Windows XP之类的现代操作系统。如有多位用户，并支持每位用户使用多台虚拟计算机，则可能需要安装64GB甚至更大容量的RAM。
- **CPU核心**：虽然单核CPU也可执行虚拟计算，但是多核CPU在承载较多用户和虚拟机的同时，还能提高处理速度和响应速度。有些VDI安装所用的计算机甚至使用多个多核CPU。

1.7.4 游戏PC

很多人喜欢玩计算机游戏。游戏一年比一年高级，需要更强大的硬件、新型硬件和更多的资源，才能保证顺畅、愉悦的游戏体验。

客户可能会请您来组装专门用来玩游戏的计算机（如图1-55所示）。下面列出一些组装游戏计算机时需要用到的硬件。

- **强大的处理器**：游戏要求计算机中所有组件之间的配合顺畅无痕。强大的处理器有助于确保所有软件和硬件数据得到及时处理。多核处理器可帮助提高硬件和软件的响应速度。
- **高端视频卡**：现代游戏使用高分辨率、细致入微的设计。为了确保显示器上显示的图像效果品质高、清晰且平滑，配备专用的高速GPU和大容量高速视频内存的视频卡必不可少。有些游戏计算机使用多块视频卡来产生高帧率或使用多个显示器。
- **高端声卡**：视频游戏使用多通道、高质量音效，让玩家在游戏过程中有身临其境的感觉。高质量声卡可提高声音质量，超过计算机本身的声音质量。专用声卡还能承担部分处理器需求，从而帮助提高整体性能。

图 1-55 游戏 PC

- **高端散热**：高端组件产生的热量通常高于标准组件。为了确保在玩高级游戏时，计算机在高负荷运转时依然保持良好散热状态，通常需要强效稳定的散热硬件。通常使用特大风扇、散热片和水冷系统来保证 CPU、GPU 和 RAM 散热。
- **大容量快速 RAM**：电脑游戏需要大量内存才能运行。系统不断访问视频数据、声音数据以及游戏过程中需要的所有信息。计算机 RAM 越大，计算机需要从硬盘驱动器或 SSD 等慢速存储器读取数据的次数也越少。高速 RAM 有助于处理器保持所有数据同步，因为处理器可以随需取用需要计算的数据。
- **高速存储器**：7200 RPM 和 10000 RPM 驱动器检索数据的速度比 5400 RPM 硬盘驱动器快得多。SSD 驱动器虽然昂贵，但大大改善了游戏的性能。
- **游戏专用硬件**：有些游戏需要玩家与其他玩家对话。玩家需要使用麦克风和扬声器或耳机与其他玩家对话。事先应了解客户所玩游戏的类型，以便确定是否需要麦克风或耳机。有些游戏可在 3D 模式下玩。使用这种 3D 功能可能需要特殊眼镜和特别的视频卡。此外，有些游戏使用多个显示器会更好玩。例如，飞行模拟游戏可配置为在两三台甚至更多显示器上同时显示座舱图像。

1.7.5 家庭影院 PC

组装家庭影院个人计算机（HTPC）需要专用硬件，以便为客户提供高质量的观赏体验。每件设备都必须连接妥当，并正确提供必要的服务和资源来支持 HTPC 系统所需的不同要求。

HTPC 的一项有用功能是能够录制视频节目，以供日后观看。HTPC 系统可设计为用于显示直播电视、流播放影片和 Internet 内容、显示家庭照片和视频，甚至在电视上浏览 Internet。组装 HTPC 时，应考虑以下硬件。

- **专用机箱和电源**：组装 HTPC 时可选用尺寸较小的主板，以使组件装入外形更为紧凑的机箱中。这种小规格尺寸的主板似乎是家庭影院的常见设备。通常 HTPC 机箱内有几个大风扇，比普通工作站里的风扇转动得慢，噪声更小。为了进一步减少 HTPC 产生的噪音，可以使用不带风扇的电源，具体视功率要求而定。有些 HTPC 设计包含高效组件，不需要风扇散热。
- **环绕声**：环绕声带给视频节目观众身临其境的感觉。如果主板芯片组支持，HTPC 可直接使用主板的环绕声，也可以安装专用声卡将高质量环绕声输出到扬声器或连接的功放，从而实现更佳音效。
- **HDMI 输出**：HDMI 标准允许将高清视频、环绕声和数据传输到电视、媒体接收器和投影仪。
- **电视调谐器和有线电视卡**：为了让 HTPC 显示电视信号，必须使用调谐器。电视调谐器将模拟和数字电视信号转换为计算机可以使用和存储的音频和视频信号。有线电视卡可用于接收来自有线电视公司的电视信号。观看收费有线频道需要有线电视卡。有些有线电视卡可同时接收多达6个频道。

- **专用硬盘驱动器**：低噪、低功耗的硬盘驱动器通常称为音频/视频驱动器（A/V）。

1.8 总结

本章介绍个人计算机系统的构成组件，以及如何考虑组件升级。本章的很多内容贯穿本课程始末，掌握它们有助于后续章节的学习。

- 信息技术包括使用计算机、网络硬件和软件来处理、存储、传输和检索信息。
- 个人计算机系统包括硬件组件和软件应用程序。
- 选择计算机机箱和电源时，需要周密考虑，以支持机箱内的硬件，并为以后增加组件留出空间。
- 计算机内部组件的选择视具体的特性和功能而定。所有内部组件必须与主板兼容。
- 连接设备时，选用的端口和电缆类型要正确。
- 典型的输入设备包括键盘、鼠标、触摸屏和数码相机。
- 典型的输出设备包括显示器、打印机和扬声器。
- 设备发生故障或无法继续满足客户需求时，需要更换或升级机箱、电源、CPU和散热系统、RAM、硬盘驱动器以及适配卡。
- 专用计算机则需要适合其功能的特定硬件。专用计算机使用的硬件类型取决于客户的工作方式以及客户要处理的事务。

1.9 检查你的理解

您可以在附录A中查找下列问题的答案。

1. 电压选择开关的用途是什么？
   A. 设置电源电压以满足计算机组件的电压需求
   B. 为电源设置正确的输入电压，这取决于使用电源的国家
   C. 允许用户增加电源可支持的设备数量
   D. 更改电压以匹配计算机中使用的主板类型
2. 哪项IEEE标准定义了FireWire技术？
   A. 1284　　B. 1394
   C. 1451　　D. 1539
3. 高速USB 2.0的数据速度最大为多少？
   A. 1.5Mbit/s　　B. 12Mbit/s
   C. 380Mbit/s　　D. 480Mbit/s
   E. 480Gbit/s　　F. 840Gbit/s
4. 当前网络管理员有三台服务器，需要添加第四台服务器，但是没有足够的空间来放置新增的显示器和键盘。下列哪类设备可以让管理员将所有的服务器连接到一台显示器和一个键盘？
   A. 触摸屏显示器　　B. PS/2集线器

C. USB 切换器
D. KVM 切换器
E. UPS

5. 即使在拔下电源插头很长一段时间后，技术人员在打开电源时仍会有什么危险？
   A. 因存储的高压引起电击
   B. 热组件导致灼伤
   C. 接触重金属
   D. 吸入有毒气体导致中毒
6. 下面哪个术语是指在处理器制造商指定值的基础上提高处理器速度的技术？
   A. 节流
   B. 多任务
   C. 超频
   D. 超线程
7. 最好使用哪项技术来实现驱动器冗余和数据保护？
   A. CD
   B. DVD
   C. PATA
   D. RAID
   E. SCSI
8. 可热插拔的 eSATA 驱动器的特征是什么？
   A. 为了连接驱动器，必须关闭计算机
   B. 可热插拔的 eSATA 驱动器产生的热量少
   C. 无须关闭计算机，即可将其连接至计算机或计算机上拔下
   D. 它具有较低的转速（RPM）
9. 哪一项是虚拟计算的可能用途？
   A. 允许用户浏览 Internet 而不必担心恶意软件会感染主机软件安装
   B. 允许测试计算机硬件
   C. 允许测试计算机硬件升级
   D. 允许测试 ROM 固件升级
10. 组装计算机时，哪 3 个组件必须具有相同的规格尺寸？（选择 3 项）
   A. 机箱
   B. 电源
   C. 显示器
   D. 视频卡
   E. 主板
   F. 键盘
11. 电源的功能是什么？
   A. 将交流电转换为电压较低的直流电
   B. 将交流电转换为电压较高的直流电
   C. 将直流电转换为电压较低的交流电
   D. 将直流电转换为电压较高的交流电

第 2 章

实验程序和工具使用

学习目标

通过完成本章的学习，您将能够回答下列问题：

- 安全的工作条件和程序是什么？
- 哪些程序能够帮助保护设备和数据？
- 哪些程序能够帮助正确处理有危险的计算机组件及相关材料？
- 哪些工具和软件用于个人计算机组件？它们的用途是什么？
- 什么是正确的工具使用？

关键术语

下列为本章所用的关键术语。您可以在本书的术语表中找到其定义。

静电放电（ESD）
防静电腕带
电磁干扰（EMI）
频射干扰（RFI）
电流
供电波动
停电
电力管制
噪声
尖峰
电源浪涌
电源保护设备
电涌抑制器
不间断电源
备用电源（SPS）
物质安全数据表（MSDS）
职业安全与健康管理局（OSHA）
化学品注册、评估、许可和限制法规（REACH）
防静电垫
手工工具
平头螺丝起子
十字螺丝起子
梅花螺丝起子
内六角套筒扳手
部件拾取器
剥线器
压线钳
压线工具
清洁工具
诊断工具
数字万用表
环回适配器
音频探测器
外置硬盘盒
磁盘管理工具
格式化
扫描磁盘
CHKDSK
碎片整理
磁盘清理
系统文件检查器（SFC）
Windows 7 操作中心
反间谍软件程序
Windows 7 防火墙
个人参考工具
防静电包装袋
电源测试仪
测线器
回环塞

本章介绍工作场所的基本安全规程、硬件和软件工具以及危险物质的处置。这些安全准则有助于保护个人安全，避免出事故或受伤。它们还有助于保护设备以免损坏。其中有些准则旨在保护环境以免被弃置不当的物质所污染。您还将学习如何保护设备和数据以及如何正确使用手工和软件工具。

2.1 安全实验程序

这一部分将讨论实验室中的安全。安全准则帮助保护个人安全，避免出事故或受伤。它们还有助于保护设备以免损坏。其中有些准则旨在保护环境以免被弃置不当的物质所污染。

2.1.1 一般安全

安全的工作条件有助于防止人员受伤以及计算机设备损坏。一个安全的工作区应该干净整洁、井井有条并且照明充足。每个人都必须理解并遵循安全程序。

遵循基本的安全守则可防止割伤、灼伤、触电以及视力损伤。其中一项最佳做法是备好灭火器和急救箱，万一发生火灾或有人员受伤时，可以及时灭火或施救。网络安装过程中，线缆乱放或不进行固定，可能发生绊倒危险。线缆应该安装在管道或线槽中以防发生危险。

下面列出了在操作计算机时要采取的一些基本安全防范措施。

- 取下您的手表和首饰并扣好敞开的衣服。
- 关闭电源并拔下设备后，再执行维修操作。
- 用胶带包裹计算机机箱内的锐利边缘。
- 切勿打开电源外壳或 CRT 显示器外壳。
- 不要触碰打印机内灼热或高电压部件。
- 了解灭火器的安放位置和使用方法。
- 不要在工作区内饮食。
- 保持工作区干净整洁且井井有条。
- 抬重物时要屈膝，以免背部拉伤。

2.1.2 电气安全

遵循电气安全准则可防止家中和工作场所发生电气火灾、人员受伤及死亡事故。电源和 CRT 显示器内含高电压。

警告： 只有经验丰富的技术人员才能尝试维修电源和 CRT 显示器。维修电源或 CRT 显示器时，切勿佩戴防静电腕带。

一些打印机部件在使用过程中温度会变得很高，另一些部件可能内含高电压。查阅打印机手册可了解高电压组件的位置。有些组件甚至在打印机关闭后仍带有高电压。维修之前，务必要留出一定时间等待打印机冷却。

电气设备具有一定电源要求。例如，交流适配器是针对特定的笔记本电脑而生产。若互换不同类型的笔记本电脑或设备的电源线，则可能导致交流适配器和笔记本电脑损坏。

2.1.3 消防安全

遵循消防安全准则以保护生命、建筑物和设备。为了避免触电以及防止计算机损坏，务必在关闭计算机并拔下计算机的电源插头后，才可开始维修。

火势可能会迅速蔓延并且造成非常严重的损失。正确使用灭火器可以防止出现小火失控变大火的情况。在操作计算机组件时，须注意发生意外火灾的可能性并了解应对方法。警惕计算机和电子设备中是否散发出异味。电子组件过热或短路时，可能会散发出烧焦的气味。如果出现火灾，必须遵循以下安全步骤。

- 切勿强行扑救失控或未被遏制的火灾。
- 在开始任何工作之前，务必计划好火灾逃生路线。
- 快速撤离建筑物。
- 联系紧急消防与救援服务部门以获取帮助。
- 使用工作场所的灭火器之前，要找到并阅读灭火器上的说明。

熟悉所在国家或地区所使用的灭火器的类型。每种类型的灭火器都采用特定的化学物质来补救不同类型的火灾。

- 纸张、木头、塑料和纸板。
- 汽油、柴油和有机溶剂。
- 带电设备。
- 可燃金属。

了解灭火器的使用方法至关重要。使用帮助记忆的“拔瞄压扫”来牢记灭火器操作的基本规则。

拔：拔出保险销。

瞄：瞄准火源根部，而不是瞄准火焰。

压：压下压把。

扫：喷嘴对准火源根部左右扫射。

2.2 设备和数据保护程序

更换设备和恢复数据的成本可能非常高昂，并且非常耗费时间。本节将辨别针对系统的潜在威胁并描述帮助预防丢失和损坏的程序。

2.2.1 ESD 和 EMI

静电放电（ESD）、恶劣气候和劣质电源可能会导致计算机设备损坏。遵循正确的处理准则、注意环境问题以及能稳定电源的设备，可防止设备损坏和数据丢失。

静电是物体表面上的电荷积聚。当积聚的电荷跳到组件上时就会发生静电放电，并且会导致损坏。静电放电可能会毁坏计算机系统中的电子设备。

至少积聚 3000 伏的静电，人才能感觉到静电放电。例如，当您走过铺有地毯的地板时，身上可能会积聚静电。当您触摸另一个人时，你们都会感到电击。如果放电使人感到疼痛或者发出声响，则电荷可能超过 10000 伏。但在实际情况中，不到 30 伏的静电就可能损坏计算机组件。

静电放电（ESD）可能会对电子组件造成永久性损坏。按照以下建议操作可帮助防止静电放电损害。

- 将所有组件存放在防静电袋中，直到准备安装时再拿出来。
- 在工作台上使用接地的垫子。
- 在工作区域中使用接地的地毯。
- 操作计算机时使用防静电腕带。

电磁干扰（EMI）是指外部电磁信号入侵铜缆之类的传输介质。在网络环境中，电磁干扰会使信号失真，从而使接收设备难以解释信号。

电磁干扰并不一定来自已知来源，例如手机。其他类型的电子设备可能会发出无声无形绵延一英里（1.6 千米）多的电磁场。

电磁干扰有众多来源。

- 任何会产生电磁能的来源。
- 人为来源，例如电线或电机。
- 自然事件，例如雷暴或太阳辐射和星际辐射。

无线网络受射频干扰（RFI）影响。RFI 由无线电发射器以及按相同频率发射的其他设备所产生。例如，当无线电话与无线网络设备使用相同频率时，无线电话可能会使无线网络出现问题。当微波距离无线网络设备非常近时，微波也会引起干扰。

气候

气候通过各种方式影响计算机设备。

- 如果环境温度太高，则设备可能过热。
- 如果湿度太低，则静电放电的几率增高。
- 如果湿度太高，则设备可能会受潮损坏。

2.2.2 供电波动类型

电压是使电子在电路中移动的力。电子的移动称为电流。计算机电路需要电压和电流来运行电子组件。当计算机中的电压不准确或不稳定时，计算机组件可能运行不正常。不稳定的电压称为供电波动。

以下类型的交流电源波动可能导致数据丢失或硬件故障。

- **停电**：交流电源完全丧失。保险丝熔断、变压器损坏或电源线故障都会导致停电。
- **电力管制**：在一段时间内降低交流电源电压水平。当电源线路电压降低到正常电压水平的 80% 以下时，就发生电力管制。电路过载可能会导致电力管制。
- **噪音**：发电机和照明设备所产生的干扰。噪声导致电源质量差，而这可能会导致计算机系统出错。
- **尖峰**：电压突然增加，其持续时间短并且超过线路正常电压的 100%。尖峰可能由雷击造成，但在电力系统停电后恢复通电时也可能出现尖峰。
- **电源浪涌**：高于正常流动的电流的电压急剧增加。电源浪涌持续时间为几毫微秒（毫微秒即十亿分之一秒）。

2.2.3 电源保护设备

为了帮助抑制供电波动问题，请使用电源保护设备来保护数据和计算机设备。

- **电涌抑制器**：帮助防止电涌和尖峰造成的损坏。电涌抑制器会将电线上的额外电压转移到地面。
- **不间断电源（UPS）**：通过向计算机或其他设备提供恒定的电力来帮助防止潜在的电力问题。

使用 UPS 时，会持续给电池充电。当出现电力管制和停电时，UPS 将提供质量稳定的电源。许多 UPS 设备可以直接与计算机操作系统通信。这种通信允许 UPS 在失去所有电力之前安全地保存数据并关闭计算机。

- **备用电源（SPS）**：通过提供备用电池以在输入电压降至正常水平以下时提供电力，从而帮助防止潜在的电力问题。在正常操作过程中，电池处于备用状态。当电压下降时，电池向功率变换器提供直流电，变换器将直流电转换为交流电供计算机使用。此设备没有 UPS 可靠，因为切换到电池需要时间。如果切换设备出现故障，则电池无法向计算机供电。

警告：　UPS 制造商建议切勿将激光打印机插入 UPS，因为打印机可能会使 UPS 过载。

2.3 环境保护程序

大多数计算机和外围设备使用和包含至少几种被视为对环境具有毒害作用的材料。这一部分将描述有助于识别这些材料的工具和程序以及正确处理和处置这些材料的步骤。

2.3.1 物质安全和数据表

计算机和外围设备含有可能对环境有害的物质。危险物质有时称为有毒废物。这些物质可能含有高浓度的重金属，例如镉、铅或汞。危险物质的处置法规因国家和地区而异。有关处置程序和服务的信息，请与您社区中的当地回收或废物清理机构联系。

物质安全数据表（MSDS）是一张事实说明表，其中概述了有关物质鉴定的信息，包括可能影响个人健康的有害成分、火灾危险和急救要求。MSDS 包含化学反应和不相容性信息。它还包括安全处理和存储物质的预防措施，以及溢出、泄漏和处置程序。

要确定物质是否归类为危险物质，请查阅制造商的 MSDS。在美国，职业安全与健康管理局（OSHA）要求在将所有危险物质转交给新的所有者时必须附上 MSDS。所购产品随附的 MSDS 中有关计算机修理或维护方面的信息可能涉及计算机技术人员。OSHA 还规定须告知员工他们将要使用的物质，并向员工提供物质安全信息。图 2-1 显示了 OSHA 的网站，你可以在此查找到 MSDS 的格式及更多的信息。

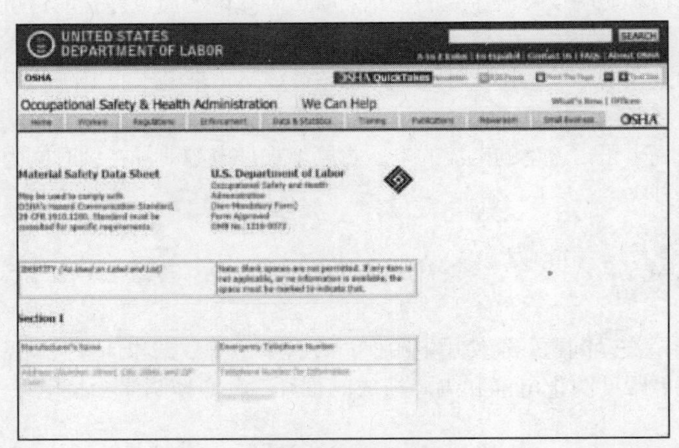

图 2-1　MSDS

注意： MSDS 非常重要，有助于确定处置潜在危险物质的最安全方式。在处置任何电子设备之前，务必查阅当地法规认可的处置方法。

MSDS 包含如下有用的信息。

- 物质的名称。
- 物质的物理属性。
- 物质中含有的有害成分。
- 反应活性数据，例如火灾和爆炸数据。
- 溢出和泄漏的处理程序。
- 特殊防范措施。
- 健康危害。
- 特殊保护要求。

在欧盟，化学品注册、评估、许可和限制法规（REACH）于 2007 年 6 月 1 日生效，从而用一套统一的体系取代了之前的各种指令和法规。

2.3.2 设备处置

正确处置或回收有害的计算机组件是一个全球性问题。务必要遵循特定物品处置方式的管制法规。若有组织违反这些法规，可能会被罚款或者面临法律诉讼。

1. 电池

电池通常含有可能对环境有害的稀土金属。笔记本电脑系统中的电池可能含有铅、镉、锂、碱性锰和汞。这些金属不会腐烂并且会存在于环境中很多年。汞通常用来制造电池，含有剧毒并且对人体非常有害。

回收电池应该是技术人员采用的一种标准做法。所有电池都应该采用符合当地环境法规的处置程序进行处理，包括锂离子、镍镉、镍金属氢化物和铅酸电池。

2. 显示器

显示器含有玻璃、金属、塑料、铅、钡和稀土金属。根据美国环境保护局（EPA）的说法，显示器可能含有大约 4 磅（1.8 千克）的铅。显示器必须按照环境法规进行处置。

须小心处理 CRT 显示器。即使断开电源后，CRT 显示器中仍可能存储有非常高的电压。

3. 墨粉套件、墨盒和显影剂

用过的打印机墨粉套件和打印机墨盒必须正确处置或回收。有些墨盒供应商和制造商会回收空墨盒进行重填。有些公司专门从事重填墨盒业务。虽然可以买到重填喷墨打印机墨盒的套件，但不建议这么做，因为墨水可能会渗漏到打印机中，导致损坏后无法维修。如果使用重填的喷墨墨盒，也可能会使喷墨打印机保修失效。

4. 化学溶剂和喷雾罐

有关处置用于清洁计算机的化学物质和溶剂的方法和地点，请与当地的环卫公司联系。切勿将化学物质或溶剂倾倒在水槽内，也不要将它们排放到与公共下水道相连的排水沟中。

须小心处理内含溶剂和其他清洁用品的罐子或瓶子。确保将它们标记为以及视为特殊危险废弃物。例如，如果某些喷雾罐的内容物未用完，那么它们遇热时就会发生爆炸。

2.4 工具的正确使用

正确使用工具有助于预防设备和人员的意外事故和损坏。这一部分描述并介绍各种硬件、软件以及使用计算机和外围设备时专用的组织化工具的正确使用方法。

2.4.1 硬件工具

每项作业都有对应的工具。一定要熟悉每件工具的正确用法，并使用合适的工具执行当前任务。熟练使用工具和软件，会让工作变得轻松，同时确保任务安全正确地执行。

工具包内应备有维修硬件所需的全部工具。有了经验之后，您就会清楚，该用什么合适的工具来处理各类作业。硬件工具分为4个类别。

- 静电放电（ESD）工具。
- 手工工具。
- 清洁工具。
- 诊断工具。

图2-2显示了用于计算机维修的一些常用的工具。

图2-2 计算机工具

1. ESD工具

有两种静电放电（ESD）工具：防静电腕带和防静电垫。在通过计算机机箱接地后，防静电腕带可以保护计算机设备。防静电垫通过防止静电聚积在硬件或技术人员身上来保护计算机设备。

2. 手工工具

计算机组装过程中使用的大多数工具是小型手工工具。市面既有单独出售的工具，也有成套供应的计算机维修工具包。工具包的大小、质量和价格各异，可按需选择。一些常用的手工工具及其用途如下。

- **平头螺丝起子：**用于拧紧或松开有槽螺钉。
- **十字螺丝起子：**用于拧紧或松开十字头螺钉。
- **梅花螺丝起子：**用于拧紧或松开顶部具有星型凹陷（主要在笔记本电脑中发现的一种特性）

的螺钉。

- **内六角套筒扳手**：用于像螺丝起子拧紧或松开螺钉那样拧紧或松开螺帽（有时也称为螺帽扳手）。
- **针头钳**：用于抓取小部件。
- **电线裁剪工具**：用于电线剥皮和剪断电线。
- **镊子**：用于操作小部件。
- **部件拾取器**：用于从位置中取回因太小而无法用手安装的部件。
- **手电筒**：用于照亮无法看清的区域。
- **剥线器**：剥线器用于从电线中除去绝缘体，以便可以将电线拧到其他电线上或压接至连接器以进行布线。
- **压线钳**：用于将连接器连接至电线。
- **压线工具**：用于将电线端接到接线板。必须使用压线工具将某些电缆连接器连接到电缆。

3. 清洁工具

在维护和修理计算机时，必须具有合适的清洁工具。使用合适的清洁工具有助于确保在清洁过程中不损坏计算机组件。清洁工具包括如下几种。

- **软布**：用于清洁不同的计算机组件，不会产生刮痕或留下碎屑。
- **压缩空气**：用于在不接触组件的情况下从不同计算机部件中吹走灰尘和碎屑。
- **电缆扎带**：用于在计算机内部和外部整洁地捆扎电缆。
- **部件夹**：用于固定螺钉、跳线、紧固件和其他小部件，并防止它们混合在一起。

4. 诊断工具

诊断工具用于测试和诊断设备。诊断工具包括如下几种。

- **数字万用表**（如图 2-3 所示）是可以进行多种类型的测量的设备，它可以测量电路的完整性以及计算机组件中的电能质量。数字万用表在 LCD 或 LED 上显示信息。
- **环回适配器**也叫回环塞，用于测试计算机端口的基本功能。此适配器特定于想要测试的端口。
- **音频探测器**（如图 2-4 所示）是一个双部件工具。音频部件使用诸如 RJ-45、同轴电缆或金属夹之类的特定适配器连接到电缆的一端。音频产生一种声音，该声音的传播距离等于电缆长度。探测器部件会跟踪电缆。当探测器与音频所连接到的电缆接近时，可以通过探测器中的扬声器听到声音。

图 2-3 万用表

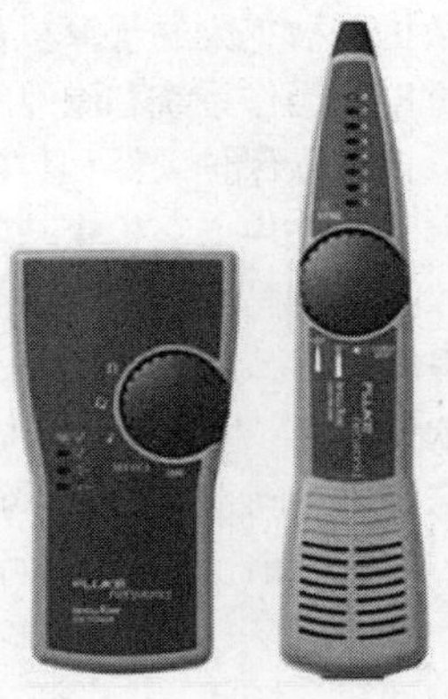

图 2-4 音频探测器

虽然外置硬盘盒不是诊断工具，但在诊断和修复计算机时通常会用到它。客户硬盘放置在外盒中，以便使用功能正常的计算机进行检测、诊断和修复。也可以将备份记录到外盒内的驱动器中，以防止在计算机修复过程中发生数据损坏。

2.4.2 软件工具

与硬件工具类似，多种软件工具可用于帮助技术人员确定问题并排除故障。其中许多工具都是免费的，一些为 Windows 操作系统自带的工具。

1. 磁盘管理工具

软件工具有助于诊断计算机和网络问题，以及确定未正常运行的计算机设备。技术人员必须能够使用一系列软件工具来诊断问题、维护硬件以及保护计算机上存储的数据。

您必须能够确定要在不同情况下使用的软件。磁盘管理工具有助于检测和更正磁盘错误，准备用于数据存储的磁盘，以及删除无用的文件。

以下是一些磁盘管理工具。

- **FDISK**：在硬盘上创建和删除分区的命令行工具。FDISK 工具在 Windows XP、Vista 或 7 中不可用。它已经被磁盘管理工具所取代。
- **磁盘管理**：初始化磁盘、创建分区以及格式化分区。
- **格式化**：准备硬盘以存储信息。
- **扫描磁盘或 CHKDSK**：通过扫描文件系统来检查硬盘上的文件和文件夹的完整性。这些工具也可以检查磁盘表面上的物理错误。
- **碎片整理**：优化硬盘上的空间以允许更快地访问程序和数据。
- **磁盘清理**：通过搜索可以安全删除的文件来清理硬盘上的空间。
- **系统文件检查器（SFC）**：一种命令行工具，可以扫描操作系统的重要文件并替换损坏的文件。

使用 Windows 7 启动盘进行故障排除和修复损坏的文件。Windows 7 启动盘可修复 Windows 系统文件，还原损坏或丢失的文件，以及重新安装操作系统。

也可以使用第三方软件工具来帮助排解问题。

2. 保护软件工具

病毒、间谍软件和其他类型的恶意攻击每年都会感染数百万台计算机。这些攻击可以损坏操作系统、应用程序和数据。被感染的计算机甚至可能出现硬件性能或组件故障问题。

为了保护数据以及操作系统和硬件的完整性，须使用旨在预防攻击和删除恶意程序的软件。

多种类型的软件可以保护硬件和数据。

- **Windows 7 操作中心**：检查基本安全设置的状态。此操作中心会不断地进行检查以确保软件防火墙和防病毒程序正在运行。它还会确保自动下载和安装自动更新。
- **防病毒程序**：防御病毒攻击。
- **反间谍软件程序**：防范向攻击者发送关于用户上网习惯信息的软件。间谍软件可能在用户不知情或未经用户同意的情况下偷偷安装。
- **Window 7 防火墙**：不间断运行以防止与计算机之间进行未授权的通信。

2.4.3 组织工具

在忙碌的工作日期间保留准确的记录和日志可能颇具挑战性。有许多像工作订单系统这样的组织工具可以帮助技术人员记录他们的工作。

1. 参考工具

技术人员必须记录所有计算机问题和修复过程。记录可供将来再发生同类问题时参考，也可供之前没碰到过这类问题的其他技术人员参考。文档可以是纸质文档，但最好采用电子形式，以方便搜索特定问题。

技术人员应记录所有维护和修复过程，这一点很重要。这些文档需要集中进行存储，并提供给所有其他技术人员。记录可以用作参考材料，以便解决将来遇到的类似问题。优良的客户服务包括向客户提供有关问题和解决方案的详细说明。

个人参考工具

个人参考工具包括故障排除指南、制造商手册、快速参考指南和修复日志。除了保留发票之外，技术人员还应该保管好升级和修复日志。日志文档包括问题描述、尝试过的解决办法以及解决该问题的步骤。记录对设备所做的任何配置更改以及修复过程中更换的任何部件。将来遇到类似情况时，该文档会有很大帮助。

- **笔记**：记录故障排除和修复过程。参阅这些笔记以避免重复以前的步骤并确定接下来要采取的步骤。
- **日志**：记录升级和修复执行情况。包括问题描述、修复该问题时尝试过的可能办法以及解决该问题的步骤。记录对设备所做的任何配置更改以及修复过程中更换的任何部件。将来遇到类似情况时，日志以及笔记会有很大帮助。
- **修复记录**：记录问题和修复详情，包括日期、更换部件和客户信息。根据记录，技术人员可以确定过去对特定计算机已经执行的工作。

Internet 参考工具

Internet 是查找有关特定硬件问题和可行解决方案信息的最佳来源：

- Internet 搜索引擎。
- 新闻组。
- 制造商常见问题。
- 在线计算机手册。
- 在线论坛和聊天。
- 技术网站。

2. 其他工具

有了经验之后，您将发现有很多物品要添加到工具包中。图 2-5 所示为没有零件袋时，如何使用胶带来标记从计算机中卸下的零部件。

工作计算机也是很重要的资源，需要随身携带到修复工作现场。工作计算机可用于查阅信息、下载工具或驱动程序以及与其他技术人员沟通。

图 2-6 所示为要放在工具包中的计算机更换部件的类型。在使用部件之前，要确保部件能正常工作。使用已知的正常组件来更换计算机中可能损坏的组件，有助于快速确定工作不正常的组件。

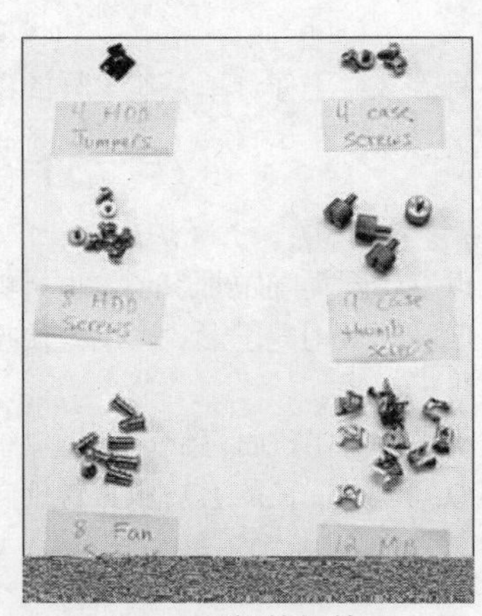

图 2-5　部件标签

图 2-6　计算机更换部件

2.4.4　演示正确的工具使用方法

本节将描述用于保护、维修和清洁计算机及外围设备的常用工具的正确使用。

1. 防静电腕带

工作场所的安全是每个人的责任。在使用正确的工具工作时，伤害到自己或损坏组件的可能性要小得多。

在清洁或修理设备之前，要确保工具状况良好。清洁、修理或更换不能正常使用的用品。

例如，走过铺有地毯的房间并接触门把手时，我们会感到轻微的电击，这就是静电放电（ESD）。虽然轻微的电击对人并无伤害，但同样的电荷从人体身上传递到计算机时，就可能损坏计算机组件。将自己接地或者戴防静电腕带可以防止静电放电（ESD）损坏计算机组件。

将自己接地或者戴防静电腕带的目的是让人与设备所带电荷相等。通过接触计算机机箱的外露金属部分可以将自己接地。防静电腕带是将人的身体连接到人所操作的设备的导体。当静电在人体中聚积时，腕带与设备或地面之间形成的连接，会通过连接腕带的电线导电。

如图 2-7 所示，腕带分两个部分并且易于佩戴。以下是使用防静电腕带的正确程序。

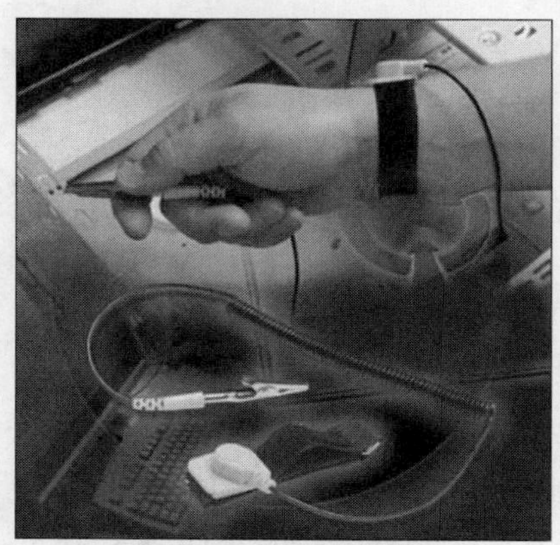

图 2-7　防静电腕带

How To

步骤 1 将腕带缠绕在您的手腕上并使用搭扣或维可牢尼龙搭扣固定腕带。腕带背面上的金属必须始终与您的皮肤保持接触。

步骤 2 将电线末端的连接器搭接到腕带上，并将另一端连接到设备或连接到防静电垫所连接到的接地点。机箱的金属框架适合连接电线。将电线连接到所操作的设备时，要选择未喷漆的金属表面。喷漆表面不导电，未喷漆金属导电。

注意： 电线连接到设备上时，要和佩戴防静电腕带的手臂在同一侧，以免工作时电线碍事。

虽然戴腕带有助于防止静电放电（ESD），但是不穿丝绸、聚脂纤维或羊毛服装可以进一步减小风险。这些织物产生静电的可能性更大。

注意： 技术人员应该卷起袖筒，取下围巾或领带，并掖好衬衫，以防止衣服碍事。确保适当地固定好耳环、项链和其他松散的首饰。

警告： 切勿在修理 CRT 显示器或电源装置时戴防静电腕带。

2. 防静电垫

有时候您别无选择，只能在配备不完善的工作区中维护计算机。如果可以控制环境，可尝试将工作区设在远离铺有地毯的区域。地毯可能会导致静电荷聚积。如果避不开地毯，可通过所维护计算机机箱的未喷漆部分将自已接地，然后再接触任何组件。

防静电垫略微导电。其工作方式是从组件中将静电吸走，并将静电从设备安全地传输到接地点，如图 2-8 所示。以下是使用防静电垫的正确程序。

How To

步骤 1 将垫子铺在计算机机箱附近或下面的工作区上。

步骤 2 将垫子夹到机箱上以提供接地的表面，当您从系统中卸下部件时，可以将部件放在此表面上。

图 2-8 防静电垫

在工作台上工作时，要将此工作台和防静电地板垫接地。通过站在此垫子上以及戴上腕带，人体与设备具有相同的电荷，会减少静电放电（ESD）的可能性。请将桌面上的垫子与地面上的垫子连接在一起，或者将二者都连接到电气接地。

减少可能的静电放电（ESD）会减小损坏精密的电路或组件的可能性。

注意： 始终从边缘拿捏组件。

3. 手工工具

技术人员要能够正确使用工具包中的每种工具。这一主题部分介绍修理计算机时使用的多种手工工具。

螺钉

每个螺钉都匹配合适的螺丝起子。将螺丝起子的尖端对准螺钉头。顺时针旋转螺丝起子可以拧紧螺钉，逆时针旋转螺丝起子可以松开螺钉。

如果用螺丝起子将螺钉拧得过紧，螺钉可能会滑丝。滑丝的螺钉（如图 2-9 所示）可能会塞在螺孔中，也可能拧不紧。滑丝的螺钉不能再使用。

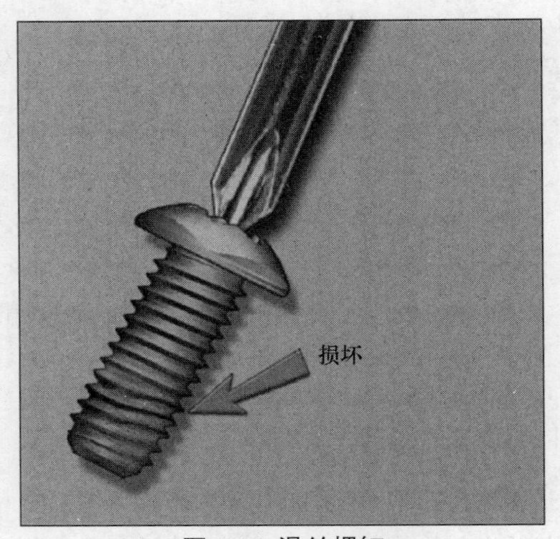

图 2-9 滑丝螺钉

平头螺丝起子

在使用有槽螺钉时，要使用平头螺丝起子。不要使用平头螺丝起子移除十字头螺钉。切勿用螺丝起子撬东西。某个组件卸不下来时，要查看是否存在固定组件的夹子或闩锁。

警告： 如果需要过分用力才能卸下或安装组件，说明某个地方存在问题。要仔细检查一下，确保没有漏掉螺钉或固定组件的锁夹。查阅设备手册或图表可获取详细信息。

十字螺丝起子

十字头螺钉要用十字头螺丝起子。不要使用此类型的螺丝起子来戳任何物体，这会损坏螺丝起子的头部。

内六角套筒扳手

如图 2-10 所示，使用内六角套筒扳手来松开或拧紧具有六角（六边形）头的螺栓。六角螺栓不应拧得过紧，因为这可能会使螺栓的螺纹滑丝。内六角套筒扳手和所拧的螺栓要大小匹配，扳手不能过大。

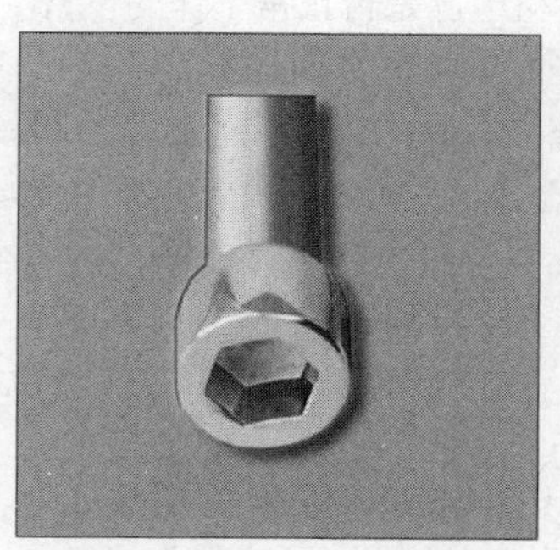

图 2-10 内六角套筒扳手

警告： 某些工具已经磁化。在电子设备周围工作时，确保正在使用的工具未被磁化。磁场可能对存储在磁性介质上的数据有害。用工具碰触螺钉来测试工具，如果螺钉被吸到工具上，则不要使用此工具。

组件拾取工具

可以使用针头钳和镊子来放置和取回手指可能难以够到的部件。还有些工具叫做部件拾取器，专门设计用于执行此任务。在使用这些工具时，不要刮到或碰到任何组件。

警告： 不能在计算机内部使用铅笔来更改开关的设置或撬开跳线。铅笔中的铅可以充当导体并且可能会损坏计算机组件。

计算机技术人员需要使用合适的工具来安全地工作以及防止损坏计算机设备。技术人员使用多种工具诊断和修复计算机问题。

- 大号和小号平头螺丝起子。
- 大号和小号十字头螺丝起子。
- 镊子或部件拾取器。
- 针头钳。
- 电线裁剪工具。
- 芯片提取器。
- 六角套筒扳手。
- 梅花螺丝起子。
- 大号和小号螺帽螺丝刀。
- 三爪组件固定器。
- 剥线器。
- 压线钳。
- 压线工具。
- 数字万用表。
- 回绕插头。
- 小镜子。
- 小灰刷。
- 不起毛的软布。
- 电缆扎带。
- 剪刀。
- 小手电筒。
- 电工胶带。
- 铅笔或钢笔。
- 压缩空气。

可以使用各种专业工具来修复和维护计算机，如使用改锥头、防静电包装袋和手套以及集成电路拉出器。切勿使用磁化工具，例如，带磁头的螺丝起子或使用外延磁铁来吸取够不着的小金属物体的工具。如果使用磁性工具，则可能导致硬盘和软盘上的数据丢失。磁性工具也可能会引起电流，这可能会损坏内部计算机组件。

此外，有些专门的测试设备用于诊断计算机和电缆问题。

- **万用表：**一种测量交流/直流电压、电流及其他电缆和电气特征的设备。

- **电源测试仪**：一种检查计算机电源是否正常工作的设备。简单的电源测试仪可能只有指示灯，而较先进的型号会显示电压和安培的数值。
- **测线器**：一种检查电线短路或故障的设备，如检查连接到错误引脚的电线。
- **回环塞**：一种连接到计算机、集线器、交换机或路由器端口以执行称为回环测试的诊断过程的设备。在环回测试中，信号通过电路进行传输，然后返回到发送设备，以测试数据传输的完整性。

4. 清洁材料

保持计算机内外部清洁是维护计划极其重要的一个组成部分。灰尘可能导致风扇、按钮和其他机械组件的实际运转出现问题。在电子组件上，厚厚的积灰就像绝缘体，并且会吸热。其绝缘作用削弱了散热器和散热风扇使组件保持凉爽的功能，导致芯片和电路过热并发生故障。

注意：使用压缩空气清洁计算机内部时，在喷头距离组件至少 4 英寸（10 厘米）远的地方吹扫组件。清洁电源和风扇时，要从背面吹扫。

警告：在清洁任何设备之前，先关闭设备并从电源中拔下设备的电源插头。

计算机机箱和显示器

使用温和的清洁液和不起毛的湿布采清洁计算机机箱和显示器的外部。将一滴洗洁剂与 4 盎司（118 毫升）的水混合，配制成清洁液。如果水滴到机箱内部，则要留出足够时间，待液体变干后再打开计算机电源。

LCD 屏幕

不要在 LCD 屏幕上使用含氨的玻璃清洁剂或任何其他溶剂，除非该清洁剂专门用于清洁屏幕。烈性化学物质会损坏屏幕上的涂层。由于这些屏幕没有保护玻璃，所以在清洁屏幕时应该轻轻擦拭，不要紧压在屏幕上。

CRT 屏幕

清洁 CRT 显示器屏幕时，用蒸馏水浸湿不起毛的干净软布，从上到下擦试屏幕。最后使用干软布擦拭屏幕，擦掉擦痕。

组件

使用压缩空气清洁有灰尘的组件。压缩空气不会在组件上引起静电聚积。在吹掉计算机上的灰尘之前，先确保周围环境通风良好。最佳做法是戴上防尘面具以防吸入灰尘颗粒。

使用空气罐中喷出的气流吹走灰尘。切勿翻转空气罐或者颠倒使用空气罐。不要让压缩空气吹动扇叶旋转。保持风扇固定不转，如果风扇电机未打开时旋转风扇，可能会损坏电机。

组件触点

使用异丙醇清洁组件上的触点。不要使用外用酒精。外用酒精含有杂质，可能会损坏触点。确保触点不会沾上衣服或棉签中的绒毛。在重新组装之前，使用压缩空气吹掉触点上的绒毛。

键盘

使用压缩空气清洁台式机键盘，然后使用附带刷子的手持真空吸尘器除去松散的灰尘。

警告： 切勿在计算机机箱内部使用普通真空吸尘器。真空吸尘器的塑料部件可能会聚积静电并向组件释放静电。只能使用经过认证的适用于电子组件的真空吸尘器。

鼠标

使用玻璃清洁剂和软布清洁鼠标的外部。不要将玻璃清洁剂直接喷在鼠标上。如果要清洁机械鼠标，则可以取出滚球并用玻璃清洁剂和软布清洁滚球。使用同样的抹布将鼠标内部的滚轮擦干净。不要在鼠标内部喷任何液体。

表 2-1 显示了应该清洁的计算机物品以及要使用的清洁材料。

表 2-1 计算机清洁材料

计算机机箱和显示器外部	温和的清洁液和不起毛的布
LCD 屏幕	LCD 清洁液或蒸馏水和不起毛的布
CRT 屏幕	蒸馏水和不起毛的布
散热器	压缩空气
RAM	异丙醇和不起毛的棉签
键盘	附带刷子的手持真空吸尘器
鼠标	玻璃清洁剂和软布

2.5 总结

本章讨论了安全实验程序、工具的正确用法，以及计算机组件和耗材的正确处置方法。您已经在实验室中熟悉了用于组装、维护和清洁计算机和电子组件的许多工具。您也了解了组织工具的重要性以及这些工具如何助您更有效地工作。

本章需要掌握的一些重要概念如下。

- 采取安全的作业方式以保护用户和设备。
- 遵循所有安全准则以防止自己和其他人受伤。
- 掌握设备免遭静电放电（ESD）损坏的方法。
- 了解可能导致设备损坏或数据丢失的电源问题并能够防止这些问题。
- 了解需要特殊处理过程的产品和耗材。
- 熟悉 MSDS 以了解安全问题和处理限制，从而帮助保护环境。
- 能够使用正确的工具执行任务。
- 了解如何安全地清洁组件。
- 在计算机修复过程中使用组织工具。

2.6 检查你的理解

您可以在附录 A 中查找下列问题的答案。

1. 技术人员在维护计算机系统时应该如何释放积聚的静电？

A. 与计算机机箱的喷漆部件保持接触
B. 与计算机机箱的未喷漆部件保持接触
C. 在触摸任何计算机设备之前先戴上防静电腕带
D. 在接触任何计算机设备之前先接触防静电垫

2. 下列哪一项是一张事实说明表，其中概述了有关物质鉴定的信息，包括可能影响个人健康的有害成分、火灾危险和急救要求。
A. ESD　　B. MSDS
C. OSHA　　D. UPS

3. 关于静电，下列哪两项陈述是正确的？（选择两项）
A. 它可能会使无线信号失真
B. 在人身上可能会积聚 10000 伏以上的电压
C. 仅仅 30 伏就能损坏计算机组件
D. 只要接通计算机电源，就不会损坏计算机组件
E. 保持凉爽干燥的环境即可减少静电积聚
F. 它由诸如发动机、电源线和无线电发射器之类的设备所产生

4. 当工作场所发生的火灾无法控制时，应当首先遵循下列哪项建议？
A. 尝试使用电梯加速逃离至较低楼层
B. 离开房间或大楼并联系急救服务机构寻求帮助
C. 使用公司的供水系统阻止火势向其他区域蔓延
D. 尝试使用正确的灭火器控制火势

5. 哪种设备旨在专门保护计算机和电子设备，以防止出现过高的电压？
A. 电源板　　B. 备用电源
C. 电涌保护器　　D. 不间断电源

6. 哪款软件旨在防止与计算机之间进行未授权的通信？
A. 安全中心　　B. 端口扫描程序
C. 反恶意软件　　D. 防病毒软件
E. 防火墙

7. 清洁计算机组件的认可方法是什么？
A. 使用氨水清洁 LCD 屏幕
B. 使用外用酒精清洁组件触点
C. 使用不起毛的布擦除计算机机箱内部的灰尘
D. 使用蘸有玻璃清洁剂的软布清洁鼠标的外部

8. 哪种工具可用来扫描 Windows 的关键系统文件以及替换任何损坏的文件？
A. SFC　　B. CHKDSK
C. Fdisk　　D. 碎片整理

9. 哪种情况是指电压突然急剧增加，而且这种情况通常由雷电造成？
A. 电力管制　　B. 骤降
C. 尖峰　　D. 浪涌

10. 哪种工具可用来测量电阻和电压？
A. 万用表　　B. 电源测试仪
C. 电缆测试仪　　D. 回环塞

第3章

计算机组装

学习目标

通过完成本章的学习，您将能够回答下列问题：

- 如何打开计算机机箱？
- 安装电源的过程是什么？
- 如何将组件安装到计算机主板？
- 如何将主板安装到计算机机箱？
- 如何处理和安装一个集成有风扇和散热片的CPU？
- 如何将内置驱动器安装到计算机的机箱？
- 如何安装外部设备？
- 如何安装适配卡？
- 将所有的内部线缆连接起来的过程是什么？
- 如何重新组装计算机机箱？
- 第一次启动计算机时，期望的结果是什么？

关键术语

下列为本章所用的关键术语。您可以在本书的术语表中找到其定义。

机箱
防静电垫
静电放电（ESD）
防静电腕带
散热膏
散热器和风扇组件
螺柱
（I/O）连接器插板
PATA数据线缆
SATA数据线缆
伯格的电源连接器
网络接口卡（NIC）
无线网卡
先进的技术扩展（ATX）
SATA电源连接器
Molex公司电连接器
基本输入输出系统（BIOS）
加电自检
蜂鸣代码
互补金属氧化物半导体（CMOS）
非易失性存储器
驱动器加密
零插拔力控制杆（ZIF）

技术人员的大部分工作是组装计算机。作为一名技术人员，在处理计算机组件时，必须使用合理的方法有条不紊地操作。有时，可能要确定是需要升级还是更换客户计算机的组件。在安装步骤、故障排除技术和诊断方法方面，培养自己的高级技能十分重要。本章讨论了组件的硬件和软件兼容性的重要性。本章还介绍了有效地运行客户的硬件和软件所需的充足系统资源。图 3-1 显示了用于组装计算机系统的机箱和组件。

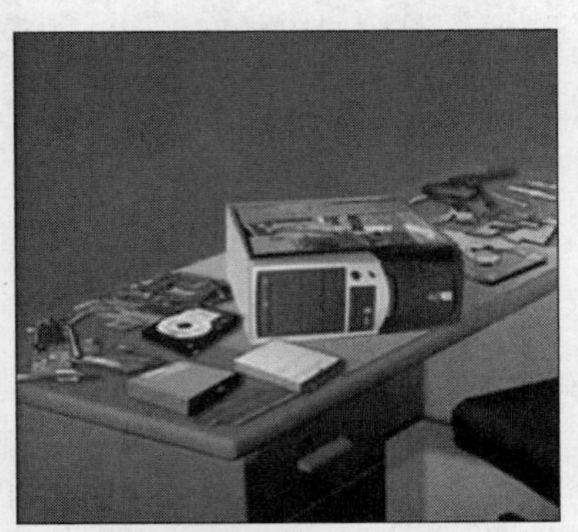

图 3-1 机箱和组件

3.1 打开机箱和安装电源

本节讨论访问计算机机箱内部的方法及安装电源的步骤。要安装电源，您必须打开机箱，而打开机箱的方法因制造厂商而异。如果要升级电源，在移走旧的电源之前，您必须先断开线缆；如果要安装一个新电源，打开机箱并将电源安装到正确的位置都是必要的工作。

3.1.1 打开机箱

计算机机箱的规格尺寸有很多种。规格尺寸是指机箱的大小和形状。

在打开计算机机箱之前，要准备好工作空间。您需要充足的照明、良好的通风以及适宜的室温。工作台或桌子应该便于从各个方向使用。工作区表面不要乱堆放工具和计算机组件。桌面上要铺上防静电垫，以防设备发生物理损坏或静电放电（ESD）损坏。卸下的螺钉和其他部件要装在小袋或小盒内，这对后续工作很有帮助。

打开机箱时可以使用不同的方法。要了解如何打开特定的计算机机箱，须查阅用户手册或制造商的网站。大多数计算机机箱可采用下列方法之一打开。

- 将计算机机箱盖作为一个整体取下。
- 卸下机箱的顶板和侧板。
- 先卸下机箱的顶板，然后卸下侧板。
- 拉出门锁松开侧板，然后打开侧板。

3.1.2 安装电源

技术人员可能需要更换或安装电源。大多数电源只能按一个方向装入到计算机机箱中。一般用三四个螺钉将电源固定到机箱上。电源配有风扇，风扇可能会振动并使未完全拧紧的螺钉松动。安装电源时，要确保装上了所有螺钉并正确拧紧。

要安装电源，按以下步骤操作。

How To

步骤 1 将电源插入到机箱中。

步骤 2 将电源中的孔与机箱中的孔对齐。

步骤 3 使用合适的螺钉将电源紧固到机箱上。

图 3-2 显示了计算机机箱中电源的位置。

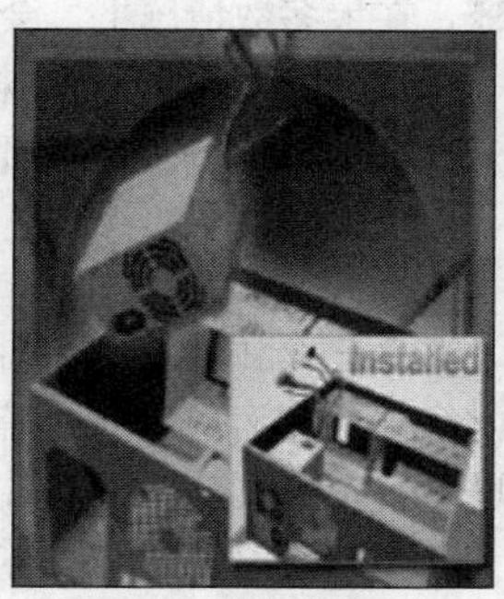

图 3-2 安装电源

3.2 安装主板

本节将讨论直接安装到主板上的众多组件的安装方法以及将主板自身安装到机箱中的安装方法。通过本章的学习，您还将了解到，计算机系统中的所有组件都以某种方式连接到其主板上。

3.2.1 安装 CPU、散热器和风扇组件

在主板安装到计算机机箱中之前，CPU、散热器和风扇组件可能已经安装到主板上。这样做有利于留出空间在安装过程中查看和操作组件。

1. CPU

图 3-3a 显示了 CPU 和主板的特写图片。CPU 和主板是对静电放电敏感的组件。在处理 CPU 和主板时，要确保将其放在接地的防静电垫上。同时戴上防静电腕带来操作这些组件。

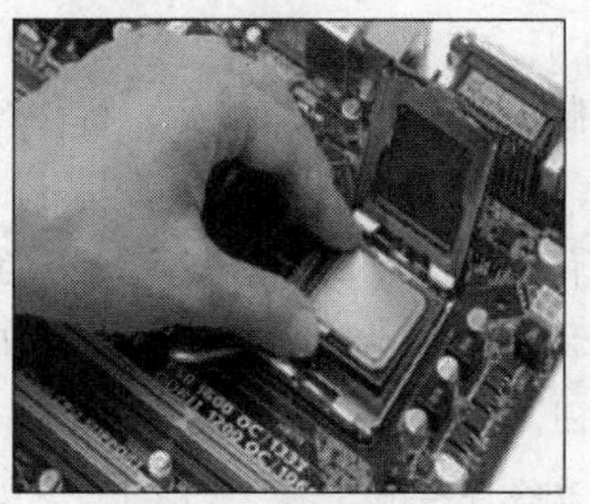

图 3-3a CPU 和主板

警告： 拿取 CPU 时，始终不要碰触 CPU 触点。

CPU 通过锁定组件紧固在主板上的插座中。将 CPU 安装到主板上的插座中之前，要确保自己了解锁扣组件。

散热膏有助于散除 CPU 中的热量。在安装用过的 CPU 时，要用异丙醇和不起毛的布清洁 CPU 的顶部以及散热器的底座。咖啡过滤纸完全可以当不起毛的布使用。这样可以擦除旧的散热膏。现在表面已准备就绪，可以涂抹一层新的散热膏了。要按照制造商的相关建议来涂抹散热膏。

图 3-3b 显示在 CPU 上涂抹散热膏。在大多数情况下，会将非常少量的散热膏涂到 CPU 上。一定要记住并不是涂抹越多就越好，这一点非常重要。过渡的涂抹可能导致处理器绝缘及冷却效果降低，进而影响 CPU 的散热能力。散热膏会在散热器和风扇组件的重力和压力下均匀散开。

2. 散热器和风扇组件

图 3-3c 显示散热器和风扇组件。这是一个由两个部件组成的散热装置。散热器从 CPU 中吸走热量。风扇散除散热器中的热量。此组件通常有一个 3 针电源连接器。有些制造商会将散热膏预先涂抹在处理器上装配的散热器和风扇组件上，这些处理器在其出厂销售时就带有散热器和风扇组件。预先涂抹的散热膏虽然方便，但有时也有缺点，如不能始终保证最佳质量，或者只能使用一次，如果在安装过程中需要重新放置 CPU，需要将旧的散热膏移除，再涂抹新的散热膏以确保有效散热。

图 3-3b 涂抹散热膏

图 3-3c 散热器和风扇组件的安装

要安装 CPU 以及散热器和风扇组件，按以下步骤操作。

How To

步骤 1 调整 CPU 位置，使连接 1 指示标记与 CPU 插座上的引脚 1 对齐。这将确保 CPU 上的定位槽口与 CPU 插座上的定位键对齐。

步骤 2 将 CPU 轻轻地放入插座中。

步骤 3 盖上 CPU 加压板。合上压杆并将其移到压杆固定突舌的下面，将加压板固定好。

步骤 4 将少量的散热膏涂抹到 CPU 上。要按照散热膏制造商提供的涂抹说明进行操作。

步骤 5 将散热器和风扇组件固定器与主板上的孔对齐。

步骤 6 将此组件放在 CPU 插座上，小心不要压着 CPU 风扇电线。

步骤 7 拧紧组件固定件以将组件固定好。

步骤 8 将组件电源线连接到主板上的 CPU 风扇连接器。

图 3-3d 显示散热器和风扇组件的电缆、主板连接器，以及锁定装置。

图 3-3d 散热器和风扇的电缆、主板连接器，以及锁定装置

3.2.2 安装 RAM

在将主板固定到计算机机箱之前，可能要先将 RAM 安装到主板上。在安装之前，要查阅主板制造商的主板文档或网站以确保 RAM 与主板兼容。

在计算机运行时，RAM 为 CPU 提供快速临时数据存储。RAM 是易失性存储器，这意味着当计算机电源关闭时其内容会丢失。通常，增加 RAM 可提高计算机性能。图 3-4 显示了 RAM 模块的安装。

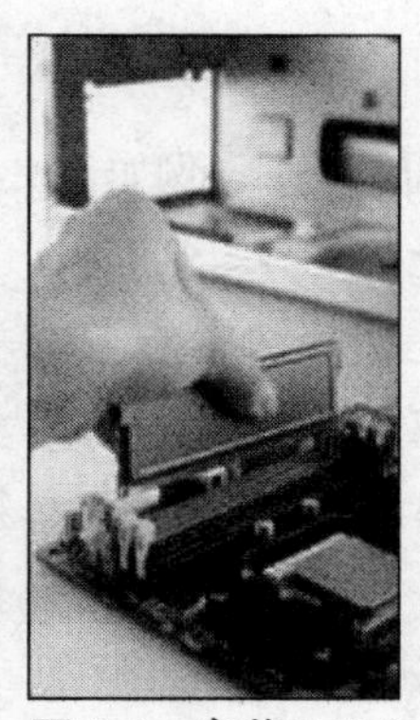

图 3-4 安装 RAM

要安装 RAM，按以下步骤操作。

How To

步骤 1 将 RAM 模块上的缺口与插槽中的键对齐，并向下按直到侧突舌嵌入到位。

步骤 2 确保侧突舌已经锁定 RAM 模块。

步骤 3 目视检查是否有外露的触点。

步骤 4 对其他 RAM 模块重复上述步骤。

3.2.3 安装主板

现在，主板已经准备就绪，可以安装到计算机机箱中了。塑料和金属螺柱用于安装主板，并防止主板接触机箱的金属部分。只安装与主板中的孔对齐的螺柱。如果安装其他螺柱，则可能会妨碍主板正确地安装到计算机机箱中。

由于每个主板上的 I/O 接口各异，因此主板会随附 I/O 连接器插板。该 I/O 插板在主板背面具有专用于连接器的开口。I/O 连接器插板安装在计算机机箱背面的内侧，便于在机箱中安装主板时使用连接器。

要安装主板，按以下步骤操作。

How To

步骤 1　在计算机机箱中安装螺柱，使其对其主板中的安装孔位置。

步骤 2　将 I/O 插板安装到计算机机箱背面的内侧。

步骤 3　将主板背面上的 I/O 连接器与 I/O 插板中的开口对齐。

步骤 4　将主板的螺钉孔与螺柱对齐。

步骤 5　插入所有主板螺钉。

步骤 6　拧紧所有主板螺钉。

3.3　安装驱动器

本节将讲解在内置和外置支架上安装多种的磁盘驱动器的步骤。

3.3.1　安装内置驱动器

安装在内部托架中的驱动器称为内置驱动器。例如，硬盘驱动器（HDD）便属于内置驱动器。要安装 HDD，按以下步骤操作。

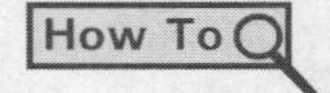

步骤 1　确定 HDD 的位置，使其与 3.5 英寸（8.9 厘米）驱动器托架的开口对齐。

步骤 2　将 HDD 插入驱动器托架中，使驱动器的螺钉孔与机箱的螺钉孔对齐。

步骤 3　使用合适的螺钉将 HDD 紧固到机箱上。

3.3.2　安装光盘驱动器

光盘驱动器可将数据存储在诸如 CD、DVD 和蓝光光盘之类的可移动介质上。光盘驱动器安装在机箱前面的驱动器托架中。通过使用外置托架，不用打开机箱就可以访问介质。图 3-5 显示外置托架的安装。

图 3-5　在外置托架上安装光盘驱动器

Molex 或 SATA 电源连接器将电源的电力提供给光盘驱动器。PATA 或 SATA 数据线将光盘驱动器连接至主板。

要安装光盘驱动器，按以下步骤操作。

How To

步骤 1 确定光盘驱动器的位置，使其与 5.25 英寸（13.34 厘米）驱动器托架的开口对齐。

步骤 2 将光盘驱动器插入驱动器托架中，使光盘驱动器的螺钉孔与机箱的螺钉孔对齐。

步骤 3 使用合适的螺钉将光盘驱动器紧固到机箱上。

警告： 如果用的螺钉过长，可能会损伤正在安装的驱动器。

3.3.3 安装软盘驱动器

软盘驱动器（FDD）是一种在软盘中读写信息的存储设备。Berg 电源连接器将电源的电力提供给 FDD。软盘驱动器数据线将 FDD 连接至主板。

软盘驱动器应安装到计算机机箱前面的 3.5 英寸托架中。

要安装 FDD，按以下步骤操作。

How To

步骤 1 确定 FDD 的位置，使其与驱动器托架的开口对齐。

步骤 2 将 FDD 插入驱动器托架中，使 FDD 螺钉孔与机箱的螺钉孔对齐。

步骤 3 用合适的螺钉将 FDD 紧固到机箱上。

3.4 安装适配卡

本节将学习不同类型的适配卡及可以在主板上安装的扩展插槽，还将学习这些安装步骤。

3.4.1 适配卡的类型

适配卡可增加计算机的功能。适配卡必须与主板上的扩展槽兼容。你可以安装如表 3-1 所示的三种类型的适配卡

表 3-1 适配卡和扩展槽

图 3-6a PCIe x1 网卡	PCI x1 是一个数据吞吐速度比 PCI 插槽更快的短插槽。这使得它成为高速网卡的一个很好的选择

续表

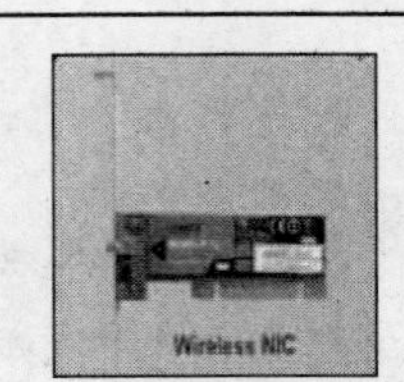 图 3-6b　PCI 无线网卡	PCI 是一种通常用于传统适配卡（不需要更快的吞吐速率）的插槽
 图 3-6c　PCIe x16 视频适配卡	PCIe x16 支持快速数据传输，这使得该插槽成为视频卡的一个很好的选择

3.4.2　安装网卡

计算机通过网卡连接到网络。网卡使用主板上的 PCI 和 PCIe 扩展槽。图 3-7 显示了 PCIe 扩展槽及 NIC 连接器。

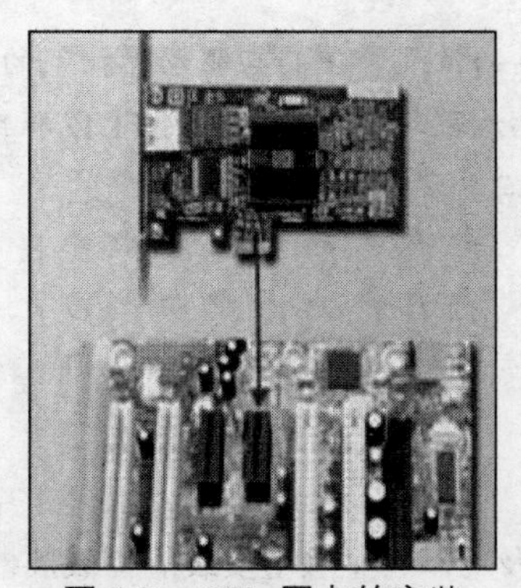

图 3-7　PCIe 网卡的安装

要安装网卡，按以下步骤操作。

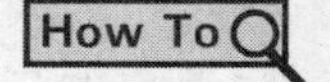

步骤 1　将网卡与主板上相应的扩展槽对齐。

步骤 2　轻轻地向下按压网卡，直到卡完全插入为止。

步骤 3　使用合适的螺钉将网卡安装托架紧固到机箱上。

3.4.3　安装无线网卡

计算机通过无线网卡连接到无线网络。无线网卡使用主板上的 PCI 和 PCIe 扩展槽。有些无线网卡通过 USB 连接器安装在外部。

要安装无线网卡，按以下步骤操作。

How To

步骤 1 将无线网卡与主板上相应的扩展槽对齐。

步骤 2 轻轻地向下按压无线网卡，直到卡完全插入为止。

步骤 3 使用合适的螺钉将无线网卡安装托架紧固到机箱上。

如图 3-8 所示，无线网卡可以安装到内置的 PCI 插槽中。

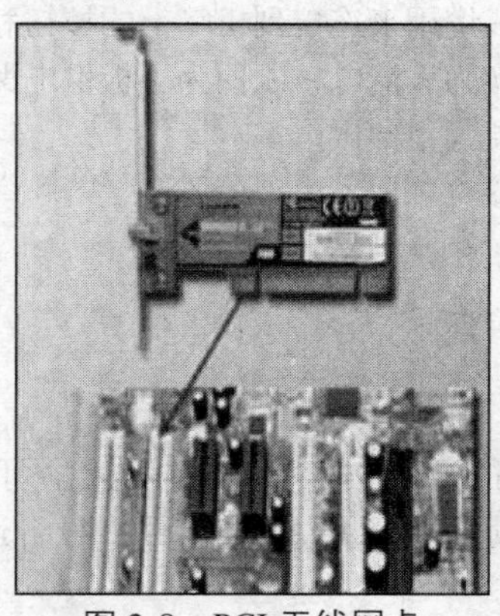

图 3-8 PCI 无线网卡

3.4.4 安装视频适配卡

如图 3-9 所示，视频适配卡是计算机与显示器之间的接口。更新换代后的视频适配卡可以为游戏和图形程序提供更好的图形功能。视频适配卡使用主板上的 PCI、AGP 和 PCIe 扩展槽。如果您想在带有集成显卡的主板上安装视频卡，您可能需要在 BIOS 中禁用板载显卡以便新的外围显卡能够被识别。

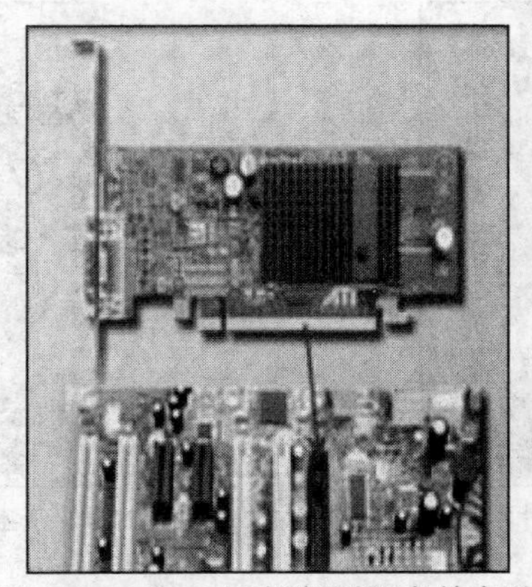

图 3-9 PCIe x16 视频适配卡的安装

要安装视频适配卡，按以下步骤操作。

How To

步骤 1 将视频适配卡与主板上相应的扩展槽对齐。

步骤 2 轻轻地向下按压视频适配卡，直到卡完全插入为止。

步骤 3 使用合适的螺钉将视频适配卡安装托架紧固到机箱上。

3.5　安装电缆

计算机将电缆用作不同的目的。电缆可以用于为输入输出设备和存储设备传输数据，连接至通信网络，以及连接至显示器。附加的线缆用来连接到机箱上的按钮和指示灯。交流电线缆是另外一种计算机线缆。电源使用交流电，并转换为直流电，以便为主板供电保证其工作。在这一部分，你将学习多种线缆并将它们连接到主板上以便为组件供电。

3.5.1　安装内部电源线

1. 主板电源连接

主板工作需要电力。先进技术扩展（ATX）主电源连接器可以是20针或24针。电源也可以有连接至主板的4针、6针或8针辅助（AUX）电源连接器。20针连接器可在具有24针插座的主板上使用。

要安装主板电源连接器，按以下步骤操作。

How To

步骤1　将20针ATX电源连接器与主板上的插座对齐（如图3-10所示）。

步骤2　轻轻地向下按压连接器，直到夹子嵌入为止。

步骤3　将4针AUX电源连接器与主板上的插座对齐（如图3-11所示）。

步骤4　轻轻地向下按压连接器，直到夹子嵌入为止。

将主板上的电源连接器与主板上的插座对齐，如图3-10所示。

图3-10　主板的20针电源连接

图3-11　主板的4针AUX电源连接

2. SATA电源连接器

SATA电源连接器使用15针连接器。SATA电源连接器用于连接到具有SATA电源插座的硬盘驱动器、光盘驱动器或任何设备。

3. Molex电源连接器

没有SATA电源插座的硬盘驱动器和光盘驱动器使用Molex电源连接器。

警告： 切勿在同一个驱动器上同时使用 Molex 连接器和 SATA 连接器。

4. Berg 电源连接器

4 针 Berg 电源连接器向软盘驱动器提供电力。

要安装 SATA、Molex 或 Berg 电源连接器，按以下步骤操作。

How To

步骤 1 将 SATA 电源连接器插入到 HDD 中。

步骤 2 将 Molex 电源连接器插入到光盘驱动器中。

步骤 3 将 4 针 Berg 电源连接器插入到 FDD 中。

步骤 4 根据主板手册将 3 针风扇电源连接器连接到主板上相应的风扇接口中。

步骤 5 根据主板手册将机箱中的其他电缆插入到相应的连接器中。

表 3-2 显示了多种电源连接器的示例。

表 3-2 SATA、Molex 和 Berg 电源连接器

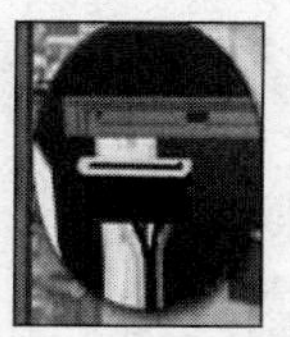 图 3-12 SATA 电源连接器	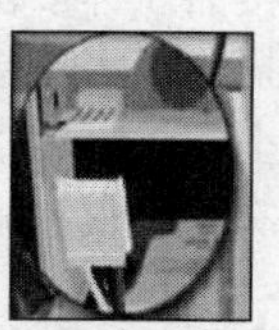 图 3-14 Berg 电源连接器
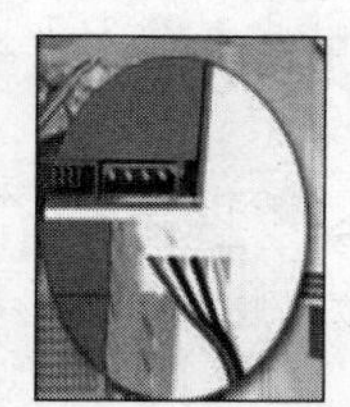 图 3-13 Molex 电源连接器	 图 3-15 风扇电源连接器

3.5.2 安装内部数据电缆

驱动器使用数据线连接至主板。驱动器的类型决定了要使用的数据线的类型。

1. PATA 数据线

PATA 数据线有时称为带状电缆，因为它又宽又平。PATA 数据线可以是 40 芯或 80 芯。PATA 数据线通常具有三个 40 针连接器。末端连接器连接至主板。其他两个连接器连接至驱动器。如果安装了多块硬盘，则主驱动器应连接至末端连接器。从驱动器连接至中间的连接器。

数据线上的条纹表示引脚 1 的位置。将数据线上的引脚 1 指示标记与驱动器连接器上的引脚 1 指

示标记对齐，然后将 PATA 数据线插入到驱动器中。驱动器连接器上的引脚 1 指示标记通常距离驱动器上的电源连接器最近。很多旧主板有两个 PATA 驱动器控制器，最多可以支持四个 PATA 驱动器。

2. SATA 数据线

SATA 数据线有一个 7 针连接器如图 3-16 所示。数据线的一端连接至主板；图 3-17 显示了主板控制器。另一端连接至具有 SATA 数据连接器的任何驱动器。许多主板有四个或更多个 SATA 驱动器控制器。

图 3-16 接入磁盘驱动器的 SATA 数据连接器

图 3-17 接入主板的 SATA 数据连接器

3. 软盘数据线

软盘数据线通常有 3 个 34 针连接器。数据线上的条纹表示引脚 1 的位置。末端连接器连接至主板。其他两个连接器连接至驱动器。如果安装了多个软盘驱动器，则 A：驱动器连接至末端连接器。B：驱动器连接至中间的连接器。许多软盘驱动器带状电缆中有一段是扭曲的，当安装了两个软盘驱动器时，计算机可以根据此扭曲段将连接至数据线末端的驱动器识别为 A：驱动器。

将软盘数据线上的引脚 1 指示标记与驱动器连接器上的引脚 1 指示标记对齐，然后将数据线插入到驱动器中。主板有一个软盘驱动器控制器，最多可以支持两个软盘驱动器。

注意：如果软盘数据线上的引脚 1 未与驱动器连接器上的引脚 1 对齐，则软盘驱动器不会工作。不对齐并不会损坏驱动器，但驱动器活动指示灯会一直亮着。要解决此问题，须关闭计算机并重新连接数据线，使数据线上的引脚 1 与连接器上的引脚 1 对齐。之后重启计算机。

要安装 PATA、SATA 或 FDD 数据线，按以下步骤操作。

How To

步骤 1 将 PATA 数据线的主板端插入到主板插座中。

步骤 2 将 PATA 数据线远端的连接器插入到光盘驱动器中。

步骤 3 将 SATA 数据线的一端插入到主板插座中。

步骤 4 将 SATA 数据线的另一端插入到 HDD 中。

步骤 5 将 FDD 数据线的主板端插入到主板插座中。

步骤 6 将 FDD 数据线远端的连接器插入到软盘驱动器中。

3.5.3 安装前面板电缆

计算机机箱上有一些控制主板供电的按钮，以及一些指示主板活动的指示灯。必须使用机箱前面的电缆将这些按钮和指示灯连接至主板。主板上系统面板连接器旁边的文字表明了每根电缆的连接位置。

系统面板连接器不是键控式连接器。以下关于连接线缆和系统面板连接器和指导准则只是一般准则，因为目前尚无明确的标记机箱线缆或者系统面板连接器的标准。前面板线缆和系统面板连接器上的标记可能与图中显示的标记不同。务必查阅主板手册，了解关于连接前面板电缆的图示和其他信息。

1. 电源和重置按钮

电源按钮用于打开或关闭计算机。如果电源按钮无法关闭计算机，可按下并按住电源按钮 5 秒钟。重置按钮用于在不关闭计算机的情况下重启计算机。有些主板不支持重置按钮。在这种情况下，可能需要按下并按住电源按钮几秒钟来重启计算机。

图 3-18 显示在计算机机箱中常见的带有引脚 1 指示的前面板电缆。每根前面板电缆都有一个表示引脚 1 的小箭头。要连接电源按钮，须将前面板电源按钮电缆的引脚 1 与标有 PWR 的引脚对齐。要连接重置按钮，须将前面板重置按钮电缆的引脚 1 与标有 RESET 的引脚对齐。图 3-19 显示在主板上一个常见的系统面板连接器，其中电缆连接至带有加号指示标记的引脚 1。

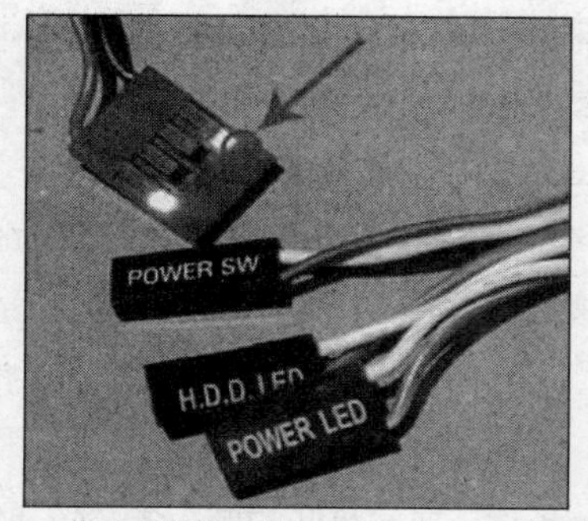

图 3-18 带有引脚 1 指示标记的前面板连接器

图 3-19 带有引脚 1 指示标记的系统面板连接器

2. 电源和驱动器活动 LED

电源 LED 在计算机处于打开状态时会一直亮着，当计算机处于睡眠模式时会闪烁。驱动器活动 LED 在计算机读写硬盘时会一直亮着或者闪烁。系统面板连接器上的每对 LED 引脚都在引脚 1 上标有加号（+）。要连接电源 LED，须将前面板电源 LED 电缆的引脚 1 与标有 PLED+的引脚对齐。要连接 IDE LED，须将前面板驱动器活动 LED 电缆的引脚 1 与标有 IDE_LED+的引脚对齐。

3. 系统扬声器

主板使用系统扬声器来表明计算机的状态。（系统扬声器不同于计算机播放音乐和其他娱乐音频的扬声器。）一声蜂鸣表示计算机正常启动。如果存在硬件问题，则会发出一连串蜂鸣声来指示问题类型。诊断蜂鸣声的内容将在本章后续部分讨论。

系统扬声器电缆通常使用系统面板连接器上的四个引脚。要连接扬声器，将前面板系统扬声器电缆的引脚 1 与标有+或+5V 的引脚对齐。

4. USB

USB 端口位于许多计算机机箱的外部。USB 主板连接器通常包含按两排排列的 9 个或 10 个引脚。这种布局顾及了两种 USB 接口，因此 USB 连接器通常成对出现。有时两个连接器合为一个整体，可以连接到整个 USB 主板连接器。USB 连接器也可能有四个或五个引脚，或者由四个或五个引脚组成的独立组。

大多数 USB 设备只需要连接四个引脚。第五个引脚用于对某些 USB 电缆的屏蔽层进行接地。要连接 USB 端口，将 USB 电缆的引脚 1 与标有 USB +5V 或+5V 的引脚对齐。

警告： 须确保主板连接器标有 USB。FireWire 连接器非常相似。如果将 USB 电缆连接至 FireWire 连接器，则可能会造成损坏。

新款机箱和主板可能具有 USB 3.0 功能。USB 3.0 主板连接器的设计与 USB 连接器类似，只不过引脚更多。

5. 音频

某些机箱的外部具有音频端口和插孔，用于连接麦克风以及诸如信号处理器、混音器和乐器之类的外部音频设备。此外，也可以购买特殊的音频面板并将其直接连接到主板。这些面板可以安装到一个或多个外部驱动器托架中，或者可以是独立面板。由于硬件具有专门的功能并且种类繁多，因此要查阅主板、机箱和音频面板的文档，了解关于将电缆连接至主板连接器的具体说明。

要安装前面板电缆，按以下步骤操作。

How To

步骤 1 将电源线插入到系统面板连接器中标有 POWER 的位置。

步骤 2 将重置电缆插入到系统面板连接器中标有 RESET 的位置。

步骤 3 将电源 LED 电缆插入到系统面板连接器中标有电源 LED 的位置。

步骤 4 将驱动器活动 LED 电缆插入到系统面板连接器中标有 IDE LED 的位置。

步骤 5 将扬声器电缆插入到系统面板连接器中标有 SPEAKER 的位置。

步骤 6 将 USB 电缆插入到 USB 连接器中。

步骤 7 将音频电缆插入到音频连接器中。

通常，如果按钮或 LED 不起作用，则可能未正确定位连接器。要解决此问题，须关闭计算机并拔下电源插头，打开机箱，并针对不起作用的按钮或 LED 转动连接器。

警告： 在连接电缆时，切勿强行连接。

注意： 在连接所有其他电缆之后再插入电源线。

3.5.4 安装机箱组件

将侧板重新安装到计算机机箱之前，须确保正确对齐并正确固定所有组件。其中包括 CPU、RAM、适配卡、数据线、前面板电缆和电源线。

装好箱盖后，确保拧紧所有螺钉紧固箱盖。有些计算机机箱使用的螺钉需使用螺丝起子插入。而另一些机箱配有可用手拧紧的旋钮式螺钉。

如果不确定如何拆卸或更换计算机机箱，可参阅制造商的文档或网站。

警告： 须小心处理机箱部件。有些计算机机箱盖板边缘很锋利或有锯齿。

3.5.5 安装外部电缆

重新连接机箱面板之后，将电缆连接到计算机的背面。以下是一些常见的外部电缆连接。

- 显示器。
- 键盘。
- 鼠标。

- USB。
- 以太网。
- 电源。

注意： 在连接所有其他电缆之后再插入电源线。

连接电缆时，确保将电缆连接到计算机上的正确位置。例如，较旧系统的鼠标线和键盘线使用相同类型的 PS/2 连接器，但带有颜色标记以避免连接错误。通常，连接器上显示有所连接设备的图标，例如键盘、鼠标、显示器或 USB 符号。

警告： 在连接电缆时，切勿强行连接。

安装各种外部电缆时，按以下步骤操作。

How To

步骤 1 将显示器电缆连接到视频端口。拧紧连接器上的螺钉以紧固电缆。

步骤 2 将键盘线插入到 PS/2 键盘端口。

步骤 3 将鼠标线插入到 PS/2 鼠标端口。

步骤 4 将 USB 数据线插入到 USB 端口。

步骤 5 将网线插入到网络端口。

步骤 6 将无线天线连接到天线连接器。

步骤 7 将电源线插入到电源中。

注意： 有些主板没有用于连接键盘和鼠标的 PS/2 端口，则可以连接 USB 键盘和 USB 鼠标到这类主板。

图 3-20 显示了插入到计算机背面的所有外部电缆。

图 3-20 外部电缆连接

3.6 POST 和 BIOS

BIOS 控制着计算机的许多功能；它在系统启动时为 PC 的处理单元提供指令并且控制其引导过程。

在该过程的第一阶段，BIOS 运行一系列的称为 POST（加电自检）的硬件诊断例程。这一部分讨论 BIOS 设置和 POST。

3.6.1　BIOS 蜂鸣代码和设置

启动计算机时，基本输入输出系统（BIOS）将执行基本硬件检查。此检查称为加电自检（POST）。POST（如图 3-21 所示）检查计算机硬件是否正常运行。

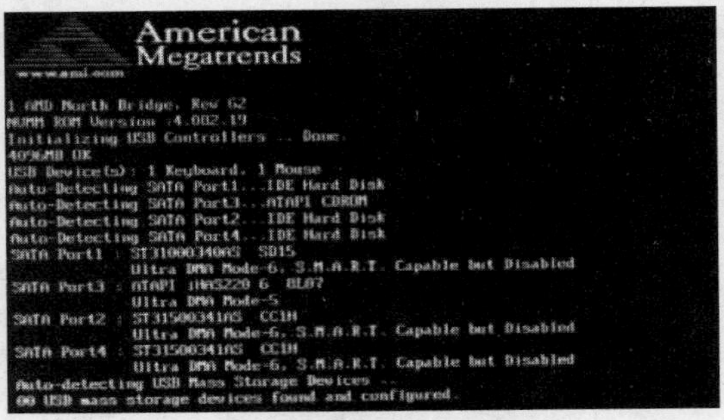

图 3-21　加电自检（POST）

如果某个设备有故障，则会出现一个错误代码或蜂鸣代码来警告技术人员存在问题。通常，一声蜂鸣表示计算机正常运行。如果硬件有问题，则启动时可能会出现黑屏，并且计算机会发出一连串蜂鸣声。每个 BIOS 制造商使用不同的代码来表示硬件问题。表 3-3 显示了蜂鸣代码图。您的计算机的蜂鸣代码可能会不同，可查阅主板文档获取计算机的蜂鸣代码。

表 3-3　常见蜂鸣代码

蜂鸣代码	含　义	原　因
1 声蜂鸣（无视频）	内存刷新失败	内存损坏
2 声蜂鸣	内存奇偶校验错误	内存损坏
3 声蜂鸣	Base 64 内存故障	内存损坏
4 声蜂鸣	计时器工作不正常	主板损坏
5 声蜂鸣	处理器错误	处理器损坏
6 声蜂鸣	8042 Gate A20 故障	CPU 或主板损坏
7 声蜂鸣	处理器异常	处理器损坏
8 声蜂鸣	显卡故障	显卡或内存损坏
9 声蜂鸣	ROM 校验和故障	BIOS 错误
10 声蜂鸣	CMOS 校验和故障	主板损坏
11 声蜂鸣	高速缓存损坏	CPU 或主板损坏

POST 卡

在没有图像的情况下排除计算机问题时，可以使用 POST 卡。POST 卡安装在主板上的某个端口中，例如 PCI 或 PCIe 端口。当启动计算机并且遇到错误时，计算机会发出一个代码，此代码以十六进制的形式显示在 POST 卡上。此代码用于通过主板、BIOS 或 POST 卡制造商来诊断问题的原因。有些主板本身带有数字 POST 卡读数功能。

3.6.2 BIOS 设置

BIOS 包含一个用于配置硬件设备设置的设置程序。BIOS 是一个包含控制底层硬件指令的固件芯片。配置数据保存在一个称为互补金属氧化物半导体（CMOS）的内存芯片中（如图 3-22 所示）。CMOS 由计算机中的电池进行供电。如果电池耗尽，则 BIOS 设置配置数据将会丢失。如果出现这种情况，须更换电池并重新配置那些不使用默认设置的 BIOS 设置。

许多现代主板使用非易失性存储器来存储 BIOS 配置设置。这种存储器不需要用电力来保留设置。这些系统中的电池仅用于保持时钟中正确的时间和日期。在电池耗尽或者取出电池时，BIOS 中的配置设置不会丢失。许多现代主板还有集成在南桥芯片集中的实时时钟和 CMOS 芯片。

要进入 BIOS 设置程序，须在 POST 过程中按正确的键或组合键。在计算机执行 POST 过程中，许多主板会显示启动画面，称为闪屏。因为是闪屏的缘故，所以计算机可能不会显示关于所需键或组合键的信息。大多数计算机使用 Del 键或某个功能键进入 BIOS 设置程序。可查阅主板文档来了解具体计算机的正确键或组合键。

图 3-23 显示当访问某种类型的 BIOS 设置程序的输出。设置程序的界面及特征因厂家而异。即使是来自同一厂家也会因版本的不同而有不同的选项和输出。

图 3-22　CMOS 芯片

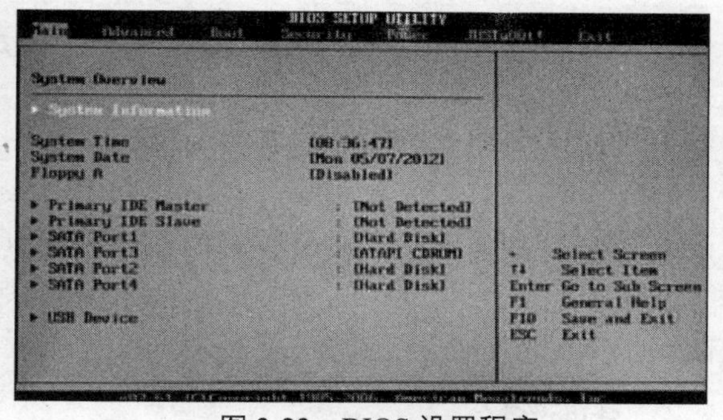

图 3-23　BIOS 设置程序

以下是一些常见的 BIOS 设置菜单选项。

- **主要**：基本系统配置。
- **高级**：高级系统设置。
- **启动**：启动设备选项和启动顺序。
- **安全**：安全设置。
- **电源**：高级电源管理配置。
- **JUSTw00t!**：高级电压和时钟设置。
- **退出**：BIOS 退出选项以及加载默认设置。

3.7 BIOS 配置

在本节，您将探索使用 BIOS 了解系统硬件和各种 BIOS 配置选项。这些配置选项可能因 BIOS 制造商的不同而差异显著。在上一节中提到的选项是在制造商中最常见的一些选项。

3.7.1 BIOS 组件信息

技术人员可以使用 BIOS 信息了解计算机中安装了哪些组件及其某些属性。在对工作不正常的硬件进行故障排除时，此信息可能非常有用，并且可用于确定升级选项。以下是 BIOS 中显示的一些常见组件信息项。

- **CPU**：显示 CPU 的制造商和速度。此外，还会显示安装的处理器的数目。
- **RAM**：显示 RAM 的制造商和速度。此外，也可能会显示插槽数以及 RAM 模块安装在哪些插槽中。
- **硬盘**：显示硬盘的制造商、大小和类型。此外，也可能会显示硬盘控制器的类型和数目。
- **光盘驱动器**：显示光盘驱动器的制造商和类型。

3.7.2 BIOS 配置

BIOS 设置程序的另一项功能是用于自定义计算机硬件的特定方面以符合个人需求。可自定义的功能取决于 BIOS 的制造商和版本。对 BIOS 进行更改之前，务必清楚地了解所做的更改可能会对计算机产生哪些影响。不正确的设置可能有负面影响。

警告： 在更改 BIOS 时需要格外小心，某些更改可能会导致您的电脑发生故障甚至阻止其启动。

1. 时间和日期

BIOS 的主页上有一个“系统时间”字段和一个“系统日期”字段来设置系统时钟。务必将这些字段设置为正确的时间和日期，因为操作系统和其他程序都会参考这些时间信息。如果未正确设置日期和时间，则维护程序可能会认为数据已经过时并会不断尝试更新文件，或者日历程序将不会在正确的日期或时间显示提醒。

2. 禁用设备

可以配置高级 BIOS 设置以禁用计算机不需要或者不用的设备。例如，主板可能有内置的视频、声音或网络功能，若为这些功能中的一项或多项功能安装专用适配卡，内置设备就会冗余。在 BIOS 中禁用相关功能，可避免在内置设备上浪费资源。

也可以禁用多余的硬盘控制器、串行端口、FireWire 端口或红外线硬件。如果某个设备不工作，可检查高级 BIOS 设置，确定该设备是不是默认为禁用还是被别人禁用了。在 BIOS 中启用之后，计算机便可使用该设备。

3. 引导顺序

当您打开计算机时，BIOS 将会检测可能包含操作系统的预定的设备列表。设备的检测顺序在 BIOS 中配置。计算机可以从硬盘、光驱、USB 设备或者网络加载操作系统。允许计算机从中启动的设备的排序列表即称为启动顺序或启动列表。此列表通常位于 BIOS 内的“启动”选项卡中。可以在启动顺序中指定硬盘、光盘驱动器、软盘驱动器、网络和 USB 介质启动。要允许 USB 启动，须在 BIOS 中启用此选项。

完成 POST 后不久，计算机会尝试加载操作系统。BIOS 会检查启动顺序中的第一台设备是否有可引导分区。如果该设备没有可引导分区，则计算机将检查列表中的下一台设备。当找到具有可引导分区的设备后，BIOS 将检查是否有安装的操作系统。

启动顺序中列出的设备顺序取决于用户的需求。例如，在安装操作系统时，光盘驱动器、网络启动或 USB 驱动器可能需要列在可引导的硬盘之前。建议在安装了所有操作系统之后对列表进行重新排序，以便先从可引导的硬盘启动。BIOS 还可用于禁用或删除启动顺序列表中的设备。

4. 时钟速度

一些 BIOS 设置程序允许更改 CPU 时钟速度。如果降低 CPU 时钟速度，则会使计算机运行速度更慢，运行温度更低。这可能会使风扇噪音较小，如果需要更安静的计算机，例如在家庭影院或卧室中，那么这种做法会比较有用。

增加 CPU 时钟速度将使计算机以较快速度运行，但计算机也会变得更热，并且可能会由于风扇速度加快而导致计算机的声音更大。CPU 时钟速度提高到超出制造商建议值称为超频。对 CPU 进行超频有风险，并且会使 CPU 保修失效。如果时钟速度增加过大，则超频可能会导致寿命周期缩短或导致 CPU 损坏。常见的做法是安装一个散热系统，帮助散除超频产生的额外热量，以免损坏 CPU。

5. 虚拟化

利用虚拟化技术，计算机可以在单独的文件或分区中运行多个操作系统。为了实现此目的，计算机虚拟化程序会模拟整个计算机系统的特性，包括硬件、BIOS、操作系统和程序。在 BIOS 中为将要使用虚拟化技术的计算机启用虚拟化设置。如果虚拟化不能正确执行，或者不会使用虚拟化，则禁用此设置。

3.7.3 BIOS 安全配置

BIOS 可能支持许多不同的安全功能，以保护 BIOS 设置和硬盘上的数据，并且还有助于在计算机被盗的情况下找回计算机。BIOS 中有一些常见的安全功能。

BIOS 密码

密码允许对 BIOS 设置进行不同级别的访问，有两种类型的 BIOS 密码。

- **管理员密码**：利用此密码，可以访问所有用户访问密码以及所有 BIOS 屏幕和设置。
- **用户密码**：此密码在启用管理员密码之后变为可用状态。使用此密码可定义用户访问级别。

以下是一些常见的用户访问级别。

- **完全访问**：可以使用所有屏幕和设置，管理员密码设置除外。
- **受限**：只能对某些设置（例如时间和日期）进行更改。
- **仅查看**：可以使用所有屏幕，但不能更改任何设置。
- **无权访问**：未提供对 BIOS 设置实用程序的访问权限。

BIOS 设置还包含以下额外的安全功能。

- **驱动器加密**：可以对硬盘进行加密以防止数据失窃。加密操作将数据更改为无法理解的代码。如果没有正确的密码，计算机不会启动，因此计算机无法对数据进行解密。即使将硬盘放到其他计算机中，加密的数据仍然处于加密状态。
- **受信任的平台模块**：TPM 芯片包含安全项目，如加密密钥和密码。
- **Lojack**：这是 Absolute Software 公司开发的用来保护计算机的双部件系统。第一个部件是制造商安装在 BIOS 中的一个称为永久模块的程序。第二个部件是用户安装的一个称为应用代理的程序。安装应用代理后，永久模块将被激活。如果从计算机中删除了应用代理，永久模块将会安装应用代理。永久模块被激活之后就无法关闭。应用代理通过 Internet 请求 Absolute 监控中心按照既定计划报告设备信息和位置。如果计算机被盗，所有者可以与 Absolute

Software 联系并执行以下功能。

- ■ 远程锁定计算机。
- ■ 显示消息以便丢失的计算机可以归还给所有者。
- ■ 删除计算机上的敏感数据。
- ■ 使用地理定位技术定位计算机。

3.7.4 BIOS 硬件诊断和监控

BIOS 内置硬件监控功能可用于收集信息以及监控连接至主板的硬件的活动。监控功能的类型和数目因主板型号而异。使用硬件监控页面可查看温度、风扇速度、电压和其他项目。此区域也可能包含关于入侵检测设备的信息。

1. 温度

主板配有热传感器来监控热敏硬件。常见热传感器位于 CPU 插座下面。此传感器可监控 CPU 的温度，并且在 CPU 变得过热的情况下，可能会提高 CPU 风扇的速度以冷却 CPU。一些 BIOS 设置也会减慢 CPU 的速度以降低 CPU 温度。在某些情况下，BIOS 会关闭计算机以防止 CPU 损坏。

其他热传感器可监控机箱或电源内部的温度。此外，热传感器还可监控 RAM 模块、芯片组和其他专用硬件的温度。BIOS 会增加风扇的速度或关闭计算机以防止过热和损坏。

2. 风扇速度

风扇速度由 BIOS 进行监控。一些 BIOS 设置对配置文件进行配置以设置风扇速度，从而达到特定效果。以下是一些常见的 CPU 风扇速度配置文件。

- ■ **标准型**：风扇根据 CPU、机箱、电源或其他硬件的温度自动进行调整。
- ■ **增强型**：最大风扇速度。
- ■ **静默型**：将风扇速度降到最低以减小风扇噪声。
- ■ **手动型**：用户可以指定风扇速度控制设置。

3. 电压

可以监控主板上的 CPU 或电压调节器的电压。如果电压太高或太低，可能会损坏计算机组件。如果发现电压值不正确或偏离很大，须确保电源在工作正常。如果电源提供的电压正确，那么主板电压调节器可能已损坏。在此情况下，可能需要修理或更换主板。

4. 时钟和总线速度

在有些 BIOS 设置中，可以监控 CPU 的速度，如图 3-24 所示。

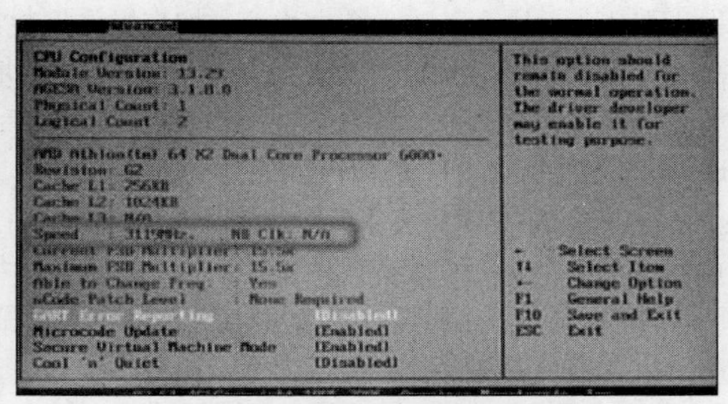

图 3-24 BIOS 时钟和总线速度设置

有些BIOS设置可能还允许监控一条或多条总线。可能需要查看这些项以确定BIOS是否检测到了正确的CPU设置，或者客户或计算机制造商是否手动输入了正确的CPU设置。不正确的总线速度可能会使CPU和所连接硬件内的热量增加，或者导致适配卡和RAM工作不正常。

5. 入侵检测

有些计算机机箱有一个在打开计算机机箱时触发的开关。可以设置BIOS来记录开关的触发时间，以便所有者可以判断机箱是否打开过。此开关连接至主板。

6. 内置诊断

如果发现连接至系统的设备或某项基本功能有问题，例如风扇或温度和电压控制有问题，或许能使用内置的系统诊断来确定哪里出现了问题。此程序常常会提供问题说明或错误代码，以便进一步进行故障排除。以下是一些常见的内置诊断。

- **启动测试**：检查主要组件以确保它们正常工作。计算机不能正常启动时，可使用此测试。
- **硬盘测试**：检查硬盘是否有损坏的区域。如果发现损坏的区域，该测试会尝试检索数据、将数据移到工作正常的区域中，并将损坏的区域标记为坏区域，不再使用该区域。如果怀疑硬盘不正常工作、计算机启动不了或者硬盘发出异常声响，可使用此测试。
- **内存测试**：检查内存模块以确保它们正常工作。如果计算机表现出不稳定的行为或者无法启动，可使用此测试。如果此测试报告错误，可立即更换内存。
- **电池测试**：检查电池是否正常工作。如果电池不正常工作、无法存储电荷或者报告不正确的电量，可使用此测试。如果电池未通过此测试，可更换电池。

许多内置诊断程序会保留一份日志，其中包含所遇到的问题的记录。使用此信息可以调查问题和错误代码。设备处于保修期时，可使用此信息向产品支持反映问题。

3.8 主板和相关的组件

计算机系统中的所有组件都连接到主板。当用户需求发生变化时，组件需要升级以满足用户需要。升级或替换计算机组件的原因随用户和系统的不同而有差异。本节将解释用户升级系统的原因及升级不同组件的方法。

3.8.1 主板组件升级

由于以下各种原因，需要定期升级计算机系统。

- 用户要求发生变化。
- 升级后的软件包需要使用新硬件。
- 新硬件能够提高性能。

计算机发生上述变化可能需要升级或更换组件和外围设备。实施升级和更换之前，要研究二者的效果及成本。

如果升级或更换主板，则可能必须更换其他组件，例如CPU、散热器和风扇组件以及RAM。新主板必须能装到旧计算机机箱中。电源也必须与新主板兼容，并且必须能够支持所有新的计算机组件。

图3-25显示的是旧主板和用于升级的新主板之间的对比。

图3-25支持早先的声明，升级主板也可能引起不得不更换其他部件。这些主板具有不同的CPU

插座、内存插槽及扩展总线。

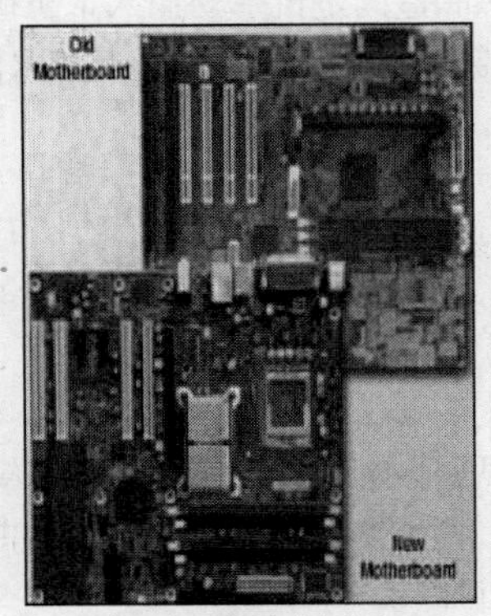

图 3-25 主板升级

开始升级时，首先将 CPU 以及散热器和风扇组件移到新主板上。在机箱外处理这些部件会轻松很多。使用防静电垫并佩戴腕带以避免损坏 CPU。如果新主板需要使用别的的 CPU 和 RAM，可在此时安装它们。CPU 和散热器上的散热膏需清理干净。须谨记，CPU 和散热器之间要使用散热膏。

1. CPU 安装

各种 CPU 体系结构都可安装在以下常见的插座连接设计中。

- 单边连接器（SEC）。
- 低插拔力（LIF）。
- 零插拔力（ZIF）。
- 接点栅格阵列（LGA）。
- 针脚栅格阵列（PGA）。

SEC 和 LIF 插座不再常用。处理器类型和主板插座之间的兼容性是基本要求。您只能用与现有主板具有相同插座类型的处理器。这意味着它必须是来自同一 CPU 制造商和产品系列。关于主板支持的处理器类型以及如何安装 CPU，请查阅主板文档。

2. 跳线设置

跳线是主板上的竖直金色引脚。由两个或更多个引脚构成的各个组称为跳线块。主板可能使用双列直插封装（DIP）开关来代替跳线。这两种方法均可用于完成电路，以提供由主板支持的各种选项。主板文档指明了为支持各种选项所要连接的引脚。

- CPU 电压。
- CPU 速度。
- 总线速度。
- 缓存大小和类型。
- 已启用闪存 BIOS。
- 清除 CMOS。
- 系统闪存大小。

较新款的主板很少有跳线。先进的电子元件允许从 BIOS 设置程序中配置这些选项。

3. CMOS 电池安装

CMOS 电池可能在使用几年后就要更换。如果计算机不能保持正确的时间和日期，或者在关闭期间丢失配置设置，电池可能已经耗尽。确保新电池与主板要求的型号相符。

要安装 CMOS 电池，按以下步骤操作。

How To

步骤 1 将薄金属夹轻轻地滑到旁边或提起来，以取出旧电池。

步骤 2 将正负极对准正确的方向。

步骤 3 将薄金属夹轻轻地滑到旁边或提起来，以插入新电池。

3.8.2 升级主板

卸下和更换旧主板时，从主板中卸下连接到机箱 LED 和按钮的电缆。首先在日志中记好笔记，了解清楚所有组件的连接位置和连接方式，然后再开始升级。记录文档是成功升级或计算机组装经验的一个关键方面。

记录主板到机箱的连接方式。有些安装螺钉起支撑作用，而另一些可能会在主板和机箱之间提供重要的接地连接。要特别注意非金属螺钉和螺柱，因为它们可能是绝缘体。如果将绝缘的螺钉和支柱更换为导电的金属硬件，可能会损坏电子组件。

在将新主板安装到计算机机箱中之前，要检查位于计算机机箱背面的 I/O 挡板。

图 3-26 显示的是 I/O 保护罩的例子。

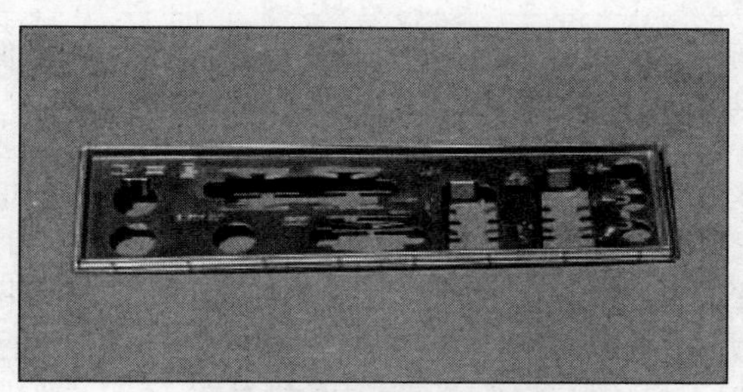

图 3-26 主板 I/O 保护罩

如果新主板具有不同的 I/O 端口，或者端口位于不同位置，则要更换旧的 I/O 挡板。

确保使用正确的螺钉。不要将螺纹螺钉换成自攻金属螺钉，因为后者会损坏螺纹螺钉孔并且可能不牢固。确保螺纹螺钉的长度正确，并且每英寸的螺纹圈数相同。如果螺纹正确，则可以轻松地安装螺钉。如果强行安装螺钉，可能会损坏螺纹孔，并且不能牢靠地固定主板。

警告： 如果使用的螺纹不正确，可能会产生金属屑，金属屑可能会导致短路。

注意： 只要螺丝的螺纹部分长度相同，并且螺纹完全一致，是否使用十字螺丝替代平头螺丝无关紧要。

接下来，连接电源线。如果 ATX 电源连接器大小不同（有些连接器的引脚多），可能要使用适配器。再连接机箱 LED 和按钮的电缆。参阅主板文档来了解这些接口的布局。通常，这些连接器没有被锁定，可以连接到后面。请特别注意文档中电缆的方向。

在新主板安置妥当并且连接了电缆之后，便可安装和固定扩展卡。

现在即可检查工作完成情况。确保没有松动的部件或遗漏的电线。连接键盘、鼠标、显示器和电源。如果检测到问题，要立即关闭电源。

BIOS 更新

代码写入主板 CMOS 芯片中的固件可能需要更新，以便主板支持更新的硬件。更新固件可能有风险。在更新主板固件之前，要记录 BIOS 和主板的制造商以及主板型号。从主板制造商网站了解正确的安装软件和 BIOS 固件时，需要此信息。仅在系统硬件有问题或者要向系统增加功能时才更新固件。

3.8.3 升级 CPU、散热器和风扇组件

要提高计算机的能力，一种方法是提高处理速度。可以通过升级 CPU 来提高处理速度。但必须满足一些要求。

- 新 CPU 必须能够安装到现有 CPU 插座中。
- 新 CPU 必须与主板芯片组兼容。
- 新 CPU 必须能够使用现有的主板和电源运行。
- 新 CPU 必须能够使用现有的 RAM 运行。可能需要升级或扩容 RAM，才能充分利用速度更快的新 CPU。

如果主板较旧，可能找不到兼容的 CPU。这种情况下，必须更换主板。

警告： 在安装和拆卸 CPU 时，务必使用防静电垫并戴上腕带。在准备使用 CPU 之前，将其放在防静电垫上。CPU 应存放在防静电包装袋中。

要更换 CPU，使用零插拔力控制杆从插座中松开现有的 CPU 以将其卸下。不同的插座的机械装置略有不同，但这些机械装置的作用都是在插座中正确定位 CPU 后将其固定好。

将新 CPU 插好。不要将 CPU 强行压入到插座中，也不要在闭合锁定杆时用力过大。用力过大可能会损坏 CPU 或其插座。遇到阻力时，检查并确保正确对齐了 CPU。大多数 CPU 的引脚模式都是只能单向安装。

- **SEC 插座**：将 CPU 上的缺口与 SEC 插座中的键对齐。
- **PGA、LIF 或 ZIF 插座**：调整 CPU 位置，使连接 1 指示标记与 CPU 插座上的引脚 1 对齐。
- **LGA 插座**：调整 CPU 位置，使 CPU 上的两个缺口对准两个插座凸缘放入。

新 CPU 可能需要不同的散热器和风扇组件。此组件必须在物理方面适合 CPU 并且与 CPU 插座兼容。它还必须能够消除更快 CPU 所产生的热量。

警告： 必须在新 CPU 与散热器和风扇组件之间涂抹散热膏。

查看 BIOS 中的温度设置，确定 CPU 与散热器和风扇组件是否有任何问题。第三方软件应用程序也可以采用易读的格式报告 CPU 温度信息。参阅主板或 CPU 用户文档以确定芯片是否在正确的温度范围内运行。

要在机箱中加装风扇来帮助主板和 CPU 散热，按以下步骤操作。

How To

步骤 1 调整风扇位置，使其对准正确的方向吸入空气或排出空气。

步骤 2 使用机箱中预先钻好的孔安装风扇。要将空气吸入到机箱中，则将风扇安装在机箱的底部。要将热空气从机箱中排出，则将风扇安装在机箱的顶部。

步骤 3 根据机箱风扇插头类型，将风扇连接至电源或主板。

图 3-27 显示了 CPU 散热器/风扇组件的例子。

图 3-27 CPU 散热器/风扇组件升级

3.8.4 升级 RAM

增加系统 RAM 容量几乎总是能够提高总体系统性能。在升级或更换 RAM 之前，要回答下列问题。

- 主板当前使用哪种类型的 RAM？
- RAM 是一次安装一个模块，还是必须组成匹配的模块组？
- 是否有可用的 RAM 插槽？
- 新 RAM 芯片是否与现有 RAM 的速度、延时、类型和电压匹配？

警告： 处理系统 RAM 时，须使用防静电垫并戴上腕带。在准备安装 RAM 之前，将其放在此垫子上。RAM 应存放在防静电包装袋中。

松开固定现有 RAM 模块的固定夹以卸下该模块。将其从插座中拔出。最新的 DIMM 应竖直拔出和竖直插下。较早的 SIMM 按一定角度插入以锁定到位。

如图 3-28 所示，当插入新 RAM 模块时，确保将 RAM 中的缺口和主板上的 RAM 插槽正确对齐。稳固地向下按，并用固定夹将 RAM 锁定到位。

图 3-28 RAM 升级

警告： 确保将内存模块完全插入到插座中。如果 RAM 未正确对齐并使主系统总线短路，则 RAM 可能会严重损坏主板。

如果新安装的RAM兼容并且安装正确，则系统会发现此RAM。如果BIOS未指示存在正确容量的RAM，则检查并确保RAM与主板兼容并且安装正确。

3.8.5 升级BIOS

主板制造商会定期发布其BIOS更新。版本说明描述了产品升级、兼容性改进以及已经解决的已知缺陷。搜索您的BIOS制造商和当前的BIOS版本号将引导您到找到有关您的特定BIOS版本注释。某些较新的设备仅在安装了更新的BIOS之后才能正常运行。要检查计算机中所安装的BIOS版本，请查阅BIOS设置，通常你会在主选项卡找到该信息。

ROM芯片中包含了以前的计算机BIOS信息。要升级BIOS信息，则必须更换ROM芯片，但有时候这并不可行。现代BIOS芯片为EEPROM或闪存，用户不用打开计算机机箱便可对其进行升级。此过程称为刷新BIOS。

要下载新BIOS，可访问制造商的网站并按照建议的安装过程进行操作。在线安装BIOS软件可能涉及下载新的BIOS文件、将文件复制或提取到可移动介质中，然后从可移动介质中启动。安装程序会提示用户输入信息以完成安装过程。

虽然通过命令提示符刷新BIOS仍然很普遍，但有些主板制造商在其网站上提供了软件，用户可以用该软件在Windows中刷新BIOS。具体步骤因制造商而异。

警告： 安装不正确或异常中止的BIOS更新可能会导致计算机不能使用。

3.9 存储设备

计算机系统中的存储设备有很多用途。一个关键的用途是用户数据的存储。随着用户收集越来越多的数据，他们可能需要增加存储容量或想要备份以保护数据。本节将讨论添加更多存储的方法和数据保护方法。

升级硬盘和RAID

为了提高访问速度以及增加存储空间，您可能会考虑增加一块硬盘，而不是购买新计算机。加装驱动器的原因如下。

- 安装另一个操作系统。
- 提供更多存储空间。
- 提供更快的硬盘。
- 保存系统交换文件。
- 备份原始硬盘。
- 提高容错能力。

将两块PATA硬盘连接到同一根数据线时，必须通过跳线将一个驱动器设置为主驱动器，将另一个驱动器设置为从驱动器。这样，计算机可以与这两个驱动器单独通信。如图3-29所示，跳线引脚位于硬盘背面并且可以将硬盘配置为独立驱动器、主驱动器或从驱动器。有些驱动器可以通过跳线设置为“电缆选择”（CS）。CS设置允许BIOS根据驱动器连接至数据线的顺序自动配置主驱动器和从驱动器。查阅硬盘图或手册了解正确的跳线设置。

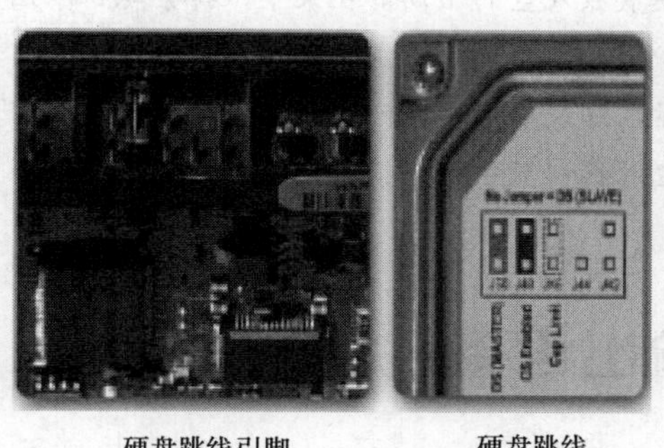

硬盘跳线引脚　　硬盘跳线引脚图

图 3-29　硬盘跳线

每块 SATA 硬盘都有自己的数据线；因此，驱动器之间不存在主从关系。

在连接多块硬盘时，独立磁盘冗余阵列（RAID）安装可以提供数据保护或增强的性能，如表 3-4 所示。RAID 需要两块或更多块硬盘。可以使用硬件或软件来安装 RAID。硬件安装通常更可靠，但也更昂贵。在硬件实施过程中，RAID 适配卡或主板上的专用处理器会进行所需的计算，来跨多个磁盘执行特殊的存储功能。软件安装由某些操作系统进行创建和管理。务必要了解每种 RAID 阵列配置的成本、性能和可靠性。

表 3-4　RAID 级别比较

RAID	驱动器的最小数目	说　明	优　点	缺　点
0	2	数据无冗余分块	性能最好	无数据保护，一个驱动器出现故障会导致数据全部丢失
1	2	磁盘镜像	性能好，由于所有的数据都有备份因此数据保护程度高	因为需要增加一个同等容量或更高容量的驱动器，因此实施成本最高
2	2	纠错码	此级别现在已停用	使用 RAID3 可以用更低的开销实现相同的性能
3	3	使用专用的奇偶校验进行字节级别的分块	适用于大量、有序的数据请求	不支持多个并发的读写请求
4	3	使用专用的奇偶校验进行块级别的分块	支持多个读请求，如果磁盘出现故障，专用的奇偶校验可用作替换磁盘	由于使用专用的奇偶校验，写请求存在瓶颈
5	3	数据分块和奇偶校验的组合	支持多个并发读写请求，使用奇偶校验将数据写入所有的驱动器，可以使用其他驱动器的信息重建数据	写性能比 RAID 0 和 1 慢
6	4	使用双奇偶校验的独立数据磁盘	使用奇偶校验进行分块的块级别的数据分布在磁盘上，这些磁盘可处理两个并发的驱动器故障问题	比 RAID 5 的性能低，并且不支持所有的磁盘控制器
RAID 0+1	4	数据分块和镜像的组合	性能好，数据保护程度最高	因为备份需要两倍的存储容量，因此成本高

为计算机选择合适的硬盘之后，在安装过程中要遵循以下一般指导原则。

How To

步骤 1 将硬盘放入空的驱动器托架中，拧紧螺钉以固定硬盘。

步骤 2 将 PATA 硬盘配置为主驱动器、从驱动器或自动检测驱动器。如果有 SCSI 硬盘，则设置 ID 号并端接 SCSI 链。

步骤 3 将电源线和数据线连接到硬盘。确保正确对齐 PATA 数据线的引脚 1。

3.10 输入和输出设备

用户通过输入设备将数据输入到计算机并通过输出设备将结果信息返回给用户。如果输入输出设备发生故障，或者出于个人喜好的原因（如将鼠标换成轨迹球以使用户感觉更为舒适），有时需要更换输入输出设备。这一部分讨论升级输入输出设备的原因及方法。

升级输入和输出设备

如果输入或输出设备停止运行，则可能必须更换设备。有些客户想要升级输入或输出设备来提高性能和工作效率。

如图 3-30 所示，人机工程学键盘或鼠标可能使用起来更舒适。有时必须进行重新配置，以使用户执行特殊任务，如使用附加字符键入另一种语言。通过更换或重新配置输入或输出设备，还可以方便残障用户使用。

显示器上可以添加防窥膜和防眩膜。防窥膜专门贴在屏幕上，用于防止显示器旁边的人员读取屏幕上的信息。只有用户以及用户正后方的人员才能阅读屏幕。防眩膜也贴在屏幕上，有助于防止屏幕向外反射耀眼的阳光和明亮的灯光。使用防眩膜后，在日光下或灯光从背后照过来时，用户也能轻松阅读屏幕。

有些客户需要另外加装显示器以便一次运行多个物理显示设备。通常，需要使用更高级的视频适配卡来支持增加的显示器连接，或者必须安装另一块视频适配卡。通过向系统增加显示器，用户可以显示更多信息以及更加轻松和快速地在打开的程序之间移动数据，有助于提高工作效率。

有时，无法使用现有的扩展槽或插座执行升级。这种情况下，可以使用 USB 接口完成升级。如果计算机没有多余的 USB 接口，则必须安装 USB 适配卡或购买 USB 集线器，如图 3-31 所示。

图 3-30 人机工程学输入设备

图 3-31 USB 集线器

在安装新硬件之后，可能要安装新的驱动程序。通常可以使用安装介质来执行此操作。如果没有安装介质，可以从制造商的网站获取最新的驱动程序。

注意：带有签名的驱动程序是已经通过Windows硬件质量实验室测试并由Microsoft提供驱动程序签名的驱动程序。安装无签名的驱动程序可能导致系统不稳定、出现错误消息和启动问题。在硬件安装过程中，如果系统检测到未签名的驱动程序，会询问是要停止还是要继续安装。只有在信任未签名驱动程序的来源时，才能安装未签名的驱动程序。

3.11 总结

本章详细介绍了用于组装计算机以及首次启动系统的步骤。以下是要记住的一些重点。

- 计算机机箱有各种大小和配置。很多计算机组件都必须与机箱的规格尺寸匹配。
- CPU 与散热器和风扇组件一起安装在主板上。
- RAM 安装在主板上的 RAM 插槽中。
- 适配卡安装在主板上的 PCI 和 PCIe 扩展槽中。
- 硬盘驱动器安装在机箱内部的 3.5 英寸驱动器托架中。
- 光盘驱动器安装在机箱外部的 5.25 英寸驱动器托架中。
- 软盘驱动器安装在机箱外部的 3.5 英寸驱动器托架中。
- 电源线连接到所有驱动器以及主板上。
- 内部数据电缆将数据传输到所有驱动器。
- 外部电缆将外围设备连接到计算机。
- 蜂鸣代码表明硬件发生故障的情况。
- BIOS 设置程序显示有关计算机组件的信息并允许用户更改系统设置。
- 计算机组件需要定期升级和更换部件。
- 增加硬盘可以提供容错功能并且能够安装额外的操作系统。

3.12 检查你的理解

您可以在附录 A 中查找下列问题的答案。

1. 在计算机机箱内安装主板时，使用什么来防止主板接触机箱底部？

   A. 螺柱　　B. 接地故障绝缘体

   C. 硅脂喷剂　　D. 接地腕带

2. 哪两个连接器可用于连接外围设备？（选择两项。）

   A. EIDE　　B. Molex

   C. PATA　　D. PS/2

   E. USB

3. 在重新安装之前应该使用什么来清洁 CPU 散热器的底座？

   A. 外用酒精　　B. 水

   C. 异丙醇　　D. 散热膏

4. 将 RAM 安装到主板上之前应该执行以下哪项操作？

   A. 查阅制造商的主板文档或网站以确保 RAM 与主板兼容

B. 更改电压选择器以满足 RAM 的电压规格

C. 在插入 RAM 模块之前确保内存扩展槽舌片处于锁定位置

D. 插入新 RAM 之前先填充中央内存插槽

5. 主板上有一个适用于主电源连接器的 24 针插座。可以使用哪种 ATX 电源连接器?

A. 12 针连接器 B. 16 针连接器

C. 18 针连接器 D. 20 针连接器

6. 技术人员应该查阅哪个网站来查找用于更新计算机上的 BIOS 的说明?

A. CPU 制造商 B. 机箱制造商

C. 主板制造商 D. 操作系统开发人员

7. Lojack 系统有哪两项特征?（选择两项）

A. Lojack 系统使用由用户安装的应用代理

B. 它使用地理定位技术来定位丢失的计算机

C. 它允许用户停用保留模块

D. 如果将硬盘卸下并安装到其他计算机中，则它会阻止从硬盘中检索数据

E. 它模拟整个计算机系统的特性，包括硬件、BIOS、操作系统和程序

8. 安装新主板时最后执行哪个程序?

A. 安装 I/O 挡板 B. 固定扩展卡

C. 连接外围设备 D. 拧紧主板螺钉

9. 为了正常工作，哪种类型的磁盘驱动器需要配置有主/从设置或自动检测设置?

A. PATA B. SATA

C. SCSI D. FDD

10. 下面哪一个定义描述了术语“超频”?

A. 更改主板的总线速度以增加连接的适配器的速度

B. 增加 CPU 的速度，使其超过制造商的建议值

C. 修改主板时钟晶体以增加定时信号

D. 用较快的内存更换较慢的 SDRAM

11. 一个技术人员正在一台计算机上安装一个新的电源。应该使用哪种类型的电源连接器连接 CD-ROM 驱动器?

A. Berg B. Mini Molex

C. Molex D. 20 引脚的 ATX 连接器

12. 技术人员正在计算机中安装增加的内存。技术人员如何才能保证正确对准内存?

A. 内存模块上的标签应该始终面向 CPU

B. 应该将内存模块上的槽口对准内存插槽中的槽口

C. 应该将内存模块上的箭头对准主板插槽上的箭头

D. 内存插槽使用颜色标记，一端为红色，另一端为蓝色

第 4 章

预防性维护概述

学习目标

通过完成本章的学习，您将能够回答下列问题：

- 预防性维护的优点是什么？
- 最常见的预防性任务有哪些？
- 故障排除程序的组成要素有哪些？
- 排除PC故障时常见的问题和解决方法有哪些？

关键术语

下列为本章所用的关键术语。您可以在本书的术语表中找到其定义。

预防性维护
故障排除
数据备份
开放式问题
封闭式问题
加电自检（POST）
事件查看器
设备管理器
任务管理器
推测可能原因

预防性维护是指常规和系统地检查、清洁以及更换用坏的部件、材料和系统。有效的预防性维护可减少部件、材料和系统故障，并且可使硬件和软件工作情况正常。

故障排除是系统化的过程，用于找出计算机系统中故障的原因以及更正相关的硬件和软件问题。

在本章中，您将学习用于创建预防性维护计划和故障排除流程的一般指导原则。这些指导原则是用于帮助您培养预防性维护和故障排除技能的起点。

4.1 预防性维护

预防性维护通过系统性和周期性检查硬件和软件以确保正常的运行从而减少了出现硬件和软件问题的可能性。这一部分将介绍预防性维护的一些优点并讨论如何计划并实施预防性维护实践工作。

4.1.1 预防性维护的优点

预防性维护按计划实施。虽然预防性维护需求要考虑若干事项，但制定预防性维护计划时至少要依据以下两个因素。

- 计算机位置或环境：与位于办公室环境中的计算机相比，尤其要关注暴露在多灰尘环境中的计算机，如建筑工地使用的计算机。
- 计算机使用情况：如校园网等高流量网络，可能还需要增加扫描和移除恶意软件以及删除多余文件等维护操作。

要制定预防性维护计划，需记录必须执行计算机组件例行维护任务以及每项任务的频次。然后，可以据此任务列表制定维护计划。

主动进行计算机维护和数据保护。通过执行定期的例行维护，可以减少潜在的硬件和软件问题。定期的例行维护可减少计算机停机和修复成本。预防性维护还具有以下优点。

- 加强数据保护。
- 延长组件的寿命。
- 改善设备稳定性。
- 减少设备故障次数。

4.1.2 预防性维护任务

1. 硬件

检查电缆、组件和外围设备的状况。清洁组件以减小过热的可能性。修复或更换有损坏或过度磨损迹象的任何组件。

使用以下任务作为指南来创建硬件维护计划。

- 清除风扇进气口处的灰尘。
- 给电源除尘。
- 清除计算机内部组件以及打印机之类的外围设备中的灰尘。
- 清洁鼠标、键盘和显示器。
- 检查并插紧任何松脱的电缆。

2. 软件

确认安装的软件为最新版本。安装安全更新、操作系统更新和程序更新时要遵循组织的政策。在完成全面测试之前，许多公司不允许执行更新。完成全面测试以确认更新不会引起操作系统和软件问题。使用以下任务作为指南来创建符合计算机需求的软件维护计划。

- 查看和安装合适的安全更新。
- 查看和安装合适的软件更新。
- 查看和安装合适的驱动程序更新。
- 更新病毒定义文件。
- 扫描病毒和间谍软件。
- 删除不需要或未使用的程序。
- 扫描硬盘错误。
- 对非 SSD 硬盘进行碎片整理。

4.1.3 清洁机箱和内部组件

硬件预防性维护的一个重要部分是使计算机机箱和内部组件保持清洁。环境中的灰尘和其他悬浮在空气的颗粒的数量以及用户的习惯决定了清洁计算机组件的频次。定期清洁或更换计算机所在的建筑物中的空气过滤器将大大减少空气中的灰尘量。

计算机外部的灰尘和污物可能会通过散热风扇和松动的计算机机箱盖进入到内部。当灰尘在计算机内部积聚时，便会阻碍空气流动并减弱组件散热。比起散热良好的组件，过热的计算机组件更容易发生故障。大部分清洁工作是为了防止灰尘积聚。当灰尘在计算机内部积聚时，便会阻碍空气流动并减弱组件散热。保持清洁对下列组件尤为重要。

- 散热器和风扇组件。
- RAM。
- 适配卡。
- 主板。
- 风扇。
- 电源。
- 内置驱动器。

要清除计算机内部的灰尘，可以混合使用压缩空气、低气流静电放电（ESD）真空吸尘器和不起毛的小布条。有些清洁设备中的气压可能会产生静电，可能会损坏组件和跳线或使其松动。

低气流静电放电（ESD）真空吸尘器可以清除机箱内部底侧积聚的灰尘和物质。也可以使用真空吸尘器吸走被压缩空气吹到附近的灰尘。如果使用罐中的压缩空气，应使罐保持直立以防止液体泄漏到计算机组件上。始终按照压缩空气罐上的说明和警告进行操作，与敏感设备和组件保持安全距离。使用不起毛的布擦净留在组件上的任何灰尘。

警告： 使用压缩空气清洁风扇时，固定住风扇叶片。从而防止转子旋转过快或风扇沿错误的方向旋转。

通过定期清洁，还可以检查组件是否有松动的螺钉和接口。查找日后可能会产生问题的情况，并对其进行纠正，如以下情况。

- 缺少扩展槽盖，这会导致灰尘、污物或活害虫进入到计算机中。
- 紧固适配卡的螺钉松动或缺失。

- 缺少电缆。
- 可从机箱中拉出的电缆松动或缠结。

使用布条或抹布清洁计算机机箱的外部。使用清洁产品时，不要将其直接喷在机箱上。而是应该将少量清洁产品喷在清洁布或抹布上并擦拭机箱外部。

4.1.4　检查内部组件

使计算机保持良好工作状况的最佳方法是按照定期计划检查计算机。以下是要检查的组件的基本核对表。

- **CPU 散热器和风扇组件：** 检查 CPU 散热器和风扇组件中是否有灰尘聚积。确保风扇可以自由旋转。检查风扇电源线是否牢固。检查风扇在电源打开时是否转动。
- **RAM 连接：** RAM 芯片应该牢固地插入到 RAM 插槽中。有时固定夹可能会松动。如有必要，可重新安装芯片。使用压缩空气除去灰尘。
- **存储设备：** 检查所有存储设备。所有电缆都应该牢固连接。检查是否有松动、缺失或设置错误的跳线。驱动器不应该产生咯吱声、卡嗒声或摩擦声。阅读制造商的文档以了解如何清洁光驱和磁带磁头。可以购买激光透镜清洁包来清洁计算机光驱。也可以使用磁带磁头清洁包。
- **适配卡：** 适配卡应该正确地插入到其扩展槽中。松动的卡可能会导致短路。请用固定螺钉或固定夹紧固适配卡，以避免卡在其扩展槽中出现松动。请使用压缩空气除去适配卡和扩展槽上的污物和灰尘。
- **螺钉：** 如果未立即固定或取出松动的螺钉，则它们可能会引起问题。机箱中松动的螺钉可能会引起短路，或者滚动到难以取出的地方。
- **电缆：** 检查所有电缆连接。查找损坏和弯曲的引脚。确保用手指旋紧所有连接器固定螺钉。确保电缆未卷曲、受挤压或严重弯曲。
- **电源设备：** 检查电源插排、电涌抑制器（电涌保护器）和 UPS 设备。确保通风良好和顺畅。如果电源设备工作不正常，要更换该电源设备。
- **键盘和鼠标：** 使用压缩空气清洁键盘、鼠标和鼠标传感器。

4.1.5　环境问题

计算机的最佳工作环境应该清洁、无潜在污染物并且在制造商指定的温度和湿度范围内。对于大多数台式计算机，工作环境可以控制。但是，由于笔记本电脑的便携性，有时不一定能够控制温度、湿度和工作条件。虽然计算机的设计可以抵抗不利环境，但是技术人员应该始终采取预防措施，以防止计算机损坏以及数据丢失。

按照以下指导原则有助于确保计算机达到最佳运行性能。

- 不要阻挡通向内部组件的通风孔或气流。如果空气循环受阻，则计算机可能会过热。
- 使室温保持在华氏 45～90 度（摄氏 7～32 度）。
- 使湿度保持在 10%～80%。

建议的温度和湿度值因计算机制造商而异。您应该研究这些建议值，特别是在计划在极端条件下使用计算机时。

警告： 为了避免损坏计算机表面，须使用不起毛的软布和经认可的清洁液。将清洁液涂在不起毛的布条上，而不是直接涂在计算机上。

4.2 故障排除流程步骤

本节将介绍故障排除的流程，这些流程将作为确定和解决问题的方法，在本课程的余下部分中使用。

4.2.1 故障排除简介

故障排除要求使用有条理和逻辑性的方法来解决计算机和其他组件的问题。有时问题出现在预防性维护过程中。平时，客户可能会就某个问题与您联系。通过使用故障排除的逻辑性方法，可以按照系统化顺序排除不确定因素以及确定问题的原因。提出正确的问题、测试正确的硬件以及检查正确的数据有助于您了解问题以及提议一个可尝试的解决方案。

本节介绍可以应用于硬件和软件的问题解决方法。其中的很多步骤都可用于解决与工作相关的其他领域的问题。

注意： 本课程中使用的“客户”一词是指需要计算机技术协助服务的任何用户。

故障排除是随着时间的推移而变得娴熟的一项技能。每次解决问题时，都能从中汲取经验，从而提高故障排除技能。学会如何以及何时合并步骤或跳过步骤以快速得到解决方案。故障排除流程属于指导原则，可根据需要进行修改。

在开始排除故障之前，务必执行必要的防范措施以保护计算机上的数据。更换硬盘或重新安装操作系统之类的有些修复操作，可能会破坏或丢失计算机上的数据。应尽力采取措施，避免修复操作导致数据丢失。

警告： 在开始任何故障排除之前务必执行备份。在客户的计算机上开始任何工作之前，必须保护好数据。如果您的工作导致客户数据丢失，则您或您的公司可能要对此负责。

数据备份

数据备份是计算机硬盘上数据的副本，此副本将保存到其他存储设备或云存储中。云存储是通过 Internet 访问的在线存储。在组织中，可以每天、每周或每月执行备份。

如果不确定是否完成了备份，须先与客户核实，然后再尝试任何故障排除活动。以下是需向客户确认的关于数据备份的事项列表。

- 上次备份的日期。
- 备份的内容。
- 备份的数据完整性。
- 用于数据还原的所有备份介质的可用性。

如果客户没有最新备份并且您无法创建备份，请客户在免责表上签名。免责表至少包含下列信息。

- 使用无可用最新备份的计算机的权限。
- 数据丢失或损坏时不承担责任。
- 要执行的工作说明。

4.2.2 查找问题

故障排除流程的第一步是找出问题。在这一步，先要询问客户，获取尽可能多的信息，然后再从计算机入手收集信息。

1. 交谈礼仪

与客户交谈时，要遵守以下指导原则。

- 提直接问题以收集信息。
- 切勿使用行业术语。
- 切勿盛气凌人地对客户讲话。
- 切勿侮辱客户。
- 切勿指责客户引起问题。

通过有效沟通，可以从客户那里得到与问题最相关的信息。下面列出了要从客户那里收集的一些重要信息。

步骤 1 发现问题

- 客户信息
  - 公司名称
  - 联系人姓名
  - 地址
  - 电话号码
- 计算机配置
  - 制造商与型号
  - 操作系统
  - 网络环境
  - 连接类型
- 问题描述
  - 开放式问题
  - 封闭式问题
- 错误消息
- 蜂鸣序列
- LED
- POST

2. 开放式问题和封闭式问题

开放式问题让客户可以用自己的话说明问题的详细信息。获取一般信息时要使用开放式问题。

根据客户提供的信息，可以继续提出封闭式问题。封闭式问题通常需要回答“是”或“否”。这些问题的目的在于尽快获取最相关的信息。

3. 记录响应

在工单和修复日志中记录从客户那里获取的信息。记下您认为可能对您或其他技术人员比较重要的任何信息。小细节往往是解决困难或复杂问题的关键。

4. 蜂鸣代码

每个 BIOS 制造商都采用独特的蜂鸣序列（长短蜂鸣的组合）来表示硬件故障。在进行故障排除时，打开计算机电源并侦听。系统通过加电自检（POST）时，大多数计算机会发出一声蜂鸣以表明系统正常启动。如果存在错误，可能会发出多声蜂鸣。记录蜂鸣代码序列，并研究代码以确定具体的硬件故障。

5. BIOS 信息

如果计算机启动并在 POST 后停止，可检查 BIOS 设置以确定是哪里出了问题。有可能是检测不到设备或设备配置不正确。查阅主板文档可确保 BIOS 设置准确无误。

6. 事件查看器

计算机上发生系统、用户或软件错误时，系统会更新事件查看器，列出有关错误信息。图 4-1 中显示的事件查看器应用程序记录了有关问题的以下信息。

- 发生了什么问题。
- 问题的日期和时间。
- 问题的严重性。
- 问题的来源。
- 事件 ID 号。
- 发生问题时哪个用户已登录。

虽然事件查看器列出了关于错误的详细信息，但您仍然需要进一步研究解决方案。

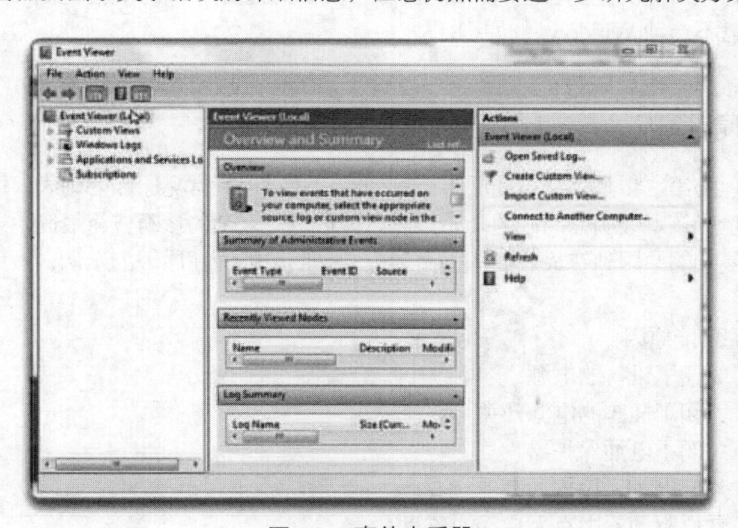

图 4-1 事件查看器

7. 设备管理器

图 4-2 中显示的设备管理器显示了在计算机上配置的所有设备。操作系统采用错误图标标记工作不正常的设备。带有惊叹号（!）的黄色圆圈表示设备处于有问题状态。带有 X 的红色圆圈表示设备处于禁用状态。黄色问号（?）表示系统不知道要为硬件安装哪个驱动程序。

8. 任务管理器

图 4-3 中显示的任务管理器显示了当前正在运行的应用程序。利用任务管理器，可以关闭已经停止响应的应用程序，也可以监视 CPU 和虚拟内存的性能，查看当前正在运行的所有进程，以及查看关于网络连接的信息。

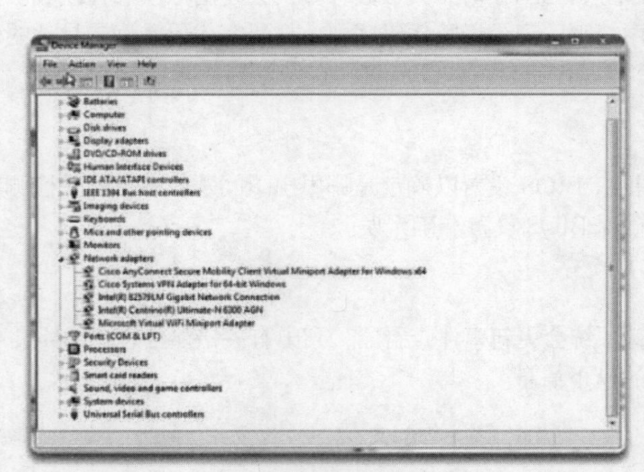

图 4-2　设备管理器

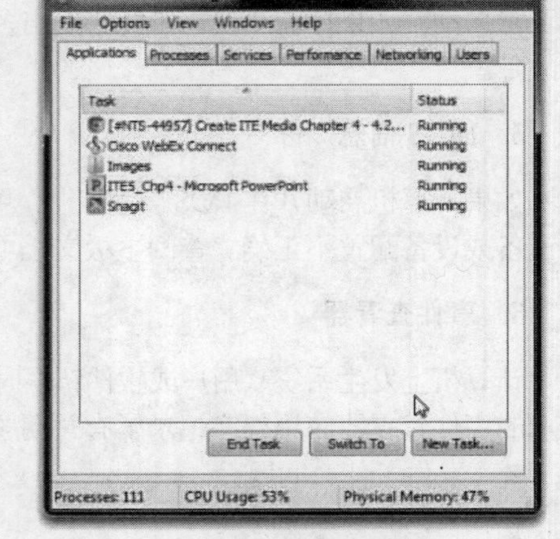

图 4-3　任务管理器

9. 诊断工具

开展调研工作来确定可用于帮助诊断和解决问题的软件。很多程序都可协助进行硬件故障排除。系统硬件的制造商通常提供他们自己的诊断工具。例如，硬盘制造商可能会提供一个工具，以启动计算机以及诊断硬盘不启动 Windows 的原因。

4.2.3　推测可能原因

故障排除流程的第二步是推测可能原因。首先，创建错误最常见原因的列表。即使客户认为存在某个重大问题，也应该从最明显的问题开始，然后再进行更复杂的诊断。将最简单或最明显的原因列在最前面。将较复杂的原因列在最后面。下面列出的是问题的潜在原因的示例，按照从最简单到最复杂的顺序列出。

步骤 2　推测可能原因

- 关闭了设备的电源
- 关闭了插座的电源开关
- 关闭了电涌保护器
- 外部电缆连接松动
- 软件驱动器中有无启动的磁盘
- BIOS 设置中的启动顺序不正确

故障排除流程的后续步骤涉及验证每个可能原因。

4.2.4　测试推测以确定原因

从最明显和最简单的原因开始，逐个测试推测的可能原因，以确定具体原因。在找到问题的具体原因之后，可以确定解决问题的步骤。随着排除计算机故障的经验变得越来越丰富，完成此过程中步骤的速度也会越来越快。现在，可以先练习每个步骤以更好地理解故障排除流程。

在测试所有推测之后，仍然无法确定问题的具体原因，须推测新的可能原因并进行测试。如有必要，可将问题上报给经验更丰富的技术人员。在上报之前，要记录尝试过的每项验证及其结果。下面列出了用于确定问题原因的一些常见步骤。

步骤 3 测试推测以确定原因

- 确保已打开设备电源
- 确保已打开插座的电源开关
- 确保已打开电涌保护器
- 确保外部电缆连接牢固
- 确保软盘驱动器中没有磁盘
- 确认 BIOS 设置中的启动顺序

4.2.5 制定解决问题的行动计划，并实施解决方案

在确定了问题的确切原因之后，应制定解决问题的行动计划，并实施解决方案。有时快速程序可以纠正问题。如果快速程序解决了问题，则验证所有系统功能，并在适用情况下实施预防措施。如果快速程序未解决问题，则要进一步研究问题，然后返回到步骤 2 以推测新的可能原因。

制定了行动计划之后，应该研究可能的解决方案。

步骤 4 制定解决问题的行动计划，并实施解决方案

- 帮助台修复日志
- 其他技术人员
- 制造商常见问题
- 新闻组
- 计算机手册
- 设备手册
- 在线论坛
- Internet 搜索

将较大的问题分解成可以单独分析和解决的较小问题。从最轻松和最快速的解决方案开始对解决方案按优先级排序。对可能解决方案创建列表，并逐个实施。如果您实施了可能的解决方案，但未解决问题，则撤消刚执行的操作，然后尝试其他解决方案。继续执行此过程，直到找到合适的解决方案为止。

4.2.6 验证全部系统功能，并根据需要实施预防措施

在完成计算机修复之后，通过验证全部系统功能并实施必要的预防措施，以继续执行故障排除流程。通过验证全部系统功能，可以确认是否已解决了原来的问题，并可确保在修复计算机时未造成其他问题。如有可能，可让客户验证解决方案和系统功能。以下列表显示了可用于确定全部系统功能的步骤。

步骤 5 验证全部系统功能，并根据需要实施预防措施

- 重启计算机
- 确保多个应用程序正常工作
- 验证网络与 Internet 连接
- 从一个应用程序中打印文档
- 确保所有连接的设备都正常工作
- 确保未收到错误消息

4.2.7 记录发现的问题、采取的措施和最终结果

完成修复计算机工作之后，与客户一起完成计算机故障排除流程。以口头和书面形式向客户报告问题和解决方案。以下列表显示了完成修复后要采取的步骤。

步骤 6 记录发现的问题、采取的措施和最终结果

- 与客户讨论实施的解决方案
- 请客户验证问题是否已解决
- 为客户提供所有书面文件
- 在工单和技术人员日志中记录为解决问题而采取的步骤
- 记录修复过程中使用的任何组件
- 记录解决问题所花费的时间

向客户确认解决方案。如果客户有空，可以给其演示该解决方案如何解决计算机问题。让客户测试解决方案并尝试再现问题。客户确认问题已经解决时，在工单和日志中填写修复记录。将以下信息写入记录中。

- 问题描述。
- 解决问题的步骤。
- 修复中用到的组件。

4.2.8 PC 的常见问题和解决方案

计算机问题可归为硬件问题、软件问题、网络问题或其中两种甚至三种问题兼有的综合性问题。有些类型的问题发生频次较高。常见的硬件问题包括下列几项。

- **存储设备**：存储设备问题通常与电缆连接松动或不正确、驱动器和介质格式不正确，以及跳线和 BIOS 设置不正确有关，如表 4-1 所示。
- **主板和内部组件**：这些问题通常由电缆不正确或松动、组件故障、驱动程序不正确以及更新失败所引起，如表 4-2 所示。
- **电源**：电源问题通常由电源故障、连接松动以及瓦特数不足所引起，如表 4-3 所示。
- **CPU 和内存**：处理器和内存问题通常由安装故障、BIOS 设置错误、冷却和通风不充分以及兼容性问题所引起，如表 4-4 所示。

表 4-1 存储设备的常见问题和解决方案

查找问题	可能原因	可能的解决方案
计算机不识别存储设备	电源线松动	紧固电源线
	数据电缆松动	紧固数据电缆
	跳线设置不正确	重置跳线
	存储设备出现故障	更换存储设备
	BIOS 中的存储设备设置不正确	重置 BIOS 中的存储设备设置
软盘驱动器不读取介质，或者驱动器指示灯保持常亮状态	电源线或数据电缆连接松动	将电源线或数据电缆紧固到驱动器和主板上
	数据电缆上的引脚 1 未连接到驱动器上的引脚 1	正确连接数据电缆
	BIOS 中的 FDD 设置不正确	重置 BIOS 中的 FFD 设置
	软盘损坏或未格式化	尝试其他软盘或者格式化软盘
	软盘放反了	正确地重新放入软盘

续表

查找问题	可能原因	可能的解决方案
计算机无法识别光盘	光驱有故障	更换光驱
	光盘放反了	正确放入光盘
	驱动器中放了多张光盘	确保在驱动器中只放了一张光盘
	光盘损坏	更换光盘
	光盘格式不正确	使用正确类型的光盘
计算机无法弹出光盘	光驱堵塞	将引脚插入驱动器上弹出按钮旁边的小孔中以打开托盘
	光驱已被软件锁定	重启计算机
	光驱有故障	更换光驱
计算机不识别 SCSI 驱动器	SCSI 驱动器具有不正确的 SCSI ID	重新配置 SCSI ID
	未正确设置 SCSI 终端	确保在正确的端点终止 SCSI 链
	启动计算机之前外部SCSI 驱动器未通电	启动计算机之前打开此驱动器
计算机不识别可移动的外置驱动器	可移动的外置驱动器有故障	更换可移动的外置驱动器
	未正确插入可移动的外置驱动器	先取出然后重新插入该驱动器
	在 BIOS 设置中禁用了外部端口	在 BIOS 设置中启用这些端口
读卡器无法读取在相机中正常工作的内存卡	读卡器不支持此内存卡类型	使用其他内存卡类型
	未正确连接读卡器	确保在计算机中正确连接读卡器
	未在 BIOS 设置中正确配置读卡器	在 BIOS 设置中重新配置读卡器
	读卡器有故障	安装确认完好的读卡器

表 4-2 主板和内部组件的常见问题和解决方案

查找问题	可能原因	可能的解决方案
计算机上的时钟不再保持正确的时间，或者计算机重启后会更改 BIOS 设置	CMOS 电池可能松动	紧固电池
	CMOS 电池可能有故障	更换电池
检索或保存 USB 闪存驱动器中的数据速度慢	主板不支持 USB3.0	更新主板或 USB 闪存驱动器以支持 USB3.0
	USB 闪存驱动器不支持 USB3.0	
	在BIOS设置中将端口设置为了全速	将 BIOS 设置中的端口速度设置为高速
更新BIOS固件之后，计算机无法启动	未正确安装 BIOS 固件更新	与主板制造商联系以获取新的BIOS芯片（如果主板具有两个 BIOS 芯片，则可以使用第二个BIOS芯片）
计算机启动时显示不正确的 CPU 信息	主板具有错误的跳线设置	在主板上设置合适的CPU跳线设置
	高级BIOS设置中的CPU设置不正确	为 CPU 正确设置高级 BIOS 设置
	BIOS 未正确识别 CPU	更新 BIOS
计算机前面的硬盘驱动器 LED 不亮	硬盘驱动器 LED 电缆未连接或者已松动	将硬盘驱动器 LED 电缆重新连接到主板
	硬盘驱动器 LED 电缆未正确对准前机箱面板接口	将硬盘驱动器 LED 电缆正确对准前机箱面板接口，并重新连接

续表

查找问题	可能原因	可能的解决方案
计算机上的内置网卡已停止工作	网卡硬件发生故障	将新网卡添加到空扩展槽中
安装新的 PCI-E 显卡后，计算机未显示任何视频	已将 BIOS 设置设为使用内置视频 电缆仍然连接至内置视频 新显卡有故障	在 BIOS 设置中禁用内置视频 将电缆连接至新显卡 安装确认完好的显卡
新声卡不公正	扬声器未连接至正确的插孔 音频被静音 声卡有故障 BIOS 设置已设为使用板载声音设备	将扬声器连接至正确的插孔 对音频取消静音 安装确认完好的声卡 在 BIOS 设置中禁用板载音频设备

表 4-3 电源的常见问题和解决方案

查找问题	可能原因	可能的解决方案
计算机无法开机	计算机插头未插入交流插座 交流插座有故障 电源线故障 电源开关未打开 电源开关被设置为不正确的电压 电源按钮未正确连接至前面板连接器 电源出现了故障	将计算机插头插入已确认完好的交流插座 使用已确认完好的电源线 打开电源开关 将电源开关设置为正确的电压设置 将电源按钮正确对准前面板连接器并重新连接 安装已确认完好的电源
计算机重启和意外关闭或者冒烟或有电子元件烧焦的气味	电源开始发生故障	更换电源

表 4-4 CPU 和内存的常见问题和解决问题

查找问题	可能原因	可能的解决方案
计算机不启动或锁定不动	CPU 过热 CPU 风扇有故障 CPU 出现了故障	重新安装 CPU 更换 CPU 风扇 向机箱中加装风扇 更换 CPU
CPU 风扇发出异常噪音	CPU 风扇发生故障	更换 CPU 风扇
计算机重启而无警告、锁定不动或显示错误消息	前端总线设置得太高 CPU 倍频设置得太高 CPU 电压设置得太高	重置为主板的出厂默认设置 降低前端总线设置 降低倍频设置 降低 CPU 电压设置
从单核 CPU 升级到双核 CPU 之后，计算机运行速度更慢，并且任务管理器中仅显示一个 CPU 图形	BIOS 不识别双核 CPU	更新 BIOS 固件以支持双核 CPU
CPU 无法安装到主板上	CPU 类型错误	将此 CPU 更换为与主板插座类型匹配的 CPU
计算机不识别添加的 RAM	新 RAM 有故障 安装的 RAM 类型不正确 新 RAM 在内存插槽中松动	更换 RAM 安装正确类型的 RAM 在内存插槽中紧固 RAM

续表

查找问题	可能原因	可能的解决方案
升级 Windows 后，计算机运行速度非常慢	计算机没有足够的 RAM 显卡没有足够的内存	安装更多的 RAM 安装具有更大内存的显卡
安装有 DDR2 和 DDR3 RAM 的计算机仅识别 DDR3 RAM	主板不支持同时安装 DDR2 和 DDR3 RAM	检查主板手册以查看计算机是否同时支持这两种类型的 RAM

4.3 总结

本章讨论了预防性维护的概念和故障排除流程，包括下列重点。

- 定期的预防性维护可以减少硬件和软件问题。
- 在开始任何修复之前，先备份计算机上的数据。
- 故障排除流程是协助技术人员有效地解决计算机问题的指导原则。
  1. 查找问题
  2. 推测可能原因
  3. 测试推测以确定原因
  4. 指定解决问题的行动计划，并实施解决方案
  5. 验证全部系统功能，并根据需要实施预防措施
  6. 记录发现的问题、采取的措施和最终结果
  7. 记录尝试过的每项操作，无效操作也要记录。这些记录文档无论是对自己还是其他技术人员，都是非常有用的资源。

4.4 检查你的理解

您可以在附录 A 中查找下列问题的答案。

1. 发现问题后，故障检修师下一步要做什么？
   A. 推测可能原因　B. 确定确切原因
   C. 实施解决方案　D. 记录发现的问题
   E. 验证解决方案
2. 清洁计算机内部的建议程序是什么？
   A. 清洁前拆除 CPU　B. 抓住 CPU 风扇阻止其旋转并用压缩空气吹风扇
   C. 用棉签清洁硬盘磁头　D. 喷射时颠倒压缩空气罐
3. 下列哪项是故障电源的症状？
   A. 计算机有时打不开　B. 显示器上只有一个闪烁的光标
   C. 计算机显示 POST 错误代码　D. 电源线不能正确连接到电源和/或墙壁插座
4. 有关 PATA 硬盘的两个常见问题是什么？（选择两项）
   A. 电缆连接松动　B. 跳线设置错误
   C. 驱动程序不正确　D. 过热

E. 读写磁头不干净

5. 某位员工反馈打开较大的文档文件所用时间比平常所用时间长。桌面支持技术人员怀疑硬盘可能有故障。技术人员下一步应如何操作?
   A. 执行磁盘清洁程序
   B. 备份工作站中的用户数据
   C. 与数据恢复公司联系进行维修
   D. 将硬盘更换为新硬盘以查明确切的问题
6. 某位员工报告说工作站显示器的输出失真。技术人员查阅制造商网站并下载视频驱动程序的最新版本。安装视频驱动程序之后,技术人员下一步应如何操作?
   A. 与该员工一起制定下一次系统检查计划
   B. 记录视频驱动程序的以前版本号和当前版本号
   C. 将显卡移到另一个插槽以查看视频性能是否更佳
   D. 打开视频编辑应用程序以检验视频性能
7. 将工作站从单核 CPU 升级到新的双核 CPU 之后,用户抱怨工作站的执行速度似乎更慢。工作站所运行的操作系统是 Windows XP Professional。支持技术人员打开任务管理器-资源监视器,发现仅显示了一个 CPU 内核。此问题的可能原因是什么?
   A. 新 CPU 类型错误
   B. 安装的 RAM 不足
   C. BIOS 不支持双核 CPU
   D. 为了支持双核 CPU,需要升级操作系统
8. PC 的预防性维护的主要优点是什么?
   A. 延长组件的寿命
   B. 增强故障排除流程
   C. 简化最终用户的 PC 使用方式
   D. 帮助用户进行软件开发
9. 确定 CPU 风扇是否正常旋转的最佳方法是什么?
   A. 用手指快速旋转风扇的叶片
   B. 对风扇喷射压缩空气以使叶片旋转
   C. 打开电源时目视检查风扇以确保风扇旋转
   D. 打开电源后聆听风扇旋转的声音
10. 用户发现计算机正面的硬盘 LED 已经停止工作,但计算机似乎工作正常。此问题最可能的原因是什么?
   A. 硬盘数据电缆有故障
   B. 需要更新主板 BIOS
   C. 主板上的硬盘 LED 电缆已经松动
   D. 电源箱主板提供的电压不足

第 5 章

操作系统

学习目标

通过完成本章的学习，您将能够回答下列问题：

- 操作系统的用途是什么？
- 根据用途、局限性以及兼容性，各种操作系统之间相比有何不同？
- 如何根据用户需求确定合适的操作系统？
- 如何安装操作系统？
- 如何更新操作系统？
- 如何在操作系统 GUI 中导航？
- 常见的操作系统预防性维护工作有哪些？如何应用它们？
- 哪些工作可以排除操作系统故障？

关键术语

下列为本章所用的关键术语。您可以在本书的术语表中找到其定义。

操作系统（OS）
多任务
多处理
多线程
设备驱动程序
即插即用（PnP）
命令行界面（CLI）
图形用户界面（GUI）
应用程序编程接口（API）
开放图形库（OpenGL）
DirectX
Windows 应用程序编程接口
Java API 应用程序编程接口
寄存器
Microsoft Windows
Apple OS X
Linux
网络操作系统
硬件兼容性列表（HCL）
升级顾问
用户状态迁移工具（USMT）
Windows 轻松传送
主分区
活动分区
扩展分区
逻辑驱动器
基本磁盘
格式化
扇区
簇
磁道
柱面
新技术文件系统（NTFS）
文件分配表，32 位（FAT32）
Microsoft 系统准备（Sysprep）
磁盘克隆
网络安装
预启动执行环境（PXE）安装
无人参与安装
基于映像的安装
远程安装
Windows 恢复环境（WinRE）
Windows 预安装环境（PE）
还原点
系统影像恢复工具
自动系统恢复

出厂恢复分区
Windows 启动管理器
系统加载程序（NTLDR）
Windows 注册表
动态链接库（DLL）
卷影副本
控制面板小程序
任务管理器
用户账户控制（UAC）设置
设备管理器
性能监视器
CHKDSK
系统信息工具
远程桌面
远程协助
家庭组
DXDIAG
MSCONFIG
MSINFO32
REGEDIT
PC 虚拟化
虚拟机监控程序
Windows 虚拟 PC
Windows XP 模式
预防性维护
Windows 自动更新
备份实用工具
完全备份
普通备份
复制备份
增量备份
差异备份
每日备份

操作系统（OS）控制计算机上的几乎所有功能。本章中，您将了解到与 Windows 7、Windows Vista 和 Windows XP 操作系统相关的组件、功能和术语。

5.1 现代操作系统

一些基本术语和功能与计算机操作系统相同。所有计算机都依赖操作系统来提供用户、应用程序和硬件之间的交互接口。计算机启动操作系统，并管理文件系统。操作系统可支持多个用户、多个任务或多个 CPU。

5.1.1 术语

为了解操作系统的能力，有必要先掌握一些基本术语。在描述操作系统时，通常会用到以下术语。

- **多用户**：两个或多个用户有各自的账户，他们可以通过账户同时操作程序和外围设备。
- **多任务**：计算机能够同时运行多个应用程序。
- **多处理**：操作系统可以支持两个或更多 CPU。
- **多线程**：程序可分成多个更小的部分，操作系统根据需要加载这些小部分。多线程允许一个程序的不同部分同时运行。

5.1.2 操作系统的基本功能

无论计算机和操作系统的规模和复杂性如何，所有操作系统都执行 4 项相同的基本功能。

- 控制硬件访问。
- 管理文件和文件夹。
- 提供用户界面。
- 管理应用程序。

1. 硬件访问

操作系统管理着应用程序与硬件之间的交互。为了访问每个硬件组件并与之通信，操作系统使用一个称为设备驱动程序的程序。在安装硬件设备后，操作系统会查找并安装该组件的设备驱动程序。系统资源分配和驱动程序安装是通过一个即插即用（PnP）过程来执行。然后操作系统配置设备并更新注册表，注册表是一种数据库，其中包含有关计算机的所有信息。

如果操作系统找不到设备驱动程序，技术人员必须手动安装驱动程序，安装时可以使用设备附带的介质，也可以从制造商网站下载安装。

2. 文件和文件夹管理

操作系统在硬盘驱动器上创建一个文件结构来存储数据。文件由一组相关的数据构成，这些数据被赋予一个名称，并被看成一个单元。程序和数据文件分组在一个目录中。文件和目录经过有序组织后便于检索和使用。目录可保留在其他目录内。这些嵌套的目录称为子目录。在 Windows 操作系统中，目录称为文件夹，子目录称为子文件夹。

3. 用户界面

操作系统使用户能够与软件和硬件交互。操作系统包含两种类型的用户界面。

■ **命令行界面（CLI）**：用户在提示符下输入命令，如图 5-1 所示。

图 5-1 命令行界面

■ **图形用户界面（GUI）**：用户使用菜单和图标进行交互，如图 5-2 所示。

图 5-2 图形用户界面

4. 应用程序管理

操作系统查找应用程序，并将其加载到计算机的 RAM 中。应用程序是指软件程序，如字处理器、数据库、电子表格和游戏。操作系统负责为运行的应用程序分配可用的系统资源。

为了确保新的应用程序与操作系统兼容，程序员需要遵循一组准则，这称为应用程序编程接口（API）。API 能够让程序以一致、可靠的方式访问那些由操作系统管理的资源。以下是 API 的一些例子。

■ **开放图形库（OpenGL）**：适用于多媒体图形的跨平台标准规范。

■ **DirectX**：与 Microsoft Windows 的多媒体任务相关的 API 集合。

■ **Windows API**：允许旧版 Windows 的应用程序在新版 Windows 上运行。

■ **Java API**：与 Java 编程开发相关的 API 集合。

5.1.3 处理器体系结构

CPU 处理信息的方式可以影响操作系统的性能。两种常见的数据处理体系结构如下所示。

■ **x86**：一次请求处理多条指令的 32 位体系结构。x86 处理器使用的寄存器少于 x64 处理器。

寄存器是 CPU 在执行计算时使用的存储区域。x86 处理器可支持 32 位操作系统。

- **x64**：这种 64 位体系结构增加了额外的寄存器，专门供需要 64 位地址空间的指令使用。与 x86 相比，这些额外的寄存器能够让 CPU 更快地处理指令。x64 处理器向后兼容 x86 处理器。x64 处理器可支持 32 位和 64 位操作系统。

32 位操作系统只能寻址 4 GB 的系统内存，而 64 位操作系统可寻址 128 GB 以上。这两种系统的内存管理方式不同。64 位系统性能更佳。64 位操作系统还包含一些功能用来提供附加的安全性。表 5-1 总结了 32 位和 64 位 Windows 操作系统。

表 5-1　Windows 中的 32 位和 64 位兼容性

Windows 操作系统	32 位	64 位
Windows 7 简易版	X	
Windows 7 家庭高级版	X	X
Windows 7 专业版	X	X
Windows 7 旗舰版	X	X
Windows Vista 家庭普通版	X	X
Windows Vista 家庭高级版	X	X
Windows Vista 商用版	X	X
Windows Vista 旗舰版	X	X
Windows XP 专业版	X	X
Windows XP 家庭版	X	
Windows XP 媒体中心版	X	

5.2 操作系统的类型

对于将要安装的操作系统的选择是一项意义重大的工作。因为操作系统控制计算机的主要功能，因此操作系统的选择决策尤为重要。在选择要安装的操作系统时，决策点之一在于计算机的预期用途及其在网络中的角色。在这一部分中，我们将解释两种类型的操作系统，它们分别是桌面操作系统和网络操作系统。

5.2.1 桌面操作系统

技术人员可能会被要求为客户选择并安装操作系统。操作系统分为两种不同的类型：桌面和网络。桌面操作系统主要在用户数量有限的小型及家庭办公室（SOHO）环境中使用。网络操作系统（NOS）设计用于公司环境，这种环境要为拥有各种需求的很多用户提供服务。

桌面操作系统有以下特征：

- 支持单用户；
- 运行单用户应用程序；
- 在小型网络上共享文件和文件夹，安全性有限。

在目前的软件市场中，最常用的桌面操作系统分成三大类：Microsoft Windows、Apple OS X 和 Linux。本章着重介绍 Microsoft 操作系统。

1. Microsoft Windows

Microsoft Windows 是当今最流行的操作系统之一。Windows 存在以下可用版本。

- **Windows 7 简易版**：在上网本计算机上使用，方便联网。
- **Windows 7 家庭高级版**：在家庭计算机上使用，轻松共享媒体。
- **Windows 7 专业版**：在小型商用计算机上使用，可保护关键信息，并使日常任务更容易完成。
- **Windows 7 企业版**：在大型商用计算机上使用，可提供更多增强的工作效率、安全性和管理功能。
- **Windows 7 旗舰版**：在计算机上使用，可将 Windows 7 家庭高级版的易用性与 Windows 7 专业版的商务功能结合在一起，并提供增强的数据安全性。
- **Windows Vista 家庭普通版**：在家庭计算机上使用，执行基本计算。
- **Windows Vista 家庭高级版**：在家庭计算机上使用，可提高个人工作效率，并提供超出基本要求的数字娱乐功能。
- **Windows Vista 商用版**：在小型商用计算机上使用，可增强安全性，获得增强的移动技术。
- **Windows Vista 企业版**：在大型商用计算机上使用，可提供更多增强的工作效率、安全性和管理功能。
- **Windows Vista 旗舰版**：在计算机上使用，可将家庭用户和商务用户的所有需求结合在一起。
- **Windows XP 专业版**：在连接到网络中的 Windows Server 的大多数计算机上使用。
- **Windows XP 家庭版**：在家庭计算机上使用，安全性有限。
- **Windows XP 媒体中心版**：在娱乐计算机上使用，可观看影片和聆听音乐。
- **Windows XP 64 位专业版**：供带 64 位处理器的计算机使用。

2. Apple OS X

Apple 计算机是专有计算机，使用的操作系统为 OS X。OS X 的设计宗旨是成为用户友好的 GUI 操作系统。当前版本的 OS X 是基于定制版本的 UNIX。

3. Linux

Linux 基于 UNIX，UNIX 是在 20 世纪 60 年代后期引入的，是最古老的操作系统之一。1991 年，Linus Torvalds 设计了开源操作系统 Linux。开源程序允许任何人分发和改动源代码；有些开源程序可免费下载，有些则以远低于其他操作系统的价格售给开发人员。

注意： 本课程中，除非另行说明，否则所有命令路径都是指 Microsoft Windows。

5.2.2 网络操作系统

网络操作系统（NOS）包含一些附加的功能，可在联网环境中提高功能性和易管理性。NOS 有以下特征。

- 支持多用户。
- 运行多用户应用程序。
- 提供较桌面操作系统更高的安全性。

NOS 为计算机提供网络资源，包括：

- 服务器应用程序，如共享数据库；
- 集中式数据存储；

- 网络上用户账户和资源的集中式存储库；
- 网络打印队列；
- 冗余存储系统，如 RAID 和备份。

以下是网络操作系统的示例。

- Windows Server。
- Red Hat Linux。
- Mac OS X Server。

5.3 操作系统的客户要求

在选择操作系统时，需要考虑许多因素。开展适当的调查研究对于作出明智的决策是至关重要的。这一部分就如何开展调查提供了指导原则，并为升级时作出选择提供了应考虑的因素。

5.3.1 操作系统兼容的应用程序和环境

在向客户推荐操作系统时，务必要了解客户将如何使用计算机。操作系统必须与现有硬件和所需的应用程序兼容。在向客户推荐操作系统前，应先调查客户将使用的应用程序的类型，以及是否会购买新计算机。

在推荐操作系统时，技术人员必须考虑预算限制、了解客户将如何使用计算机，并确定将安装哪些类型的应用程序。以下是一些有助于为客户确定最佳操作系统的准则。

- 客户是否为此计算机使用市售的应用程序？市售应用程序在应用程序的包装上列明了兼容操作系统的列表。
- 客户是否使用专门为其编写的定制应用程序？如果客户使用定制应用程序，那么该应用程序的程序员会指定要使用哪种操作系统。

5.3.2 操作系统平台的最低硬件要求和兼容性

操作系统具有最低硬件要求，因此为了操作系统能够正确安装并运行，必须达到这些最低要求。

首先确定客户现有的设备情况。如果需要硬件升级才能达到操作系统的最低要求，那么应该执行成本分析，确定最佳的行动方案。在一些情况下，让客户购买新计算机可能要比升级当前系统成本更低。而在另一些情况下，升级以下一种或多种组件可能比较经济划算。

- RAM。
- 硬盘驱动器。
- CPU。
- 视频适配卡。
- 主板。

注意：　如果应用程序要求超过了操作系统的硬件要求，那么必须满足应用程序的额外要求才能正常工作。

在确定最低硬件要求后，确保计算机中的所有硬件都与为客户选择的操作系统兼容。

Microsoft 兼容中心

Windows 7 和 Windows Vista 均提供有在线的兼容中心，允许技术人员检查软硬件的兼容性，如图 5-3 所示。该工具提供了经测试证明可与 Windows 7 和 Windows Vista 配合使用的详细硬件清单。如果客户有任何现有硬件不在此清单中，那么这些组件可能需要升级。

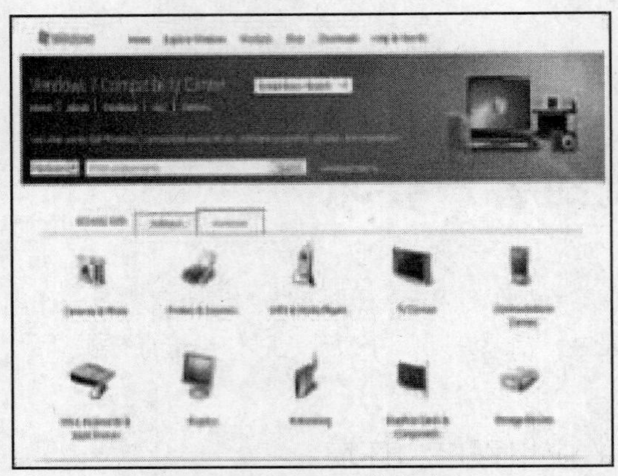

图 5-3 Windows 兼容中心

Microsoft 兼容中心不支持 Windows XP。Windows XP 在制造商的网站上提供有硬件兼容列表（HCL）。

注意： 操作系统的硬件兼容性列表（HCL）的维护工作可能会中断，所以不一定包含所有兼容的硬件。

5.3.3 比较操作系统要求

在选择要安装的操作系统时，仅知道操作系统与计算机中的硬件兼容是远远不够的，还需要了解操作系统的硬件要求。表 5-2 概括了各种 Windows 操作系统的要求。

表 5-2 Windows 操作系统的安装要求

	CPU	RAM	HDD	视频适配卡
Windows 7 简易版	1GHz 或更快的 32 位（x86）或 64 位（x64）处理器	1GB RAM	16GB 可用空间（32位）	带 WDDM 1.0 或更高版本驱动程序的 DirectX9 图形设备
Windows 7 家庭高级版	1GHz 或更快的 32 位（x86）或 64 位（x64）处理器	1GB RAM（32位）或 2GB RAM（64位）	16GB 可用空间（32位）或 20GB 可用空间（64位）	
Windows 7 专业版	1GHz 或更快的 32 位（x86）或 64 位（x64）处理器	1GB RAM（32位）或 2GB RAM（64位）	16GB 可用空间（32位）或 20GB 可用空间（64位）	带 WDDM 1.0 或更高版本驱动程序的 DirectX9 图形设备
Windows 7 旗舰版	1GHz 32 位（x86）或 64 位（x64）处理器	1GB RAM（32位）或 2GB RAM（64位）	16GB 可用空间（32位）或 20GB 可用空间（64位）	带 WDDM 1.0 或更高版本驱动程序的 DirectX9 图形设备

续表

	CPU	RAM	HDD	视频适配卡
Windows 7 企业版	1GHz 32 位（x86）或 64 位（x64）处理器	1GB RAM（32 位）或 2GB RAM（64 位）	16GB 可用空间（32 位）或 20GB 可用空间（64 位）	带 WDDM 1.0 或更高版本驱动程序的 DirectX9 图形设备
Windows Vista 家庭普通版	1GHz 32 位（x86）或 64 位（x64）处理器	512 MB RAM	带至少 15GB 可用空间的 20GB 硬盘驱动器	DirectX9 图形设备和 32MB 图形内存
Windows Vista 家庭高级版	1GHz 32 位（x86）或 64 位（x64）处理器	1 GB RAM	带至少 15GB 可用空间的 40GB 硬盘驱动器	通过以下功能支持图形设备： WDDM 驱动程序 128MB 图形内存（最少） 硬件中的 Pixel Shader 2.0 每像素 32 位
Windows Vista 商业版	1GHz 32 位（x86）或 64 位（x64）处理器	1 GB RAM	带至少 15GB 可用空间的 40GB 硬盘驱动器	通过以下功能支持图形设备： WDDM 驱动程序 128MB 图形内存（最少） 硬件中的 Pixel Shader 2.0 每像素 32 位
Windows Vista 旗舰版	1GHz 32 位（x86）或 64 位（x64）处理器	1 GB RAM	带至少 15GB 可用空间的 40GB 硬盘驱动器	通过以下功能支持图形设备： WDDM 驱动程序 128MB 图形内存（最少） 硬件中的 Pixel Shader 2.0 每像素 32 位
Windows Vista 企业版	1GHz 32 位（x86）或 64 位（x64）处理器	1 GB RAM	带至少 15GB 可用空间的 40GB 硬盘驱动器	通过以下功能支持图形设备： WDDM 驱动程序 128MB 图形内存（最少） 硬件中的 Pixel Shader 2.0 每像素 32 位
Windows XP 专业版	最低要求 233 MHz 建议 300 MHz 或更高 Intel Pentium/Celeron 系列最低要求 64MB 建议 128MB 或更高 AMD K6/Athlon/Duran 系列或兼容处理器	最低要求 64MB 建议 128MB 或更高	最低要求 1.5GB 可用硬盘空间（如果通过网络安装，则需要更多空间）	最低要求 Super VGA（800×600），建议更高分辨率

续表

	CPU	RAM	HDD	视频适配卡
Windows XP 家庭版	最低要求 233 MHz 建议 300 MHz 或更高 Intel Pentium/Celeron 系列最低要求 64MB 建议 128MB 或更高 AMD K6/Athlon/Duran 系列或兼容处理器	最低要求 64MB 建议 128MB 或更高	最低要求 1.5GB 可用硬盘空间（如果通过网络安装，则需要更多空间）	最低要求 Super VGA（800×600），建议更高分辨率
Windows XP 媒体中心版	1.6 GHz 或更高	256 MB	最低要求 1.5GB 可用硬盘空间（如果通过网络安装，则需要更多空间）	支持 Direct X 图形

5.4 操作系统升级

尽管出于多种原因需要升级操作系统，但作出升级的决策仍然需要经过周密考虑并制定细致的评估计划。这一部分将讨论升级的原因、选择最佳升级路径的步骤，以及升级的方法。

5.4.1 检查操作系统兼容性

为了保持与最新的软硬件兼容，操作系统必须定期升级。另外，当制造商停止支持旧操作系统时，也必须进行升级。升级操作系统可以提高性能。新的硬件产品通常要求安装最新版本的操作系统才能正确运行。虽然升级操作系统可能成本很高，但升级可增加新的功能并支持较新的硬件，有助于增强功能性。

升级操作系统前，应检查新操作系统的最低硬件要求，确保其可在计算机上成功安装。另外检查 Windows 7 和 Vista 的 Windows 兼容中心或 Windows XP HCL，确保硬件与新的操作系统兼容。

注意： 随着更新的操作系统版本的不断发布，对一些较旧版本的支持终会停止。

升级顾问

Microsoft 提供了一个名为升级顾问的免费实用工具。在升级到更高版本的 Windows 操作系统之前，此工具可扫描系统，寻找硬件中是否存在软硬件不兼容问题。升级顾问可创建一个有关所存在的任何问题的报告，然后引导您执行一系列步骤来解决问题。从 Microsoft Windows 网站可以下载升级顾问。

要使用 Windows 7 升级顾问，按以下步骤操作。

How To

步骤 1 从 Microsoft 网站下载并运行 Windows 7 升级顾问。

步骤 2 单击**开始检查**。程序将扫描计算机硬件、设备和已安装的软件。随后会提供一个兼容性报告。

步骤 3 如果要保留报告或稍后打印，单击**保存报告**。

步骤 4 检查报告。记录有关所发现问题的任何推荐修正措施。

步骤 5 单击关闭。

在改动硬件、设备或软件后，Microsoft 建议在安装新操作系统前再次运行升级顾问。图 5-4 显示了 Windows 7 升级顾问。

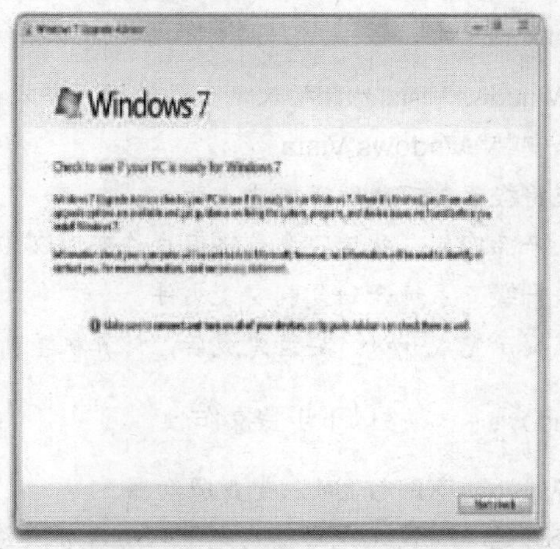

图 5-4 Windows 7 升级顾问

5.4.2 Windows 操作系统升级

与执行全新安装相比，升级计算机操作系统的过程可能更快。升级过程因版本而异。例如，Windows 7 安装实用程序将现有 Windows Vista 文件替换为 Windows 7 文件。但是，现有应用程序和设置将保存下来。

操作系统的版本决定了可行的升级选项。例如，32 位操作系统不能升级到 64 位操作系统。另一个例子是 Windows XP 不能升级到 Windows 7。在尝试升级之前，请查看操作系统开发商的网站，获得可行升级途径的列表。表 5-3 显示了 Windows 操作系统升级的升级路径。

表 5-3 Windows 操作系统升级

现有系统 \ 可升级至	Windows 2000	Windows XP	Windows Vista	Windows 7
Windows 98	支持	支持	支持	不支持
Windows 2000	不适用	支持	支持	不支持
Windows XP	不适用	不适用	支持	不支持
Windows Vista	不适用	不适用	不适用	支持

注意： 执行升级前，须备份所有数据，以防安装出现问题。

要将 Windows Vista 操作系统升级到 Windows 7，按以下步骤操作。

How To

步骤 1 将 Windows 7 光盘插入光盘驱动器。安装程序窗口随即出现。

步骤 2 选择**现在安装**选项。

步骤 3 系统将提示要下载安装所需的所有重要更新。

步骤 4 同意最终用户许可协议（EULA），然后单击**下一步**。

步骤 5 单击**升级**。系统开始复制安装文件。

步骤 6 按照提示完成升级。安装完成后，计算机重新启动。

注意： 从 Windows XP 升级到 Windows Vista 之前，必须先安装 Windows XP Service Pack 2 或 3。

要将操作系统升级到 Windows Vista，按以下步骤操作。

How To

步骤 1 将 Windows Vista 光盘插入光盘驱动器。安装程序窗口随即出现。

步骤 2 选择**安装 Windows Vista**。

步骤 3 系统将提示要下载所有重要更新。

步骤 4 输入产品密钥，然后同意最终用户许可协议（EULA）。

步骤 5 单击**升级**。系统开始复制安装文件。

步骤 6 按照提示完成升级。安装完成后，计算机重新启动。

要将操作系统升级到 Windows XP，按以下步骤操作。

How To

步骤 1 将 Windows XP 光盘插入光盘驱动器。

步骤 2 选择**开始>运行**。（光盘插入光盘驱动器后，安装向导可能会自动启动。）

步骤 3 如果 D 是光盘驱动器的盘符，在“运行”框中输入 **D:\i386\winnt32**，然后按 **Enter**。“欢迎使用 Windows XP 安装向导”随即出现。

步骤 4 选择**升级到 Windows XP**，然后单击**下一步**。许可协议页面随即显示。

步骤 5 阅读许可协议，然后单击按钮接受该协议。

步骤 6 单击**下一步**。“升级到 Windows XP NTFS 文件系统”页面随即显示。

步骤 7 按照提示完成升级。安装完成后，计算机重新启动。

5.4.3 数据迁移

需要执行新安装时，用户数据必须从旧操作系统迁移到新操作系统。在转移数据和设置时，可以使用三种工具。选择的工具取决于经验和需求。

1. 用户状态迁移工具

Windows 用户状态迁移工具（USMT）将所有用户文件和设置迁移到新的操作系统，如图 5-5 所示。首先从 Microsoft 下载和安装 USMT。然后可以使用该软件创建一个包含用户文件和设置的存储区，将其保存在操作系统以外的某个位置。安装新操作系统后，再次下载并安装 USMT，以便在新操作系统上加载原先的用户文件和设置。

2. Windows 轻松传送

如果用户从旧计算机转到新计算机，可以使用 Windows 轻松传送功能迁移个人文件和设置。在执行文件转移时，可以使用 USB 电缆、CD 或 DVD、U 盘、外部驱动器或网络连接。

运行 Windows 轻松传送之后，可以查看所转移文件的日志。要在 Windows 7 或 Windows Vista 上访问 Windows 轻松传送，按以下顺序操作。

开始>所有程序>附件>系统工具>Windows 轻松传送

在 Windows XP 上，必须先下载 Windows 轻松传送程序。下载之后，按以下顺序操作来访问该程序。

开始>所有程序> Windows 轻松传送

“Windows 轻松传送”取代“Windows XP 文件和设置转移向导”。

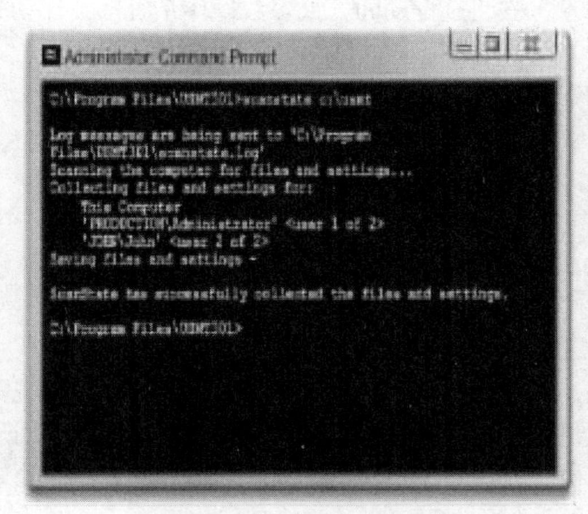

图 5-5 用户状态迁移工具

3. Windows XP 文件和设置转移向导

Windows XP 文件和设置转移向导将文件和设置从旧计算机转移到新计算机。它允许用户选择要转移哪些文件和设置。在转移文件时，可以使用存储介质、电缆连接或网络连接。要访问文件和设置转移向导，按以下顺序操作。

开始>所有程序>附件>系统工具>文件和设置转移向导

5.5 操作系统安装

本节将讨论安装 Windows 操作系统的准备工作和选项。安装操作系统涉及理解与操作系统兼容的软硬件以及准备要安装的组件的过程。

5.5.1 硬盘驱动器分区

作为一名技术人员，有时可能不得不执行操作系统的干净安装。以下情况需要执行干净安装。

- 计算机从一名员工移交给另一名员工。
- 操作系统损坏。
- 计算机更换主硬盘驱动器。

操作系统的安装和初始引导称为操作系统设置(setup)。虽然可以通过网络从服务器安装操作系统，也可从本地硬盘驱动器安装，但是家庭或小型企业最常用的安装方法是使用 CD 或 DVD。要从 CD 或 DVD 安装操作系统，先要将 BIOS 设置配置为从 CD 或 DVD 引导系统。

重要事项： 如果硬件不受操作系统支持，那么在执行干净安装时，可能需要安装第三方驱动程序。

分区

硬盘划分成各个特定区域，称为分区。每个分区都是一个逻辑存储单元，可以执行格式化来存储数据文件和应用程序之类信息。安装过程期间，大多数操作系统都会自动分区，并对可用的硬盘空间执行格式化。

技术人员应该了解与硬盘驱动器设置相关的过程和术语。

- **主分区**：这个主分区包含操作系统文件，通常是第一分区。每个硬盘驱动器最多可有四个主分区。主分区不可再分成更小的部分。
- **活动分区**：操作系统使用活动分区引导计算机。每个磁盘只有一个主分区可标记为活动分区。大多数情况下，C：驱动器是活动分区，其中包含引导文件和系统文件。某些用户会创建额外的分区来组织文件或实现双引导计算机。
- **扩展分区**：扩展分区通常使用硬盘驱动器的剩余可用空间或替代主分区。每个硬盘驱动器只能有一个扩展分区，但是扩展分区可再分成更小的部分，称为逻辑驱动器。
- **逻辑驱动器**：逻辑驱动器是扩展分区的一部分。这个驱动器可用于为便于管理而分隔信息。
- **基本磁盘**：基本磁盘（默认盘）包含主分区和扩展分区，以及逻辑驱动器。基本磁盘限制为四个分区。
- **动态磁盘**：动态磁盘能够创建跨多个磁盘的卷。分区的大小可在设置后进行更改。通过同一磁盘或不同磁盘均可添加可用空间，从而让用户有效存储大文件。分区扩展之后，除非删除整个分区，否则无法收缩。
- **格式化**：此过程是在分区中为要存储的文件准备文件系统。
- **扇区**：一个扇区包含 512 个字节。
- **簇**：簇也称为文件分配单元。这是用于存储数据的最小空间单位。它由一个或多个扇区组成。
- **磁道**：磁道是硬盘驱动器盘面上的一个完整环，其中可包含数据。一个磁道分成多组扇区。
- **柱面**：柱面是上下堆叠形成圆柱形的一堆磁道。

图 5-6 描述了硬盘驱动器的物理结构和逻辑结构。它显示了硬盘驱动器的不同部分之间如何相互关联。

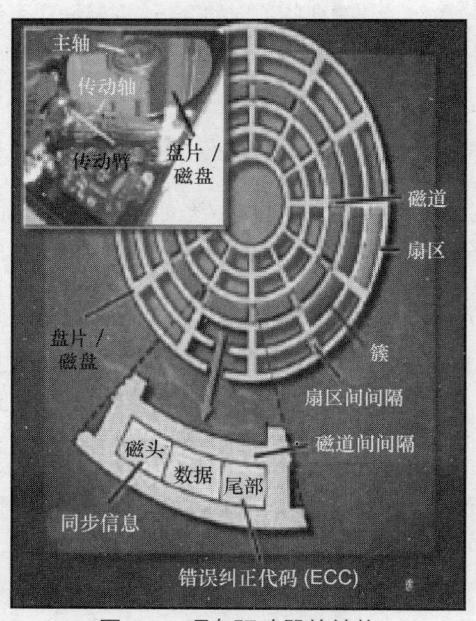

图 5-6 硬盘驱动器的结构

5.5.2 硬盘驱动器格式化

操作系统的干净安装就像磁盘是全新磁盘一样进行。硬盘驱动器上的任何信息都不会保留。安装过程的第一阶段是对硬盘驱动器执行分区和格式化。此过程会准备磁盘，以便接受新的文件系统。文件系统采用目录结构来组织用户的操作系统、应用程序、配置和数据文件。

Windows 操作系统使用以下文件系统之一。

- **新技术文件系统（NTFS）**：理论上支持最大 16 EB 的分区大小。与 FAT 文件系统相比，NTFS 包含更多的文件系统安全功能和扩展属性。
- **文件分配表，32 位（FAT32）**：支持最大 2 TB 或 2048 GB 的分区大小。FAT32 文件系统由 Windows XP 及早期操作系统版本使用。

Windows 干净安装所采用的首选文件系统类型是 NTFS。安全性是 FAT32 和 NTFS 之间最重要的区别之一。与 FAT32 相比，NTFS 可支持更多、更大的文件，还能为文件和文件夹提供更灵活的安全功能。表 5-4 是 Windows 文件系统的比较。

表 5-4　Windows 文件系统比较

	FAT 32	NTFS	exFAT（FAT 64）
安全性	低安全性	文件和文件夹级权限和加密	exFAT 可支持定义用户访问权限的访问控制列表
兼容性	兼容 Windows 95 OEM 服务版本 2（OSR2）及更新的操作系统	兼容 Windows NT 3.1，Windows 2000 和更新的操作系统	兼容 Windows XP SP2 或 SP3、Windows 7、Windows Server 2003 SP2、Windows Server 2008 和 Linux
文件大小	文件最大 4GB 限制 卷最大 32GB 限制	文件最大 16TB 限制 卷最大 256TB 限制	文件最大 64ZB 限制 卷最大 512TB 限制
每卷文件数	417 万	42.9 亿	最大 16EB

为了利用 NTFS 额外的安全优势，可以使用 convert.exe 实用工具将分区从 FAT32 转换为 NTFS。要使 NTFS 分区变成 FAT32 分区，应先备份数据、重新格式化分区，然后从备份还原数据。

警告：　转换文件系统前，牢记要备份数据。

Windows 7 和 Windows Vista 自动使用整个硬盘驱动器创建分区。如果用户不使用“新建”选项创建自定义分区，系统将格式化分区，并开始安装 Windows。如果用户创建分区，他们将能够确定分区的大小。在 Windows 7 和 Windows Vista 中，没有选择文件系统的选项。所有分区都用 NTFS 格式化。

在用户可安装 Windows XP 前，他们必须先创建新分区。在用户创建新分区时，系统会提示他们选择分区大小。分区创建好之后，Windows XP 会让用户选择格式化为 NTFS 文件系统，还是格式化为 FAT 文件系统。另外，技术人员还应熟悉以下多媒体文件系统。

- **exFAT（FAT 64）**：创建目的是为了在格式化 U 盘时克服 FAT、FAT32 和 NTFS 的某些限制，如文件大小和目录大小限制。
- **光盘文件系统（CDFS）**：专门为光盘介质创建。

快速格式化与完全格式化

在安装 Windows XP 时，可以使用快速格式化或完全格式化来格式化分区，如图 5-7 所示。快速格式化从分区中移除文件，但是不扫描磁盘寻找坏扇区。扫描磁盘寻找坏扇区可防止以后数据丢失。因此，对以前格式化过的磁盘，不要使用快速格式化。快速格式化选项在安装 Windows 7 或 Windows Vista 时不可用。

完全格式化从分区中移除文件，同时扫描磁盘寻找坏扇区。这对所有新硬盘驱动器来说是必需的。完全格式化选项需要更多时间才能完成。

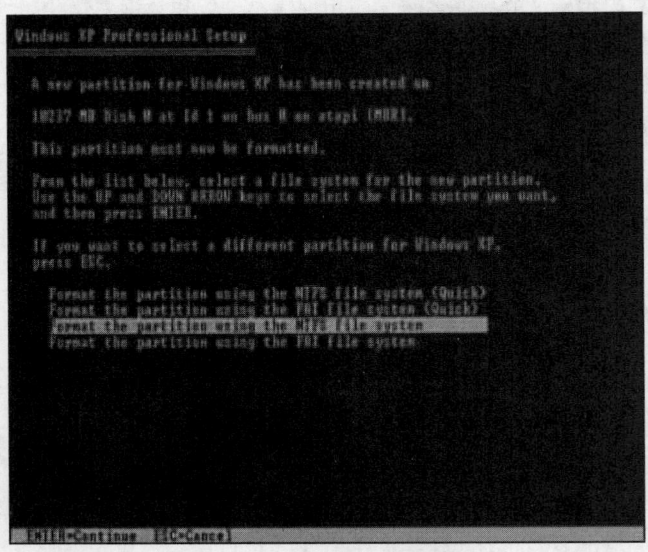

图 5-7　快速格式化与完全格式化

5.5.3　采用默认设置的操作系统安装

当计算机使用 Windows 7 安装光盘（或 U 盘）引导时，安装向导提供三个选项。

- **现在安装**：设置并安装 Windows 7 操作系统。
- **安装 Windows 须知**：打开一个“帮助和支持”窗口，其中说明了安装 Windows 7 的升级和自定义选项。该窗口还说明了如何准备和安装 Windows 7。
- **修复计算机**：打开“系统恢复选项”实用工具以修复安装。首先选择需要修复的 Windows 7 安装，并单击**下一步**。然后可以从很多恢复工具中进行选择，如“启动修复”。“启动修复”会查找并修复操作系统文件的问题。如果“启动修复”未解决问题，还可以使用其他选项，如“系统还原”或“系统映像恢复”。

注意： 执行修复安装前，请先将重要文件备份到其他物理位置，如第二个硬盘驱动器、光盘驱动器或 USB 存储设备。

对于本部分，请选择现在安装选项。随后可以选择三个选项。

- **升级**：升级 Windows，但保留当前文件、设置和程序。使用此选项可以修复安装。
- **自定义（高级）**：在选定位置安装 Windows 的干净副本，并允许更改磁盘和分区。这也称为干净安装。选择自定义安装可提高成功安装的可能性。
- **退出**：退出安装。

如果找不到现有 Windows 安装，升级选项将禁用。

注意： 除非执行 Windows 7 的干净安装，否则以前的 Windows 文件夹将会保留，Documents and Settings 和 Program Files 文件夹也会一起保留。Windows 7 安装期间，这些文件夹将移至名为 Windows.old 的文件夹。如果需要，可以将文件从以前的安装复制到新的安装。

安装期间，必须提供以下信息：

- 安装语言；
- 定义货币和数字的标准和格式；
- 键盘或输入法；
- 安装的物理位置；
- 用户名和计算机名；
- 管理账户的密码；
- 产品密钥；
- 时间和日期设置；
- 网络设置。

网络设置

安装期间配置初始网络设置时，系统将提示选择以下当前位置之一：

- 家庭网络；
- 工作网络；
- 公用网络。

根据计算机的当前位置和操作系统的版本，系统将提示选择在网络上组织计算机和共享资源的方法。选项包括“家庭组”、“工作组”和“域”。

如果选择**家庭网络**，系统将提示输入工作组的名称，并提供配置家庭组的选项。工作组采用一个网络结构来允许文件和打印机共享。工作组中的所有计算机必须有相同的工作组名。家庭组允许同一网络上的计算机自动共享文件（如音乐和图片）和打印机。

如果选择**工作网络**，可以选择输入域或工作组的名称。域中的计算机由中央管理员控制，并且必须遵循管理员设定的规则和程序。域和工作组一样，可让用户共享文件和设备。

5.5.4 账户创建

当用户尝试登录到设备或访问系统资源时，Windows 使用身份验证过程来验证用户的身份。用户输入用户名和密码来访问用户账户，这就是身份验证。Windows 操作系统使用单一登录（SSO）身份验证，这种身份验证让用户只需登录一次即可访问所有系统功能，而不是要求他们在每次需要访问单个资源时都要登录。

用户账户允许多个用户共享同一台计算机，每个用户拥有各自的文件和设置。Windows 7 和 Windows Vista 有三种类型的用户账户：管理员、标准和来宾。每种账户类型为用户提供不同的系统资源控制级别。

拥有管理员权限的账户必须在安装 Windows 7 时创建，如图 5-8 所示。

在安装过程中，您创建了您的第一个用户，如图 5-8 所示。

拥有管理员权限的用户可以执行影响计算机全部用户的更改操作，如针对所有用户来更改安全设置或安装软件。拥有管理员权限的账户应该只用于管理计算机，而不是常规使用，因为在使用管理员账户时，可以执行会影响到每个人的重大变动。攻击者也会图谋获得管理员账户，因为其权限非常大。

因此，建议创建标准用户账户供常规使用。

标准用户账户可随时创建。标准用户账户的权限少于管理员账户。例如，用户可能有只读文件的权限，但没有修改的权限。

在计算机上无标准用户账户的个人可以使用来宾账户。来宾账户的权限有限，并且必须由管理员开启。

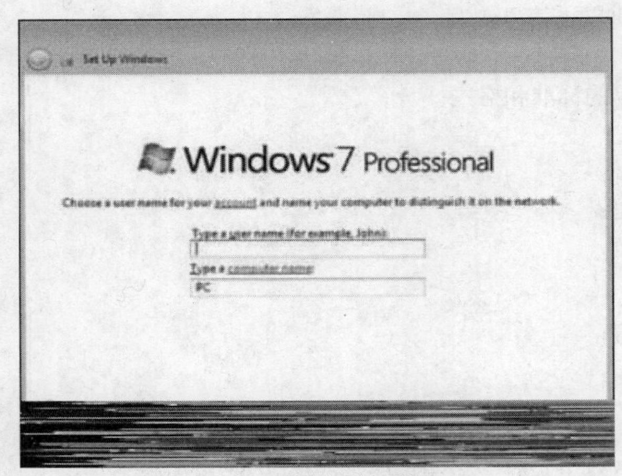

图 5-8 创建用户账户

要在 Windows 7 和 Windows Vista 中创建或删除用户账户，按以下顺序操作。

开始>控制面板>用户账户>添加或删除用户账户

Windows XP 可提供第四个用户组，名为“Power Users”。Power Users 的权限超过标准用户，他们拥有 Administrator 账户才有的部分能力。Power Users 不能完全管理系统资源。Windows 7 或 Windows Vista 中不包含该组。

要在 Windows XP 中创建或删除用户账户，按以下顺序操作。

开始>控制面板>用户账户>选择用户选项卡，然后单击添加

5.5.5 完成安装

在 Windows 安装将所有必需的操作系统文件都复制到硬盘驱动器后，计算机将重新启动，并提示创建用户账户。

Windows 7 必须激活。完成该操作后，就能下载称为补丁的各个更新。服务包只不过是组合在一起的多个补丁。Windows 7 使用术语“激活”来验证操作系统为正版软件。

没有必要像一般“注册”流程通常所要求的那样输入所有者的姓名和其他信息。Microsoft 规定 Windows 7 可以在未激活的情况下使用 30 天。

如图 5-9 所示，您还必须完成激活以确保您所使用的为正版软件。

1. Windows 更新

根据安装时介质的年限，可能需要安装更新。要在 Windows 7 或 Windows Vista 中安装补丁和服务包，按以下顺序操作。

开始>所有程序> Windows 更新

要在 Windows XP 中安装补丁和服务包，按以下顺序操作。

开始>所有程序>附件>系统工具> Windows 更新

如图 5-10 所示，可以使用 Microsoft 更新管理器来检查重要更新以及可选更新。

2. 设备管理器

安装后，验证所有硬件是否都已正确安装。在 Windows 7 和 Windows Vista 中，按以下顺序操作。

开始>控制面板>设备管理器

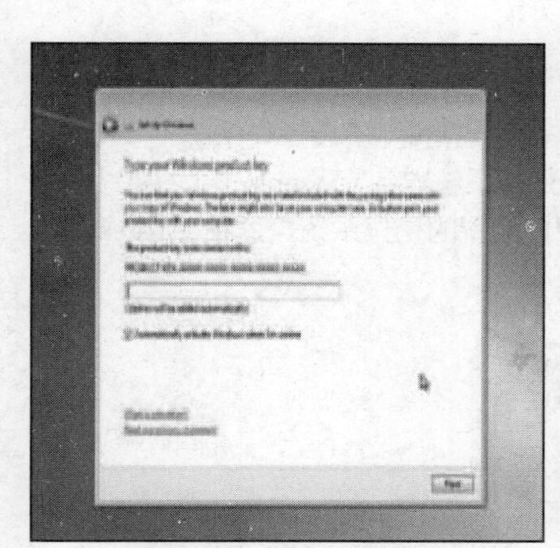

图 5-9 Windows 7 验证

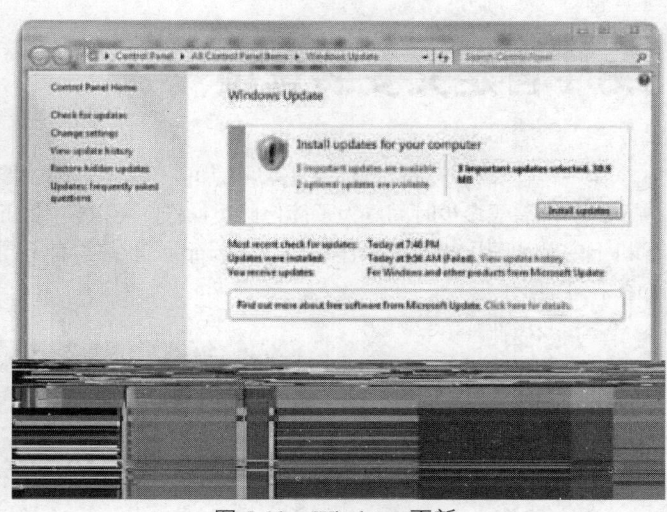

图 5-10 Windows 更新

在 Windows XP 中，按以下顺序操作。

开始>控制面板>系统>硬件>设备管理器

如图 5-11 所示，可以使用设备管理器来查找问题以及安装正确的或更新的驱动程序。

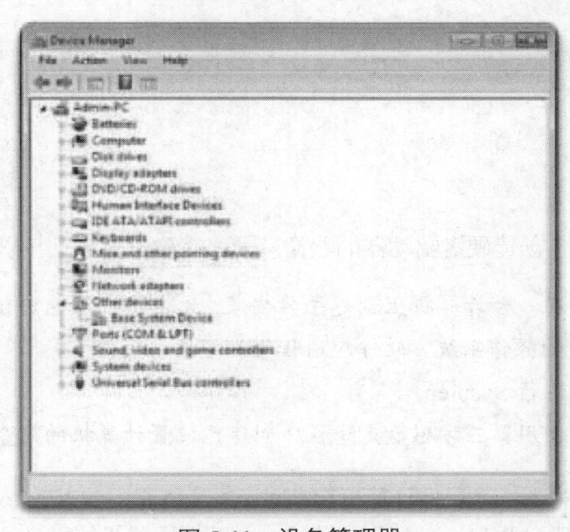

图 5-11 设备管理器

在 Windows 7 和 Windows Vista 的设备管理器中，带感叹号的黄色三角形表示设备有问题。要查看问题描述，右键单击设备，然后选择**属性**。带向下箭头的灰色圆圈表示设备禁用。要启用设备，右键单击设备，然后选择**启用**。要展开设备类别，单击类别旁边的右向三角。

注意：　在 Windows XP 中，带白色 X 的红色圆圈表示设备禁用。

注意：　当 Windows 检测到系统错误时，会显示一个对话框。如果选择发送报告，Microsoft Windows 错误报告（WER）会收集有关错误中所涉及的应用程序的信息，并将信息发送给 Microsoft。

5.6　自定义安装选项

在一台计算机上安装操作系统需要时间。想象一下如果在多台计算机上安装操作系统，一次安装一台，那得需要多少时间。为了简化此类操作，可以使用 Microsoft 系统准备（Sysprep）工具在多台计算机上安装和配置相同的操作系统。Sysprep 可准备具有不同硬件配置的操作系统。这种 Sysprep 工具如图 5-12 所示。

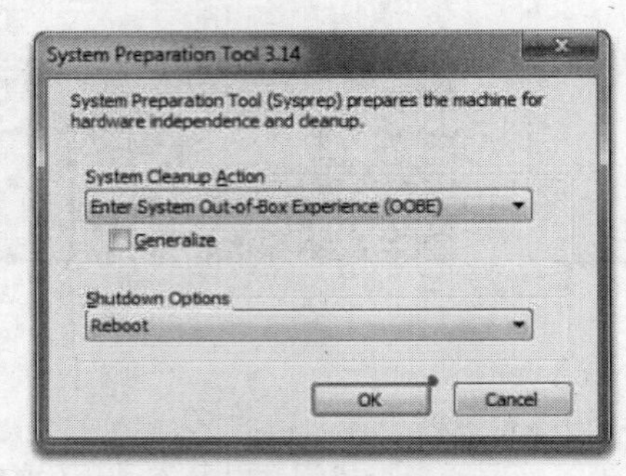

图 5-12　Sysprep

利用 Sysprep 和磁盘克隆应用程序，技术人员可以快速安装操作系统、完成最后的配置步骤，以及安装应用程序。

5.6.1　磁盘克隆

磁盘克隆可在计算机上创建硬盘驱动器的映像。要执行磁盘克隆，按以下步骤操作。

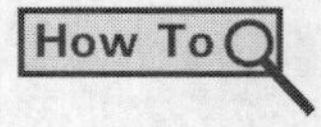

步骤 1　在一台计算机上创建主要安装。此主要安装包含组织中其他计算机将使用的操作系统、软件应用程序和通用配置设置。

步骤 2　运行 Sysprep。

步骤 3　使用第三方磁盘克隆程序创建已配置计算机的磁盘映像。

将磁盘映像复制到服务器。当目标计算机启动时，一个缩减版的 Windows 安装程序将运行。此安装程序将安装硬件组件的驱动程序、创建用户账户，并配置网络设置以完成安装。

5.6.2　其他安装方法

Windows 7 的标准安装足以满足家庭或小型办公环境中所用的大多数计算机的要求。Windows 7

的自定义安装可以节省时间，并在大型网络中的各台计算机上提供一致的配置。在将 Windows 部署到多台计算机时，技术人员可以选择使用预安装环境，如 Windows PE。预安装环境是基本的操作系统，可让用户对驱动器执行分区和格式化，或者从网络上启动安装。

Windows 7 有多种不同类型的自定义安装。

- **网络安装**：需要将所有安装文件都复制到网络服务器上。
- **预启动执行环境（PXE）安装**：使用 PXE 引导程序和客户端的网卡来访问安装文件。
- **无人参与安装**：使用网络分发点安装，分发点使用应答文件。
- **基于映像的安装**：使用 Sysprep 以及磁盘映像程序，如 ImageX，磁盘映像程序直接将操作系统映像复制到硬盘驱动器，而无需用户干预。
- **远程安装**：通过网络下载安装。这种安装可以是用户请求的安装，也可以是管理员强制安装到计算机。

注意：为了简化整个组织中的操作系统部署，应考虑使用 Microsoft System Center Configuration Manager（SCCM）的操作系统部署功能包。

1. 网络安装

要通过网络安装 Windows 7 或 Windows Vista，按以下步骤操作。

How To

步骤 1 准备计算机，创建一个至少 5 GB 的 NTFS 分区。必须使该分区可启动，并包含网络客户端。此外，也可以使用包含网络客户端的启动盘，使计算机可通过网络连接到文件服务器。

步骤 2 将安装介质复制到网络服务器。确保共享该目录，以使客户端可连接并使用这些文件。

步骤 3 启动计算机，并连接到共享目录。

步骤 4 从共享目录运行安装程序 setup.exe，此文件位于名为 Sources 的目录下。安装程序将安装文件复制到硬盘驱动器。复制完安装文件后，安装继续。

要通过网络安装 Windows XP，按以下步骤操作。

How To

步骤 1 准备计算机，创建一个至少 1.5 GB 的 FAT 或 FAT32 分区。必须使该分区可启动，并包含网络客户端。此外，也可以使用包含网络客户端的启动盘，使计算机可通过网络连接到文件服务器。

步骤 2 将 Windows XP 安装文件（安装光盘中的 I386 文件夹）复制到网络服务器。确保共享该目录，以使客户端可连接并使用这些文件。

步骤 3 启动计算机，并连接到共享目录。

步骤 4 从共享目录运行安装程序 winnt.exe。安装程序将安装文件从网络复制到硬盘驱动器。复制完安装文件后，安装继续。

2. PXE 安装

PXE 安装使用类似网络安装的方法。唯一区别是，PXE 安装使用 PXE 启动文件，而不是启动盘。PXE 启动文件允许网络接口卡（NIC）与服务器通信，并获得安装文件。在客户端获得安装文件后，它将启动并进入一个命令窗口，并在窗口中提示用户输入网络用户名和密码。

3. Windows 7 和 Vista 中的无人参与安装

无人参与安装使用 unattend.txt 应答文件或 autounattend.xml 文件，这是可在网络上执行的最简单的替代安装方法。为了自定义 Windows 7 或 Windows Vista 标准安装，系统映像管理器（SIM）可用于创建安装应答文件。另外，还可以将应用程序或驱动程序之类的软件包添加到无人参与应答文件和 autounattend.xml 文件。

在回答完所有问题后，该文件复制到服务器上的分发共享文件夹。此时，可以执行两个操作之一。

- 在客户端计算机上运行 unattended.bat 文件准备硬盘驱动器，然后通过网络从服务器安装操作系统。
- 创建一个启动盘，用来启动计算机并连接到服务器上的分发共享。然后，运行批处理文件通过网络安装操作系统。

图 5-13 显示了一个应答文件的示例。

```
[Data]
  AutoPartition=0
  MsDosInitiated="0"
  UnattendedInstall="Yes"
  UseBIOSToBoot=1
[Unattended]
  UnattendMode=FullUnattended
  OemSkipEula=Yes
  OemPreinstall=No
  ExtendOemPartition=0
  TargetPath=*
  Repartition=No
[GuiUnattended]
  AdminPassword=*
  AutoLogon=Yes
  OEMSkipWelcome=1
  TimeZone=20
[UserData]
  ComputerName=OEMComputerName
  FullName="Windows Storage Server 2003"
  OrgName="OEM Name"
  ProductID="XXXXX-XXXXX-XXXXX-XXXXX-XXXXX"
```

图 5-13 unattended.txt 文件示例

注意：Windows SIM 是 Windows 自动安装工具包（AIK）的一部分。它可以从 Microsoft 网站下载。

注意：在 Windows XP 中，可以使用 setupmgr.exe 应用程序创建应答文件，此应用程序位于 Windows XP 介质上的 deploy.cab 文件中。

---

4. 基于映像的安装

在执行基于映像的安装时，先将一台计算机完全配置到可运行状态。接着，运行 Sysprep 准备系统以生成映像。第三方驱动器映像应用程序可以生成完整计算机的映像，此映像可刻录到 DVD 上。然后可将该映像复制到有兼容的硬件访问层（HAL）的计算机上，完成多台计算机的安装。复制映像后，启动计算机，但有些设置是必须配置的，如计算机名和域成员资格。

5. 远程安装

采用远程安装服务（RIS）的安装过程类似于基于映像的安装，区别是不使用驱动器映像实用工具，而是需要使用 RIS 网络共享文件夹作为 Windows 操作系统文件的源。在支持远程启动的客户端计算机上也可以安装操作系统。还可以使用远程启动盘或能够启动计算机的网络适配器，来启动连接到网络的用户计算机。然后，用户可以使用有效的用户账户凭据登录。

5.6.3 系统恢复选项

当发生系统故障时，用户可采用以下恢复工具：

- 系统恢复选项；
- 自动系统恢复（仅限 Windows XP Professional）；
- 出厂恢复分区。

1. 系统恢复选项

系统恢复选项是一组工具，在操作系统故障时，这些工具可以帮助用户恢复或还原操作系统。系统恢复选项是 Windows 恢复环境（WinRE）的一部分。WinRE 是一个基于 Windows 预安装环境（PE）的恢复平台。Windows PE 是一种基本操作系统，用于为 Windows 安装准备计算机，并帮助用户在没有操作系统可用时，排除操作系统故障问题。

在启动计算机时按住 F8 键即可进入 WinRE。在“高级启动选项”屏幕出现时，突出显示**修复计算机**，按 Enter 访问系统恢复选项。然后可以使用系统恢复工具修复阻止系统启动的错误。“系统恢复选项”菜单中提供以下工具。

- **启动修复**：扫描硬盘驱动器查找问题，并自动修复阻止 Windows 启动的缺失或损坏的系统文件
- **系统还原**：使用还原点将 Windows 系统文件还原到早先的某个时间点
- **系统映像恢复**：创建一个系统映像，其中复制 Windows 为了正常运行而必需的系统驱动器
- **Windows 内存诊断**：检查计算机内存，以检测故障并诊断问题
- **命令提示符**：打开一个命令提示符窗口，可在其中使用 bootrec.exe 工具来修复和排除 Windows 启动问题。bootrec.exe 实用工具可搭配 fixmbr 命令使用来修复主引导记录，或者搭配 fixboot 命令使用来写入与操作系统兼容的新引导扇区。此命令提示符取代 Windows XP 中的恢复控制台。

如果“修复计算机”未作为选项出现，用户可以从安装介质或系统修复光盘启动计算机来访问 WinRE 中的“系统恢复选项”。系统修复光盘像安装介质一样，可让用户访问“系统恢复选项”。但系统修复光盘必须先进行创建，然后才能用于启动计算机。图 5-14 显示了创建系统修复光盘实用工具的截屏。

要创建 Windows7 系统修复光盘，按以下步骤操作。

How To

步骤 1 选择**开始>控制面板>备份和还原>创建系统修复光盘**。

步骤 2 在光盘驱动器中插入一张空白光盘，然后单击**创建光盘**。

步骤 3 用光盘启动计算机进行测试。

步骤 4 “系统恢复选项”窗口显示后，突出显示需要还原的操作系统，然后单击**下一步**。以下工具应该可用：

- 启动修复；
- 系统还原；
- 系统映像恢复；
- Windows 内存诊断；
- 命令提示符。

注意： 在使用恢复光盘时，请确保它使用的体系结构与要恢复的操作系统相同。例如，如果计算机运行64位版的 Windows 7，则恢复光盘必须使用64位体系结构。

2. 系统映像恢复

如图5-15所示，“系统映像恢复”实用工具是所有版本的Windows 7中都包含的一个新恢复选项。如果操作系统需要还原，该工具允许用户备份硬盘驱动器的内容，包括个人文件和设置。

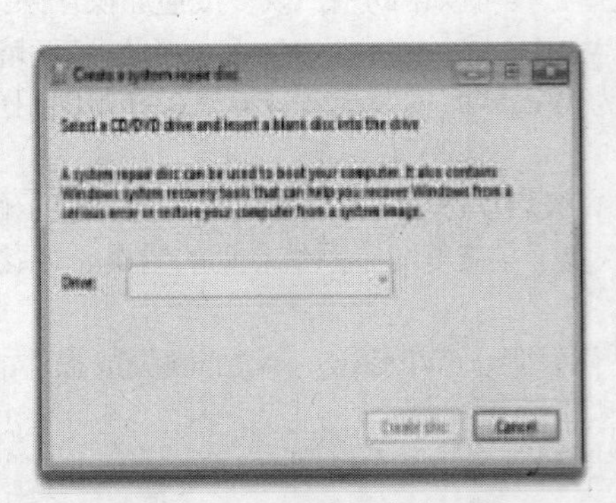

图 5-14 系统修复光盘实用工具

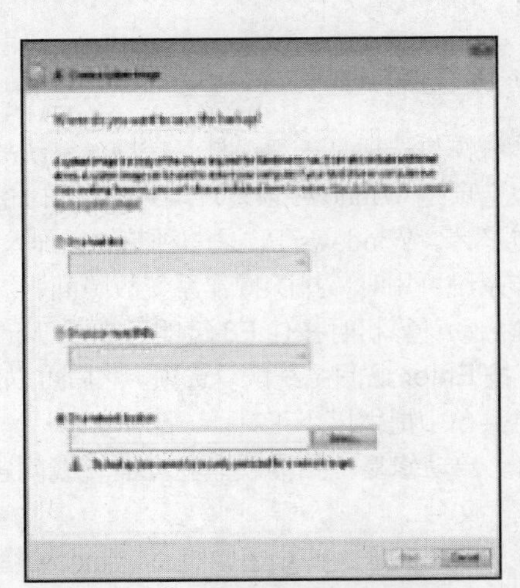

图 5-15 系统映像恢复工具

要在Windows 7中创建系统映像，按以下步骤操作。

How To

步骤1 选择**开始>控制面板>备份和还原>创建系统映像**。

步骤2 选择系统映像的位置。

- **在硬盘上**：在外部硬盘驱动器上存储系统映像。
- **在一片或多片 DVD 上**：将系统映像刻录到DVD上。
- **在网络位置上**：在网络上的共享文件夹中存储系统映像。

步骤3 单击**下一步**并确认选择。系统映像随即创建并存储在选定的位置中。

3. Windows XP Professional 自动系统恢复

必须创建一个用于恢复的自动系统恢复（ASR）集。ASR向导创建系统状态、服务和操作系统组件的备份。它还会创建一个文件，其中包含有关磁盘、备份以及如何还原备份的信息。

按以下顺序操作：

开始>所有程序>附件>系统工具>备份>单击**高级模式**链接>**自动系统恢复向导**

要还原系统，在启动Windows XP安装光盘后按F2。ASR将读取ASR集，并还原启动计算机所需要的磁盘。在基本磁盘信息还原后，ASR安装基本版本的Windows，并开始还原ASR向导创建的备份。

4. 出厂恢复分区

某些出厂预装Windows 7的计算机在磁盘上包含一块用户不能访问的区域。此分区称为出厂恢复分区，其中包含在组装计算机时创建的可引导分区的映像。此分区可用于将计算机还原到原始配置。

进入此分区的选项是隐藏的，必须在计算机启动时使用特殊键或组合键才能进入。有时，用于从出厂恢复分区还原的选项位于 BIOS 中。要了解如何进入此分区并还原计算机的原始配置，应联系计算机制造商。

5.7 启动顺序和注册表文件

启动顺序是计算机在启动或“开始工作”时经历的首个过程。BIOS 中的基本指令告诉计算机如何启动以及到何处查找操作系统以供加载。Windows 操作系统在注册表文件中存储配置信息。

5.7.1 Windows 启动过程

理解 Windows 启动过程有助于技术人员排除启动问题。表 5-5 显示 Windows 7 的启动顺序。

表 5-5 Windows 7 启动顺序

Windows 7 启动顺序
加电自检（POST）
自带 BIOS 的每个适配卡加电自检（POST）
BIOS 读取 MBR
MBR 接管对启动过程的控制，并启动 BOOTMGR
BOOTMGR 读取启动配置数据文件，了解要加载哪个操作系统，以及要在启动分区的什么位置查找操作系统
BOOTMGR 调用 WINLOAD.EXE，以便加载 NTOSKRNL.EXE 和 HAL.DLL
BOOTMGR 读取注册表文件并加载设备驱动程序
NTOSKRNL.EXE 启动 WINLOGON.EXE 程序，并显示 Windows 登录屏幕

1. Windows 启动过程

要开始启动过程，先打开计算机电源。这称为冷启动。当计算机加电时，它将执行加电自检（POST）。由于视频适配器尚未初始化，因此这时在启动过程中发生的错误会通过一串声音来报告，这些声音称为蜂鸣代码。

POST 后，BIOS 将查找并读取存储在 CMOS 存储器中的配置设置。启动设备优先级（如图 5-16 所示）是为了查找操作系统而检查设备的顺序。启动设备优先级在 BIOS 中设置，并且可按任何顺序排列。BIOS 使用包含操作系统的第一个驱动器启动计算机。

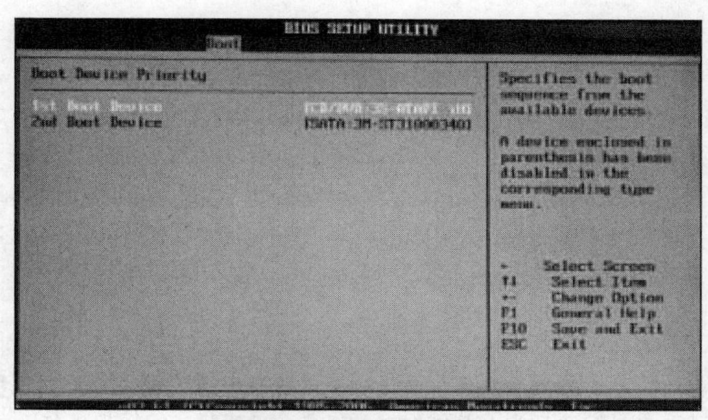

图 5-16 启动设备优先级

硬盘驱动器、网络驱动器、U 盘，甚至 CompactFlash 或安全数字（SD）卡之类的可移动媒体都可在启动顺序中使用，具体取决于主板的能力。某些 BIOS 还有一个启动设备优先级菜单。在计算机启动时，但在启动顺序开始之前，通过按下特殊的组合键即可访问此菜单。此菜单可用于选择要启动的设备，如果多个驱动器可启动计算机，这将非常有用。

2. Windows 7 和 Windows Vista 中的 Windows 启动加载器和 Windows 启动管理器

找到存储操作系统的驱动器后，BIOS 将查找主引导记录（MBR）。此时，Windows 启动管理器（BOOTMGR）控制多个安装步骤。例如，如果磁盘上存在多个操作系统，BOOTMGR 会让用户选择要使用哪个操作系统。如果只有一个操作系统，或用户未在超时前做出选择，则系统运行过程如下：

1. WinLoad 使用 BOOTMGR 中指定的路径查找引导分区。
2. WinLoad 加载两个构成 Windows 7 核心的文件：NTOSKRNL.EXE 和 HAL.DLL。
3. WinLoad 读取注册表文件、选择硬件配置文件，并加载设备驱动程序。

注意：如果磁盘上的另一个操作系统版本为 Windows Vista 或更高版本，BOOTMGR 重复此过程。如果磁盘上的另一个操作系统版本是 Windows XP 或更早版本，BOOTMGR 将调用 Windows XP 启动加载器（NTLDR）。

3. Windows XP 中的 NTLDR 和 Windows 启动菜单

如果包含操作系统的驱动器位于运行 Windows XP 的计算机上，BIOS 将查找 MBR。MBR 找到操作系统启动加载器 NTLDR。此时，NTLDR 控制多个安装步骤。例如，如果磁盘上存在多个操作系统，BOOT.INI 会让用户选择要使用哪个操作系统。如果只有一个操作系统，或用户未在超时前做出选择，则系统运行过程如下。

（1）NTLDR 运行 NTDETECT.COM 获取有关已安装硬件的信息。
（2）NTLDR 使用 BOOT.INI 中指定的路径查找引导分区。
（3）NTLDR 加载两个构成 XP 核心的文件：NTOSKRNL.EXE 和 HAL.DLL。
（4）NTLDR 读取注册表文件、选择硬件配置文件，并加载设备驱动程序。

4. NT 内核

此时，NT 内核将接管。NT 内核是所有 Windows 操作系统的心脏。此文件的名称为 NTOSKRNL.EXE。它启动名为 WINLOGON.EXE 的登录文件，并显示“欢迎使用 Windows”屏幕。

5.7.2 启动模式

Windows 可按多种不同的模式启动。在启动过程中按 F8 键将打开“Windows 高级启动选项”菜单，如图 5-17 所示。此菜单允许用户选择如何启动 Windows。常用的启动选项如下。

- **安全模式**：启动 Windows，但只加载基本组件的驱动程序，如键盘和显示器。
- **网络安全模式**：像安全模式一样启动 Windows，此外还加载网络组件的驱动程序。
- **带命令提示符的安全模式**：启动 Windows 并加载命令提示符，而不是 GUI。
- **最近一次的正确配置**：加载 Windows 上次成功启动时所用的配置设置。通过访问专门为此创建的注册表副本，即可实现此加载操作。

注意：除非在故障发生后立即应用“最近一次的正确配置”模式，否则此模式不起作用。如果计算机重新启动并打开了 Windows，注册表将被错误的信息更新。

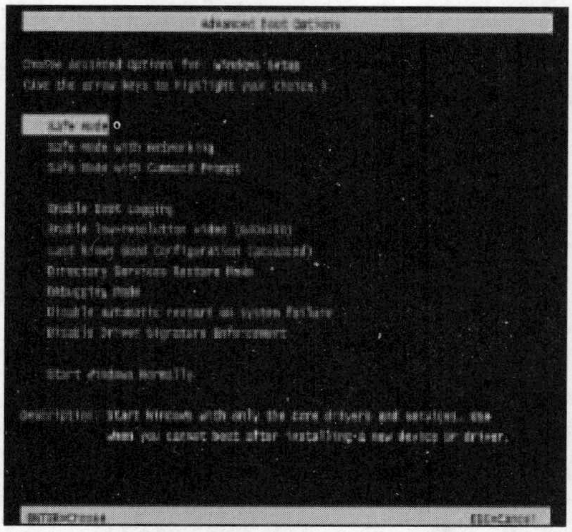

图 5-17 高级启动选项

5.7.3 Windows 注册表

Windows 注册表文件是 Windows 启动过程的重要部分。这些文件可按独特的名称进行识别，但都以 HKEY_开头，后跟它们所控制的操作系统部分的名称。在 Windows 中，从桌面背景和屏幕按钮颜色到应用程序许可，每一项设置都存储在注册表中。在用户更改“控制面板”设置、文件关联、系统策略或安装的软件时，这些更改就存储在注册表中。表 5-6 显示 Windows 注册表项及其描述。

表 5-6 注册表项

HKEY	描　述
HKEY_CLASSES_ROOT	有关哪些文件扩展名映射到特定应用程序的信息
HKEY_CURRENT_USER	与 PC 当前用户相关的信息，如桌面设置和历史记录
HKEY_USERS	有关已登录到系统的所有用户的信息
HKEY_LOCAL_MACHINE	与硬件和软件相关的信息
HKEY_CURRENT_CONFIG	与系统上所有的活动设备相关的信息

每个用户账户都有一个唯一的注册表部分。Windows 登录进程从注册表中提取系统设置，针对每个个体用户账户重新配置系统。

注册表还负责记录动态链接库（DLL）文件的位置。DLL 文件由程序代码构成，这些代码可由不同的程序用来执行通用功能。因此，DLL 文件对于操作系统以及用户可能安装的任何应用程序的功能性非常重要。

为了确保操作系统或程序能够找到 DLL，必须对其进行注册。DLL 通常在安装过程期间自动注册。当遇到问题时，用户可能需要手动注册 DLL 文件。注册 DLL 将映射文件路径，从而更便于程序找到必需的文件。要使用命令行工具在 Windows 中注册 DLL 文件，按以下顺序操作：

开始>在**搜索程序和文件**栏中输入 **cmd**>输入 **regsvr32** *filename*.dll

5.8 多重引导

有时是出于必要或者只是期望在一台计算机上运行多个操作系统，这称为多重引导或双重启动。测试操作系统、测试应用程序的兼容性，以及客户支持是多重引导设置的几个原因。

5.8.1 多重引导程序

一台计算机上可以装有多个操作系统。一些软件应用程序可能需要最新版本的操作系统，而另一些应用程序需要较早的版本。对于一台计算机上的多个操作系统，存在双启动过程。启动过程期间，如果 Windows 启动管理器（BOOTMGR）确定存在多个操作系统，则会提示选择要加载的操作系统，如图 5-18 所示。

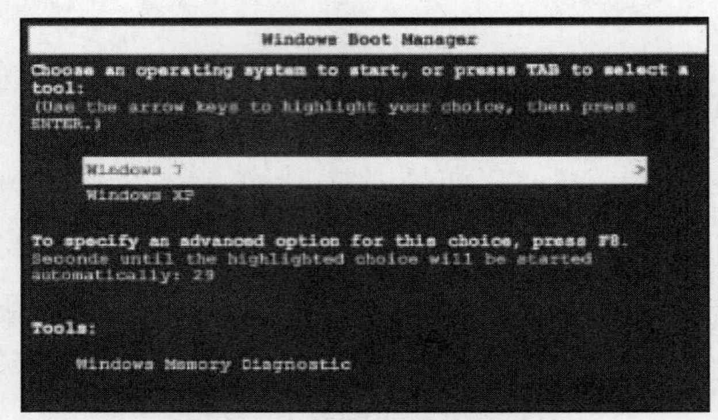

图 5-18 Windows 启动管理器

要在 Microsoft Windows 中创建双启动系统，硬盘驱动器必须包含多个分区。

最旧的操作系统应先安装在主分区或标记为活动分区的硬盘驱动器上。第二个操作系统应安装在第二个分区或第二个硬盘驱动器上。启动文件会自动安装在活动分区。

BOOTMGR 文件

安装期间，BOOTMGR 文件创建在活动分区上，允许选择在启动时要引导的操作系统。可以编辑 BOOTMGR 文件来更改操作系统的顺序；还可以更改在引导期间允许选择操作系统的时间长度。通常默认时间为 30 秒。此时间期限将计算机的启动时间推迟指定的时间量（除非用户介入选择一个具体操作系统）。如果磁盘只有一个操作系统，可将该时间更改为 5 或 10 秒，以便更快启动计算机。

注意： 在 Windows XP 中，BOOT.INI 文件代替 BOOTMGR 文件。

要更改显示操作系统的时间，按以下顺序操作。

选择**开始>控制面板>系统和安全性>系统>高级系统设置>高级**选项卡>在启动和恢复区域中，选择**设置**。

要在 Windows 7 和 Vista 中编辑常规引导配置数据，使用 bcdedit.exe 命令行工具，如图 5-19 所示。要访问 bcdedit.exe 工具，按以下顺序操作。

选择**开始>所有程序>附件>**右键单击**命令提示符>以管理员身份运行>继续>**输入 **bcdedit.exe**

要在 Windows XP 中编辑 boot.ini 文件，按以下顺序操作。

选择**开始**>右键单击**我的电脑**>**属性**>**高级**选项卡>在启动和恢复区域，选择**设置**>单击**编辑**。

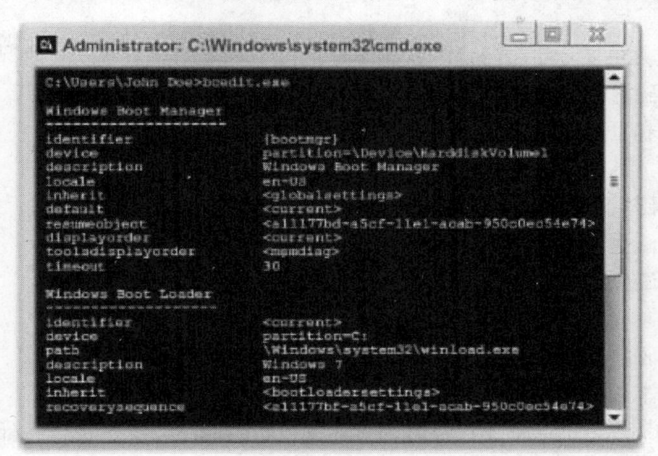

图 5-19 bcdedit.exe 工具

5.8.2 磁盘管理实用工具

多重引导设置需要多个硬盘驱动器或一个包含多个分区的硬盘驱动器。为了创建新分区，访问磁盘管理实用工具，如图 5-20 所示。此外，还可以使用磁盘管理实用工具完成以下任务：

- 查看驱动器状态；
- 扩展分区；
- 拆分分区；
- 分配驱动器号；
- 添加驱动器；
- 添加阵列。

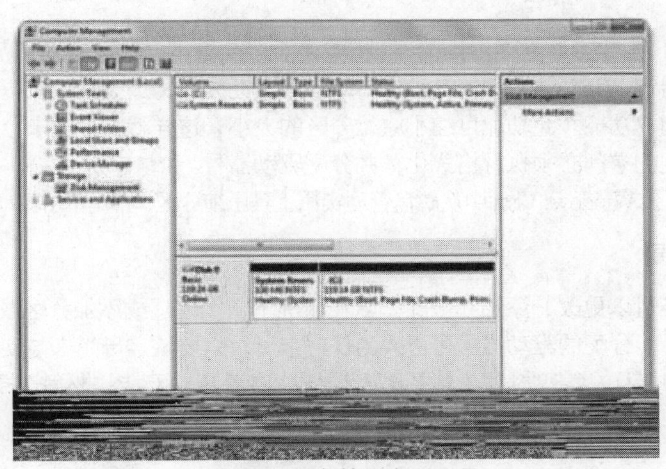

图 5-20 磁盘管理实用工具

要在 Windows 7 和 Windows Vista 中访问磁盘管理实用工具，按以下顺序操作。

开始>右键单击**计算机**>**管理**>选择**磁盘管理**

要在 Windows XP 中访问磁盘管理实用工具，按以下顺序操作。

开始>右键单击**我的电脑>管理>**选择**磁盘管理**

1. 驱动器状态

磁盘管理实用工具可显示每个磁盘的状态。计算机中的驱动器显示以下情况之一。

- **外部**：动态磁盘已从运行 Windows XP 的另一台计算机移动到某台计算机。
- **状态良好**：卷工作正常。
- **正在初始化**：基本磁盘正在转换为动态磁盘。
- **丢失**：动态磁盘已损坏、已关闭或已断开。
- **未初始化**：磁盘不包含有效签名。
- **联机**：基本磁盘或动态磁盘可访问并且未显示任何问题。
- **联机（错误）**：动态磁盘上检测到 I/O 错误。
- **脱机**：动态磁盘已损坏或不可用。
- **不可读**：基本磁盘或动态磁盘遇到硬件故障、损坏或 I/O 错误。

在使用硬盘驱动器以外的其他驱动器时，可能会显示其他驱动器状态指示符，如音频 CD 位于光盘驱动器中或者可移动驱动器为空。

2. 扩展分区

在磁盘管理器中，如果硬盘上还有未分配的空间，则可以扩展主分区和逻辑驱动器。要扩展基本磁盘，必须使用 NTFS 文件格式执行格式化。通过扩展硬盘，可增加主分区或逻辑驱动器上的可用空间量。逻辑驱动器和系统卷必须扩展到连续空间，磁盘类型必须转换为动态。其他分区可扩展到非连续空间，磁盘类型必须转换为动态。

要在磁盘管理器中扩展分区，按以下步骤操作。

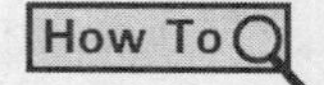

步骤 1 右键单击所需要的分区。

步骤 2 单击**扩展卷**。

步骤 3 按照屏幕上的指示操作。

3. 拆分分区

如果硬盘驱动器在 Windows 7 和 Windows Vista 中自动分区，那么就只有一个分区。如果想拆分分区，可以使用压缩卷功能。此功能可缩小原始分区的大小，这样就能形成未分配的磁盘空间，用来创建新分区。未分配的空间必须执行格式化，并分配驱动器号。

要在 Windows 7 和 Windows Vista 中从磁盘管理实用工具压缩分区，右键单击驱动器，然后选择**压缩卷**。

4. 分配驱动器号

驱动器号和路径可以更改、添加和删除。默认情况下，在创建或添加分区或驱动器后，Windows 会为其分配一个字母。分配的驱动器号可更改为任何字母，只要该字母尚未被使用。

要在 Windows 7 中从磁盘管理实用工具更改驱动器号，右键单击驱动器，然后选择更改驱动器号和路径。

5. 添加驱动器

要增加计算机上的可用存储空间量，或实施 RAID 设置，可以将驱动器添加到计算机。如果附加的硬盘驱动器安装正确，BIOS 应能自动识别。安装驱动器后，可以使用磁盘管理实用工具检查系统是否已识别此驱动器。如果磁盘出现，可能需要先格式化才能使用。如果磁盘未出现，则应排除问题。

6. 添加阵列

为了设置RAID，必须在计算机中安装两个或更多驱动器。通过磁盘管理实用工具可以添加阵列。以下选项可供选择。

- **新建跨区卷**：创建一个由多个物理磁盘的磁盘空间组成的磁盘分区。跨区卷上的数据不具备容错能力。
- **新建带区卷**：在多个物理磁盘的带区中存储数据的动态分区。带区卷上的数据不具备容错能力。
- **新建镜像卷**：将一个磁盘的数据复制到一个或多个其他物理磁盘。镜像卷上的数据具备容错能力。
- **新建 RAID-5 卷**：在多个物理磁盘的带区中存储数据，同时还为每条带区提供奇偶校验的动态分区。RAID-5卷上的数据具备容错能力。

注意： 可用的添加阵列选项取决于系统限制。并非所有选项都可用。

要在磁盘管理实用工具中添加阵列，右键单击所需要的磁盘，然后选择一个选项。

5.9 目录结构和文件属性

Windows目录结构是操作系统中的文件和文件夹的组织方式。它是一种分层结构，始于根，在包含软件文件和用户文件的根中具有文件夹和子文件夹。这是操作系统将文件按目录分类的一种方式。

5.9.1 目录结构

在Windows中，文件组织在目录结构中。目录结构是为存储系统文件、用户文件和程序文件而设计。路径是文件在目录结构中存放位置的说明。Windows目录结构的根级别称为分区，通常标记为驱动器C。驱动器C包含一组标准化的目录，称为文件夹，用于存放操作系统、应用程序、配置信息和数据文件。目录可能包含子目录。子目录通常称为子文件夹。

在初始安装后，可以在所选择的任何目录中安装大多数应用程序和数据。Windows安装程序创建有特定用途的目录，如存储照片或音乐文件。相同类型的文件保存在同一个特定位置，这样更便于查找信息。

注意： 最佳做法是将文件存储在文件夹和子文件夹中，而不是存储在驱动器的根级别。

---

1. 驱动器映射

在Windows中，字母用于为物理或逻辑驱动器命名。此过程称为驱动器映射。一台Windows计算机可包含最多26个物理和逻辑驱动器，因为英语字母表中只有26个字母。驱动器A和B传统上保留给软盘驱动器，驱动器C保留给活动主分区。在Windows Vista和Windows 7中，如果没有软盘驱动器，可以将驱动器A和B分配给卷。光盘驱动器传统上标记为驱动器D。附加驱动器的最大数量取决于具体计算机的硬件。

2. 装载卷

对于NTFS文件系统，可以将一个驱动器映射成卷上的一个空文件夹。这通常称为装载的驱动器。系统为装载的驱动器分配的不是字母，而是驱动器路径，并且装载的驱动器在Windows资源管理器中显示为驱动器图标。Windows 资源管理器是一个供用户有条理地查看计算机上的所有驱动器、文件夹和文件的工具。要在计算机上配置 26 个以上的驱动器，或者当卷上需要更多存储空间时，都可以使用装载的驱动器。

要在 Windows 中装载卷，按以下步骤操作。

How To

步骤 1 选择**开始>控制面板>管理工具>计算机管理**。

步骤 2 在左窗格中单击**磁盘管理**。

步骤 3 右键单击要装载的分区或卷。

步骤 4 单击**更改驱动器号和路径**。

步骤 5 单击**添加**。

步骤 6 单击**装入以下空白 NTFS 文件夹中**。

步骤 7 通过浏览查找 NTFS 卷上的空文件夹，也可以创建一个空文件夹，然后单击**确定**。

步骤 8 关闭“计算机管理”。

5.9.2 用户和系统文件位置

在安装期间，Windows 操作系统的必备文件夹已创建。它们包含了操作系统文件和操作系统功能实现必需的其他系统文件，以及用于存放用户创建的文件的默认文件夹。

1. 用户文件位置

默认情况下，Windows 7 和 Windows Vista 将用户创建的大部分文件存储在文件夹 C:\Users*User_name*\中。Windows XP 使用文件夹 C:\Documents and Settings*User_name*\。

每个用户的文件夹包含用于存放音乐、视频、网站、图片以及其他内容的文件夹。很多程序也在这里存储特定用户数据。如果一台计算机有很多用户，每个用户都有自己的文件夹，其中包含各自的收藏夹、桌面项目和 Cookie。Cookie 是一些文件，其中包含用户访问过的网页中的信息。

2. 系统文件夹

在安装 Windows 操作系统时，所有用于运行计算机的文件都位于 C:\Windows*system32*文件夹中。

3. 字体

文件夹 **C:\Windows\Fonts** 包含计算机上安装的字体。字体有多种格式，包括 TrueType、OpenType、Composite 和 PostScript。字体的例子有 Arial、Times New Roman 和 Courier。通过控制面板可以访问字体文件夹。使用**文件>安装新字体**菜单可以安装字体。

在 Windows 7 中，字体从“字体帮助”菜单中安装。

如果要安装其他字体，首先必需下载这些字体。您可以从软件程序、Internet 或您所在组织的网络下载字体。

注意：在下载字体之前，请确保来源可信。

要安装字体，请右键单击您想要安装的字体，选择安装。

4. 临时文件

临时文件的文件夹包含操作系统和程序创建的、短时间需要的文件。例如，在安装应用程序时可能创建临时文件，以留出更多 RAM 供其他应用程序使用。

几乎每个程序都使用临时文件，这些文件在应用程序或操作系统使用完后，通常会自动删除。但是，某些临时文件必须手动删除。由于临时文件占用的硬盘驱动器空间可供其他文件使用，因此最好根据需要每隔两三个月删除它们。

在 Windows Vista 和 Windows 7 中，临时文件通常位于以下文件夹：

- C:\Windows\Temp
- C:\Users\ *User_Name* \AppData\Local\Temp
- %USERPROFILE%\AppData\Local\Temp

在 Windows XP 中，临时文件通常位于以下文件夹：

- C:\Temp
- C:\Tmp
- C:\Windows\Temp
- C:\Windows\Tmp
- C:\Documents and Settings\%USERPROFILE%\Local Settings\Temp

---

注意： %USERPROFILE%是一个环境变量，由操作系统设置成当前登录计算机的用户名。环境变量可由操作系统、应用程序和软件安装程序使用。

要查看 Windows 7 上配置的环境变量，按以下顺序操作。

开始>控制面板>系统>高级系统设置>高级选项卡>环境变量

要查看 Windows Vista 上配置的环境变量，按以下顺序操作。

开始>控制面板>系统>高级系统设置>高级选项卡>环境变量

要查看 Windows XP 上配置的环境变量，按以下顺序操作。

开始>控制面板>系统>高级>环境变量

5. 程序文件

程序文件的文件夹由大部分应用程序安装程序用来安装软件。在 32 位系统中，程序通常安装在 C:\Program Files 文件夹中。在 64 位系统中，64 位程序通常安装在 C:\Program Files 文件夹中，而 32 位程序通常安装在文件夹 C:\Program Files (x86)中。

5.9.3 文件扩展名和属性

目录结构中的文件遵循 Windows 命名约定：

- 允许最多 255 个字符；
- 不允许斜杠或反斜杠（/、\）等字符；
- 文件名后添加了三或四个字母的扩展名来标识文件类型；
- 文件名不区分大小写。

默认情况下，文件扩展名处于隐藏状态。要显示文件扩展名，必须在“文件夹选项”控制面板实用工具中禁用**隐藏已知文件类型的扩展名**设置，如图 5-21 所示。

要显示文件扩展名，按以下顺序操作。

开始>控制面板>文件夹选项>查看>取消选中**隐藏已知文件类型的扩展名**

常用的文件扩展名如下。

- **.docx**：Microsoft Word。

- .txt：仅 ASCII 文本。
- .jpg：图片格式。
- .pptx：Microsoft PowerPoint。
- .zip：压缩格式。

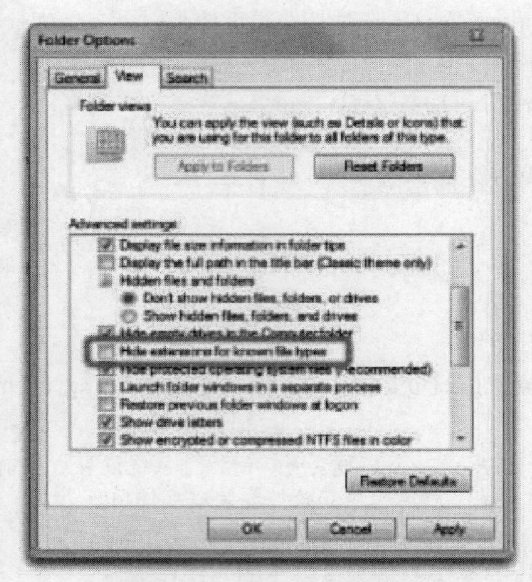

图 5-21 显示已知文件类型

目录结构为每个文件保留一组属性，来控制查看或改动文件的方式。以下是最常用的文件属性。

- R：文件为只读文件。
- A：下次备份磁盘时将对文件进行存档。
- S：文件被标记为系统文件，如果尝试删除或修改此文件，则会发出一条警告。
- H：文件在目录显示中被隐藏。

5.9.4 应用程序、文件和文件夹属性

要查看或更改应用程序、文件或文件夹的属性，右键单击图标，然后选择**属性**。

1. 应用程序和文件属性

应用程序或文件的“属性”视图（如图 5-22 所示）可能包含以下选项卡。

- **常规**：显示基本信息，包括位置和属性。
- **安全**：提供用于更改用户账户和系统的文件访问权限的选项。
- **详细信息**：显示文件的基本信息，包括属性。
- **兼容性**：提供用于配置文件兼容性模式和操作设置的选项。在 Windows 7 中，兼容性模式允许用户运行针对早期版本的 Windows 操作系统创建的程序。对于 Windows Vista 和 Windows XP，兼容性模式中提供的选项数量有限。

2. 文件夹属性

单个文件夹的“属性”视图可能包含以下选项卡。

- **常规**：显示基本信息，如位置和大小。提供用于更改属性的选项，如使文件夹只读或隐藏。
- **共享**：显示文件夹共享选项。用户可与同一网络上的计算机共享文件夹。另外，还可以配置

密码保护设置。

- **安全**：显示基本安全设置和高级安全设置的选项。
- **以前的版本**：显示用于还原以前版本的文件夹的选项。
- **自定义**：显示自定义文件夹外观的选项，以及针对特定文件类型（如音乐或照片文件）优化文件夹的选项。

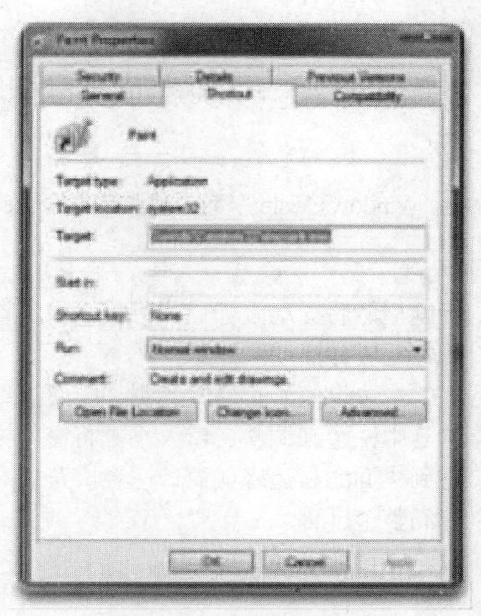

图 5-22 应用程序属性

3. 卷影副本

卷影副本是 Windows 操作系统的一项功能，它在硬盘驱动器上自动创建文件和数据的备份副本。该功能位于“以前的版本”选项卡下，因此通常也被视作以前的版本功能。卷影副本要求硬盘格式化为 NTFS，并结合“系统还原”和“Windows 备份”使用。要使用卷影副本，必须先启用该功能。要启用卷影副本，按以下顺序操作。

开始>控制面板>系统保护链接>单击所需驱动器旁边的复选框>单击**确定**。

启用卷影副本后，用户就可以查看、复制或还原文件以前的版本。选择查看选项将以只读方式打开文件，而复制选项将把文件的旧版本保存在另一个文件夹中。还原操作将覆盖当前状态的文件。

5.10 Windows GUI 和控制面板

本节将讨论允许用户与计算机进行交互的图形用户界面（GUI）。本节还将探索 Windows 控制面板。Windows 在控制面板中集中了控制计算机行为和外观的许多特征的设置。这些设置在控制面板程序（即控制面板中的小程序）中进行了分类。

5.10.1 Windows 桌面

安装操作系统后，可以根据个人需要自定义计算机桌面。计算机桌面是工作区的图形化显示，通常称为 GUI。桌面包含用于操作文件的图标、工具栏和菜单。通过添加或更改图像、声音和颜色，可以设置个性化的外观。这些可自定义的项目组合在一起构成主题。Windows 7 和 Windows Vista 包含一个称为 Aero 的默认主题。Aero 有半透明的窗口边框、各种动画以及表示文件内容缩略图的图标。由于支持主题需要高级图形，因此 Aero 只适用于符合以下硬件要求的计算机：

- 1 GHz 32 位或 64 位处理器；
- 1 GB RAM；
- 128 MB 显卡；
- 支持 Windows 显示驱动模型驱动程序，提供 Pixel Shader 2.0 硬件支持以及 32 位色深的 DirectX 9 类图形处理器。

注意： Windows 7 简易版和 Windows Vista 家庭普通版不包含 Aero 主题。

Windows 7 包含以下 Aero 新功能。

- **摇动**：单击一个窗口的标题栏然后摇动鼠标，即可最小化所有未在使用的窗口。要重新最大化窗口，单击可见窗口的标题栏并摇动鼠标。
- **透视**：将鼠标指向任务栏的右边缘使所有窗口透明，以便查看桌面上的图标和小工具。
- **贴靠**：将窗口拖到屏幕的其中一边来调整窗口大小。将窗口拖到桌面的左边缘使窗口适合屏幕的左半部分。将窗口拖到桌面的右边缘使窗口适合屏幕的右半部分。将窗口拖到桌面的上边缘使窗口最大化，以充满整个屏幕。

小工具

在 Windows 7 和 Windows Vista 中，用户可在桌面上放置小工具。小工具是一些小的应用程序，如游戏、便笺或时钟。小工具可有成千上万种，可用于访问不同类型的数据。图 5-23 显示了 Windows 7 桌面上的天气、日历和时钟小工具。可以将小工具贴靠或放置在桌面的一边和角落，也可以将它们与其他小工具对齐。

图 5-23 小工具

注意： Microsoft 不再托管小工具库以供下载新的小工具，链接为 http://windows.microsoft.com/en-ca/windows/downloads/personalize/gadgets。参见 Microsoft Security Advisory（2719662）“Vulnerabilities in Gadgets Could Allow Remote Code Execution”，链接为 http://technet.microsoft.com/en-us/security/advisory/ 2719662。

注意： Windows XP 没有小工具功能。

要将小工具添加到桌面，按以下步骤操作。

How To

步骤 1 在桌面上的任意位置单击右键，然后选择**小工具**。

步骤 2 执行以下任一操作：

- 将小工具从菜单中拖放到桌面上；
- 双击小工具将其添加到桌面；
- 右键单击该小工具并选择**添加**。

步骤 3 要贴靠小工具，将其拖至所需要的桌面位置。小工具会自动与屏幕边缘和其他小工具对齐。

在 Windows Vista 中，还可以个性化一种称为边栏的功能。边栏是桌面上有序组织小工具的图形窗格。Windows 7 中没有边栏。

5.10.2 桌面属性

要在 Windows 7 和 Windows Vista 中自定义桌面，右键单击桌面上的任何位置，然后选择**个性化**。在 Windows 7 中，“个性化”窗口如图 5-24 所示，左侧有三个链接，用于更改桌面图标、鼠标指针和账户图片。右侧面板可供选择主题。窗口下方的四个项可用于修改主题的背景、颜色、声音和屏幕保护程序。

Windows Vista 中的“个性化”窗口包含七个链接，它们允许用户调整窗口颜色和外观、更改桌面背景、配置显示设置等等。每个链接都以一种特定方式自定义桌面。

要在 Windows XP 中自定义桌面，右键单击桌面上的任何位置，然后选择**属性**。“显示属性”窗口（如图 5-25 所示）包含一些选项卡。

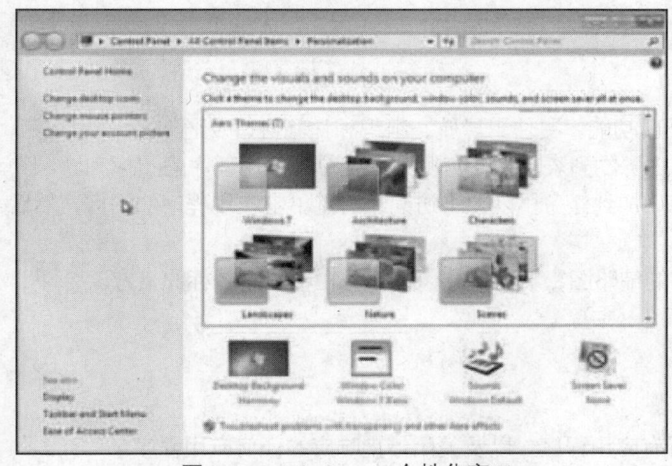

图 5-24 Windows 7 个性化窗口

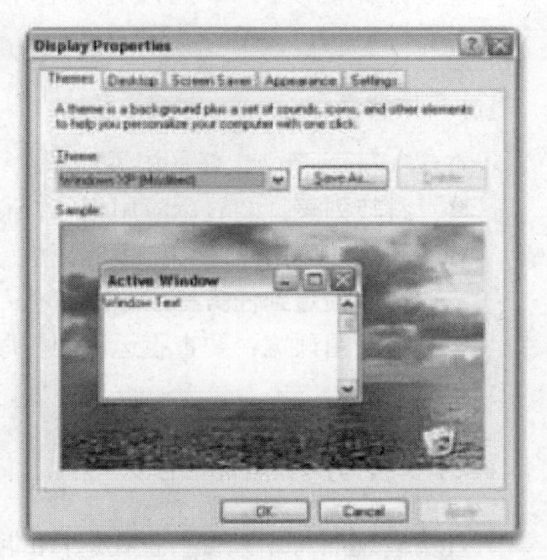

图 5-25 Windows XP 显示属性窗口

每个选项卡都以一种特定方式自定义显示设置。

5.10.3 开始菜单和任务栏

开始菜单和任务栏允许用户管理程序、搜索计算机，以及处理运行中的应用程序。要自定义开始菜单或任务栏，右键单击它们，然后选择**属性**。

1. 开始菜单

在桌面上，单击桌面左下角的 Windows 图标可打开开始菜单。开始菜单显示计算机中安装的所有应用程序、最近打开的文档的列表，以及其他元素的列表，如搜索功能、帮助中心和系统设置。开始菜单可从多个方面进行自定义，如图 5-26 所示。

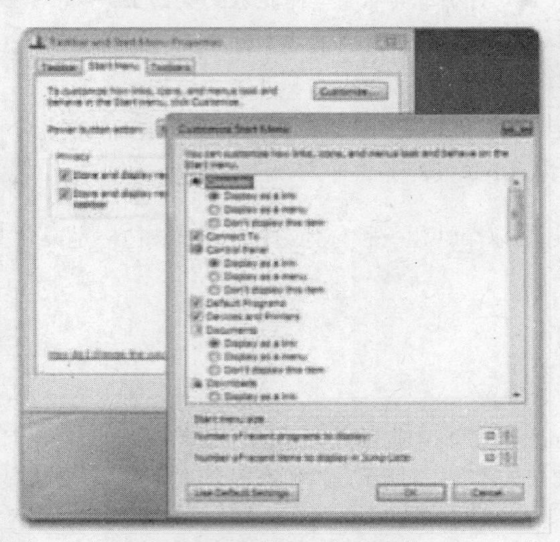

图 5-26　自定义开始菜单

要自定义开始菜单设置，按以下顺序操作。

右键单击任务栏的空白部分，然后选择**属性>开始菜单>自定义**

在 Windows XP 中，可以更改开始菜单的样式：XP 或经典。在 Windows 7 中，开始菜单样式的选项已移除。

2. 任务栏

在 Windows 7 中，任务栏添加了以下新功能，更便于导航、组织和访问窗口及通知。

- **跳转列表**：要显示应用程序特有任务的列表，在任务栏中右键单击应用程序的图标。
- **固定的应用程序**：要将应用程序添加到任务栏以便于访问，右键单击应用程序的图标，然后选择**锁定到任务栏**。
- **缩略图预览**：要查看运行中程序的缩略图，将鼠标悬停在任务栏中程序图标的上方。

5.10.4　任务管理器

任务管理器可用来查看正在运行的所有应用程序，以及关闭停止响应的任何应用程序。

任务管理器包含以下选项卡。

- **应用程序**：此选项卡显示所有正在运行的应用程序。在此选项卡中，可以使用底部的按钮打开应用程序、切换应用程序，或关闭停止响应的任何应用程序。
- **进程**：此选项卡显示所有正在运行的进程。进程是由用户、程序或操作系统启动的一组指令。在此选项卡中，可以结束进程或设置进程优先级。
- **服务**：此选项卡显示可用的服务，包括其操作状态（Windows XP 中不包含此选项卡）。
- **性能**：此选项卡显示 CPU 和页面文件使用情况。
- **联网**：此选项卡显示所有网络适配器的使用情况。

■ **用户**：此选项卡显示已登录计算机的所有用户。在此选项卡中，可以断开远程用户或注销本地用户。

要在 Windows 7 和 Windows Vista 的任务管理器中查看信息，按以下顺序操作。

CTRL+ALT+DEL 并选择**启动任务管理器**

或者，可以右键单击任务栏，然后选择**启动任务管理器**来访问任务管理器。

在 Windows XP 中，按以下顺序操作。

CTRL+ALT+DEL 并选择**任务管理器**

或者，可以右键单击任务栏，然后选择**任务管理器**来访问任务管理器。

在结束进程或更改进程优先级时务必小心。结束进程会使程序立即结束，而不保存任何信息。结束进程可能妨碍系统正常运行。更改进程优先级可能对计算机性能造成不利影响。

5.10.5 计算机和 Windows 资源管理器

1. 计算机

“计算机”功能可用来访问计算机中安装的各种驱动器。在 Windows 7 或 Windows Vista 中，单击**开始**，然后选择**计算机**。在 Windows XP 中，此功能称为“我的电脑”，双击桌面上的**我的电脑**图标即可访问此功能。

2. Windows 资源管理器

Windows 资源管理器用来浏览文件系统。Windows 7 的导航窗格顶部包含当前访问的文件夹或文件的路径，右上角包含一个搜索栏，路径列表和搜索栏的正下方是工具栏，左侧是导航面板，导航面板右边是查看窗格。搜索栏可用于查找特定应用程序、文件或文件夹。工具栏可用于组织文件、添加新文件夹、更改 Windows 资源管理器中的文件布局、显示文件和文件夹的预览窗格，以及打开 Windows 的帮助功能。导航窗格包含文件夹的默认列表，包括“收藏夹”、“库”、“计算机”和“网络”。查看窗格可用于访问或处理应用程序、文件和文件夹。

Windows 7 在 Windows 资源管理器中增加了以下功能。

■ **搜索框**：访问以前的搜索内容。此外，还可以筛选搜索结果。

■ **新建文件夹按钮**：一键创建新文件夹。

■ **排序方式**：根据不同的条件轻松组织项目。

■ **预览窗格按钮**：根据需要开启或关闭预览窗格。

3. 启动应用程序和打开文件

应用程序可通过多种方式来启动：

■ 单击开始菜单或任务栏上的应用程序图标；

■ 双击桌面上或 Windows 资源管理器中的应用程序可执行文件或快捷方式图标；

■ 从“运行”窗口或命令行启动应用程序。

打开文件的方式和打开应用程序相同。打开文件时，Windows 会确定哪个应用程序与该文件关联。Windows 将文件扩展名与能够打开该文件的已安装应用程序进行比较。例如，如果您打开.docx 文件，Windows 会启动 Microsoft Word 并打开该文件。

5.10.6 Windows 7 库

库是新增的 Windows 7 功能，可以轻松组织本地计算机和网络上各种存储设备（包括可移动介质）

中的内容，无需实际移动文件。库是一个虚拟文件夹，可在同一视图中呈现不同位置的内容。用户可以搜索库，也可以使用文件名、文件类型或修改日期等条件筛选内容。

安装 Windows 7 后，每个用户将有四个默认库：文档、音乐、图片和视频，如图 5-27 所示。要访问库，打开 Windows 资源管理器，然后单击左栏中的**库**。要将文件或文件夹添加到库，右键单击该文件或文件夹，选择**包含到库中**，然后选择要将该项添加到哪个库。打开该库时，此文件或文件夹便会出现。

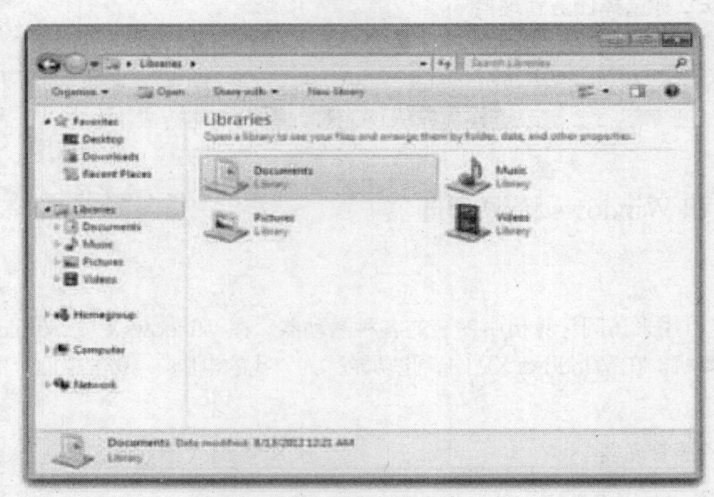

图 5-27 Windows 7 库

要创建新库，打开一个文件夹，然后选择**库>新建库**。

要自定义库，右键单击库，然后单击**属性**。在“属性”窗口中单击**包含文件夹**，便可将文件夹添加到库。此外，还可以更改库的图标，以及自定义项目的排列方式。

5.10.7 安装和卸载应用程序

作为一名技术人员，将负责添加软件到客户计算机或从中删除软件。大多数应用程序使用自动安装过程，当应用程序光盘插入光盘驱动器时，自动安装过程即会启动。安装过程会更新“添加或删除程序”实用工具。用户需要单击完成安装向导过程，并在需要时提供信息。

1. 添加应用程序

在 Windows 7 和 Windows Vista 中，插入 CD 或 DVD 或者打开下载的程序文件。安装程序应该启动。如果未启动，运行光盘上的安装文件开始安装，或者再次下载程序。

安装应用程序后，可以从开始菜单，或应用程序安装在桌面上的快捷方式图标来启动应用程序。检查应用程序，确保其功能正常。如果有问题，可使用“卸载或更改程序”实用工具修复或卸载应用程序。某些应用程序如 Microsoft Office，在安装过程中提供了修复选项，可使用此功能尝试纠正不能正常运行的程序。

注意： 在 Windows XP 中，如果在插入光盘后，程序或应用程序未自动安装，则可以使用“添加或删除程序”实用工具安装应用程序。单击添加新程序按钮，并选择应用程序的所在位置。

2. 卸载或更改程序

如果应用程序未正确卸载，则文件可能会保留在硬盘驱动器上，不需要的设置也会保留在注册表中，这会消耗硬盘驱动器空间和系统资源。不需要的文件还可能减慢读取注册表的速度。Microsoft 建议在删除、更改或修复应用程序时，务必使用“程序和功能”实用工具，如图 5-28 所示。该实用工具将引导您完成软件卸除过程，并删除安装的每一个文件。

某些情况下，可以使用“程序和功能”实用工具安装或卸载应用程序的可选功能。并非所有程序都提供了此选项。

要在 Windows 7 和 Windows Vista 中打开“程序和功能”实用工具，按以下顺序操作。

开始>控制面板>程序和功能

在 Windows XP 中，按以下顺序操作。

开始>控制面板>添加或删除程序

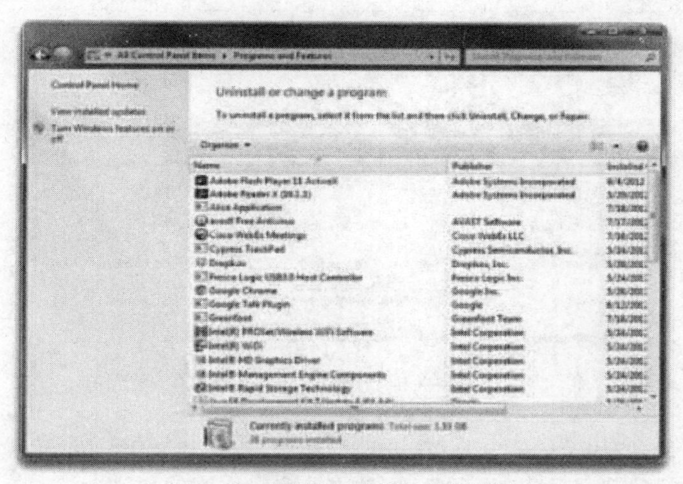

图 5-28 “程序和功能”实用工具

5.11 控制面板实用工具

Microsoft Windows 控制面板是用于在 Windows 操作系统的多个区域中更改配置的程序的集中点。本节将探讨多种控制面板实用工具。

5.11.1 控制面板实用工具简介

在 Windows 中，很多功能可用来控制计算机的行为和外观，这些功能的相关设置集中在一起。这些设置经过分类后，组成控制面板中的实用工具，或者说小程序。控制面板中提供了一些配置选项，包括添加或删除程序、更改网络设置，以及更改安全设置。

在控制面板中，各个类别的名称根据所安装的 Windows 版本而稍有不同。默认情况下，在 Windows 7 中图标可分成以下 8 类。

- **系统和安全**：配置系统和安全设置。

- **网络和 Internet**：配置网络连接类型。
- **硬件和声音**：配置连接到计算机的设备以及声音的设置。
- **程序**：删除、更改和修复应用程序。
- **用户账户和家庭安全**：创建和删除用户账户以及设置家长控制。
- **外观和个性化**：控制 Windows GUI 的外观。
- **时钟、语言和区域**：指定位置和语言。
- **轻松访问**：针对视觉、听觉和移动性需求配置 Windows。

在 Windows 中，可以更改控制面板的显示方式。所选视图决定了可以立即从控制面板中访问的实用工具。在 Windows 7 中，视图选项包括：

- **类别**——将控制面板实用工具分组成易于浏览的组；
- **大图标**——使用大图标按字母表顺序显示实用工具；
- **小图标**——使用小图标按字母表顺序显示实用工具。

注意： 本课程使用大图标视图，如图 5-29 所示。

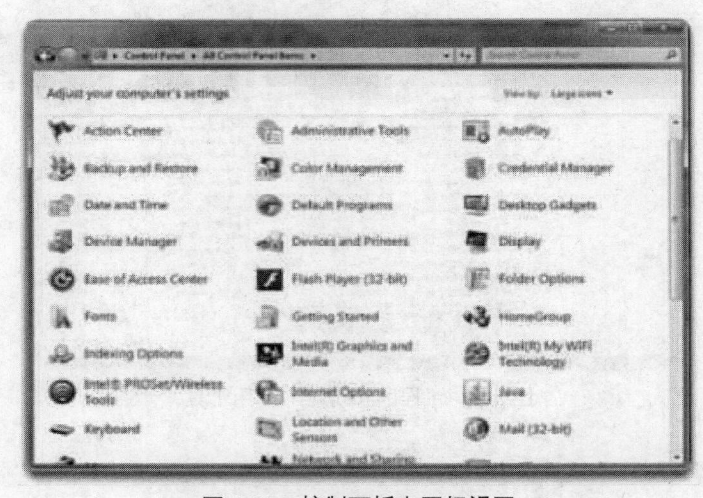

图 5-29 控制面板大图标视图

在 Windows Vista 中，提供两种视图选项。

- **控制面板主页**：将控制面板实用工具分组成易于浏览的组。
- **经典视图**：逐个显示所有控制面板实用工具。

在 Windows XP 中，提供两种视图选项。

- **类别**：将控制面板实用工具分组成易于浏览的组。
- **经典视图**：逐个显示所有控制面板实用工具。

5.11.2 用户账户

管理账户是在安装 Windows 操作系统时创建的。要创建其他用户账户，选择**开始>控制面板>用户账户**，打开“用户账户”实用工具，如图 5-30 所示。

“用户账户”实用工具提供了一些选项，帮助您管理密码、更改图片、更改账户名和类型、管理其他账户以及更改用户账户控制（UAC）设置。

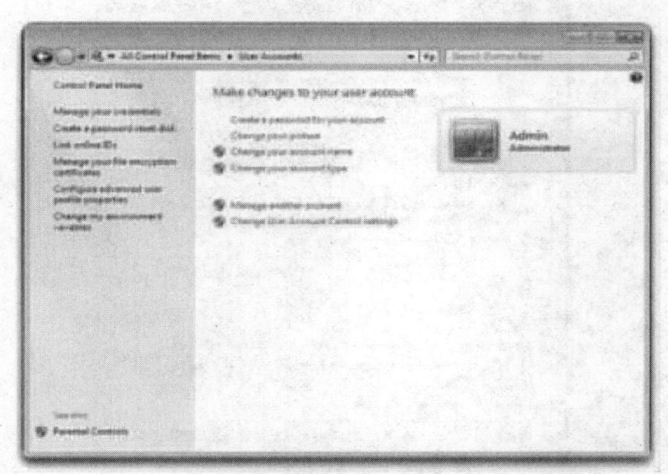

图 5-30　用户账户

注意：　“用户账户”实用工具的某些功能需要管理权限，并且标准用户账户可能无法访问这些功能。

用户账户控制设置

UAC 监视计算机上的程序，当某个操作可能给系统带来威胁时，UAC 会警告用户。在 Windows 7 中，可以调整 UAC 执行的监视级别。在安装 Windows 7 后，主账户的 UAC 设置为默认 － 仅在程序尝试对我的计算机进行更改时通知我。

要调整 UAC 监视的级别，按以下顺序操作。

开始>控制面板>用户账户>更改用户账户控制设置

5.11.3　Internet 选项

要访问 Internet 选项，按以下顺序操作。

开始>控制面板> Internet 选项

如图 5-31 所示，Internet 选项包含以下选项卡。

- **常规**：配置基本 Internet 设置，如选择 Internet Explorer（IE）主页、查看和删除浏览历史记录、调整搜索设置，以及自定义浏览器外观。
- **安全**：调整有关 Internet、本地 Intranet、受信任的站点和受限制的站点的安全设置。每个区域的安全级别可以从低（最低安全性）到高（最高安全性）。
- **隐私**：配置 Internet 区域的隐私设置、管理位置服务，以及启用弹出窗口阻止程序。
- **内容**：访问家长控制、控制计算机上查看的内容、调整自动完成设置，以及配置可在 IE 中查看的源和网页快讯。
- **连接**：设置 Internet 连接，以及调整网络设置。
- **程序**：选择默认 Web 浏览器、启用 Web 浏览器加载项、为 IE 选择 HTML 编辑器，以及选择用于 Internet 服务的程序。
- **高级**：调整高级设置，以及将 Internet Explorer 设置重置为默认状态。

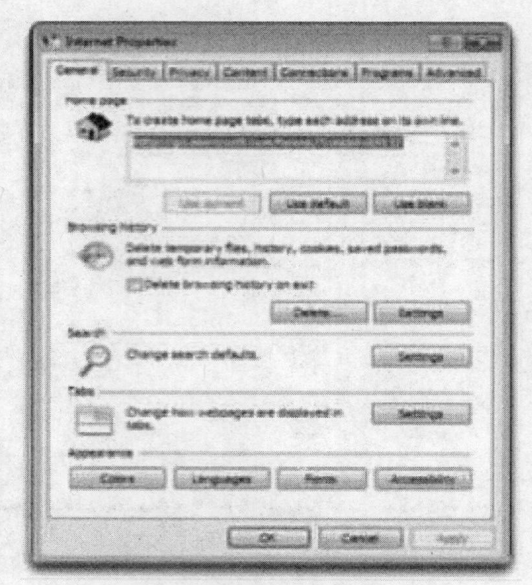

图 5-31　Internet 选项属性

5.11.4　显示设置

在使用LCD屏幕时，可将分辨率设置为本机模式或原始分辨率。本机模式的像素数量与显示器的像素数量相同。如果不使用本机模式，显示器不会产生最佳图片。

使用“显示设置”实用工具可以更改显示设置。修改分辨率和色彩质量可以更改桌面的外观，如图 5-32 所示。如果屏幕分辨率设置不当，不同的视频卡和显示器可能产生意外的显示效果。此外，还可以更改更多高级的显示设置，如壁纸、屏幕保护程序、电源设置和其他选项。

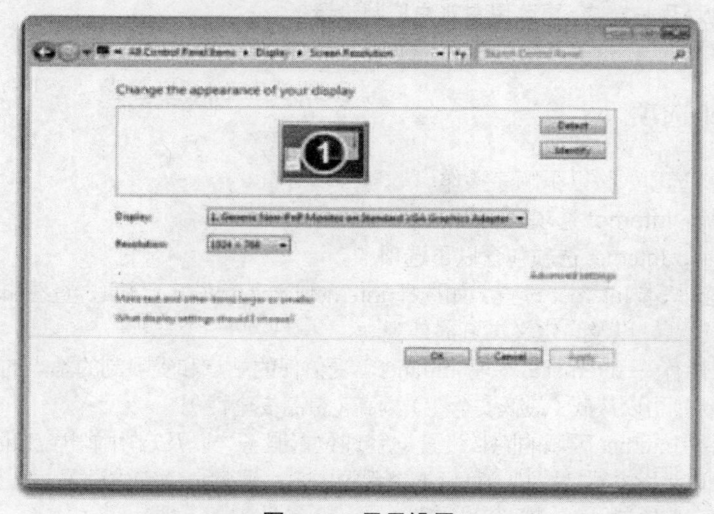

图 5-32　显示设置

在 Windows 7 中，按以下顺序操作。

开始>控制面板>显示>更改显示设置

在 Windows Vista 中，按以下顺序操作。

开始>控制面板>个性化>显示设置

在 Windows XP 中，按以下顺序操作。

开始>控制面板>显示>设置

在 Windows 7 中可以调整以下功能。

- **屏幕分辨率**：指定像素的数量。像素数越高，分辨率和图片越佳。
- **方向**：确定横向显示、纵向显示、翻转横向显示，还是翻转纵向显示。
- **刷新频率**：设置屏幕上图像的重绘频率。刷新频率的单位为赫兹（Hz）。刷新频率越高，屏幕图像越稳定。
- **显示颜色**：指定屏幕上一次可见的颜色的数量。位数越高，颜色数量越多。8 位调色板包含 256 色。16 位色（增强色）调色板包含 65536 色。24 位色（真彩色）调色板包含 1600 万色。32 位调色板包含 24 位色以及用于其他数据的 8 位（如透明）。

注意：在 Windows 7 和 Windows Vista 中，还可以在“个性化”控制面板实用工具的“显示”链接中访问显示设置。

5.11.5 文件夹选项

要确保能够正确访问文件，则需要管理目录和文件夹设置。在 Windows 中配置文件夹的设置时，需要使用“文件夹选项”实用工具。

要在 Windows 7 中访问“文件夹选项”实用工具，按以下顺序操作。

开始>控制面板>文件夹选项

“文件夹选项”包含三个选项卡：常规、查看和搜索。

1. “常规”选项卡

使用“常规”选项卡可调整基本显示和访问设置。

- **浏览文件夹**：配置在打开文件夹时文件夹的显示方式。
- **打开项目的方式**：指定打开文件所需要的点击数。
- **导航窗格**：确定是否显示所有文件夹，以及在导航窗格中选中文件夹时，文件夹是否自动展开。

2. “查看”选项卡

使用“查看”选项卡可调整文件夹的视图设置和属性，包括能否看到隐藏文件夹。

- **文件夹视图**：将正在查看的文件夹的视图设置应用到相同类型的所有文件夹。
- **高级设置**：自定义查看体验。

3. “搜索”选项卡

使用“搜索”选项卡自定义文件夹搜索设置。

- **搜索内容**：根据索引和未索引位置来配置搜索设置，使文件和文件夹更容易查找。
- **搜索方式**：确定搜索期间要考虑哪些选项。
- **在搜索没有索引的位置时**：确定在搜索没有索引的位置时是否包括系统目录和压缩文件。

5.11.6 操作中心

安全设置是维护操作系统的一个重要方面，因为它们保护着计算机免受安全威胁。Windows 7 和

Windows Vista 的操作中心允许配置安全设置。Windows XP 的操作中心名为“安全中心”。

要在 Windows 7 和 Windows Vista 中访问操作中心，按以下顺序操作。

开始>控制面板>操作中心

要在 Windows XP 中访问安全中心，按以下顺序操作。

开始>控制面板>安全中心

操作中心提供了很多实用工具，如下所示。

- **病毒防护**：开启或关闭病毒防护程序。
- **设置备份**：拥有管理权限的用户可以设置 Windows 备份。
- **更改操作中心设置**：开启或关闭安全和维护程序的消息功能。
- **更改用户账户控制设置**：拥有管理权限的用户可以调整 UAC 的设置。
- **查看存档的消息**：查看有关过去的计算机问题的存档消息。
- **查看性能信息**：查看系统组件的性能并评分。

5.11.7 Windows 防火墙

除了“操作中心”提供的安全设置外，可以使用“Windows 防火墙”实用工具防止对系统的恶意攻击。防火墙将实施一种安全策略，有选择地允许和拒绝数据流量进入计算机。防火墙得名于专为阻止火势从建筑物的一部分蔓延到另一个部分而设计的砖泥防火墙。

家庭网络、工作网络和公共网络都可以配置防火墙设置。使用以下选项还可做进一步更改。

- **允许程序或功能通过 Windows 防火墙**：确定哪些程序可通过 Windows 防火墙进行通信。
- **更改通知设置**：拥有管理权限的用户可以管理来自 Windows 防火墙的通知。
- **打开或关闭 Windows 防火墙**：拥有管理权限的用户可以打开或关闭 Windows 防火墙。
- **还原默认设置**：拥有管理权限的用户可以将 Windows 防火墙还原到默认设置。
- **高级设置**：拥有管理权限的用户可以调整高级安全设置。

要在 Windows 7 中访问“Windows 防火墙”实用工具，按以下顺序操作。

开始>控制面板> Windows 防火墙

5.11.8 电源选项

在 Windows 中，“电源选项”实用工具可用来降低某些设备或整个系统的功耗。借助电源选项，可通过配置系统的电源计划来最大化计算机性能或节能。电源计划是通过对一系列硬件和系统进行设置，管理计算机的电源使用情况，如图 5-33 所示。在 Windows XP 中，电源计划称为电源方案。

Windows 7 和 Windows Vista 提供预设的电源计划，而 Windows XP 提供预设的电源方案。这些都是默认设置，并且是在安装操作系统时创建的。可以使用默认设置，也可以使用基于特定工作要求的自定义计划。

注意：电源选项自动检测连接到计算机的某些设备。因此，电源选项窗口将随着检测到的硬件而异。

要访问“电源选项”实用工具，按以下顺序操作。

开始>控制面板>电源选项

可以选择以下选项：

- 唤醒时需要密码；

■ 选择电源按钮的功能；
■ 选择关闭盖子的功能（仅适用于笔记本电脑）；
■ 创建电源计划；
■ 选择关闭显示器的时间；
■ 更改计算机睡眠时间。

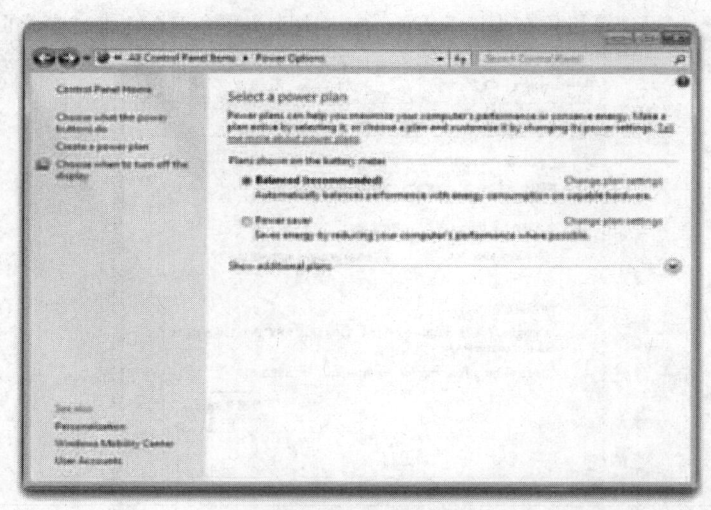

图 5-33 电源选项

若选中了**选择电源按钮的功能**或**选择关闭盖子的功能**，则配置在按下电源或睡眠按钮时，或者在合上屏幕时，计算机将如何操作。如果用户不想完全关闭计算机，则可以选择以下选项。

■ **不采取任何操作**：计算机继续全功率运行。
■ **睡眠**：文档和应用程序保存在 RAM 中，允许计算机快速开机。在 Windows XP 中，此选项称为“待机”。
■ **休眠**：文档和应用程序保存到硬盘驱动器的临时文件中。选中此选项后，计算机开机的时间比“睡眠”模式稍长。

5.11.9 系统实用工具

在 Windows 控制面板中，“系统”实用工具允许所有用户查看基本系统信息、访问工具，以及配置高级系统设置。

要访问“系统”实用工具，按以下顺序操作。

开始>控制面板>系统

通过单击“控制面板主页”窗口中的链接可访问各种设置。

当用户单击“设备管理器”的链接时，“设备管理器”实用工具将打开。当单击其他某个链接时，“系统属性”实用工具将出现，其中包含以下选项卡。

■ **计算机名**：查看或修改计算机的名称和工作组设置，以及更改域或工作组。
■ **硬件**：访问“设备管理器”，或调整设备安装设置。
■ **高级**：配置有关性能、用户配置文件、启动和恢复的设置。
■ **系统保护**：访问系统还原功能，以及配置保护设置。
■ **远程**：调整有关远程协助和远程桌面的设置。

1. 性能设置

为了增强操作系统的性能，可以更改计算机使用的某些设置，如虚拟内存配置设置，如图 5-34 所示。当计算机没有足够的 RAM 可用于运行程序时，操作系统将使用虚拟内存。如果没有足够的 RAM，虚拟内存将数据从 RAM 中移出，并将其放入硬盘驱动器的页面文件中。页面文件是用于存储数据的一个位置，在有足够的 RAM 可用于处理数据之前，数据就一直先存储在这里。此过程比直接访问 RAM 慢得多。如果计算机只有少量 RAM，应考虑购买更多 RAM 来减少分页。

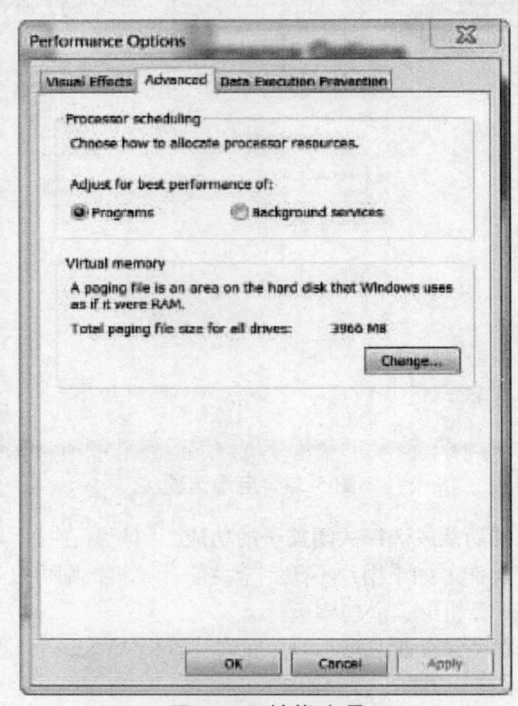

图 5-34 性能选项

要在 Windows 7 中查看虚拟内存设置，按以下顺序操作。

开始>控制面板>系统>高级系统设置>性能>设置按钮**>高级>更改**

在 Windows Vista 中，按以下顺序操作。

开始>控制面板>系统>高级系统设置>继续>高级选项卡>性能区域>设置按钮**>高级>更改**

在 Windows XP 中，按以下顺序操作。

开始>控制面板>系统>高级>性能区域>设置按钮**>高级**选项卡**>更改**

2. Windows ReadyBoost

如果用户不能加装 RAM，在 Windows 7 和 Windows Vista 中，他们可以使用外部闪存设备和 Windows ReadyBoost 来增强性能。当没有足够的 RAM 可用时，Windows ReadyBoost 使操作系统能够将外部闪存设备（如 U 盘）作为硬盘驱动器缓存。为了激活 Windows ReadyBoost，用户必须插入闪存设备，并按以下顺序操作。

开始>计算机>右键单击所需的外部闪存设备**>**选择**属性>**单击 **ReadyBoost** 选项卡

对所需的设备激活 ReadyBoost 后，用户必须决定设备上要保留多少空间来作为缓存空间。必须选择的最小值为 256MB，对于 FAT32 文件系统，最大值为 4GB，对于 NTFS 文件系统，最大值为 32GB。

5.11.10 设备管理器

设备管理器（如图 5-35 所示）显示计算机中的硬件。设备管理器用于诊断和解决设备冲突。使用它可以查看已安装的硬件和驱动程序的详细信息（例如，查看当前安装的驱动器版本，并与制造商网站上的版本作对比，以确定驱动器是否需要更新），还可以执行以下功能。

- **更新驱动程序**：更改当前安装的驱动程序。
- **回滚驱动程序**：将当前安装的驱动程序更改为以前安装的驱动程序。
- **卸载驱动程序**：删除驱动程序。
- **禁用设备**：禁用设备。

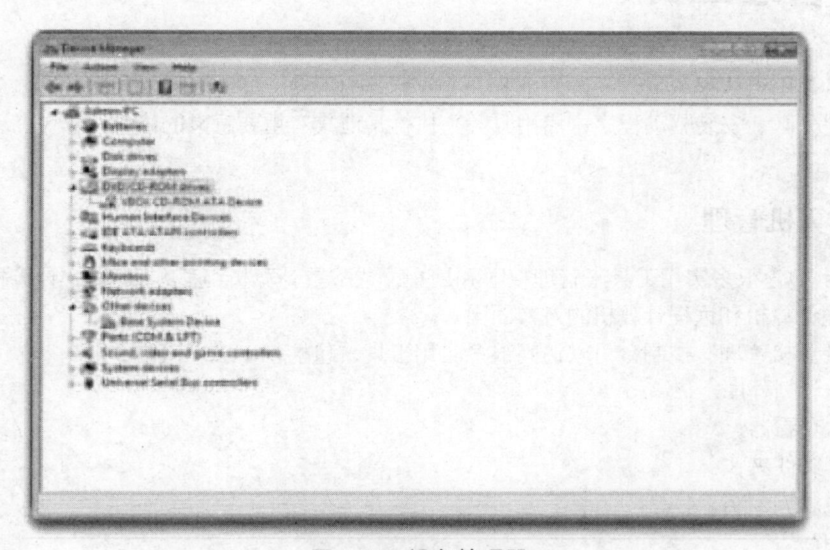

图 5-35 设备管理器

要在 Windows 7 和 Windows Vista 中访问设备管理器，按以下顺序操作。

开始>控制面板>系统>设备管理器

在 Windows XP 中，按以下顺序操作。

开始>控制面板>系统>硬件>设备管理器

要查看系统中任何设备的属性，双击设备名称即可。

“设备管理器”实用工具使用图标来指示设备问题，如图 5-36 所示。

Device Manager Icon	Explanation
	An exclamation point in a yellow triangle the device has an error. A problem code is displayed to explain the problem.
	Red X appears when the device is disabled. The device is installed in the computer, but no driver is loaded for it.
	A blue I appears if the device was manually selected . The Use Automatic Setting options is not selected for the device.
	A green question mark appears a device specific driver is not available. A compatible driver has been installed.

图 5-36 设备管理器图标

5.11.11 区域和语言选项

使用“区域和语言选项”设置可以更改数字、货币、日期和时间的格式。此外，还可以更改主语言或安装其他语言。

要访问“区域和语言选项”设置（如图所示），按以下顺序操作。

开始>控制面板>区域和语言选项

5.12 管理工具

管理工具是一组从根本上改变操作系统的十分有效的工具的集合。与自定义桌面颜色不同，这些实用工具创建分区、安装驱动程序、启用服务并执行其他具有重要意义的修改工作。

5.12.1 计算机管理

Windows 包含很多实用工具来管理权限和用户，或配置计算机组件和服务。“计算机管理”控制台可用于管理计算机和远程计算机的方方面面。

通过“计算机管理”控制台可以访问很多实用工具，包括：

- 任务计划程序；
- 事件查看器；
- 共享文件夹；
- 本地用户和组；
- 性能；
- 设备管理器；
- 磁盘管理。

要打开“计算机管理”控制台，按以下顺序操作。

开始>控制面板>管理工具>计算机管理

要查看用于远程计算机的“计算机管理”控制台，按以下步骤操作。

步骤 1 在控制台树中，右键单击**计算机管理（本地）**，然后选择**连接到另一台计算机**。

步骤 2 在**另一台计算机**框中，输入计算机的名称或通过浏览查找要管理的计算机。

5.12.2 事件查看器、组件服务和数据源

事件查看器（如图 5-37 所示）记录与应用程序、安全性和系统相关的事件历史。这些日志文件是重要的故障排除工具，因为它们提供了找出问题所必需的信息。

要访问事件查看器，按以下顺序操作。

开始>控制面板>管理工具>事件查看器

组件服务是一个由管理员和开发人员使用的管理工具，用来部署、配置和管理组件对象模型

（COM）组件。通过 COM，组件可以在各种环境中使用，即使环境不是创建它们的环境。

要访问组件服务，按以下顺序操作。

开始>控制面板>管理工具>组件服务

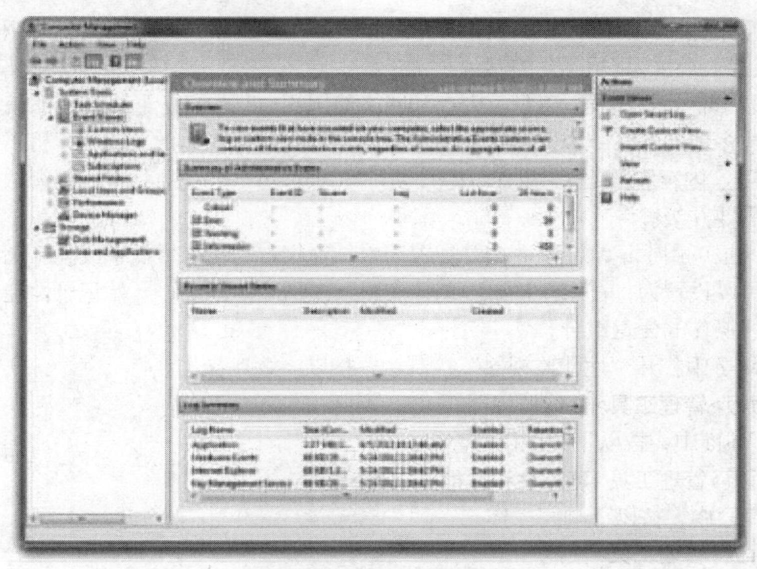

图 5-37 事件查看器

数据源是一个由管理员使用的管理工具，用来管理、添加或删除使用开放式数据库连接（ODBC）的数据源。ODBC 是一种技术，程序使用它来访问各种数据库或数据源。

要访问数据源（ODBC），按以下顺序操作。

开始>控制面板>管理工具>数据源（ODBC）

5.12.3 服务

“服务”控制台可用于管理计算机和远程计算机上的所有服务。服务是为了实现特定目标或等待请求而在后台运行的一种应用程序；它们要求极少的甚至不需要用户输入。为了降低安全风险，应该只启动必要的服务。需要拥有管理权限才能充分访问“服务”控制台。使用以下设置或状态可以控制服务。

- **自动**：服务在计算机启动时启动。此设置优先安排最重要的服务在操作系统启动时立即启动。
- **自动（延迟启动）**：服务在设置为“自动”的服务启动后再启动。“自动（延迟启动）”设置仅适用于 Windows 7 和 Windows Vista。
- **手动**：服务必须手动启动。
- **禁用**：服务要在启用后才能启动。
- **停止**：服务没有运行。

要打开“服务”控制台，按以下顺序操作。

开始>控制面板>管理工具>服务

要查看用于远程计算机的“服务”控制台，按以下步骤操作。

How To

步骤 1 在控制台树中，右键单击**服务（本地）**，然后选择**连接到另一台计算机**。

步骤 2 在**另一台计算机**框中，输入计算机的名称或通过浏览查找要管理的计算机。

5.12.4 性能和 Windows 内存诊断

“性能监视器”控制台包含两个完全不同的部分：“系统监视器”以及“性能日志和警报”。必须拥有管理权限才能访问“性能监视器”控制台。

系统监视器显示有关处理器、磁盘、内存和网络使用的实时信息。通过使用系统监视器，可显示在执行特定任务或多项任务时所用资源的详细数据。显示的数据有助于了解计算机工作负载对系统资源的影响，如 CPU、内存和网络。借助直方图、图形和报告可以轻松总结使用情况数据。这些数据还有助于确定何时需要升级。

性能日志和警报可用于记录性能数据并配置警报。当指定的使用量低于或高于阈值时，警报即会发出通知。警报可以设置为：在事件日志中创建条目、发送网络消息、开始记录性能日志、运行特定程序，或执行上述操作的任意组合。

要在 Windows 7 中打开“性能监视器”控制台，按以下顺序操作。

开始>控制面板>管理工具>性能监视器

在 Windows Vista 中，按以下顺序操作。

开始>控制面板>管理工具>可靠性和性能监视器>继续

在 Windows XP 中，按以下顺序操作。

开始>控制面板>管理工具>性能

Windows 内存诊断是一个用于检查计算机上安装的物理内存是否有错的管理工具。

要在 Windows 7 中访问 Windows 内存诊断，按以下顺序操作。

开始>控制面板>管理工具> Windows 内存诊断

要在 Windows Vista 中访问 Windows 内存诊断，按以下顺序操作。

开始>控制面板>管理工具>内存诊断工具

Windows XP 中未包含 Windows 内存诊断功能。

5.13 系统工具

一些工具可用于优化操作系统的性能。各种操作系统的相关概念可能是相同的，但优化方法和流程可能有所差异。例如，当虚拟内存在 Windows 7 操作系统和 Windows XP 操作系统上执行同一功能时，查找和设置虚拟内存设置的路径是不同的。

5.13.1 磁盘碎片整理程序和磁盘错误检查工具

为了维护和优化操作系统，可以访问 Windows 中的各种工具。其中包括硬盘驱动器碎片整理程序和磁盘错误检查工具，前者可合并文件，方便更快速访问，后者可扫描硬盘驱动器，查找文件结构错误。

Windows 附带的多种实用工具有助于保持系统完整性。在预防性维护中，两个非常有用的实用工具是磁盘碎片整理程序和磁盘错误检查工具，也就是 CHKDSK。

1. 磁盘碎片整理程序

随着文件大小的不断增长，某些数据写入磁盘上的下一个可用簇。随着时间的推移，数据变得很零碎，并分散在硬盘驱动器上不相邻的簇中。因此，查找并检索每一段数据所用的时间更长。磁盘碎片整理程序能够将非连续数据集中在一个位置，从而使操作系统运行更快速。在 Windows 7 中，磁盘碎片整理程序工具自动安排在周三早上或下次计算机开机时运行。

注意：建议不要对固态硬盘（SSD）执行 Windows 磁盘碎片整理。SSD 由它们所用的控制器和固件来优化。在设备管理器中查看可用的磁盘驱动器，即可判断硬盘驱动器是否是 SSD。

要在 Windows 7 中访问磁盘碎片整理程序，按以下顺序操作。

开始>所有程序>附件>系统工具>磁盘碎片整理程序

在 Windows Vista 中，按以下顺序操作。

开始>计算机>右键单击**驱动器 x >属性>工具**

在 Windows XP 中，按以下顺序操作。

开始>所有程序>附件>系统工具>磁盘碎片整理程序

2. 磁盘错误检查工具

磁盘错误检查工具扫描硬盘驱动器表面寻找物理错误，以此来检查文件和文件夹的完整性。如果检测到错误，则该工具将修复错误。可以通过磁盘碎片整理程序访问 CHKDSK，也可以在命令行上输入 CHKDSK。

或者，可以使用下面的步骤检查驱动器是否有错。

How To

步骤 1 单击**开始**，然后选择**计算机**。

步骤 2 右键单击要检查的驱动器，然后选择**属性**。

步骤 3 单击**工具**选项卡。

步骤 4 在“查错”下，单击**开始检查**。

步骤 5 在“磁盘检查选项”下，选中**扫描并尝试恢复坏扇区**。

该工具将修复文件系统错误，并检查磁盘是否有坏扇区。它还将尝试从坏扇区恢复数据。

注意：每月至少使用一次磁盘错误检查工具，并且每次突然停电造成系统关闭时，也应使用该工具进行检查。

5.13.2 系统信息

管理员可以使用“系统信息”工具收集和显示有关本地和远程计算机的信息。“系统信息”工具能快速查找有关软件、驱动程序、硬件配置和计算机组件的信息。支持人员可以使用这些信息诊断和排除计算机故障。

要访问“系统信息”工具，按以下顺序操作。

开始>所有程序>附件>系统工具>系统信息

此外，还可以创建一个包含计算机所有相关信息的文件，以便发送给其他技术人员或帮助台。要导出系统信息文件，选择**文件>导出**，输入文件名，选择位置，然后单击**保存**。

在 Windows XP 中，通过“系统信息”工具可以访问很多其他工具。

- **网络诊断**：运行各种网络测试来排除网络相关问题。
- **系统还原**：创建或加载还原点来还原计算机的系统文件和设置。
- **文件签名验证应用程序**：检查没有数字签名的系统文件。

- **DirectX 诊断工具**：报告有关计算机上安装的 DirectX 组件的详细信息。
- **Dr Watson**：调试 Windows 以帮助诊断程序错误。

5.14 附件

Windows 包含其操作系统附件，这些附件是预安装的程序或工具，能够帮助用户提高生产效率，并且不需要购买额外的第三方应用程序就可以管理其计算机。程序的类型包括计算器、文本编辑器和远程访问工具。

远程桌面

技术人员可以使用远程桌面和远程协助来修复和升级计算机。远程桌面可让技术人员从远程位置查看和控制计算机。远程协助可让技术人员从远程位置协助客户解决问题。远程协助还可让客户查看计算机上正在修复或升级的内容。

要在 Windows 7 或 Windows Vista 中访问远程桌面，按以下顺序操作。

开始>所有程序>附件>远程桌面连接

对于 Windows XP，只有 Windows XP Professional 提供远程桌面功能。要在 Windows XP Professional 中访问远程桌面，按以下顺序操作。

开始>所有程序>附件>通信>远程桌面连接

在 Windows 中，必须先启用远程协助，然后才能使用。要启用并访问远程协助，按以下步骤操作。

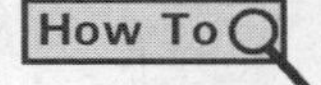

步骤 1 单击**开始**>*右键单击***计算机**>**属性**。

步骤 2 单击“系统”窗口中的**远程设置**链接。

步骤 3 选中**允许远程协助连接这台计算机**框。

步骤 4 单击**应用**>**确定**。

要在 Windows 7 或 Windows Vista 中访问远程协助，按以下顺序操作。

开始>所有程序>维护> Windows 远程协助

要在 Windows XP 中访问远程协助，按以下顺序操作。

开始>所有程序>远程协助

5.15 特定 Windows 版本独有的控制面板实用工具

控制面板是 Windows 操作系统配置实用工具的集中所在位置。当在控制面板中作出更改时，同时也在更改注册表。实用工具依据运行的 Windows 操作系统版本的不同而略有差异。

5.15.1 Windows 7 独有的实用工具

许多控制面板实用工具都是 Windows 7 独有的功能，其中包括：

- 家庭组；
- 操作中心；
- Windows Defender；
- RemoteApp 和桌面连接；
- 疑难解答。

1. 家庭组

家庭组是一种网络设置，让用户在家庭网络上轻松共享文件和文件夹。“家庭组”实用工具（如图 5-38 所示）在工作网络或公用网络上不可用。

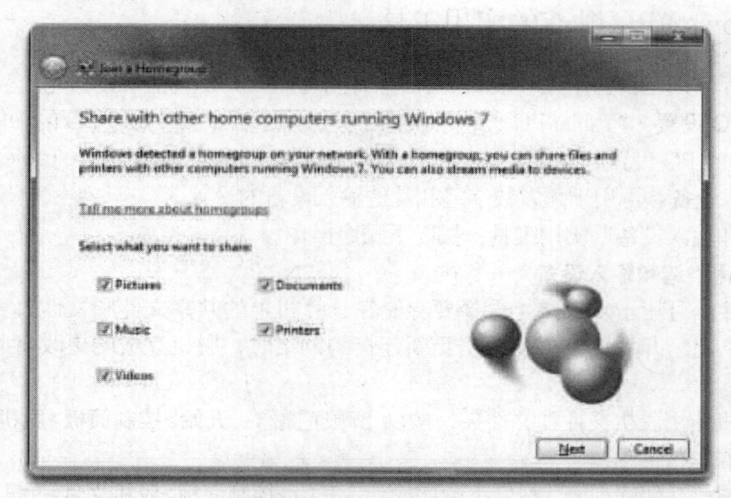

图 5-38　家庭组实用工具

2. 操作中心

操作中心取代了 XP 和 Vista 中的安全中心。在本课程中，标题为“操作中心”的页面上更详细地介绍了操作中心。

3. Windows Defender

Windows Defender 是一个反间谍程序，它扫描操作系统来查找可能造成安全威胁的多余软件。Windows Defender 能够保护计算机，防范专为执行恶意攻击而创建的有害软件，如间谍软件。如果 Windows Defender 检测到任何不需要的软件，用户可以删除或隔离有害文件。要访问 Windows Defender，按以下顺序操作。

开始>控制面板> Windows Defender

在 Windows 7 和 Windows Vista 上默认提供 Windows Defender，在 Windows XP 上可以下载 Windows Defender。

4. RemoteApp 和桌面连接

通过“RemoteApp 和桌面连接”实用工具，可以从 Windows 资源管理器中的一个文件夹访问远程计算机和程序。要访问“RemoteApp 和桌面连接”实用工具，按以下顺序操作。

开始>控制面板> RemoteApp 和桌面连接

5. 疑难解答

“疑难解答”实用工具可用于排除以下几类问题。

- **程序**：解决为早期版本 Windows 编写的程序的兼容性问题。
- **硬件和声音**：诊断和解决设备配置问题和音频问题。
- **网络和 Internet**：解决 Internet 连接问题，以及共享文件和文件夹问题。
- **外观和个性化**：解决与桌面外观相关的问题。
- **系统和安全性**：执行维护任务、检查性能问题，以及改进电源使用。

要访问“疑难解答”实用工具，按以下顺序操作。

开始>控制面板>疑难解答

5.12.2 Windows Vista 独有的实用工具

许多控制面板实用工具都是 Windows Vista 独有的功能，其中包括下述功能。

- **Tablet PC 设置**：“Tablet PC 设置”实用工具可用于自定义 Tablet PC 的功能。

要访问“Tablet PC 设置”实用工具，按以下顺序操作：**开始>控制面板> Tablet PC 设置**

- **笔和输入设备**：可用于配置数字笔和其他输入设备的设置。

要访问“笔和输入设备”实用工具，按以下顺序操作。

开始>控制面板>笔和输入设备

- **脱机文件**：可用于从网络上选择要存储在计算机上的共享文件和文件夹。这些文件在计算机从网络上断开后仍然可用。当重新连接到网络时，脱机完成的更改将应用到网络上的原始文件。

要设置计算机使用脱机文件和文件夹，按以下顺序操作：**开始>控制面板>脱机文件>**单击**常规**选项卡>单击**启用脱机文件**

要查看所有脱机文件的列表，按以下顺序操作：**开始>控制面板>脱机文件>**单击**常规**选项卡>单击**查看脱机文件**

- **问题报告和解决方案**：“问题报告和解决方案”实用工具保留系统中已发生问题的日志，以及 Microsoft 提供的解决方案。此实用工具在 Windows 7 中已移入操作中心。

要访问“问题报告和解决方案”实用工具，按以下顺序操作。

开始>控制面板>问题报告和解决方案

- **打印机**：“打印机”实用工具可用于添加、移除和配置打印机。

要访问“打印机”实用工具，按以下顺序操作。

开始>控制面板>打印机

5.12.3 Windows XP 独有的实用工具

许多控制面板实用工具是 Windows XP 独有的功能，其中包括下述功能

- **添加/删除程序**：在 Windows XP 中，“添加/删除程序”实用工具提供的功能与 Windows 7 和 Windows Vista 中“程序和功能”实用工具相同。

要在 Windows XP 中访问“添加/删除程序”实用工具，按以下顺序操作。

开始>控制面板>添加/删除程序

- **打印机和传真**：可用于添加打印机和设置传真。在 Windows 7 和 Windows Vista 中，类似的功能由“设备和打印机”实用工具提供。

要访问“打印机和传真”实用工具，按以下顺序操作。

开始>控制面板>打印机和传真

■ **自动更新**："自动更新"实用工具确保操作系统和应用程序为了安全目的以及新增功能而持续更新。"自动更新"实用工具可扫描系统，查找需要的更新，然后建议应该下载和安装什么更新。"自动更新"可在更新可用时就下载并安装更新，也可以根据需要下载更新，并在计算机下次重新启动时安装这些更新。

要访问"自动更新"实用工具，按以下顺序操作。

开始>控制面板>系统>自动更新

■ **网络连接**："网络连接"实用工具可用于启用和禁用网络连接。在 Windows 7 和 Windows Vista 中，它已由"网络和共享中心"所取代。

要访问"网络连接"实用工具，按以下顺序操作。

开始>控制面板>网络连接

■ **网络安装向导**："网络安装向导"引导您设置小型办公室或家庭办公室网络。这种设置允许网络上的多位用户共享文件、文件夹和设备（如打印机）。

要访问网络安装向导，按以下顺序操作。

开始>控制面板>网络连接>常见任务>网络安装向导

5.16 命令行工具

命令行界面（CLI）是基于文本的。您必须输入命令以操作文件或执行程序；在 CLI 中没有可用的图标。

5.16.1 Windows CLI 命令

在排除操作系统问题时，可能需要使用 CLI 命令和选项来执行任务。要在 Windows Vista 和 Windows 7 中访问 CLI，按以下顺序操作。

开始>在搜索框中输入 cmd >按 Enter

要在 Windows XP 中访问 CLI，按以下顺序操作。

开始>运行>在运行框中输入 cmd 或 command>按 Enter

在命令窗口打开后，可以输入命令来执行特定功能。表 5-7 描述了一些最常用的命令以及命令的作用。

表 5-7 常用 CLI 命令

命令	功能
Help[*command-name*]	提供任何 CLI 命令的特定信息。或者，可以使用[command-name]/?
Taskkill	停止正在运行的应用程序
Bootrec	修复 MBR
Shutdown	关闭本地或远程计算机
COPY	将文件从一个位置复制到另一个位置
XCOPY	复制文件和子目录
MD	创建新目录
CD	切换到其他目录
RD	删除目录
FORMAT	格式化文件系统的驱动器、挂载点或卷

如果系统禁止使用其中的某条命令，则可能要以管理员身份访问 CLI。要以管理员身份访问 CLI，按以下顺序操作。

开始>在搜索框中输入 cmd >右键单击 cmd.exe >单击**以管理员身份运行**>**是**

5.16.2 运行行实用工具

“运行行”实用工具（如图 5-39 所示）可用于输入命令来配置 Windows 中的设置。其中的很多命令都用于系统诊断和修改。

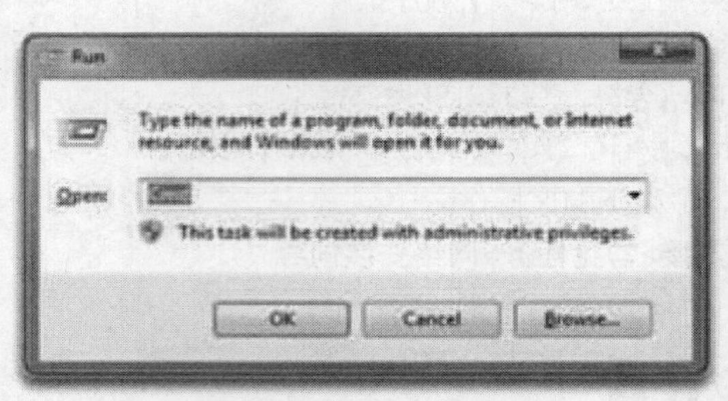

图 5-39 运行行实用工具

要在 Windows 7 中访问“运行行”实用工具，按以下顺序操作。

开始>在搜索框中键入**运行**> Enter

要在 Windows Vista 中访问“运行行”实用工具，按以下顺序操作。

开始>**开始搜索**>键入**运行**> Enter

要在 Windows XP 中访问“运行行”实用工具，按以下顺序操作。

开始>**运行**

以下是常用命令的列表。

- CMD：用于执行命令行程序和实用工具。
- DXDIAG：显示计算机上安装的所有 DirectX 组件和驱动程序的详细信息。如图 5-40 所示，此实用工具可用于确保 DirectX 安装正常，配置正确。
- EXPLORER：打开 Windows 资源管理器。
- MMC：打开 Microsoft 管理控制台（MMC），MMC 可将管理工具（称为管理单元）组织在一个位置，以便于管理。此外，还可以添加网页链接、任务、ActiveX 控件和文件夹。可以根据需要创建任意数量的自定义 MMC，每个 MMC 的名称各不相同。在多个管理员分别管理同一台计算机的不同方面时，此方法非常有用。每个管理员可以拥有个别化的 MMC 用于监视和配置计算机设置。必须拥有管理权限才能访问 MMC。
- MSCONFIG：打开“系统配置”实用工具，此工具对 Windows 启动文件执行诊断程序。必须使用管理员权限登录才能完成故障排除过程。当计算机引导，但是未正确加载 Windows 时，可使用 MSCONFIG。
- MSINFO32：显示计算机的完整系统摘要，包括硬件组件和软件信息。
- MSTSC：打开远程桌面连接。
- NOTEPAD：打开“记事本”实用工具，这是基本文本编辑器。
- REGEDIT：打开“注册表编辑器”实用工具，该工具允许用户编辑注册表。若不正确地使用“注册表编辑器”实用工具，可能导致硬件、应用程序或操作系统问题，其中包括要求您重装操作系统的问题。

- SERVICES.MSC：打开“服务”实用工具。

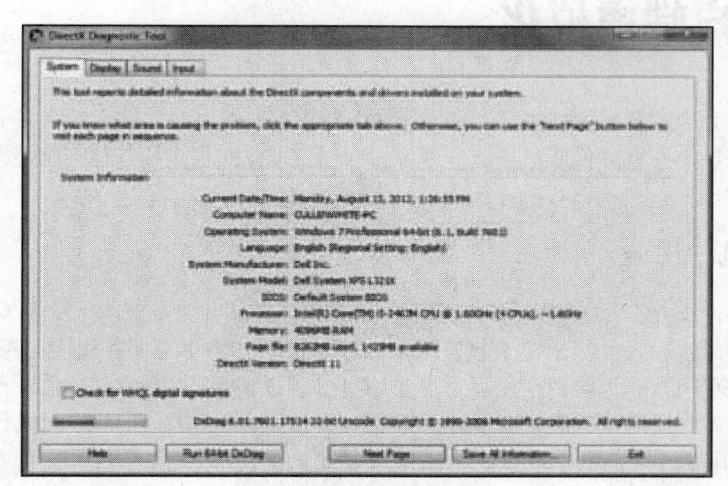

图 5-40 DXDiag

MSCONFIG

如图 5-41 所示，在 Windows 7 和 Windows Vista 中，MSCONFIG 的正式名称为“系统配置”，在 Windows XP 中称为“Microsoft 系统配置实用程序”。“系统配置”可用于禁用或重新启用设备驱动器、Windows 服务和软件程序。此外，还可以更改引导参数。

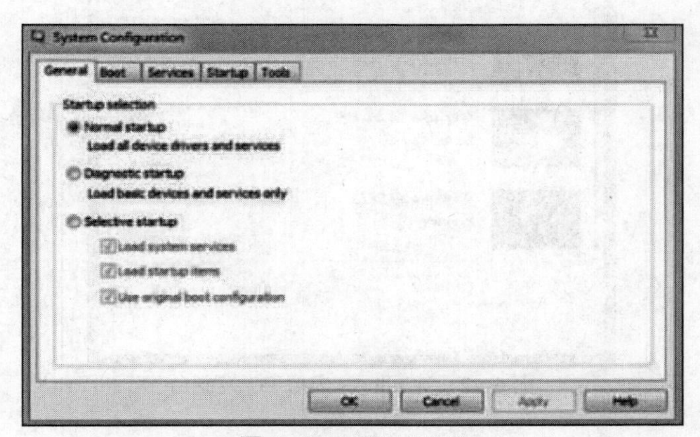

图 5-41 MSCONFIG

以下 5 个选项卡可用于管理不同的功能。

- **常规**：用于选择“正常”、“诊断”和“有选择”启动方法。
- **引导**：提供可开启和关闭的引导选项。
- **服务**：用于禁用和启用正在运行的服务。
- **启动**：用于禁用和启用在计算机开启时自动加载的项目。
- **工具**：用于启动通常在控制面板中出现的 Windows 功能。

5.17　客户端虚拟化

客户端虚拟化为企业在应用程序部署和操作系统使用方面提供灵活性。在购买 PC 硬件和操作系统许可证时，它还能够帮助降低成本。这一部分将介绍虚拟化的用途和多种实施类型。

5.17.1　虚拟机的用途

在企业环境中，公司必须管理技术资源，通过削减成本和巧妙地分配资源，使其保持竞争力。因此，客户端虚拟化已经成为一种为员工提供关键资源（如应用程序、文件共享服务和其他生产力工具）的流行方式。虚拟化还对 SOHO 用户非常有用，因为通过虚拟化，可以访问某个特定操作系统上无法使用的程序。

当主机使用其系统资源来承载虚拟机时，即发生了 PC 虚拟化。虚拟机有时候称为来宾。主机必须是由用户开启和控制的物理计算机。虚拟机使用主机上的系统资源来引导和运行操作系统。虚拟机的操作系统独立于主机上安装的操作系统。

通过承载虚拟机，用户能够在与主计算机的操作系统完全隔离的操作系统上，访问所提供的功能和资源。此虚拟机可运行 Windows XP 专用的软件。Windows XP 安装不会干扰主机上的 Windows 7 安装。如果需要，用户可以运行多个虚拟机来进一步提升系统资源的功能性。例如，一台运行 Windows 7 的主机可承载安装 Windows XP 的虚拟机，如图 5-42 所示。

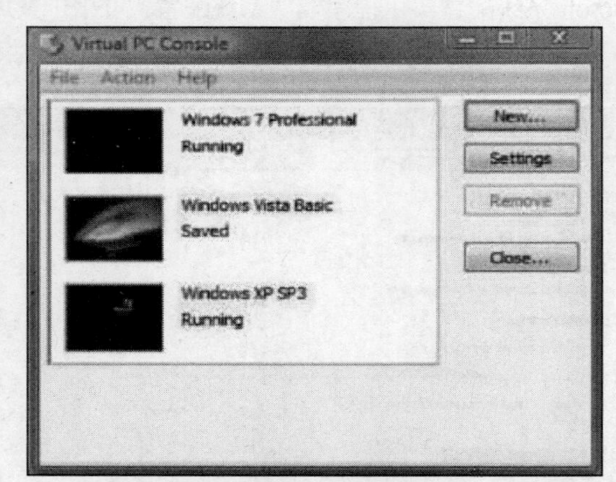

图 5-42　Windows 虚拟 PC 控制台

5.17.2　虚拟机监控程序：虚拟机管理器

在主机上创建和管理虚拟机的软件称为虚拟机监控程序，或称为虚拟机管理器（VMM）。虚拟机监控程序可在一台主计算机上运行多个虚拟机。每个虚拟机运行各自的操作系统。可建立的虚拟机的数量取决于主机的硬件资源。虚拟机监控程序根据需要将 CPU、RAM 和硬盘驱动器等物理系统资源分配给每个虚拟机，这样可确保一个虚拟机的操作不会影响其他虚拟机。

虚拟机监控程序有两种类型：第 1 类（本机）和第 2 类（托管）。第 1 类虚拟机监控程序直接在主机的硬件上运行，并管理为来宾操作系统分配的系统资源。第 2 类虚拟机监控程序由操作系统托管。Windows 虚拟 PC 就是第 2 类虚拟机监控程序的示例。

1. Windows 虚拟 PC

Windows 虚拟 PC 是 Windows 7 的虚拟化平台。虚拟 PC 允许在运行 Windows 7、Windows Vista 或 Windows XP 的许可副本的虚拟机之间，分配 Windows 操作系统的系统资源。从 Microsoft Windows 网站可以下载虚拟 PC。在 Windows 7 中运行 Windows XP 模式程序时，必须使用虚拟 PC。

2. Windows XP 模式

Windows XP 模式是一个可用于 Windows 7 专业版、企业版和旗舰版的程序。Windows XP 模式使用虚拟化技术让用户在 Windows 7 中运行 Windows XP 程序。它在 Windows 7 桌面上打开一个提供全功能版本 Windows XP 的虚拟机，包括访问所有系统资源。在 Windows XP 模式中安装程序后，可以在 XP 模式中运行程序，并从 Windows 7 开始菜单访问此程序。

注意：使用 Windows XP 模式前，应先下载并安装 Windows 虚拟 PC。

要在 Windows 7 中访问 XP 模式，按以下步骤操作。

How To

步骤 1 选择开始>所有程序。

步骤 2 选择 Windows 虚拟 PC>Windows XP 模式。

5.17.3 虚拟机要求

所有虚拟机都要求满足基本的系统要求，如最小硬盘空间量或 RAM 大小。表 5-8 显示了运行虚拟 PC 的最低硬件要求。与物理计算机一样，虚拟机也容易受到威胁和恶意攻击。用户应该安装安全软件、运行 Windows 防火墙，以及更新补丁和驱动程序。

表 5-8 虚拟 PC 要求

处理器	1 GHz 32 位/64 位处理器
硬盘空间	每个虚拟操作系统 15 GB
内存	2 GB
支持的主机操作系统	Windows 7 家庭普通版 Windows 7 家庭高级版
支持的主机操作系统	Windows 7 企业版 Windows 7 专业版 Windows 7 旗舰版
支持的来宾操作系统	Windows XP Windows Vista Windows 7

为了连接到 Internet，虚拟机使用虚拟网络适配器。虚拟网络适配器的作用与物理计算机上的真实适配器相似，但有一点不同：虚拟适配器通过主机上的物理适配器建立与 Internet 的连接。

5.18 操作系统常用的预防性维护技术

操作系统预防性维护计划的目标是避免将来可能出现的问题。操作系统的预防性维护包括组织系统、硬盘驱动器碎片整理、保持应用程序最新、删除未使用的应用程序，以及检查系统错误。

5.18.1 预防性维护计划内容

为了确保操作系统完全正常运行，必须实施预防性维护计划。预防性维护计划为用户和组织带来了以下好处：

- 停机时间减少；
- 性能提高；
- 可靠性提高；
- 修复成本降低。

1. 预防性维护计划

预防性维护计划应包含有关所有计算机和网络设备维护情况的详细信息。在计划中应该优先考虑故障时会对组织影响最大的设备。操作系统的预防性维护包括自动执行定期更新的任务。预防性维护还包括安装服务包，帮助保持系统最新，并与新软件和新硬件兼容。预防性维护包括以下重要任务：

- 硬盘驱动器备份；
- 硬盘驱动器碎片整理；
- 操作系统和应用程序更新；
- 防病毒和其他保护软件更新；
- 硬盘驱动器错误检查。

应定期执行预防性维护，并记录采取的所有措施和观察到的所有结果。修复日志有助于确定哪些设备最可靠或最不可靠。它还提供了计算机上次修复时间、如何修复以及发生什么问题的历史记录。

某些预防性维护应该在对计算机用户造成的中断最小的时候进行。这通常意味着将任务安排在夜间、清晨或周末。此外，还有一些工具和技术可以自动执行许多预防性维护任务。

2. 安全性

安全性是预防性维护计划的一个重要方面。安装病毒和恶意软件防护软件，并对计算机执行定期扫描，有助于确保它们始终免受恶意软件袭扰。使用 Windows 恶意软件删除工具检查计算机，查找盛行的特定恶意软件。如果检测到感染，该工具会将其删除。每当 Microsoft 提供此工具的新版本时，请下载并扫描计算机，以查找新的威胁。这应该是预防性维护计划中的标准项目，此外还有防病毒和间谍软件删除工具的定期更新。

3. 启动程序

某些程序如防病毒扫描程序和间谍软件删除工具，在计算机启动时不会自动启动。为了确保这些程序在每次计算机启动时运行，可将程序添加到开始菜单的“启动”文件夹中。很多程序提供了开关来控制程序执行特定操作、无显示启动，或者转入 Windows 托盘。要查阅相关文档来确定程序是否允许使用特殊开关。

5.18.2　更新

操作系统是复杂的程序，即使带有未检测出的缺陷也可以发行使用。这些未检测出的缺陷会造成运行问题和安全事故。随着这些问题的出现，制造商会发行补丁来修复它们。更新操作系统和其他系统软件将为您的计算机添加最新的补丁和必要的修复。

1. 设备驱动程序更新

定期更新设备驱动程序应该包含在预防性维护计划中，确保驱动程序总是保持最新。制造商有时会发布新的驱动程序来解决当前驱动程序的问题。在硬件工作不正常时，或者为了防止将来出现问题，应检查是否有更新的驱动程序。此外，对修补或纠正安全问题的驱动程序进行更新也同样重要。如果驱动程序更新工作不正常，可以使用“回滚驱动程序”功能恢复到以前安装的驱动程序。

2. 操作系统更新

Microsoft发布更新来解决安全问题以及其他功能性问题。从Microsoft网站可以手动安装各个更新，也可以使用“Windows 自动更新”实用工具自动安装更新。包含多个更新的下载包称为服务包。服务包通常包含操作系统的所有更新。要快速地使操作系统保持最新，安装服务包就是一种好办法。在安装服务包前，应设置还原点并备份关键数据。操作系统更新应该包含在预防性维护计划中，确保操作系统具备最新的功能性和安全修补程序。

3. 固件更新

固件更新不如驱动程序更新常见。制造商发布新的固件更新来解决可能无法通过驱动程序更新修复的问题。固件更新可以提高某些类型硬件的速度、启用新功能，或提高产品的稳定性。在执行固件更新时，应小心按照制造商的指示执行，以避免造成硬件无法使用。固件更新需全面仔细地研究，因为有可能无法恢复到原始固件。检查固件更新应该包含在预防性维护计划中。

5.18.3　计划任务

预防性维护应用程序可以安排在指定时间运行。使用基于 GUI 的 Windows 任务计划程序或命令行 at 命令可以安排任务。这两种工具都允许系统在特定时间运行命令一次，或在选定的日期或时间持续定期运行命令。对于周期性任务和已经安排的删除任务，Windows 任务计划程序（如图 5-43 所示）要比 at 命令易学易用。

1. Windows 任务计划程序

使用任务计划程序可以自动执行任务。任务计划程序可监视选定的用户定义条件，然后在符合条件时执行任务。使用任务计划程序自动执行的某些常见任务包括：

- 磁盘清理；
- 备份；
- 磁盘碎片整理程序；
- 还原点；
- 启动其他应用程序。

要在 Windows 7 和 Windows Vista 中访问 Windows 任务计划程序，按以下顺序操作。

开始>所有程序>附件>系统工具>任务计划程序

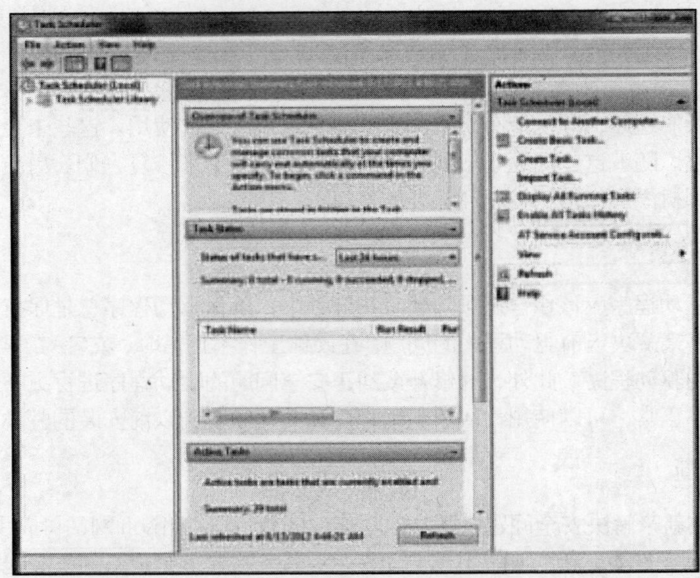

图 5-43　任务计划程序

在 Windows XP 中，按以下顺序操作。

开始>所有程序>附件>系统工具>计划任务

2. at 命令

使用 at 命令可以将命令、脚本文件或应用程序安排在特定日期和时间运行。要使用 **at** 命令，必须以管理员身份登录。

要在 Windows 7 和 Windows Vista 中访问有关 **at** 命令的更多信息，按以下顺序操作。

开始>开始搜索>键入 cmd>按 Enter

然后在命令行中键入 **at/?** 并按 **Enter**。

要在 Windows XP 中访问有关 **at** 命令的更多信息，按以下顺序操作。

开始>运行>键入 cmd>按 Enter

然后在命令行中键入 **at/?** 并按 **Enter**。

5.18.4　还原点

有时候，安装应用程序或硬件驱动程序可能造成系统不稳定或产生意外问题。卸载应用程序或硬件驱动程序通常可以纠正问题。如果卸载仍没有解决问题，可以使用“系统还原”实用工具将计算机还原到以前系统工作正常的时刻，如图 5-44 所示。

还原点包含有关系统设置和注册表设置的信息。如果计算机崩溃或更新造成问题，计算机可以使用还原点回滚到以前的配置。系统还原操作不会备份个人数据文件，也不会恢复损坏或删除的个人文件。务必使用专用备份系统，如磁带驱动器、光盘驱动器或 USB 存储设备。

在以下情况下，技术人员在对系统进行更改之前，应总是创建还原点：

- 更新操作系统时；
- 安装或升级硬件时；
- 安装应用程序时；

■ 安装驱动程序时。

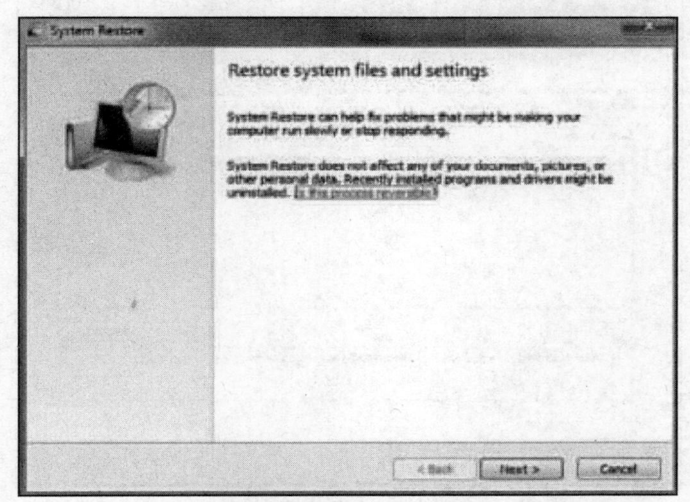

图 5-44 系统还原工具

注意： 还原点备份驱动程序、系统文件和注册表设置，但不备份应用程序数据。要打开“系统还原”实用工具并创建还原点，按以下顺序操作：开始>所有程序>附件>系统工具>系统还原

5.18.5 硬盘驱动器备份

建立一个包含个人文件数据恢复的备份策略非常重要。使用“Microsoft 备份”实用工具（如图 5-45 所示）可以根据需要执行备份。备份数据的间隔时间以及要执行的备份类型取决于计算机系统的使用方式，以及组织需求。

根据要求，可以从多种不同的备份类型中进行选择。

1. 普通备份

普通备份也称为完全备份。在普通备份期间，磁盘上所有选中的文件均将存档到备份介质。通过清除存档位，可将这些文件标记为已存档。

2. 复制备份

复制备份会复制所有选中的文件。复制备份不会将文件标记为已存档。

3. 增量备份

增量备份只备份自上次普通备份或增量备份以来创建或修改的所有文件和文件夹。它通过清除存档位将文件标记为已存档。这样就能推进差异备份的起始点，而无需重新存档驱动器的全部内容。要恢复增量备份，必须恢复上次完全备份，随后按次序恢复所有增量备份。

4. 差异备份

差异备份只备份自上次普通备份或上次增量备份以来创建或修改的所有文件和文件夹。差异备份不将文件标记为已存档。副本从相同起始点开始，直到执行下次增量备份或完全备份。执行差异备份非常重要，因为还原全部数据只需要使用上次完全备份和差异备份。

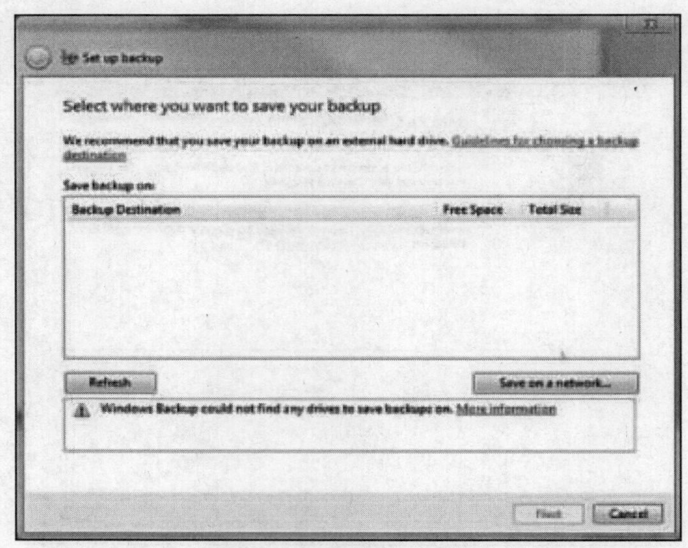

图 5-45　备份实用工具

5. 每日备份

每日备份只备份在备份当天修改的文件。每日备份不修改存档位。

运行备份可能需要很长时间。如果谨慎遵循备份策略，就不必要每次都备份所有数据。而是，只需要备份自上次备份以来更改的文件。

要在 Windows 7 中访问备份实用工具，按以下顺序操作。

开始>控制面板>备份和还原

要在 Windows Vista 中访问备份实用工具，按以下顺序操作。

开始>所有程序>附件>系统工具>备份状态和配置

要在 Windows XP Professional 中访问备份实用工具，按以下顺序操作。

开始>所有程序>附件>系统工具>备份

5.19　操作系统的基本故障排除流程

故障排除流程有助于解决操作系统问题。操作系统问题可能源自于硬件、软件和网络三大问题的结合。这些问题的范围从简单（如驱动程序不能够正确运行）到复杂（如系统被锁住）不等。计算机技术人员必须能够分析问题并确定问题的原因，以便能够想出解决方案。这一流程称为故障排除。这一部分将探索指导技术人员如何准确地识别、修复和记录问题的故障排除的步骤。

5.19.1　识别问题

操作系统问题可能源自于硬件、软件和网络三大问题的组合。计算机技术人员必须能够分析问题，并确定错误原因，以便修复计算机。此过程称为故障排除。故障排除流程的第一步是找出问题。表 5-9 是一系列要询问客户的开放式问题和封闭式问题。

表 5-9 步骤 1：识别问题

开放式问题	您遇到了什么问题？ 计算机上安装的是什么操作系统？ 您最近执行了哪些更新？ 您最近安装了哪些程序？ 发现问题时您正在做什么？
封闭式问题	您是否能启动操作系统？ 您是否能在安全模式下启动？ 您最近更改过密码吗？ 您是否在计算机上看到过任何错误消息？ 近期是否有其他人使用过计算机？ 最近是否添加过硬件？
问题描述	开放式问题 封闭式问题

5.19.2 推测可能原因

在与客户交谈后，可以推测可能的原因。表 5-10 列出了操作系统问题的一些常见的可能原因。

表 5-10 步骤 2：推测可能原因

操作系统问题的常见原因	BIOS 设置不正确 大写锁定键设置为开启 计算机启动期间，软盘驱动器中的介质不可引导 密码已更改 控制面板中的显示器设置不正确 操作系统更新失败 驱动程序更新失败 感染恶意软件 硬盘驱动器故障 操作系统文件损坏

5.19.3 测试推测以确定原因

对问题进行了一些推测之后，可根据推测进行测试，以确定问题的原因所在。表 5-11 显示了一系列快速程序，它们可帮助确定问题的确切原因，有时甚至能纠正问题。如果某个快速程序确实纠正了问题，那么可以跳至验证全部系统功能。如果某个快速程序未纠正问题，那么需要进一步研究问题，以便确定确切原因。

表 5-11 步骤 3：测试推测以确定原因

确定原因的常见步骤	使用其他用户身份登录 使用第三方诊断软件 确定是否刚刚安装了新软件或软件更新 卸载最近安装的应用程序 启动进入安全模式，以确定问题是否与驱动程序相关 回滚最新更新的驱动程序 检查设备管理器，查找设备冲突 检查事件日志，查找警告或错误 检查硬盘驱动器是否有错，并修复文件系统问题 使用系统文件检查器恢复损坏的系统文件 如果安装了系统更新或者服务包，使用系统恢复功能

5.19.4 制定解决问题的行动计划并实施解决方案

在确定了问题的确切原因之后，应制定解决问题的行动计划，并实施解决方案。表 5-12 显示了一些信息源，可以使用这些信息源来搜集更多信息以解决问题。

表 5-12 步骤 4：制定解决问题的行动计划并实施解决方案

如果在上一个步骤中未得出解决方案，则需要进一步研究以实施解决方案	帮助台修复日志 其他技术人员 制造商常见问题 技术网站 新闻组 手册 在线论坛 Internet 搜索

5.19.5 验证全部系统功能并实施预防措施

在纠正问题之后，应验证全部系统功能，并根据需要实施预防措施。表 5-13 列出了验证全部系统功能的步骤。

表 5-13 步骤 5：验证全部系统功能，并根据需要实施预防措施

验证全部功能	关闭计算机，再重新启动 检查事件日志以确保没有警告或错误 检查设备管理器以确定没有警告或错误 运行 DXDiag 以确定 Direct X 运行正常 确保可以访问网络共享 确保可以访问 Internet 重新运行系统文件检查器，以确保所有文件都正确 检查任务管理器，以确保所有程序都处于“正在运行”状态 重新运行任何诊断工具

5.19.6 记录发现的问题、采取的措施和最终结果

故障排除流程的最后一步是记录发现的问题、采取的措施和最终结果。表 5-14 列出了记录问题和解决方案需要执行的任务。

表 5-14 步骤 6：记录发现的问题、采取的措施和最终结果

记录发现的问题、采取的措施和最终结果	与客户讨论实施的解决方案 请客户验证问题已解决 为客户提供所有书面文件 在工单和技术人员日志中记录为解决问题而执行的步骤 记录修复过程中使用的任何组件 记录解决问题所用的时间

5.19.7 常见问题和解决方案

操作系统问题可归为硬件问题、应用程序问题、配置问题或其中两种甚至三种问题兼有的综合性问题。某些类型的操作系统问题发生频次较高。表 5-15 是有关一些操作系统常见问题和解决方案的列表。

表 5-15 常见问题和解决方案

查找问题	可能原因	可能的解决方案
操作系统锁死	计算机过热 某些操作系统文件可能损坏 电源、RAM、HDD（硬盘驱动器）或主板可能有故障 BIOS 设置可能不正确 安装了不正确的驱动程序	清洁内部组件 检查风扇接线 运行系统文件检查器以替换损坏的操作系统文件 测试硬件组件，必要时予以更换 解决事件日志中的任何事件 检查并调整 BIOS 设置 必要时，安装或回滚驱动程序
键盘或鼠标没有反应	键盘或鼠标与计算机之间的通信失败 计算机安装了不兼容或过时的驱动程序 电缆损坏 设备有故障 系统正在使用 KVM 切换器，并且没有显示当前在用的计算机	重启系统 安装或回滚驱动程序 将有故障的电源、RAM、HDD（硬盘驱动器）或主板更换为已知正常工作的组件 更改 KVM 切换器上的输入

续表

查找问题	可能原因	可能的解决方案
操作系统无法启动	硬件设备故障 存在不可引导的磁盘 操作系统文件损坏 MBR 损坏 电源、RAM、HDD（硬盘驱动器）或主板可能有故障 硬盘驱动器安装不正确 Windows 更新损坏了操作系统	重新启动计算机 从驱动器中删除所有的不可引导的介质 使用系统还原工具还原 Windows 使用系统映像恢复工具恢复系统磁盘 对操作系统执行修复安装 使用恢复控制台来修复主引导记录 将有故障的电源、RAM、HDD（硬盘驱动器）或主板更换为已知正常工作的组件 断开新连接的所有设备，并使用“最近一次的正确配置”选项启动操作系统 以安全模式启动计算机，并解决事件日志中的所有事件
加电自检后，计算机显示“启动盘无效”错误	驱动器介质上没有操作系统 在 BIOS 中未正确设置启动顺序 检测不到硬盘驱动器或跳线设置不正确 硬盘驱动器未安装操作系统 MBR 损坏 硬盘驱动器故障 计算机感染引导扇区病毒 最近安装的设备驱动程序与启动控制器不兼容 在Windows 7或Windows Vista中BOOTMGR损坏 Windows XP 中 NTLDR 损坏	从驱动器中取出所有介质 在 BIOS 中更改启动顺序 重新连接硬盘驱动器或重新设置跳线 安装操作系统 只在 Windows XP 中运行 **fdisk/mbr** 运行病毒删除软件 更换硬盘驱动器 使用“最近一次的正确配置”启动计算机 在安全模式下启动计算机，并加载安装新硬件前的还原点 从 Windows 7 或 Windows Vista 安装介质还原 BOOTMGR 文件 从 Windows XP 安装介质还原 NTLDR
在 Windows 7 和 Windows Vista 中，计算机在加电自检后显示“BOOTMGR”错误	BOOTMGR 缺失或损坏 启动配置数据缺失或损坏 在 BIOS 中未正确设置启动顺序 MBR 损坏 硬盘驱动器故障 硬盘驱动器跳线设置不正确	从安装介质中还原 BOOTMGR 从安装介质中还原启动配置数据 在 BIOS 中设置正确的启动顺序 从恢复控制台运行 **chkdsk/F/R** 将硬盘驱动器跳线更改为正确的设置
在 Windows 7 和 Windows Vista 中，计算机加电自检后显示“缺少 BOOTMGR”错误	BOOTMGR 缺失或损坏 启动配置数据缺失或损坏 在 BIOS 中未正确设置启动顺序 MBR 损坏 硬盘驱动器故障 硬盘驱动器跳线设置不正确	从安装介质中还原 BOOTMGR 从安装介质中还原启动配置数据 在 BIOS 中将启动顺序更改为正确的启动驱动器 从恢复控制台运行 **chkdsk/F/R** 将硬盘驱动器跳线更改为正确的设置

续表

查找问题	可能原因	可能的解决方案
计算机启动时某个服务无法启动	服务未启用 服务设置为“手动” 失败的服务需要另一个服务先启动	启用服务 将服务设置为“自动” 重新启用或重新安装需要的服务
计算机启动时某个设备无法启动	外部电源未打开 数据线或电源线未连接到设备 在 BIOS 中设备被禁用 设备故障 设备与新安装的设备冲突 驱动程序损坏	打开外部设备电源 将数据线或电源线紧固到设备 在 BIOS 中启用设备 更换设备 卸载新安装的设备 重新安装或回滚驱动程序
找不到注册表中列出的某个程序	一个或多个程序文件已被删除 卸载程序工作不正常 安装目录已被删除 硬盘驱动器损坏 计算机感染病毒	重新安装程序 重新安装程序，然后再次卸载程序 运行 chkdsk/F/R 修复硬盘驱动器文件条目 扫描并删除病毒
计算机不断重启，而不显示桌面	计算机设置为故障时重新启动 启动文件损坏	按 F8 打开“高级选项菜单”，然后选择“禁用系统故障时自动重新启动” 从恢复控制台运行 chkdsk/F/R
CPU 锁死且没有错误消息	主板或者 BIOS 中的 CPU 或 FSB 设置不正确 计算机过热 RAM 故障 硬盘驱动器故障 电源故障	必要时，检查并重新设置 CPU 和 FSB 设置 必要时，检查并更换所有散热设备 将任何出现故障的设备更换为已知正常工作的替代组件
应用程序未安装	下载的应用程序安装程序包含病毒，病毒防护软件阻止安装 文件的安装磁盘损坏 安装应用程序与操作系统不兼容 运行的程序太多，剩余的内存不足，无法安装应用程序 硬件不符合应用程序的最低要求	更换安装磁盘或者下载没有病毒或没有损坏的文件 在兼容模式下运行安装应用程序 安装新应用程序之前关闭一些应用程序 安装符合应用程序最低要求的硬件
安装了 Windows 7 的计算机不运行 Aero	计算机不符合运行 Aero 的最低硬件要求	升级处理器、RAM 和视频卡以符合 Aero 的最低 Microsoft 要求
搜索功能花费很长时间才能找到结果	索引服务没有运行 索引服务未索引到正确的位置	使用 services.msc 启动索引服务 在“高级选项”面板中更改索引服务设置
UAC 不再提示用户需要权限	UAC 已关闭	在控制面板的“用户账户”小程序中开启 UAC
桌面上未出现小工具	小工具从未安装过，或者小工具已卸载 呈现小工具所必需的 XML 损坏或未安装	右键单击桌面>选择**小工具**>右键单击一个小工具>单击**添加** 在命令提示符下输入 **regsvr32 msxml3.dll** 注册 msxml3.dll 文件

续表

查找问题	可能原因	可能的解决方案
计算机运行缓慢，响应延迟	某个进程占用了大部分 CPU 资源	使用 services.msc 重新启动进程 如果不需要该进程，使用任务管理器结束该进程 重新启动计算机
计算机无法识别外部驱动器	操作系统没有该外部驱动器的正确驱动程序	下载正确的驱动程序
新的声卡不起作用	音量静音	在“声音”控制面板小程序中取消静音
某些 32 位计算机的外部设备不能用于 64 位计算机	安装了不正确的设备驱动程序	更新为 64 位设备驱动程序
升级到 Windows 7 后计算机运行非常缓慢	Aero 造成计算机运行缓慢	在 Windows 7 中关闭 Aero

5.20 总结

本章介绍了计算机操作系统。作为一名技术人员，应熟练掌握操作系统的安装、配置和故障排除任务。本章需要牢记的概念要点如下。

- 市面上有多种不同的操作系统，因此在选择操作系统时，必须考虑客户的需求和环境。
- 安装客户计算机的主要步骤包括：准备硬盘驱动器、安装操作系统、创建用户账户以及配置安装选项。
- GUI 在计算机上显示所有文件、文件夹和应用程序的图标。鼠标等指针设备用于在 GUI 桌面上导航。
- CLI 使用命令来完成任务以及在文件系统中导航。
- 应该建立用于恢复数据的备份策略。
- 可以选择 Windows 操作系统提供的普通备份、复制备份、差异备份、增量备份和每日备份等工具进行备份。
- 利用虚拟机管理器，可以分配主计算机上的系统资源来运行虚拟机。虚拟机运行操作系统，使用虚拟机可以给用户提供更强的系统功能。
- 预防性维护技术有助于确保操作系统达到最佳性能。
- 用于排除操作系统问题的工具包括管理工具、系统工具和 CLI 命令等。

5.21 检查你的理解

您可以在附录 A 中查找下列问题的答案。

1. Microsoft 系统准备（Sysprep）工具有什么作用?

   A. 为硬件安装更新的驱动程序

B. 创建配置后的计算机的磁盘映像

C. 实现通过网络向多台计算机推送 Windows 更新

D. 实现在多台计算机上安装和配置相同的操作系统

2. 计算机从 Windows XP 升级到 Windows Vista 之后出现性能低下的现象。以下哪项操作可以提高性能？

A. 关闭 Aero

B. 从安装介质还原 NTLDR

C. 将设备驱动程序更新为 64 位驱动程序

D. 创建新的 NTFS 分区

3. 哪个术语最准确地描述了将程序分成可由操作系统根据需要加载的较小部分的过程？

A. 多线程处理　　B. 多重处理

C. 多用户　　D. 多任务 840Gbit/s

4. 某用户向技术人员报告他的计算机失去响应而没有任何错误消息。可能的原因有哪两条？（选择两项。）

A. 某个更新损坏了操作系统　　B. NTLDR 丢失或损坏

C. 电源发生故障　　D. MBR 损坏

E. 在 BIOS 中未正确设置启动顺序

5. 以下哪个程序是第 2 类虚拟机监控程序的示例？

A. 虚拟 PC　　B. Windows XP 模式

C. OpenGL　　D. DirectX

6. 技术人员正在对 PC 进行故障排除。加电自检后，显示器显示“Invalid Boot Disk”（启动盘无效）错误。可能原因是什么？

A. MBR 损坏

B. 某个进程占用了大部分 CPU 资源

C. 日期和时间在 BIOS 中已更改，但未反映正确的时间和日期

D. PC 没有软盘驱动器，或者软盘驱动器已损坏

E. PC 具有 BIOS 密码

7. 技术人员可以使用哪项命令获得有关安排程序在特定时间运行要使用的命令行选项的帮助？

A. HELP AT　　B. ASK AT

C. CMD ?　　D. AT /?

E. HELP

8. 应用程序更新导致计算机运行不正常。哪种 Windows 功能可用于将操作系统回滚到以前的状态？

A. 自动更新　　B. ntbackup

C. 还原点　　D. scanreg

E. 驱动程序回滚

9. 在帮助客户解决 Windows 问题时，下面哪个问题是可以使用的开放式问题？

A. 您是否能启动操作系统？

B. 您最近更改过密码吗？

C. 在计算机启动时，您是否收到登录提示？

D. 您最近安装了哪些程序？

10. 技术人员在解决看似 Windows 7 的问题时遇到困难。以前记录的已知解决方案没有用，设备管理器和事件查看器均未提供有用的信息。技术人员接下来应该尝试哪两项操作？（选择

两项）

A. 重新安装操作系统

B. 检查与硬件和软件相关的任何手册

C. 检查 Internet 中是否有可能的解决方案

D. 询问客户关于可能错误的任何见解

E. 使用系统恢复光盘恢复该操作系统

11. 哪个文件属性表示该文件已被标记为备份？

A. r　　B. a

C. s　　D. h

12. 技术人员正在硬盘上尝试创建多个分区。每个硬盘允许的最大主分区数是多少？

A. 1　　B. 2

C. 4　　D. 16

E. 32

13. Windows 操作系统使用哪个分区启动计算机？

A. 活动　　B. RAID

C. 扩展　　D. 逻辑

14. 计算机用户使用任务管理器的“性能”选项卡的原因是什么？

A. 提高 CPU 的性能

B. 查看正在运行的进程并在需要时结束进程

C. 查看当前正在 PC 上运行的服务

D. 检查 PC 的 CPU 和内存使用情况

第 6 章

网络

学习目标

通过完成本章的学习，您将能够回答下列问题：

- 联网的原理是什么？
- 网络有哪些不同的类型？
- 网络连接的基本概念和技术是什么？
- 网络的物理组件由什么组成？
- LAN 拓扑和架构是什么？
- 标准组织有哪些？
- 什么是以太网标准？
- 什么是 OSI 和 TCP/IP 数据模型？
- 如何配置网卡和调制解调器？
- 其他用于建立连接的技术的名称、用途和特征是什么？
- 如何基于客户需要设计网络？
- 与网络有关的安全隐患有哪些？如何实施与网络相关的正确的安全流程？
- 如何识别和应用网络常用的预防性维护技术？
- 如何排除网络故障？

关键术语

下列为本章所用的关键术语。您可以在本书的术语表中找到其定义。

网络
主机
局域网（LAN）
无线 LAN（WLAN）
个域网（PAN）
蓝牙
城域网（MAN）
广域网（WAN）
点对点网络
客户端/服务器网络
数据包
帧
带宽
延时
单工
半双工
全双工
传输控制协议/Internet 协议（TCP/IP）
IP 地址
介质访问控制（MAC）地址
十六进制
IPv4 地址
分层编址
路由器
类别
子网掩码
子网划分
IPv6
静态 IP 编址
默认网关
动态主机配置协议（DHCP）
链路本地 IP 地址
DNS
Internet 控制消息协议（ICMP）
Ping
Ipconfig
协议
端口
公认端口
调制解调器
调制/解调
拨号联网（DUN）

点对点协议（PPP）
集线器
网段
网桥
交换机
交换表
以太网供电交换机
ISP
无线接入点
多功能设备
网络连接存储（NAS）
IP 语音（VoIP）
公共交换电话网（PSTN）
IP 电话
模拟电话适配器（ATA）
IP 电话软件
硬件防火墙
Internet 电器
仿冒的组件
同轴电缆
粗缆（10BASE5）
细缆（10BASE2）
F 系列连接器
BNC
双绞线
串扰
对消效果
非屏蔽双绞线（UTP）
屏蔽双绞线（STP）
主分布层设备间（MDF）
阻燃电缆
T568A 和 T568B
引线
直通电缆
不相似设备
交叉电缆
相似设备
光纤
光缆
SC 连接器
ST 连接器
LC 连接器
多模
单模
逻辑拓扑
广播拓扑
令牌传递
物理拓扑
总线拓扑
环状拓扑
星型拓扑
扩展星型（分层）拓扑
网状拓扑
混合拓扑
LAN 体系结构
现场勘测
电气电子工程师协会（IEEE）
国际标准化组织（ISO）
美国国家标准协会（ANSI）
美国电信工业协会和电子工业协会（TIA/EIA）
以太网
IEEE 802.3
载波侦听多路访问/冲突检测（CSMA/CD）
冲突
回退算法
10BASE-T
IEEE 802.11
架构模型
TCP/IP 模型
开放式系统互联（OSI）
协议数据单元（PDU）
封装
解封装
自动协商
LAN 唤醒（WoL）
服务质量（QoS）
链路指示灯
网络位置配置文件
网络发现
网络地址转换（NAT）
服务集标识符（SSID）
有线等效保密（WEP）
临时密钥完整性协议（TKIP）
高级加密标准（AES）
Wi-Fi 保护访问（WPA）
Wi-Fi 保护访问 2（WPA2）
无线定位器
net 命令
tracert
nslookup
域
工作组
域控制器
家庭组
虚拟专用网络（VPN）
普通老式电话服务（POTS）
综合服务数字网络（ISDN）
宽带
数字用户线路（DSL）
非对称数字用户线路（ADSL）

下载
上传
视距无线 Internet
微波接入全球互通（WiMAX）
多输入多输出（MIMO）
手机技术
有线宽带
卫星
光纤宽带
网络介质

本章概述网络原理、标准和用途。

本章将介绍建立网络所需的不同类型的网络拓扑、协议、逻辑模型和硬件。此外，本章还会介绍网络组件升级、电子邮件服务器安装和配置、故障排除以及预防性维护。网络软件、通信方法和硬件关系也是本章的学习内容。

为了满足客户和网络用户的期望与需求，您必须熟悉联网技术。您将学习网络设计的基本知识，了解某些组件对网络数据流的影响。这些知识将帮助您成功排除网络故障。

6.1 联网的原理

本节将讨论如何定义计算机网络、联网的功能和优点，以及联网的一些优点和缺点。

6.1.1 定义计算机网络

网络是由各种连接方式构成的系统。例如，将不同人群联系到一起的道路形成了一个实体网络。您与朋友之间的关系构成了您个人的人际网络。而能让个人链接到彼此网页的网站称为社交网站。

人们每天都会使用以下网络：

- 邮递系统；
- 电话系统；
- 公共交通系统；
- 企业计算机网络；
- Internet。

网络可以共享信息并利用各种方法引导信息的流动方式。在网络中，信息从一个地方传递到另一个地方（有时要通过不同的路线），最终到达相应的目的地。例如，公共交通系统就是一个类似计算机网络的网络。汽车、卡车和其他交通工具就如同网络中传输的讯息。每个司机会定义起点（源计算机）和终点（目的计算机）。在这个系统中，有一些规则（例如停车标志和红绿灯）控制着从源到目的地的流动。计算机网络也使用规则来控制数据在网络中不同主机之间的流动。在下一节，您将学习计算机网络以及联网的优点。

主机是指网络中发送和接收信息的任何设备。有些设备既可用作主机也可用作外围设备。例如，如果笔记本电脑连接到网络中，则连接到笔记本电脑的打印机便是外围设备。但如果打印机直接连接到网络，则成为主机。

下面这些不同类型的设备都可以连接到网络：

- 台式计算机；
- 笔记本电脑；
- 平板电脑；
- 智能电话；
- 打印机；
- 文件和打印服务器；
- 游戏控制台；
- 家用电器。

计算机网络广泛应用于全球各地的企业、家庭、学校和政府机构。许多网络通过 Internet 相互连接。网络可以共享许多不同类型的资源和数据：

- 服务，例如打印或扫描；
- 可移动设备上的存储空间，例如硬盘驱动器或光盘驱动器；
- 数据库；
- 存储于其他计算机中的信息；
- 文档；
- 日历，在计算机和智能手机之间同步。

网络设备使用各种连接方法实现互连。

- **铜缆**：使用电信号在设备间传输数据。
- **光缆**：使用玻璃或塑料光纤以光脉冲传输信息。
- **无线连接**：使用无线电信号、红外线技术或卫星传输。

6.1.2 功能和优点

计算机和其他设备联网的优点包括降低成本和提高生产效率。在网络中，可以通过共享资源来减少数据重复和数据损坏问题。

1. 需要的外围设备更少

如图 6-1 所示，网络中可以连接许多设备。网络中的每台计算机不需要有自己的打印机或备份设备。多台打印机可以安装在一个中心位置并在网络用户之间共享。所有网络用户都将打印作业发送到一台中央打印服务器来管理打印请求。打印服务器可以在多台打印机之间分配打印作业，也可以对需要特定打印机的作业排队。

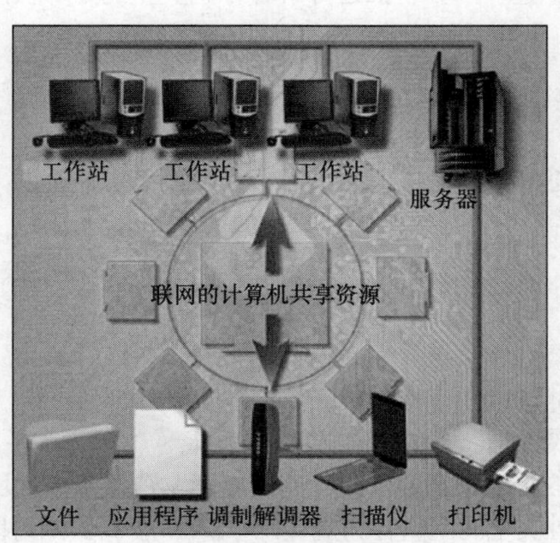

图 6-1 共享资源

2. 增加通信功能

网络提供了几种不同的协作工具，可用于在网络用户之间通信。在线协作工具包括电子邮件、论坛和聊天、语音和视频以及即时消息。用户可以借助这些工具与朋友、家人和同事沟通交流。

3. 避免文件重复和损坏

网络资源由服务器管理。服务器存储数据并与网络中的用户共享数据。机密或敏感数据可以受到保护并与有权访问这些数据的用户共享。文档跟踪软件可用于防止用户覆盖文件或更改其他人正在同时访问的文件。

4. 许可成本更低

应用程序许可对单独的计算机而言可能很昂贵。许多软件厂商针对网络提供站点许可证，可以显著降低软件成本。站点许可证只需支付单一的费用就可以让一群人或整个组织使用应用程序。

5. 集中管理

集中管理能减少网络中设备和数据所需的管理人数，从而减少公司的时间和成本。个人网络用户不需要管理自己的数据和设备。一名管理员就可以在网络中控制用户的数据、设备和权限。由于数据存储于中心位置，备份数据更加容易。

6. 节省资源

数据处理任务可以分散到许多计算机上，防止一台计算机因处理任务而过载。

6.2 辨别网络

计算机网络有许多类型。这一部分将描述并解释不同类型的计算机网络以及它们的基本特征。

6.2.1 LAN

数据网络的复杂性、用途和设计在不断发展。计算机网络可通过以下具体特征来辨别：

- 服务的区域；
- 数据的存储方式；
- 资源的管理方式；
- 网络的组织方式；
- 使用的网络设备类型；
- 用于连接设备的介质类型。

不同类型的网络有不同的描述性名称。独立的网络通常覆盖一个地域，向同一个组织结构内的用户提供服务和应用程序。这种类型的网络称为局域网（LAN）。局域网可以由多个本地网络组成，也可以是单个网络，如图 6-2 所示。

局域网中的所有本地网络都位于一个管理控制组中。此组执行该网络的安全和访问控制策略。就此而言，“本地”一词指的是本地一致的控制而非相互间物理位置接近。局域网中的设备可能在物理位置上接近，但并不要求如此。

局域网可以小到安装在家庭或小型办公室中的单个本地网络。随着时间的推移，现在局域网的定义已经发展为相互连接的本地网络，包括安装于多幢大楼和多个地点的数百台设备。

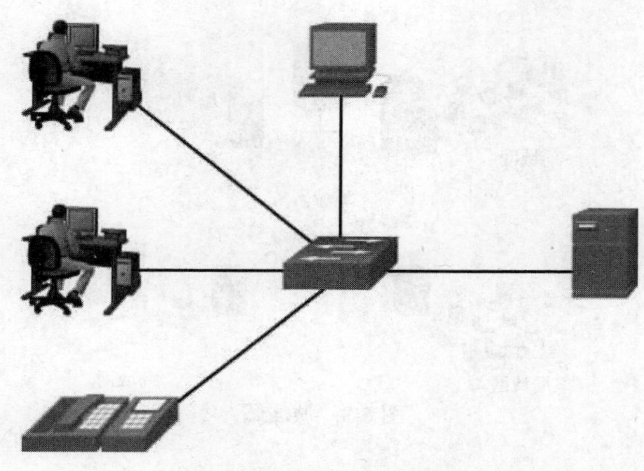

图 6-2 局域网

6.2.2 WLAN

无线 LAN（WLAN）是一个使用无线电波在无线设备之间传输数据的局域网。传统局域网中的设备通过铜缆连接到一起。在某些环境下，安装铜缆可能不可行、不适合甚至不可能。这种时候，就会使用无线设备通过无线电波来发送和接收数据。如同局域网一样，WLAN 中也可以共享文件和打印机等资源并访问 Internet。

在 WLAN 中，无线设备连接到指定区域内的接入点。接入点通常使用铜缆连接到网络。但是，只有无线接入点通过铜缆连接到网络，并不是每台网络主机都采用铜缆连接。常见 WLAN 系统的范围（覆盖半径）各不相同，具体取决于所用的技术，室内最短不到 98.4 英尺（30 米），室外的距离要长得多。

6.2.3 PAN

个域网（PAN）是一个连接个人范围内鼠标、键盘、打印机、智能电话和平板电脑等设备的网络。所有这些设备专属于一台主机，并且通常使用蓝牙技术进行连接。

蓝牙是一种帮助设备实现短距离通信的无线技术。蓝牙设备最多可连接 7 台其他的蓝牙设备。此技术规范由 IEEE 802.15.1 标准定义。蓝牙设备能够处理语音和数据。蓝牙设备在 2.4GHz～2.485GHz 射频范围内工作，属于工业、科学和医疗（ISM）频段。蓝牙标准融入了自适应跳频（AFH）技术。AFH 允许信号使用蓝牙范围内的不同频率来回“跳跃”，从而在存在多台蓝牙设备时减少受到干扰的几率。

6.2.4 MAN

城域网（MAN）是一个覆盖大型校园或城市的网络。该网络包含许多不同建筑物，通过无线或光纤主干相互连接，如图 6-3 所示。通信链路和设备通常由用户协会或者向用户出售服务的网络服务提供商拥有。MAN 可以作为高速网络实现地区资源共享。

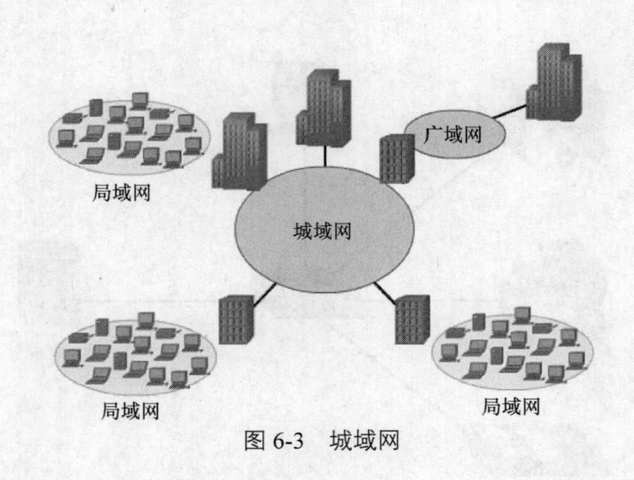

图 6-3 城域网

6.2.5 WAN

广域网（WAN）可连接分布于不同地理位置的多个较小的网络，例如LAN，如图6-4所示。Internet便是一种最常见的WAN。Internet是一个大型的WAN，由数百万个相互连接的LAN组成。WAN技术也用于连接企业网络或研究网络。电信服务提供商可将这些位于不同地点的LAN相互连接。

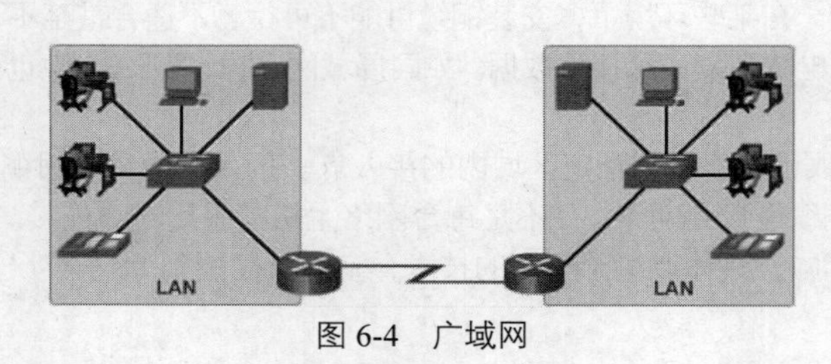

图 6-4 广域网

6.2.6 点对点网络

在点对点网络中，计算机之间不存在层级，也没有任何专用服务器。每台设备（也称为客户端）的功能和职责均相同。每个用户对自己的资源负责，也可以决定要共享或安装的数据与设备。由于每个用户负责自己计算机上的资源，所以网络没有中央控制点或中央管理点。

点对点网络适用于包含十台或更少计算机的环境。点对点网络也可存在于更大的网络内部。即使在大型客户端网络中，用户仍然可以与其他用户直接共享资源而无需使用网络服务器。如果您家中有多台计算机，您也可以建立一个点对点网络，如图6-5所示。您可以与其他计算机共享文件、在不同计算机之间发送消息并在共享打印机上打印文档。

点对点网络有下面几个缺点。

- 没有集中的网络管理，因此难以确定由谁控制网络中的资源。
- 没有集中的安全措施。每台计算机必须使用单独的安全措施进行数据保护。
- 随着网络中的计算机数量增加，网络变得越来越复杂并且难以管理。
- 可能没有任何集中的数据存储。数据备份必须进行单独维护。这项责任由每个用户自行承担。

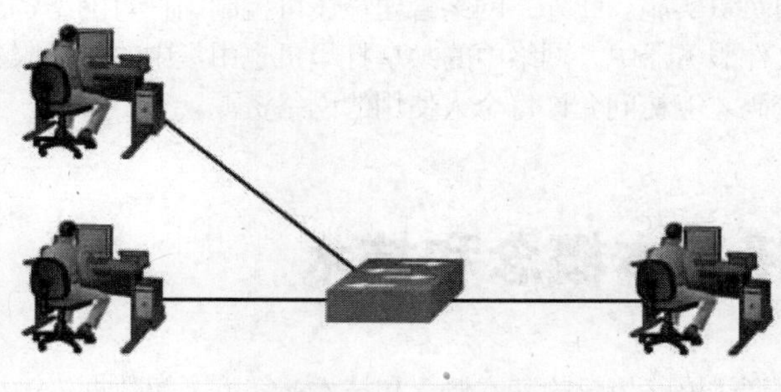

图 6-5 点对点网络

6.2.7 客户端/服务器网络

服务器上安装有相应的软件，因此能够向客户端提供服务，例如电子邮件或网页。每项服务都需要单独的服务器软件。例如，服务器必须安装 Web 服务器软件才能为网络提供 Web 服务。

在客户端/服务器网络中，客户端向服务器请求信息或服务。接着服务器向客户端提供请求的信息或服务。客户端/服务器网络中的服务器通常要为客户端计算机执行一些处理工作，例如对数据库分类整理，然后只传送客户端请求的记录。这样可以提供集中的网络管理，易于确定由谁控制网络中的资源。资源通过集中的网络管理来控制。

安装有服务器软件的计算机可以同时向一个或多个客户端提供服务，如图 6-6 所示。

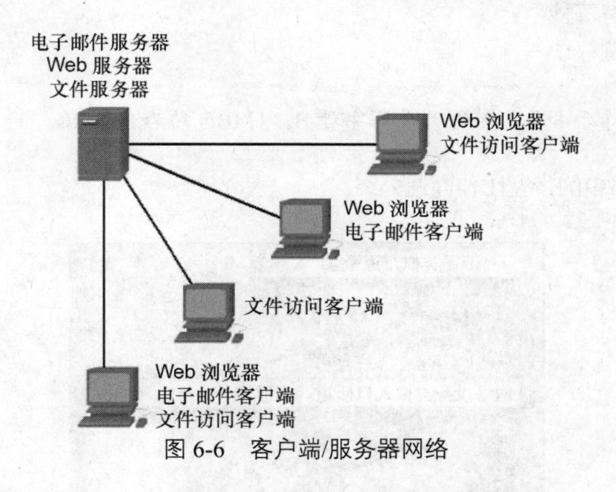

图 6-6 客户端/服务器网络

此外，一台计算机也可以运行多种类型的服务器软件。在家庭或小型企业中，一台计算机可能要同时充当文件服务器、Web 服务器和电子邮件服务器等多个角色。在企业环境中，员工可以访问公司中充当电子邮件服务器的那一台计算机。这台电子邮件服务器只用于收发和存储电子邮件。员工计算机上的电子邮件客户端首先向电子邮件服务器发送未读电子邮件请求，随后服务器向客户端发送被请求的邮件以示响应。

一台计算机也可以运行多种类型的客户端软件。所需的每项服务都必须有客户端软件。安装多个客户端软件后，客户端可以同时连接到多台服务器。例如，用户在收发即时消息和收听 Internet 广播的同时，可以查收电子邮件和浏览网页。

客户端/服务器模型可以提供集中网络管理，因此很容易确定由谁控制网络中的资源。数据备份和安全措施由网络管理员负责实施。此外，网络管理员还可控制用户对网络资源的访问。网络中的所有数据都存储于集中的文件服务器中。网络中的共享打印机也由集中的打印服务器来管理。最终用户必须提供授权用户名和密码才能访问允许每个人使用的网络资源。

6.3 网络连接基本概念和技术

本节将学习允许数据通过网络传输的基本概念和技术。您将了解数据传输技术、IP 寻址的实施方法以及网络软件使用端口和协议执行功能并通过网络提供服务的方法。

6.3.1 带宽

通过计算机网络发送数据时，数据可划分为小的片段，称为数据包。每个数据包都包含源地址和目的地址信息。数据包连同地址信息一起被称为帧。此外，它还包含一些信息，说明如何在目的主机上将所有数据包重新组合到一起。带宽决定了一段固定时间内可以传输的数据包数量。

带宽按每秒传输的百比特数来衡量，通常以下列度量单位表示。

- bit/s：比特每秒
- kbit/s：千比特每秒
- Mbit/s：兆比特每秒
- Gbit/s：吉比特每秒

注意： 1 字节等于 8 位，缩写为大写字母 B。1MB/s 约为 8Mbit/s。

图 6-7 显示将网络中的带宽比作高速公路。

图 6-7 高速公路类比

在高速公路的例子中，汽车和卡车代表数据。高速公路上的车道数代表高速公路上可以同时行驶的汽车数量。八车道高速公路可以容纳的汽车数量是双车道高速公路的四倍。

数据从源地址传输到目的地址所需的时间称为延时。与汽车穿行在城市中遇到红绿灯或绕道行驶一样，数据也会因网络设备和电缆长度而延迟传输。网络设备在处理和转发数据时会增加延时的时间。在网上冲浪或下载文件时，延时通常不会造成问题。而对时间要求严格的应用程序如 Internet 电话、视频和游戏，则会受到延时的显著影响。

6.3.2 数据传输

在通过网络传输数据时，可以使用以下三种模式：单工、半双工或全双工。

1. 单工

单工也称单向，是单一的单向传输。信号从电视台发送到家庭电视机就是典型的单工传输。

2. 半双工

当数据一次向一个方向流动时称为半双工。在半双工模式下，通信通道可以双向交替传输，但不能同时双向传输。对讲机（例如警用或应急通信移动无线电台）使用的就是半双工传输。当按下麦克风上的按键发送信号时，您听不到对方的声音。如果两边的人同时试着说话，则两边的传输都无法接通。

3. 全双工

当数据同时双向流动时称为全双工。尽管数据是双向流动，但带宽只按单向测量。双工模式的 100Mbit/s 网络电缆带宽为 100Mbit/s。

电话通话是典型的全双工通信。两边的人可以同时说话和听到对方。

由于可以同时发送和接收数据，全双工网络技术提高了网络性能。数字用户线路（DSL）和有线电视等宽带技术都以全双工模式工作。宽带技术可以在同一条线路中同时传输多种信号。例如在 DSL 连接中，用户可以在电话通话的同时将数据下载到计算机中。

6.3.3 IP 编址

传输控制协议/Internet 协议（TCP/IP）定义了计算机通过 Internet 相互通信时必须遵守的规则。TCP 能够可靠地传输数据，是 Internet 的主要协议。IP 提供的编址结构负责将数据从源计算机传送到目的计算机。

如图 6-8 所示，IP 地址是一个用于识别网络设备的数字。网络中的每台设备都必须具有唯一的 IP 地址，才能与其他网络设备通信。如前所述，主机是网络中发送和接收信息的设备。网络设备是通过网络传输数据的设备。

人们的指纹一般不会改变，提供了从身体上识别个人身份的方法。人们的邮寄地址可能会改变，因为它与人们居住或收取邮件的地址有关，而这个地址可能会改变。对于主机，介质访问控制（MAC）地址是分配到主机网卡的地址，称为物理地址。无论主机在网络中哪个位置，其物理地址都保持不变，就像无论人们去往何处指纹也始终保持不变一样。MAC 地址包含 6 组 2 个十六进制值，并用间隔号（-）或冒号（:）分隔，例如 00-26-6C-FC-D5-AE。十六进制值的定义范围为数字 0~9 和字母 a~f。

IP 地址类似于人们的邮寄地址，它称为逻辑地址，因为它是根据主机位置以逻辑方式分配的。IP 地址或网络地址由网络管理员根据本地网络分配给每台主机。此过程类似于地方政府根据城市或乡村及街区的逻辑描述分配街道地址。

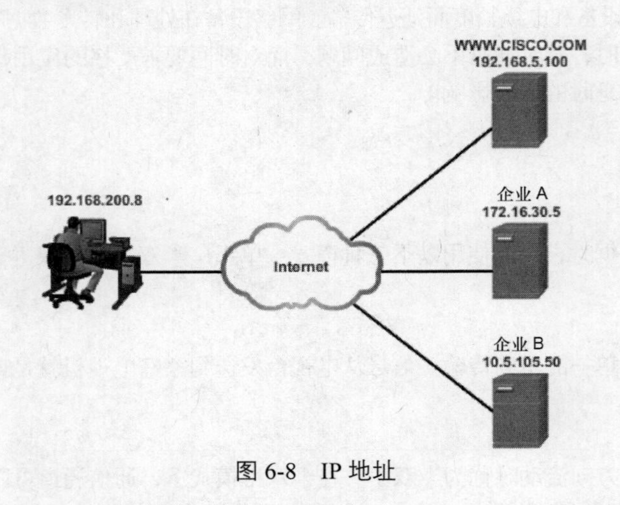

图 6-8 IP 地址

IPv4 和 IPv6

20 世纪 90 年代初，人们担心 IPv4 网络地址耗尽，因此 Internet 工程任务组开始寻找新的协议来替代此协议。这一行动拉开了制定现今 IPv6 的序幕。目前，IPv6 与 IPv4 共存运行并开始取代后者。

IPv4 地址由 32 位组成，潜在的地址空间为 2^{32}，在十进制记法中，约为 4 后面跟 9 个零。IPv6 地址由 128 位组成，潜在的地址空间达到 2^{128}，在十进制记法中，约为 3 后面跟 38 个零。如果使用 IPv6，每人可用的地址数量约为 10^{30}。如果说 IPv4 地址空间相当于一个石子，那么 IPv6 地址空间就相当于一个土星大小的天体。

6.3.4 IPv4

IPv4 地址由 32 个二进制位（1 和 0）的数字串组成。二进制 IPv4 地址难以阅读。为此，人们将每 8 个位称为一组二进制八位组，将这 32 个位划分为四段二进制八位组。但是，即使以这种分组格式表示的 IPv4 地址也难于读写和记忆。因此，人们就将每组二进制八位组表示为相应的十进制数值，并以小数点或句点加以分隔。这种格式称为点分十进制记法。

为主机配置 IPv4 地址时，输入的地址是十进制数字，如 192.168.1.5。如果必须输入此十进制数字的 32 位二进制表示方式，结果将是：11000000101010000000000100000101。在输入时只要其中某一位出错，结果就会变成完全不同的另一个地址，主机也就可能无法在网络中通信。

32 位逻辑 IPv4 地址具有层次性，由两个部分组成。第一部分标识网络，第二部分则标识网络中的主机。这两部分缺一不可。以 IPv4 地址为 192.168.18.57 的主机为例，前三组二进制八位组 192.168.18 标识该地址的网络部分，最后一组二进制八位组 57 标识主机。这称为分层编址，因为路由器只需要与网络通信而不需要与单独的主机通信。路由器是一个通过网络向目的地转发数据包的网络设备。

IPv4 地址分为以下几类。

- A 类：大型公司实施的大型网络。
- B 类：大学和其他类似规模的组织实施的中型网络。
- C 类：小型组织实施或 Internet 服务提供商（ISP）为客户订阅而实施的小型网络。

- **D 类**：专供组播使用。
- **E 类**：用于实验测试用途。

除了建立不同的类别之外，IETF 还预留了一些 Internet 地址空间供专用网络使用。专用网络不与公共网络连接。专用网络地址也不在 Internet 上路由。这样，位于不同地点的网络便可以使用相同的专用编址方案而不会发生编址冲突。例如在课堂实验中，如果需要禁止访问所在网络以外的地址，这些专用地址就很适用。

以下每类都有专用 IP 地址范围。

- **A 类**：10.0.0.0～10.255.255.255
- **B 类**：172.16.0.0～172.31.255.255
- **C 类**：192.168.0.0～192.168.255.255

IPv4 子网掩码

子网掩码表示 IPv4 地址的网络部分。与 IPv4 地址一样，子网掩码也是一个点分十进制数字。通常一个局域网中的所有主机使用的是同一个子网掩码。表 6-1 显示了映射到前三类 IPv4 地址的可用 IPv4 地址的默认子网掩码。

- **255.0.0.0**：A 类，表示 IPv4 地址的第一组二进制八位数是网络部分
- **255.255.0.0**：B 类，表示 IPv4 地址的前两组二进制八位数是网络部分
- **255.255.255.0**：C 类，表示 IPv4 地址的前三组二进制八位数是网络部分

表 6-1 IPv4

A 类	网络	主机		
二进制八位组	1	2	3	4
默认子网掩码	255	0	0	0
IP 地址范围	1.0.0.0～126.255.255.255			
每个网络的主机数	$2^{24}-2=16,777,214$			
B 类	**网络**	**主机**		
二进制八位组	1	2	3	4
默认子网掩码	255	255	0	0
IP 地址范围	128.0.0.0～191.255.255.255			
每个网络的主机数	$2^{16}-2=65,534$			
C 类	**网络**	**主机**		
二进制八位组	1	2	3	4
默认子网掩码	255	255	255	0
IP 地址范围	192.0.0.0～223.255.255.255			
每个网络的主机数	$2^{8}-2=254$			

D 类地址用于组播组，例如发往选定组的网络广播和视频流。E 类地址保留供研究专用。

如果组织拥有一个 B 类网络但需要为 4 个 LAN 提供 IPv4 地址，组织必须将 B 类地址细分为 4 个更小的部分。子网划分是网络的逻辑划分。它提供了一种网络划分方法，而子网掩码则指定其细分方式。经验丰富的网络管理员通常会执行子网划分。制定子网划分方案之后，即可在 4 个 LAN 中的主机上配置正确的 IPv4 地址和子网掩码。这些技能是与 Cisco Certified Network Associate（CCNA）级网络技能相关的 Cisco Networking Academy 课程的学习内容。

6.3.5 IPv6

128 位地址使用起来很困难，因此 IPv6 地址记法将 128 位表示为 32 个十六进制值。然后，以冒号为分界符，将这 32 个十六进制值进一步细分为 8 段 4 个十六进制值。每段 4 个十六进制值称为一个地址块。

如图 6-9 所示，IPv6 地址分为三部分。全球前缀也称为站点前缀，是前三个地址块，由 Internet 名称注册机构分配给组织。子网 ID 包括第四个地址块，接口 ID 包括最后四个地址块。子网和接口 ID 都由网络管理员控制。

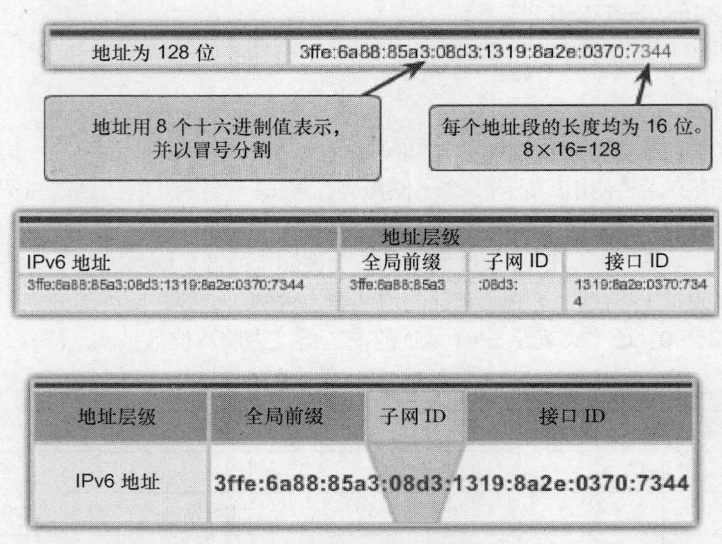

图 6-9 缩写 IPv6 地址

例如，如果主机的 IPv6 地址为 3ffe:6a88:85a3:08d3:1319:8a2e:0370:7344，则全球前缀地址为 3ffe:6a88:85a3，子网 ID 地址为 08d3，接口 ID 地址为 1319:8a2e:0370:7344。

IPv6 地址的缩写规则如下。

- 省略 16 位值中的前导零。
- 用双冒号代替一组连续的 0。

表 6-2 是这些规则的运用实例。

表 6-2 IPv6 地址的缩写规则

地址	2001	:	0db8	:	0000	:	0000	:	0000	:	0000	:	1428	:	57ab
运用规则 1 之后	2001	:	0db8	:	0	:	0	:	0	:	0	:	1428	:	57ab
运用规则 2 之后	2001	:	0db8	:								:	1428	:	57ab

以下是这些地址的文本表示方式。

地址	2001:0db8:0000:0000:0000:0000:1428:57ab
运用规则 1 之后	2001:0db8:0:0:0:0:1428:57ab
运用规则 2 之后	2001:0db8::1428:57ab

6.3.6 静态编址

在主机数量不多的网络中，很容易为每台设备手动配置正确的 IP 地址。了解 IP 编址的网络管理员应该能够分配地址，也应该知道如何为特定网络选择有效的地址。分配的 IP 地址对于同一个网络或子网中的每台主机是唯一的。这称为静态 IP 编址。

要在主机上配置静态 IP 地址，请转到网卡的“TCP/IPv4 属性”窗口，如图 6-10 所示。计算机就是通过网卡使用 MAC 地址连接到网络。IP 地址是网络管理员定义的逻辑地址，而图 6-11 中所示的 MAC 地址则是在制造网卡时永久编程（或烧录）到网卡中的地址。网卡的 IP 地址可以改变，但 MAC 地址永远不变。

图 6-10 配置静态 IP 地址

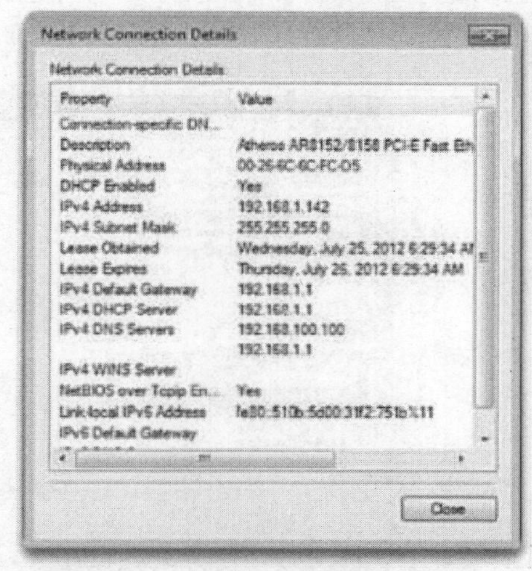

图 6-11 MAC（物理）地址

主机可以分配如下 IP 地址配置信息。

- **IP 地址**：标识网络中的计算机。
- **子网掩码**：用于标识计算机连接的网络。
- **默认网关**：标识计算机用于访问 Internet 或其他网络的设备。
- **可选值**：例如首选的域名系统（DNS）服务器地址和备选的 DNS 服务器地址。

在 Windows 7 中，按以下顺序操作以配置静态 IPv4 地址。

开始>控制面板>网络和共享中心>更改适配器设置>右键单击**本地连接>**单击**属性> TCP/IPv4 >属性>使用下面的 IP 地址>使用下面的 DNS 服务器地址>确定>确定**

在 Windows Vista 中，按以下顺序操作。

开始>控制面板>网络和共享中心>管理网络连接>右键单击**本地连接>**单击**属性> TCP/IPv4 >属性>使用下面的 IP 地址>使用下面的 DNS 服务器地址>确定>确定**

在 Windows XP 中，按以下顺序操作。

开始>控制面板>网络连接>右键单击**本地连接>**单击**属性> TCP/IP >属性>使用下面的 IP 地址>使用下面的 DNS 服务器地址>确定>确定**

6.3.7 DHCP 寻址

如果局域网中包含不少计算机，为网络中的每台主机手动配置 IP 地址就会既费时又容易出错。动态主机配置协议（DHCP）服务器可自动分配IP地址，简化了地址分配过程。自动配置TCP/IP还可以减少分配重复或无效IP地址的可能性。

DHCP服务器维护一个要分配的IP地址列表并管理分配过程，让网络中的每台设备都能获得唯一的IP地址。当DHCP服务器收到主机的请求时，服务器从数据库中存储的一组预先定义的地址中选择IP地址信息。选择IP地址信息后，DHCP服务器将这些值提供给网络中发出请求的主机。如果主机接受，DHCP服务器就分配该IP地址供主机在一段特定的时间内使用。该过程称为租用。租期届满后，DHCP服务器可将此地址分配给加入网络的其他计算机。不过，设备可以通过续租保留IP地址。

网络中的计算机必须能够识别本地网络中的服务器，然后才能使用DHCP服务。如图6-12所示，在网卡配置窗口中选择自动获得IP地址选项，就可将计算机配置为从DHCP服务器接受IP地址。将计算机设置为自动获得IP地址后，所有其他的IP地址配置框将不可用。有线或无线网卡的DHCP设置采用相同的方法配置。

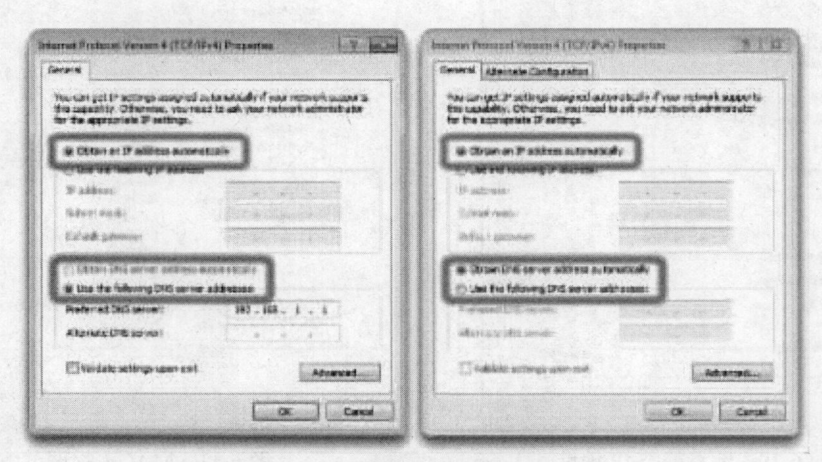

图6-12　使用DHCP时的DNS配置

计算机按照5分钟的时间间隔向DHCP服务器不断请求IP地址。如果计算机无法与DHCP服务器通信来获得IP地址，Windows操作系统会自动分配一个链路本地IP。如果计算机分配到的是169.254.0.0到169.254.255.255范围内的链路本地IP地址，则计算机只能与此IP地址范围内连接到同一网络的计算机通信。

DHCP服务器为主机自动分配如下IP地址配置信息：

- IP地址；
- 子网掩码；
- 默认网关；
- 可选值，例如DNS服务器地址。

在Windows 7中，按以下顺序操作以配置DHCP自动分配IPv4地址：

开始>控制面板>网络和共享中心>更改适配器设置>右键单击**本地连接>**单击**属性> TCP/IPv4 >属性>**选择单选按钮**自动获得IP地址>**单击**确定>确定**

在Windows Vista中，按以下顺序操作。

开始>控制面板>网络和共享中心>管理网络连接>右键单击**本地连接>**单击**属性> TCP/IPv4 >属性>**选择单选按钮**自动获得IP地址>**单击**确定>确定**

在Windows XP中，按以下顺序操作。

开始>控制面板>网络连接>右键单击**本地连接>**单击**属性> TCP/IP >属性>**选择单选按钮**自动获得IP地址>**单击**确定>确定**

1. 配置备用 IP 设置

通过在 Windows 中设置备用的 IP 配置，可以方便地在需要使用 DHCP 的网络与使用静态 IP 设置的网络之间切换。如果计算机无法与网络中的 DHCP 服务器通信，Windows 会使用分配给网卡的备用 IP 配置。无法联系 DHCP 服务器时，备用的 IP 配置还可取代 Windows 分配的自动 IP 寻址（APIPA）地址。

要创建备用 IP 配置，单击位于网卡“属性”窗口中的**备用配置**选项卡。

2. DNS

要访问 DNS 服务器，计算机需要使用计算机网卡的 DNS 设置中配置的 IP 地址。DNS 会将主机名和 URL 解析为或映射到 IP 地址。

所有 Windows 计算机都包含 DNS 缓存，用于存储最近解析的主机名。该缓存是 DNS 客户端首先查找主机名解析的位置。由于该缓存位于内存中，因此它检索已解析 IP 地址比使用 DNS 服务器快，而且不会产生网络流量。

6.3.9 ICMP

Internet 控制消息协议（ICMP）是由网络中的设备用于向计算机和服务器发送控制和错误消息。ICMP 有几种不同用法，例如通告网络错误、通告网络拥塞和排除故障。

Ping 通常用于测试计算机之间的连接。Ping 是一个简单却极其实用的命令行实用程序，可用于确定某一特定 IP 地址是否可达。在 Windows 7 和 Windows Vista 中，要查看可用于 **ping** 命令的选项列表，选择**开始**，在搜索栏中输入 **cmd**。对于 Windows XP，选择**开始**>**运行**> **cmd**。在命令提示符窗口中，键入 **ping/?**。

Ipconfig 命令是另一个实用的命令行实用程序，可用于检查网卡的 IP 地址是否有效。在 Windows 7 和 Windows Vista 中，要显示所有网络适配器的完整配置信息，选择**开始**，在搜索栏中输入 **cmd**。对于 Windows XP，选择**开始**>**运行**> **cmd**。在命令提示符窗口中，键入 **ipconfig/all**。对通过 **ipconfig/all** 命令获得的 IP 地址执行 ping 命令可用来测试 IP 连通性。

Ping 的工作方式是向目的计算机或其他网络设备发送 ICMP 回应请求。然后，接收设备发回 ICMP 应答消息确认连通。回应请求和应答是确定设备能否相互发送数据包的测试消息。其中要向目的计算机发送四个 ICMP 回应请求（ping）。如果可以到达，目的计算机就会以四个 ICMP 应答做出响应。成功应答的百分比可以帮助确定目的计算机的可靠性与可访问性。其他 ICMP 消息报告未送达数据包以及设备是否太忙而无法处理数据包。

在已知主机名的情况下，还可以使用 ping 查找该主机的 IP 地址。如果 ping 网站的名称（例如 cisco.com），如例 6-1 所示，则会显示服务器的 IP 地址。

例 6-1 使用 ping 命令查找 IP 地址

```
C:\> ping cisco.com
Pinging cisco.com [198.133.219.25] with 32 bytes of data:

Request timed out.
Request timed out.
Request timed out.
Request timed out.

Ping statistics for 198.133.219.25:
    Packets: Sent = 4, Received = 0, Lost = 4 (100% loss),
```

6.4 通用端口和协议

端口和协议用于联网以允许设备、应用程序和网络之间进行通信。协议定义了这种通信发生的方式，而端口用于跟踪各种通信。这一部分将解释常见的协议和端口以及它们在联网中的使用方式。

6.4.1 TCP 和 UDP

协议是一组规则。Internet 协议包含若干组规则，用于管理网络中计算机内部及其之间的通信。协议规范定义了交换报文的格式。通过邮政系统邮寄信件时也要使用协议。协议中有一部分指定了需要在哪里填写信封上的投递地址。如果投递地址填写的位置错误，就无法投递信件。

时间对于数据包的可靠传输非常重要。协议要求报文在特定时间间隔内送达，这样计算机才不会无限期地等待可能已经丢失的报文。系统在数据传输过程中会维护一个或多个计时器。如果网络不符合时序规则，协议还会发起备选操作。

协议的主要功能如下：

- 识别和处理错误；
- 压缩数据；
- 决定数据分割和封装的方式；
- 确定数据包地址；
- 确定如何通告数据包的发送和接收。

连接到 Internet 的设备和计算机使用名为 TCP/IP 的协议簇来相互通信。传输信息最常用的两个协议是 TCP 和 UDP，如表 6-3 所示。

表 6-3 TCP 和 UDP

TCP	UDP
优点： 错误检测：TCP 会重传丢失的数据包、丢弃重复的数据包，并保证数据按正确的顺序传输 可靠传输协议：TCP 跟踪数据以保证数据传送到目的地址	优点： 开销低：占用的带宽比 TCP 低 无连接：不要求目的设备可用并准备好接收数据，也不要求确认接收
应用： 电子邮件 Web 浏览器	应用： 简单文件传输：不加保护地发送数据，并且不要求确认接收 网络文件系统：用于通过网络访问文件的系统，与本地访问文件的方式类似

在网络设计中，必须决定要使用的协议。一些协议是私有协议，只能用于特定设备，而另一些协议则是开放式标准，可用于各种设备。

6.4.2 TCP 和 UDP 协议与端口

启用 TCP/IP 协议栈时，其他协议可在特定端口上通信。例如，HTTP 默认使用端口 80。端口是用于跟踪特定会话的数字标识符。主机发送的每个报文都包含源端口和目的端口信息。

网络软件应用程序使用这些协议和端口通过 Internet 或网络来执行功能。有些网络软件应用程序包括一些服务，可用于托管网页、发送电子邮件和传输文件。这些服务可以由一台或多台服务器提供。客户端针对每项服务使用公认端口，因此使用特定的目的端口即可识别客户端请求。

要了解网络和 Internet 的工作原理，必须熟悉常用协议和关联的端口。这些协议的用途包括连接到远程网络设备、将网站 URL 转换为 IP 地址以及传输数据文件。随着 IT 从业经验的增长，您还会遇到其他协议，但其用途不如这里介绍的常用协议这么广泛。

表 6-4 总结了一些比较常用的网络和 Internet 协议以及这些协议使用的端口号。您对其中每个协议了解得越多，就能更透彻地理解网络和 Internet 的工作原理。

表 6-4 常用网络协议和端口

协议	端口	描述
TCP/IP	未提供	用于在 Internet 上传输数据的协议簇
NetBEUI/NetBIOS	137,139,150	针对无需连接到 Internet 的工作组网络设计的小型快速协议
HTTP	80	一种通信协议，用于在 Internet 上建立请求/响应连接
HTTPS	443	借助身份验证和加密来保护数据，使数据得以安全地在客户端与 web 服务器之间传输
FTP	20/21	提供文件传输和操作相关的服务
SSH	22	安全地连接到远程网络设备
Telnet	23	连接到远程网络设备
POP3	110	从电子邮件服务器下载电子邮件
IMAP	143	从电子邮件服务器下载电子邮件
SMTP	25	在 TCP/IP 网络中发送电子邮件
LDAP	389	访问信息目录
SNMP	161	管理和监控网络中的设备
SMB	445	可用于共享访问网络中的文件、打印机和两点之间的通信
SFTP	115	提供安全文件传输服务
DNS	53	将主机名解析为 IP 地址
RDP	3389	用于提供对远程计算机的访问

6.5 网络的物理组件

网络设备、硬件、电缆和连接器组成了联网的物理组件。本节将描述并解释常用的设备、电缆和电缆标准。

6.5.1 调制解调器

为了即时传输全球各地用户交换的数百万条消息，我们需要依靠很多数据和信息网络互连而成的一张大网。通过标准化各种网络要素，不同公司制造的设备和装置可以一起工作。对于那些用于支持个人和企业运营的不同网络设备，IT 技术人员必须了解它们的用途和功能。

调制解调器是通过 ISP 连接到 Internet 的电子设备。调制解调器将数字数据转换为模拟信号，然后通过电话线传输。由于模拟信号是逐渐并不断地变化，因此可以绘成波形。在此系统中，数字信号以二进制位表示。数字信号必须转换为波形才能通过电话线传输。接收端的调制解调器将信号转换回二进制位，使接收计算机能够处理数据。图 6-13 显示了两种类型的调制解调器和调制解调器适配器。

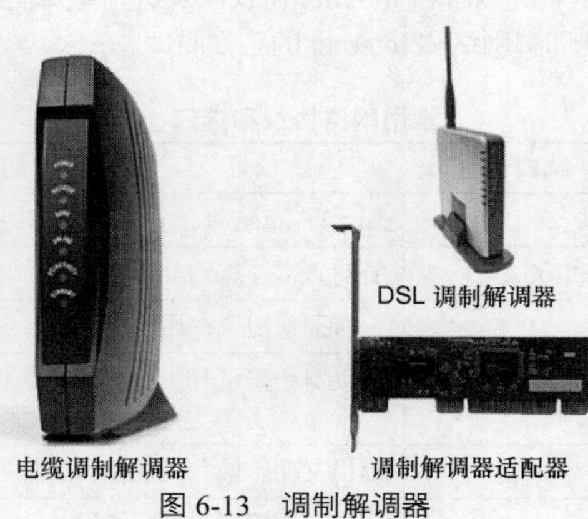

图 6-13 调制解调器

接收端的调制解调器将模拟信号重新转换为计算机要解释的数字数据。将模拟信号转换为数字信号然后重新转换的过程称为调制/解调。错误检测和纠正协议的发展减少或消除了电话线中的噪音和干扰，基于调制解调器的传输的准确性也随之提高。

内置调制解调器插入主板上的扩展槽。外置调制解调器通过串行和 USB 端口连接到计算机。要使调制解调器正常工作，必须安装软件驱动程序并配置连接端口。

计算机使用公共电话系统通信时，这称为拨号联网（DUN）。调制解调器相互间使用音频信号通信。也就是说，调制解调器能够复制电话的拨号特征。DUN 建立了点对点协议（PPP）。PPP 只是两台计算机之间通过电话线建立的连接。

6.5.2 集线器、网桥和交换机

为了让数据传输的可扩展性和效率优于简单的点对点网络，网络设计人员使用专用网络设备（例如集线器、网桥和交换机、路由器及无线接入点）在设备之间发送数据。

1. 集线器

集线器（如图 6-14 所示）在一个端口上接收数据后重新生成数据并向外发送到所有其他端口，从而扩大网络范围。集线器还可用作中继器。中继器可以扩大网络的覆盖范围，因为它能重建信号，克服了远距离数据退化的影响。集线器还可以连接到其他网络设备，例如连接到其他网段的交换机或路由器。

由于交换机的高效率和低成本优点，集线器如今已不太常用。集线器并不分隔网络流量，因此也就减少了与其连接的所有设备的可用带宽。此外，由于集线器不能过滤数据，因此时常有许多不必要的网络流量在与其连接的所有设备之间不停地传输。

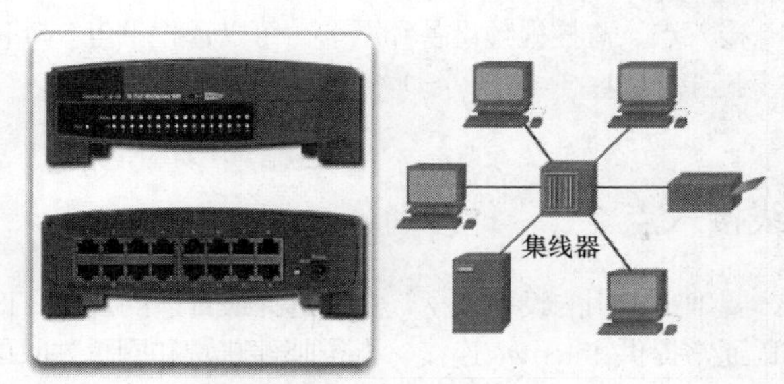

图 6-14　集线器

2. 网桥和交换机

文件在通过网络传输之前会被划分为较小的数据片段，称为数据包。此过程可以进行错误检查，而且如果数据包丢失或损坏，重传也更加容易。在传输数据包之前，地址信息会添加到数据包的开头和结尾。数据包连同地址信息一起被称为帧。

LAN 通常被划分为多个网段部分，类似于公司分为各个部门或学校分为各个班级。网段的边界可以使用网桥进行定义。网桥在 LAN 网段之间过滤网络流量。网桥会记录该网桥连接到的每个网段中的所有设备。当网桥收到帧时，网桥会检查目的地址，确定是将帧发送到不同网段还是丢弃。网桥还可以将帧仅仅限制在帧所属的网段中，因此有助于改善数据的流动。

交换机（如图 6-15 所示）有时也称为多端口网桥。常见的网桥有两个端口，连接同一网络的两个网段。交换机有多个端口，具体取决于要连接的网段数量。交换机是比网桥更加先进的设备。

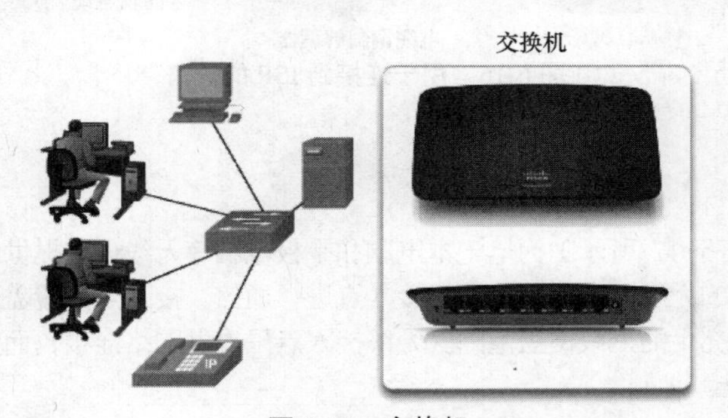

图 6-15　交换机

在现代的网络中，交换机已取代集线器成为连接中心点。与集线器类似，交换机的速度也决定了网络的最大速度。但是，交换机只将数据发送到要发送到的设备，因此可以过滤和分隔网络流量。这样便为网络中的每台设备提供了更高的专用带宽。

交换机可维护一个交换表。这个交换表包含网络中所有 MAC 地址的列表，并列出可以使用哪个交换机端口到达具有特定 MAC 地址的设备。交换表通过检查每个传入帧的源 MAC 地址来记录 MAC 地址，同时记录帧到达的端口。然后，交换机创建一个将 MAC 地址映射到传出端口的交换表。当发往特定 MAC 地址的帧到达时，交换机使用交换表来决定要用哪个端口到达该 MAC 地址。随后从该端口将帧转发到目的地址。因为只通过一个端口将帧发送到目的地址，所以不会影响其他端口。

3. 以太网供电（PoE）

PoE 交换机在传输数据的同时，还通过以太网电缆传递少量的直流电流，为 PoE 设备供电。支持

PoE 的低压设备如 Wi-Fi 接入点、监控视频设备和网卡，可以远程供电。PoE 设备可以通过最远 330 英尺（100 米）外的以太网连接供电。

6.5.3　路由器和无线接入点

向 ISP 订阅服务时，要确定可用的设备类型，从中选择最合适的设备。ISP 是向个人和企业提供 Internet 服务的公司。ISP 通常提供 Internet 连接、电子邮件账户和网页并收取每月服务费。有些 ISP 还按月出租设备。这种方式比购买设备更有吸引力，因为 ISP 会在出现技术故障、变更或升级时为设备提供支持。可用于连接到 ISP 的设备如图 6-16 所示。

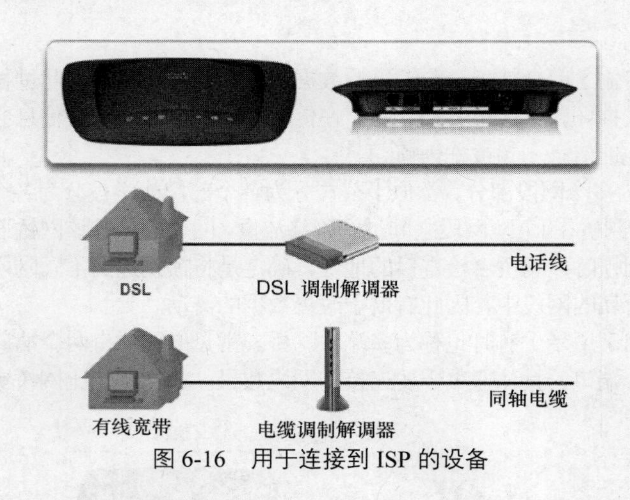

图 6-16　用于连接到 ISP 的设备

1. 无线接入点

无线接入点（如图 6-17 所示）为笔记本电脑和平板电脑等无线设备提供网络接入。无线接入点使用无线电波与设备中的无线网卡和其他无线接入点进行通信。接入点的覆盖范围有限。大型网络需要多个接入点才能提供充足的无线覆盖范围。无线接入点只提供网络连接，而无线路由器还提供其他功能，例如分配 IP 地址。

2. 路由器

路由器用于网络间的相互连接。交换机使用 MAC 地址在一个网络内部转发帧。路由器则使用 IP 地址将数据包转发到其他网络。路由器可以是装有特殊网络软件的计算机，也可以是网络设备制造商生产的设备。

在企业网络中，一个路由器端口连接到 WAN 连接，其他端口连接到企业 LAN。该路由器成为 LAN 的网关，即通向外部的路径。

3. 多功能设备

多功能设备（如图 6-18 所示）是执行多项功能的网络设备。相比针对每项功能购买单独的设备，购买和配置一台能满足所有需要的设备要更加方便。尤其是对家庭用户更是如此。在家庭网络中，路由器将家庭中的计算机和网络设备连接到 Internet。路由器可用作家庭网关和交换机。而无线路由器可用作家庭网关、无线接入点和交换机。多功能设备还可包括调制解调器。

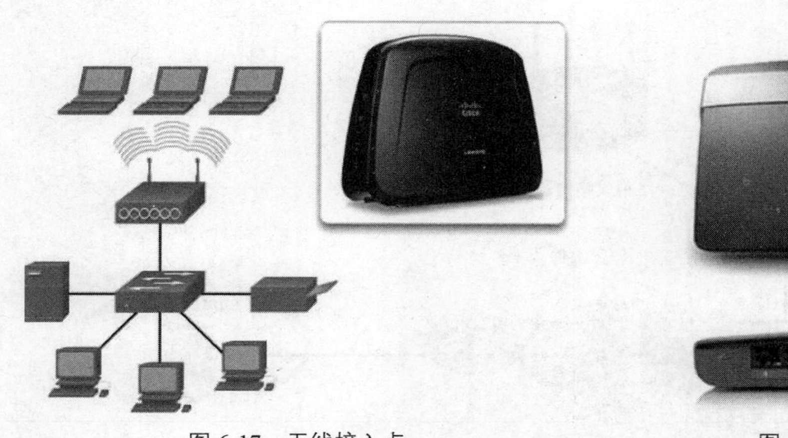

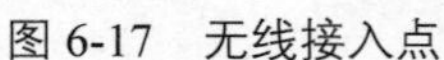

图 6-17 无线接入点

图 6-18 多功能设备

6.5.4 NAS

网络连接存储（NAS）设备包含一个或多个硬盘驱动器、以太网连接以及嵌入式操作系统而非功能完备的网络操作系统。NAS 设备连接到网络后，可供网络中的用户访问和共享文件、传输流媒体并将数据集中备份到一个位置。如果 NAS 设备支持多个硬盘驱动器，则可以提供 RAID 级数据保护。

NAS 是一种客户端/服务器设计。充当 NAS 与网络客户端之间接口的是一个硬件设备，通常称为 NAS 头。客户端总是连接到 NAS 头而非各个存储设备。NAS 设备无需显示器、键盘或鼠标。

NAS 系统可提供简易的管理。它们通常包括一些内置功能，例如磁盘空间配额、安全身份验证以及在设备中检测到错误时自动发送电子邮件警报。

6.5.5 VoIP 电话

IP 语音（VoIP）技术是一种通过数据网络和 Internet 传送电话呼叫的方法。VoIP 将语音模拟信号转换为在 IP 数据包中传输的数字信息。VoIP 还可以使用现有 IP 网络提供对公共交换电话网（PSTN）的访问。

VoIP 电话外观与普通电话类似，但不使用标准的 RJ-11 电话连接器，而使用 RJ-45 以太网连接器。VoIP 电话直接连接到网络，并具备处理 IP 通信所需的所有硬件和软件。

使用 VoIP 连接到 PSTN 时，可能要依赖于 Internet 连接。如果 Internet 连接出现服务中断，这一点就会成为缺点。如果出现服务中断，用户就无法拨打电话。

VoIP 技术有以下几种使用方法。

- **IP 电话**：使用 RJ-45 以太网连接器或无线连接来连接到 IP 网络的设备。
- **模拟电话适配器（ATA）**：将标准模拟设备（例如电话、传真机或答录机）连接到 IP 网络的设备。
- **IP 电话软件**：这种应用程序使用麦克风、扬声器和声卡来模拟 IP 电话功能，以此进行连接。

6.5.6 硬件防火墙

硬件防火墙（例如集成路由器）可防止网络中的数据和设备受到未授权访问。如图 6-19 所示，硬件防火墙是位于两个或多个网络之间的独立设备。它不使用其所保护计算机的资源，因此对处理性能没有影响。

防火墙应该与安全软件配合使用。防火墙位于两个或多个网络之间，控制其间的流量并帮助阻止未授权的访问。防火墙使用多种技术来区分应禁止和应允许的网段访问。

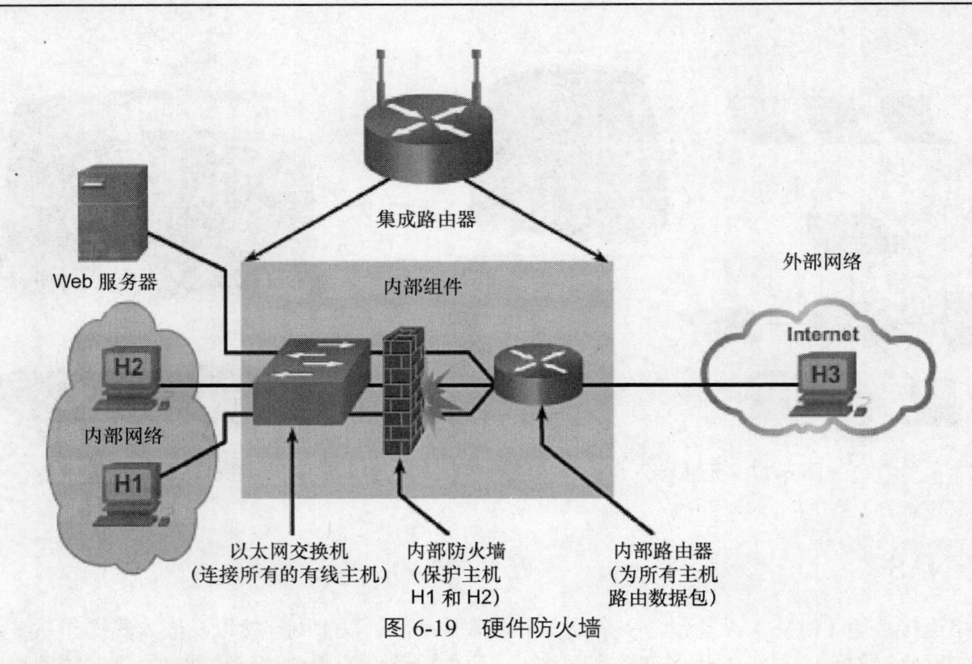

图 6-19 硬件防火墙

选择硬件防火墙时应该考虑的事项如下所示。

- **空间**：独立并使用专用硬件。
- **成本**：硬件初装费和软件更新可能很昂贵。
- **计算机数量**：可以保护多台计算机。
- **性能要求**：对计算机性能影响极小。

注意： 在安全的网络中，如果计算机性能不是问题，应该启用内部操作系统防火墙来获得额外的安全保护。如果防火墙未正确配置，一些应用程序可能无法正常运行。

6.5.7 Internet 电器

Internet 电器又称网络电器、智能家电或信息家电。Internet 电器设备包括电视、游戏控制台、蓝光播放器和流媒体播放器。这些设备针对特定功能而设计，并内置用于 Internet 连接的硬件。Internet 连接分为有线或无线连接。Internet 电器包括 CPU 和 RAM，用于支持电子邮件、网上冲浪、游戏以及视频流和社交网络。

6.5.8 购买正版网络设备

计算机和网络问题可能与仿冒的组件有关。正版产品与仿冒产品在表面上的区别可能细微难察。正版产品与仿冒产品之间还存在性能差异。许多制造商都组建了团队，配备深谙这些差异的工程师。

仿冒产品会给网络以及个人的健康与安全带来风险。贩卖仿冒的计算机和网络设备是应该受到严厉惩罚的罪行。2008 年，某计算机公司的前主人经裁定犯有非法贩卖仿冒计算机组件的罪行，被判入狱 30 个月并责令支付大笔赔偿金。此类案件揭示了在厂商授权销售和分销渠道之外购买产品的风险，给广大客户敲响了警钟。

为帮助确保买到正版产品，请在下订单或请求报价时考虑以下几点。

- 始终直接从授权渠道购买设备。

- 确认设备是新的正版产品，以前没人用过。
- 如果价格低得令人难以置信，请提高警惕。
- 如果产品价格的折扣远远高于正版产品，请提高警惕。这些折扣可能高达 70%～90%。
- 检查设备是否附带有效的软件许可证。
- 检查设备是否含完全保修。
- 询问设备是否包含服务支持。
- 如果产品似乎有正确的标签、徽标和商标，但性能或外观与正版产品相比却不符合标准，请提高警惕。
- 如果包装似乎不符合标准、非原装、被篡改或曾经使用过，请提高警惕。

如果供应商一再劝说您以下几条内容，千万不要与其交易。

- 立即订购以免涨价。
- 利用即将过期特价优惠。
- 预定最后剩下的几件现货产品。
- 购买 OEM 特价产品。
- 利用派代表上门亲自收款或要求货到付款的 Internet、电子邮件或电话营销优惠。

6.6 电缆和连接器

许多不同类型的网络电缆和连接器可用于连接网络设备。理解所需电缆的类型以及它们的使用方法，这一点非常重要。

6.6.1 网络布线的考虑因素

如图 6-20 所示，可用的网络电缆非常多。同轴电缆和双绞线电缆使用铜来传输数据。光缆使用玻璃或塑料来传输数据。这些电缆的带宽、尺寸和成本有所不同。要安装适合布线工作的正确电缆，需要知道在不同的情况下应该使用哪种类型的电缆。此外，还要能够执行故障排除和修复遇到的问题。对于需要连接到网络的用户和服务，可选择最有用和节约成本的电缆类型。

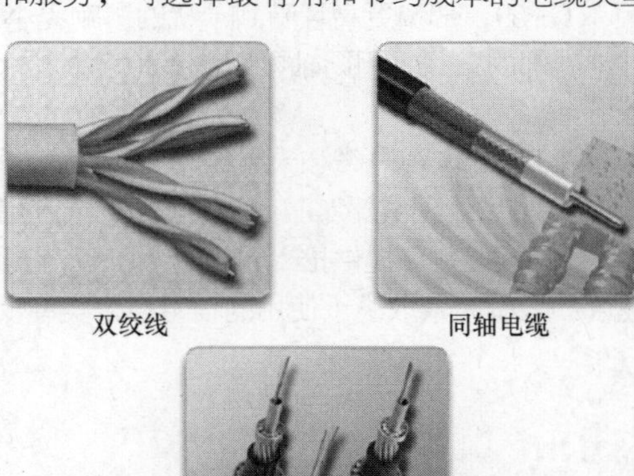

图 6-20 网络电缆

1. 成本

成本是设计网络时的考虑因素之一。安装电缆成本高昂，但是支付一次性费用后，有线网络的维护成本通常并不太高。

2. 安全

有线网络通常比无线网络更安全。有线网络电缆一般安装在墙壁和天花板中，因此不容易接触到。与有线网络相比，未授权访问无线网络中的信号更加容易。任何有接收设备的人都可以接收无线电信号。要让无线网络与有线网络一样安全，需要采用身份验证和加密技术。

3. 面向未来进行设计

许多组织安装的是目前市面上最高等级的电缆。这样可以确保网络将来满足增加的带宽要求。为了避免今后产生昂贵的电缆安装费用，您和客户必须决定是否有必要安装更高等级的电缆。

4. 无线

有些地方无法安装电缆，例如有一些比较古老的历史建筑，地方建筑法规不允许改动其建筑结构，此时可能就需要无线解决方案。

6.6.2 同轴电缆

同轴电缆通常由铜或铝制成。它被有线电视公司用来提供服务，也用于连接组成卫星通讯系统的各个组件。

同轴电缆以电子信号的形式承载数据，其屏蔽能力强于非屏蔽双绞线（UTP），因此信噪比相对较高，可以承载更多的数据。但是在局域网中，双绞线却取代了同轴电缆，因为较之于UTP，同轴电缆安装更麻烦，成本更高，更难进行故障排除。

同轴电缆包覆在护套或表皮中。同轴电缆有以下几种类型。

- **粗缆或10BASE5**：用于网络中，工作带宽为10Mbit/s，最大长度为1640.4英尺（500米）。
- **细缆或10BASE2**：用于网络中，工作带宽为10Mbit/s，最大长度为607英尺（185米）。
- **RG-59**：通常在美国用于有线电视。
- **RG-6**：电缆质量高于RG-59，带宽更高且受到干扰的影响更小。

电缆服务提供商在客户驻地内部的布线采用同轴电缆。多种连接方法可用于将同轴电缆连接到一起。两种常见的连接类型如下所示。

- **F系列**：主要用于最高1GHz的电视电缆和天线应用。
- **BNC**：为军事用途而设计，也用于最高2GHz的视频和射频应用。

F系列连接器为标准的螺纹样式，但也可提供推入式设计。BNC使用推入式旋锁连接器。同轴电缆没有特定的最大带宽，其速度和限制因素取决于使用的信号技术类型。

6.6.3 双绞线电缆

双绞线是一种用于电话通信和大多数以太网络的铜缆。一对导线形成一个可以传输数据的回路。线对绞合在一起以防串扰，即电缆中相邻导线对产生的噪声。铜线线对包裹在彩色标记的塑料绝缘层中，并且绞合在一起。外护层保护着成束的双绞线。

当电流过铜线时，铜线周围将产生一个磁场。一个回路有两条导线。在该回路中，两条导线产生的磁场方向相反。当这两条导线彼此邻近时，磁场会相互抵消。这称为对消效果。如果没有对消效果，网络通信就会因磁场所产生的干扰而变慢。

双绞线电缆有两种基本类型。

- **非屏蔽双绞线（UTP）**：有两对或四对电线的电缆。这种电缆完全依靠绞合线对所产生的对消效果，来限制电磁干扰（EMI）和射频干扰（RFI）引起的信号衰减。UTP 是网络中最常用的电缆。UTP 电缆的最大长度为 330 英尺（100 米）。
- **屏蔽双绞线（STP）**：每对电线都包裹在金属箔中，更好地帮助电线屏蔽噪声。然后，将四对电线整个包裹在金属编织网或金属箔中。STP 可以减少来自电缆内部的电气噪声，也可以减少来自电缆外部的 EMI 和 RFI。

尽管 STP 防止干扰的效果比 UTP 更强，但 STP 的额外屏蔽层使其成本更高，其厚度也使得安装更加困难。此外，金属屏蔽层必须两端接地。如果接地不当，屏蔽层就如同天线一样会接收多余的信号。STP 主要用于北美以外的地区。

1. 类别等级

双绞线电缆分为几种不同的类别（Cat）。这些类别根据电缆中的导线数量和这些导线的绞合圈数而定。

网络的规模决定了要使用的网络电缆类型。如今，大多数网络使用双绞线铜缆布线。双绞线电缆的特征如表 6-5 所示。

表 6-5 双绞线电缆功能

	速度	功能
3 类 UTP	在 16MHz 下 10MBit/s	适用以太网 LAN 常用于电话线路中
5 类 UTP	在 100MHz 下 100Mbit/s	按照比 3 类更高的标准制造以支持更高的数据传输速率
5e 类 UTP	在 100MHz 下 1000Mbit/s	按照比 5 类更高的标准制造以支持更高的数据传输速率 每英尺绞合次数比 5 类更多，可以更好地防止来自外部干扰源的 EMI 和 RFI
6 类 UTP	在 250MHz 下 1000Mbit/s	按照比 5e 类更高的标准制造
6a 类 UTP	在 500MHz 下 1000Mbit/s	每英尺绞合次数比 5e 类更多，可以更好地防止来自外部干扰源的 EMI 和 RFI 6a 类的绝缘性和性能比 6 类更佳
7 类 ScTP	在 600MHz 下 10GMbit/s	电缆内部可能有塑料分隔条用于隔离线对，以便更好地防止 EMI 和 RFI 若用户使用高带宽需求的应用程序（例如视频会议或游戏），则为理想选择 ScTP（外屏蔽双绞线）成本非常高，而且不如 UTP 灵活

全新或翻新的办公楼通常使用某些类型的 UTP 电缆将每间办公室连接到一个中心点，称为主分布层设备间（MDF）。数据 UTP 电缆的距离限制为 330 英尺（100 米）。电缆行经长度超过此距离限制则需要交换机、中继器或集线器将连接延伸到 MDF。

安装于建筑物墙壁和天花板内部的电缆必须达到阻燃等级。由于在建筑物的吊顶和建筑天花板之间会产生空气循环，因此安装阻燃电缆比较安全。阻燃电缆的材质是一种特殊塑料，具有阻燃性能并且比其他电缆类型产生的烟雾更少。

注意： 3类电缆使用6引脚RJ-11连接器，而所有其他双绞线电缆则使用8引脚RJ-45连接器。

2. 布线模式

布线模式分为两种不同标准：T568A 和 T568B。每种布线模式都定义了电缆末端的引线或线序。这两种模式很相似，其区别是在端接时，四对线中的两对交换了顺序。

安装网络时，必须在两种布线模式（T568A 或 T568B）中选择一种，并严格遵循。在一个项目中，必须对每个端接使用同样的布线模式，这一点非常重要。若是在现有网络上工作，则应使用业已采用的布线模式。

使用 T568A 和 T568B 布线模式可创建两种类型的电缆：直通电缆和交叉电缆。这两种电缆都可以用于数据布线。

3. 直通电缆

直通电缆是最常见的电缆类型。它将电缆两端的线都引入同样的引脚中。也就是说，如果电缆一端是 T568A，那么另一端也是 T568A。如果一端是 T568B，那么另一端也是 T568B。这意味着每种颜色的连接顺序（引线）在两端是完全相同的。

两个直接连接并且使用不同的引脚来进行发射和接收的设备称为不相似设备。它们需要使用直通电缆来交换数据。需要使用直通电缆的不相似设备有两种：交换机端口至路由器端口和集线器端口至 PC。

4. 交叉电缆

交叉电缆会同时使用两种布线模式。电缆一端是 T568A，另一端是 T568B。这意味着电缆一端的连接顺序与另一端的连接顺序不一样。

直接连接并且使用相同引脚来进行发送和接收的设备称为相似设备。它们需要使用交叉电缆来交换数据。需要使用交叉电缆的相似设备包括：

- 交换机端口至交换机端口；
- 交换机端口至集线器端口；
- 集线器端口至集线器端口；
- 路由器端口至路由器端口；
- PC 至路由器端口；
- PC 至 PC。

如果使用的电缆类型不正确，网络设备之间的连接将不起作用。

某些设备可自动察觉用于发射和接收的引脚，并相应地调整其内部连接。

6.6.4 光缆

光纤是一种使用光来传输信息的玻璃或塑料介质。如图 6-21 所示，光缆将一股或多股光纤包覆在护套或表皮中。由于光缆使用光来传输信号，因此不受 EMI 或 RFI 影响。所有信号在进入电缆时会被转换为光脉冲，在离开时被转换回电信号。这意味着光缆与铜或其他金属制成的电缆相比，光缆传输的信号更清晰，传输距离更远而且带宽更高。

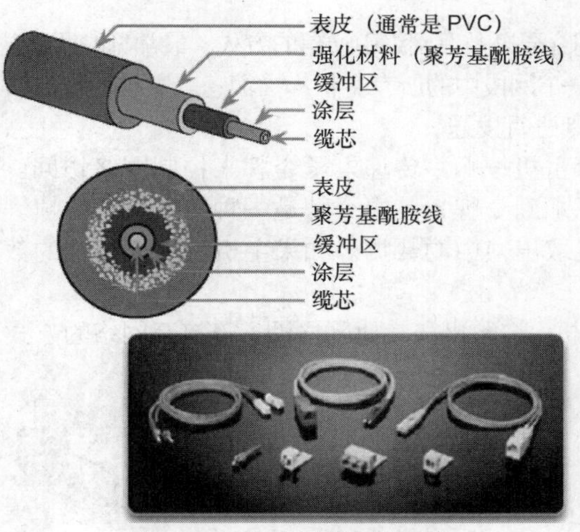

图 6-21 光纤介质电缆设计

光缆可达几英里或几公里的距离，然后才需要重新生成信号。用激光或发光二极管（LED）产生的光脉冲来表示介质上以比特为单位的传输数据。光缆的带宽达到 100Gbit/s 的速度并随着标准的制定和采用而提高。

通过光缆传输数据的速度受限于连接到光缆的设备以及光缆中的杂质。电子半导体设备（称为光电二极管）可检测光脉冲并将其转换为可重现为数据帧的电压。

光缆的使用成本通常高于铜缆，连接器也更昂贵更难组装。光纤网络的常用连接器如下。

- SC：使用卡接式连接器（以简单的推拉动作锁紧）的 2.5 毫米套管。
- ST：使用弹簧式刺刀型连接器的 2.5 毫米套管。
- LC：使用卡接式连接器（以简单的推拉动作锁紧）的 1.25 毫米套管。

这三种类型的光纤连接器为单工模式，只允许数据单向流动。因此，需要两根电缆才能提供双向数据流。

以下是两种玻璃光缆。

- **多模**：光缆的芯线比单模光缆粗，制造起来更容易，可使用更简单的光源（LED），而且适用于长达 6,560 英尺（2 千米）的距离。通常使用 LED 作为光源，用于局域网中或校园网内 200 米的传输距离。
- **单模**：光缆的芯线非常细，制造起来更困难，使用激光作为光源，而且传输信号的长度可达 62.14 英里（100 千米）。通常使用激光作为光源，用于校园主干网，距离长达数千米。

6.7 网络拓扑

网络拓扑描述网络的物理和逻辑布局。清楚地理解两种拓扑类型并能够在使用网络时阅读并创建拓扑，这一点非常重要。下面将描述每种拓扑的组成要素，解释常用的物理拓扑，并解释如何通过理解客户的网络需要来确定网络拓扑。

6.7.1 逻辑拓扑和物理拓扑

逻辑拓扑描述主机访问介质以及在网络中通信的方式。最常见的两种逻辑拓扑是广播和令牌传递。在广播拓扑中，主机向同一个网段中的所有主机广播消息。主机传输数据不必遵循一定的顺序。消息按照先进先出（FIFO）原则进行发送。

令牌传递通过向每台主机按顺序传递电子令牌来控制网络访问。如果主机要传输数据，主机便将数据和目的地址添加到令牌，其中令牌是一种特殊格式的帧。然后，令牌传递到使用目的地址的主机。目的主机取出帧中的数据。如果主机没有要发送的数据，则将令牌传递到另一台主机。

物理拓扑定义了计算机、打印机和其他网络设备连接至网络的方式。图 6-22 显示了 6 种物理拓扑。

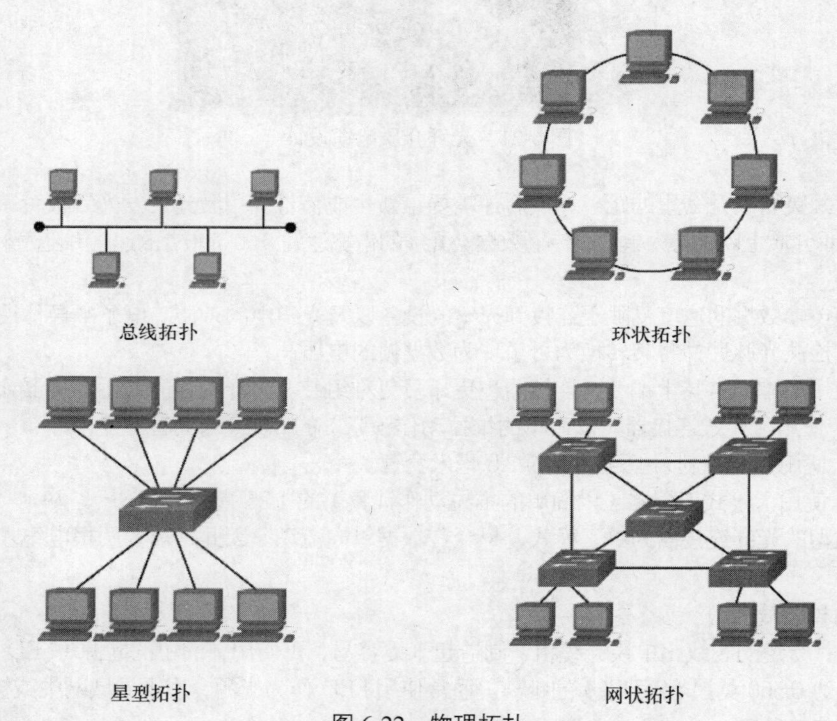

图 6-22 物理拓扑

1. 总线

在总线拓扑中，每台计算机都连接到一条公用的电缆。这条电缆将一台计算机连接到下一台计算机，如同穿过城市的公交线路。电缆两端安装有小的端接帽，称为端接器。端接器用于防止信号反射和造成网络错误。

2. 环状

在环状拓扑中，多个主机连接成一个物理环或圈。由于环状拓扑没有起点或终点，因此电缆也没有端接。令牌绕着环传递，在每台主机均会停止。如果主机要传输数据，主机便将数据和目的地址添加到令牌。令牌继续绕着环传递，直到停在使用目的地址的主机处。由目的主机取出令牌中的数据。

3. 星型

星型拓扑有一个中心连接点，这个点通常是集线器、交换机或路由器之类的设备。网络中的每台主机都通过一段电缆将主机直接连接到中心连接点。星型拓扑的优点是易于排除故障。每台主机都用自己的缆线连接到中心设备。如果该电缆出现问题，受到影响的只有那一台主机。网络的其余部分仍保持正常运行。

4. 分层

分层或扩展星型拓扑是一种星型网络，但有额外的网络设备连接到主要网络设备。通常，网络电缆连接到一台交换机，然后若干其他交换机连接到第一台交换机。分层星型拓扑适用于大型网络，例如企业或大学的网络。

5. 网状

网状拓扑将所有设备相互连接。当每台设备均与所有其他设备相连时，某个连接沿线的任何电缆或设备出现故障都不会影响网络。网状拓扑用于将 LAN 相互连接的 WAN 中。

6. 混合

混合拓扑结合两种或多种基本的网络拓扑，例如星型-总线或星型-环状拓扑。混合拓扑的优点在于它可以实施到许多不同的网络环境中。

拓扑的类型决定了网络的功能，例如安装的难易程度、速度和电缆长度。LAN 体系结构描述了网络中使用的物理拓扑和逻辑拓扑。

6.7.2 确定网络拓扑

要正确地确定网络拓扑，需要了解客户的需求并确定新网络的一般布局。需要与客户讨论以下网络决策：

- 电缆和无线标准；
- 可扩展性；
- 用户数量和位置。

用户数量和预计未来增长的数量决定了网络的初始物理和逻辑拓扑。在项目早期阶段，应该完成一项称为现场勘测的检查。现场勘测是实地检查建筑物，帮助确定基本的物理拓扑。通过制作一张核对表，可记录客户的需求来确定物理拓扑：

- 用户计算机的位置；
- 交换机和路由器等网络设备的位置；
- 服务器的位置。

平面图或蓝图有助于确定设备和电缆的物理布局。物理布局通常根据可用空间、电源、安全和空调情况而定。图 6-23 显示了一种典型的网络拓扑。

如果没有平面图或蓝图，可以将网络设备的位置绘制成图，包括服务器机房、打印机、终端和电缆敷设的位置。此图可用于讨论有关客户最终要制定的布局决策。

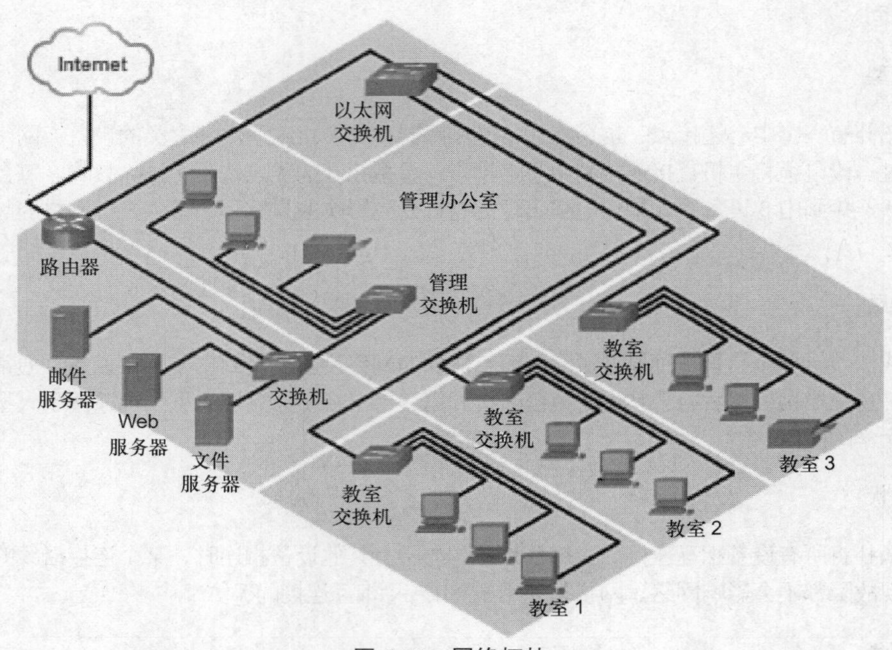

图 6-23 网络拓扑

6.8 以太网标准

为确保设备和网络拓扑之间的一致性和互操作性，需要相关标准。本节将讨论设定和维护常用技术标准的组织，并且还会提供对网络通信最常用标准的描述。

6.8.1 标准组织

有一些国际标准化组织负责制定网络标准。制造商们根据这些标准来开发技术，尤其是通信和网络技术。通过执行标准，可以确保一家制造商生产的设备能够与其他制造商使用相同技术生产的设备兼容。标准小组负责制定、审查和更新标准。这些标准随后应用于技术开发中，以求满足人们对更高带宽、高效通信和可靠服务的需求。

表 6-6 提供了有关若干标准化组织的信息。

表 6-6 标准组织

ITU-I	国际电信联盟电信标准局：联合国负责信息与通信技术（ICT）的专门机构
IEEE	电气电子工程师协会：制定计算机和电子行业标准；例如，用于局域网的 IEEE 802 标准
ISO	国际标准化组织：定义计算机标准（例如，开放式系统互联（OSI）模型）
IAB	Internet 基础架构委员会：监管 Internet 技术和工程开发的委员会
IEC	国际电工委员会：为所有电气、电子和相关技术制定和颁布国际标准的全球性组织
ANSI	美国国家标准协会：通过在符合资格的团队之间建立一致流程从而促进各项标准的制定
TIA/EIA	电信工业协会和电子工业协会：制定并颁布涵盖 LAN 结构化语音与数据布线的标准

6.8.2 IEEE 802.3

以太网协议规定了一些规则，用于控制以太网络中的通信方式。为了确保所有以太网设备相互兼容，IEEE 为制造商和程序开发人员制定了一些在开发以太网设备时应该遵守的标准。

以太网体系结构基于 IEEE 802.3 标准。IEEE 802.3 标准规定，网络应实施载波侦听多路访问/冲突检测（CSMA/CD）访问控制方法。

在 CSMA/CD 中，所有终端都要侦听网络线路以寻隙发送数据。此过程类似于等待听到电话中传来拨号音后，再进行拨号。当终端检测到没有其他主机正在传输时，终端即可尝试发送数据。如果与此同时其他终端没有发送任何数据，则此次传输将毫无问题地抵达目的计算机。如果另一个终端同时发现线路中没有数据并进行传输，则会在网络介质中产生冲突。

检测到冲突（或双倍电压）的第一个终端发出堵塞信号，通知所有终端停止传输并运行回退算法。回退算法可计算终端再次尝试传输的随机时间。此随机时间通常在 1 或 2 毫秒（ms）内。每当网络中出现冲突时都会发生这一系列过程，可减少多达 40%的以太网传输。

6.8.3 以太网技术

IEEE 802.3 标准定义了若干物理实现来支持以太网。表 6-7 总结了不同以太网电缆类型的标准。

表 6-7 以太网标准

以太网标准	介质	传输速率
10BASE-T	3 类	以 10Mbit/s 的速率传输数据
100BASE-T	5 类	在 100Mbit/s 的带宽下，100BASE-T 的传输速率是 10BASE-T 的 10 倍
1000BASE-T	5e 类	1000BASE-T 体系结构支持 1Gbit/s 的数据传输速率
10GBASE-T	6a 类、7 类	10GBASE-T 体系结构支持 10Gbit/s 的数据传输速率

10BASE-T 是一种使用星型拓扑的以太网技术。作为一种常用的以太网体系结构，10BASE-T 的功能如名称所述：

- 10 代表速度为 10Mbit/s；
- BASE 代表基带传输，在基带传输中，整个电缆的带宽用于一种信号；
- T 代表双绞线铜缆。

6.8.4 IEEE 802.11

IEEE 802.11 是规范无线网络连接的标准。如表 6-8 所示，IEEE 802.11（或 Wi-Fi）是一系列标准的统称。这些协议规定了不同 Wi-Fi 标准的频率、速度和其他功能。

表 6-8 无线以太网标准

标准	带宽	频率	最大传输距离	互操作性
IEEE 802.11a	最高 54Mbit/s	5GHz 频段	45.7 米（150 英尺）	不能与 802.11b 互操作
IEEE 802.11b	最高 11Mbit/s	2.4GHz 频段	91 米（300 英尺）	可与 802.11g 互操作
IEEE 802.11a	最高 54Mbit/s	2.4GHz 频段	91 米（300 英尺）	可与 802.11b 互操作
IEEE 802.11n	最高 600Mbit/s	2.4GHz 频段或 5GHz 频段	250 米（984 英尺）	可与 802.11a、802.11b 和 802.11g 互操作

6.9 OSI 和 TCP/IP 数据模型

从事网络工作的人员采用 TCP/IP 和 OSI 模型，为与设备、进程、协议和服务进行通信提供共同的基础。它们还可用于故障排除。随着数据通过网络移动，这些模型按照“协议层”描述了协议和进程。

6.9.1 TCP/IP

架构模型是一种通用参考框架，用于说明 Internet 通信和制定通信协议。它将协议的功能划分为便于管理的协议层。在通过网络进行通信的过程中，每一层均执行特定的功能。

TCP/IP 模型由美国国防部（DoD）的研究人员创建。在通过网络和 Internet 传输数据所使用的标准中，TCP/IP 协议簇居于主导地位。它所包含的协议层执行一些必要的功能，对数据进行准备处理以便通过网络传输。表 6-9 显示了 TCP/IP 模型的 4 个协议层。

表 6-9 TCP/IP 协议层

TCP/IP 协议层	描述
应用层	SMTP 和 FTP 等上层协议工作的层
传输层	指定通过特定端口请求了数据或将接收数据的应用程序
Internet 层	进行 IP 寻址和路由的层
网络接入层	MAC 地址和网络的物理组件所在的层

报文从顶部的应用层沿各 TCP/IP 协议层向下传递到底部的网络接入层。随着报文向下经过各层，报头信息将添加到报文并进行传输。到达目的地后，报文通过各层向上返回。随着报文向上经过各层朝目的地传输，添加到报文的报头信息被剥离。

1. 应用层协议

应用层协议为用户应用程序（例如 Web 浏览器和电子邮件程序）提供网络服务。在应用层工作的常用协议包括 HTTP、Telnet、FTP、SMTP、DNS 和 HTML。

2. 传输层协议

传输层协议提供端到端数据管理。这些协议的功能之一是将数据划分为便于管理的数据段，使其更易于通过网络传输。在传输层工作的常用协议包括 TCP 和 UDP。

3. Internet 层协议

Internet 层协议为网络中的主机之间提供连接。在 Internet 层工作的常用协议包括 IP 和 ICMP。

4. 网络接入层协议

网络接入层协议描述主机用于接入物理介质的标准。该层定义了 IEEE 802.3 以太网标准和技术，例如 CSMA/CD 和 10BASE-T。

6.9.2 OSI

20 世纪 80 年代初，国际标准化组织（ISO）制定了开放系统互联（OSI）参考模型，用于标准化网络中设备的通信方式。此模型是确保网络设备之间交互操作的重大举措。

OSI 模型将网络通信划分为 7 个不同的层。尽管还存在其他模型，但当今大多数网络厂商都使用此框架来构建自己的产品。

协议栈是指一个实现协议行为的系统，由一系列这样的层组成。协议栈可通过硬件或软件实现，也可二者结合。通常只有下层通过硬件实现，上层则通过软件实现。每一层负责对数据进行部分准备处理以便通过网络传输。表 6-10 显示了 OSI 模型每一层的工作内容。

表 6-10　OSI 模型

OSI 模型	协议层	描述
应用层	7	负责向应用程序提供网络服务
表示层	6	转换数据格式，为应用层提供标准接口
会话层	5	建立、管理和终止本地应用程序和远程应用程序之间的连接
传输层	4	通过网络提供可靠传输和流量控制
网络层	3	负责逻辑编址和路由域
数据链路层	2	提供物理编址和介质接入过程
物理层	1	定义设备的所有电气和物理规范

在 OSI 模型中传输数据时，可以比喻成数据沿着发送计算机的 OSI 模型协议层向下传输，再沿着接收计算机的 OSI 模型协议层向上传输。

当用户发送数据（例如电子邮件）时，封装过程将从应用层开始。应用层提供对应用程序的网络访问。信息依次流经上面三层，在向下到达传输层时被视为数据。

在传输层，数据被拆分为更易于管理的数据段，称为协议数据单元（PDU），以便通过网络按顺序传输。PDU 用于描述在 OSI 模型不同协议层之间移动时的数据。传输层 PDU 还包含一些信息用于进行可靠的数据传输，例如端口号、序列号和确认号。

在网络层，来自传输层的每个数据段变成一个数据包。数据包中包含逻辑编址和其他第 3 层控制信息。

在数据链路层，来自网络层的每个数据包变成一个帧。帧包含物理地址和错误纠正信息。

在物理层，帧变成比特。这些比特通过网络介质传输，一次一个比特。

在接收计算机上，解封过程逆向执行封装过程。比特到达接收计算机的 OSI 模型物理层。然后沿着接收计算机的 OSI 模型向上传输，将数据带到应用层，电子邮件程序便在此显示该电子邮件。

注意： 助记方法可以帮助记住 OSI 的七个协议层。例如，All People Seem To Need Data Processing 和 Please Do Not Throw Sausage Pizza Away。

6.9.3 比较 OSI 和 TCP/IP 模型

OSI 模型和 TCP/IP 模型都是用于描述数据通信过程的参考模型。TCP/IP 模型专门用于 TCP/IP 协议簇，而 OSI 模型用于为不同厂商的设备和应用程序制定通信标准。

TCP/IP 模型执行的过程与 OSI 模型相同，但使用 4 个协议层而非 7 个。图 6-24 显示了两个模型各层的比较。

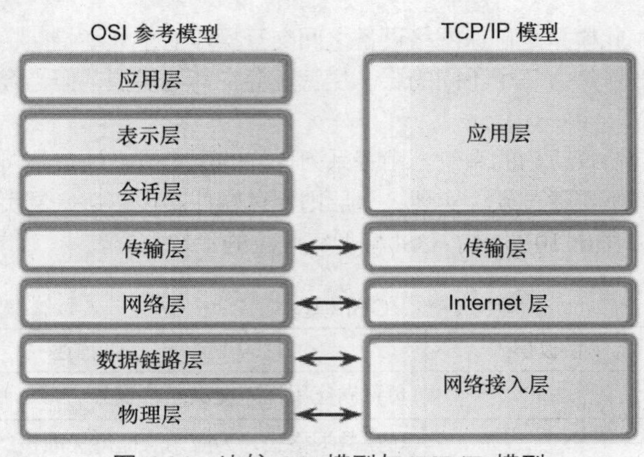

图 6-24 比较 OSI 模型与 TCP/IP 模型

6.10 计算机连网

安装网络需要深入理解硬件和每项工程所要求的安装步骤。本节将介绍网络安装的每个环节的流程。

6.10.1 网络安装完成清单

通过清楚了解搭建物理网络的所有步骤，有助于确保项目取得成功。其中可能需要安装网卡、无线和有线网络设备并配置网络设备。

安装无线网络时，可以使用无线接入点或多功能设备。Linksys E2500 是可提供路由器和接入点双重功能的多功能设备。您必须决定要在哪里安装接入点才能提供最大连接范围。

确定所有网络设备的位置后，就可以安装网络电缆了。如果自行安装电缆，应确保所有必要的材料都在现场，并备有网络物理拓扑的蓝图。

要搭建物理网络，按以下顺序操作。

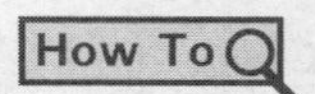

步骤 1 确保所有以太网墙壁端口位置已正确标记并符合客户当前和未来的要求。如果要在天花板中和墙壁后面安装电缆，则要牵拉电缆：一人拉电缆，另一人送电缆穿过墙壁。务必标识每根电缆的两端。按照既定的标识方案或遵守 TIA/EIA 606-A 中规定的原则。

步骤 2 对电缆两端进行端接后，使用测线器确认不存在短路或干扰。

步骤 3 使用平面图查找覆盖范围最大的接入点位置。无线接入点的最佳位置是覆盖区域的中心，无线设备与接入点之间无障碍物。

步骤 4 将接入点连接到现有网络。

步骤 5 确保台式机、笔记本电脑和网络打印机中的网络接口安装正确。安装网络接口后，在所有设备上配置客户端软件和 IP 地址信息。

步骤 6 务必在安全、集中的位置安装交换机和路由器。所有 LAN 连接都在此区域内端接。在家庭网络中，可能需要将这些设备安装在分散的位置，也可能只有一台设备。

步骤 7 安装从墙面连接到每台网络设备的直通以太网电缆。检查所有网络接口以及与设备相连的每个网络设备端口的链路指示灯是否亮起。

步骤 8 连接所有设备并且所有链路指示灯工作正常后，测试网络的连通性。使用 **ipconfig/all** 命令查看每台工作站上的 IP 配置。使用 **ping** 命令测试基本连通性。此时应该能 ping 通网络中的其他计算机，包括默认网关和远程计算机。确认基本连通性后，配置并测试网络应用程序，例如电子邮件和 Web 浏览器。

6.10.2 选择网卡

连接到网络需要使用网卡。网卡可能在计算机出厂时已经预装，也可能需要自行购买。当客户要求提高网络速度或增加新功能时，必须能够升级、安装和配置组件。如果客户准备增加额外的计算机或无线功能，应该能够根据其需求推荐设备，例如无线接入点和无线网卡。所建议的设备必须能与现有设备和电缆配合使用，否则就必须升级现有基础架构。在比较少见的情况下，可能需要更新驱动程序。这时可以使用主板或适配卡随附的驱动程序光盘，也可以提供从制造商处下载的驱动程序。

网络接口有许多类型：

- 台式计算机的大多数网络接口已集成到主板中或者是插入扩展槽中的扩展卡；
- 大多数笔记本电脑网络接口已集成到主板中或者插入 PC 卡插槽或 ExpressBus 扩展槽中；
- USB 网络适配器插入 USB 端口，可用于台式机和笔记本电脑。

购买网卡前应研究网卡的速度、规格尺寸和功能。此外，还应检查连接到计算机的集线器或交换机的速度与功能。

以太网网卡会自动协商网卡与其他设备之间能共同达到的最快速度。例如，如果您有一个 10/100Mbit/s 网卡但集线器只有 10Mbit/s，则网卡的工作速率为 10Mbit/s。如果您有一个 10/100/1000Mbit/s 网卡而交换机只能以 100Mbit/s 的速率工作，则网卡的工作速率为 100Mbit/s。

如果您有吉比特交换机，那么极可能需要购买吉比特网卡才能与其速度匹配。如果计划今后将网络升级为吉比特以太网，则务必要购买支持该速度的网卡。因为成本可能存在很大差异，所以要选择与客户需求相符的网卡。

要连接到无线网络，计算机必须有无线适配器。无线适配器可与其他无线设备（例如计算机、打印机或无线接入点）通信。购买无线适配器之前，要确保其与网络中已经安装的其他无线设备兼容。确认无线适配器是适合客户计算机的正确规格尺寸。无线 USB 适配器可以用于任何有 USB 端口的台式机或笔记本计算机。

无线网卡有不同形式与功能。根据安装的无线网络类型来选择无线网卡：

- 802.11b 网卡可用于 802.11g 网络中；
- 802.11a 只能用于支持 802.11a 的网络中；
- 802.11a 双频、802.11b 和 802.11g 网卡可用于 802.11n 网络中。

6.10.3 安装和更新网卡

要在台式计算机中安装网卡，必须拆下机箱盖。然后，取下可用的 PCI 插槽或 PCI Express 插槽的盖子。网卡安装牢固之后，将机箱盖装回原位。无线网卡有天线连接到网卡背面或与一根电缆相连，使其能固定在信号接收效果最好的位置。天线必须进行连接和定位。

有时候，制造商会为网卡发布新的驱动程序软件。新驱动程序可能是增强网卡功能，或是出于操作系统兼容性的需要。

安装新驱动程序时，要禁用病毒防护软件才能确保驱动程序正常安装。有些病毒扫描程序会将检测到的驱动程序更新当作潜在的病毒攻击。一次只能安装一个驱动程序；否则，有些更新过程可能会冲突。最好的做法是关闭所有正在运行的应用程序，这样它们就不会使用与驱动程序更新相关联的任何文件。更新驱动程序之前，可访问制造商的网站。在许多情况下，可以下载自动安装或更新驱动程序的自解压可执行驱动程序文件。

安装并配置网卡和驱动程序之后，可能需要配置其他操作系统设置。此外，可能还需要安装调制解调器以便连接到 Internet。否则，只需将计算机连接到现有网络。

另外，也可以手动更新网卡驱动程序。在 Windows 7 和 Windows Vista 中，按以下顺序操作。

开始>控制面板>设备管理器

在 Windows XP 中，按以下顺序操作。

开始>控制面板>系统>硬件选项卡**>设备管理器**

在 Windows 7 中，如欲查看安装的网络适配器，单击类别旁的箭头。在 Windows Vista 和 Windows XP 中，单击网络适配器类别旁的+。要查看和更改适配器的属性，双击适配器。在“适配器属性”窗口中，选择**驱动程序**选项卡。

注意：　有时，驱动程序安装进程会提示重新启动计算机。

如果新的网卡驱动程序安装后无法按照预期运行，可以卸载该驱动程序或回滚到上一个驱动程序。在设备管理器中双击适配器。在“适配器属性”窗口中，选择**驱动程序**选项卡并单击**回滚驱动程序**。如果在该更新前未安装驱动程序，此选项不可用。在此情况下，如果操作系统找不到适合网卡的驱动程序，必须为设备查找驱动程序并手动安装。

6.10.4 配置网卡

安装网卡驱动程序之后，需配置 IP 地址设置。如果使用静态 IP 地址配置网卡，则在计算机连接到另一网络时，可能需要更改 IP 地址。因此，更为可行的办法是在计算机上启用 DHCP，以便从 DHCP 服务器接收 IP 地址信息。

每个网卡必须配置下列信息。

- **协议**：必须为通过同一网络通信的任意两台计算机实施相同协议。
- **IP 地址**：该地址是可配置的，而且每台设备必须具有唯一的地址。IP 地址可以手动配置，也可以由 DHCP 自动分配。
- **MAC 地址**：每个设备都有唯一的 MAC 地址。MAC 地址由制造商分配，不可更改。

要在 Windows 7 中配置网卡，按以下顺序操作。

开始>控制面板>网络和共享中心>更改适配器设置>右键单击**本地连接>属性> TCP/IPv4 >属性>**配置 IP 设置**>确定>确定**

在 Windows Vista 中，按以下顺序操作。

开始>控制面板>网络和共享中心>管理网络连接>右键单击**本地连接>属性> TCP/IPv4 >属性>**配置 IP 设置**>确定>确定**

在 Windows XP 中，按以下顺序操作。

开始>控制面板>网络连接>右键单击**本地连接>属性> TCP/IP >属性>**配置 IP 设置**>确定>确定**

配置备用 IP 设置

通过在 Windows 中设置备用的 IP 配置，可以方便地在需要使用 DHCP 的网络与使用静态 IP 设置的网络之间切换。如果计算机无法与网络中的DHCP服务器通信，Windows会使用分配给网卡的备用IP配置。另外，在无法联系到DHCP服务器时，备用IP配置会替换分配的APIPA地址。

要创建备用IP配置，在网卡的“属性”窗口中单击**备用配置**选项卡。

6.10.5　高级网卡设置

在大多数网络环境中，唯一一项必须配置的网卡设置是IP地址信息。高级网卡设置可保留默认值。但是，当计算机连接到不支持某些或全部默认设置的网络时，则必须对高级设置作出必要更改。计算机可能需要这些更改才能连接到网络、启用网络所需功能或实现更好的网络连接。

高级功能设置错误可能导致连接故障或性能下降。高级功能位于网卡配置窗口的“高级”选项卡中。“高级”选项卡包含网卡制造商现有的所有参数。

注意：　可用的高级功能和功能的选项卡布局取决于操作系统以及安装的具体网卡适配器和驱动程序。

1. 双工和速度

网卡的双工和速度设置若与连接的设备不匹配，可能会降低计算机的数据传输速率。双工不匹配是指将具有特定链路速度或双工设置的网卡连接到设置值不同的网卡。默认值为自动，但可能必须更改双工、速度或二者。

2. LAN唤醒

LAN唤醒（Wake on LAN，WoL）设置可用于将联网的计算机从超低功耗模式状态下唤醒。超低功耗模式表示计算机已关闭但仍然连接着电源。要支持WoL，计算机必须有兼容ATX的电源和兼容WoL的网卡。一个称为幻数据包的唤醒消息将发送到计算机网卡。幻数据包中包含连接到计算机的网卡的MAC地址。当网卡收到幻数据包时，计算机将唤醒。

WoL是在主板BIOS或网卡驱动程序固件中进行配置。

3. 服务质量

QoS亦称802.1q QoS，是用于控制网络流量流动、提高传输速率和改进实时通信流量的各种技术。无论是联网的计算机还是网络设备，都必须启用QoS才能使服务正常运行。在计算机上安装并启用QoS后，Windows可以限制可用带宽来满足高优先级流量。禁用QoS时，所有流量的处理方式相同。QoS是通过安装QoS数据包计划程序这一网络服务而配置的。

6.11　无线和有线路由器配置

无线和有线路由器连接需要不同的规划和连接技术。本节将描述基本的设置和选项，以及将设备连接到这两种路由器并测试连接时所需的步骤。

6.11.1　连接到路由器

安装网卡驱动程序后即可首次连接网络路由器。将网络电缆（也称为以太网直通电缆）插入计算机的网络端口，再将另一端插入网络设备或墙壁插孔。

连接网络电缆后，查看网卡以太网端口旁的 LED（或链路指示灯）是否有任何活动。如果没有活动，则表示可能存在电缆故障、交换机端口故障甚至网卡故障。要修复问题，可能必须更换一个或多个上述设备。

确认计算机连接到网络而且网卡上的链路指示灯表示连接有效后，计算机需要一个 IP 地址。大多数网络的设置可以让计算机从本地 DHCP 服务器自动获得 IP 地址。如果计算机没有 IP 地址，在网卡的 TCP/IP 属性中输入唯一 IP 地址。

要首次连接到 E2500 路由器，按以下顺序操作。

How To

步骤 1 Linksys E2500 路由器的背面有 5 个以太网端口。将 DSL 或电缆调制解调器连接到标有 Internet 的端口。如果 Internet 和其他连接的计算机之间可以通信，设备的交换逻辑将通过此端口转发所有数据包。然后将一台计算机连接到其余的任一端口以访问配置网页。

步骤 2 打开宽带调制解调器并将电源线插入路由器。当调制解调器建立与 ISP 的连接完毕后，路由器将自动与调制解调器通信，以便从 ISP 接收访问 Internet 所需的信息：IP 地址、子网掩码和 DNS 服务器地址。Internet LED 指示灯亮起，表示正在与调制解调器通信。

步骤 3 路由器与调制解调器建立通信后，必须配置路由器与网络中的设备通信。打开连接到路由器的计算机。计算机上的网卡 LED 指示灯亮起，表示正在与路由器通信。

6.11.2 设置网络位置

Windows 7 或 Windows Vista 首次连接到网络时，必须选择网络位置配置文件。每个网络位置配置文件的默认设置不同。根据选择的配置文件，可以关闭或打开文件和打印机共享或网络发现功能，并可应用不同的防火墙设置。

Windows 7 和 Windows Vista 包含 3 个网络位置配置文件，称为公用网络、工作网络和家庭网络。若计算机属于公用、工作或家庭网络并在其中共享资源，则它们必须是同一个工作组的成员。家庭网络中的计算机也可以属于家庭组。家庭组是 Windows 7 的一项功能，可提供简单的文件和打印机共享方法。Windows Vista 不支持家庭组功能。

第四个网络位置配置文件称为域网络，通常用于企业工作场所。此配置文件由网络管理员控制，不能由连接到企业的用户进行选择或更改。

Windows XP 不支持选择网络位置配置文件，因此它不是连接到网络时的必要步骤。

首次连接到网络时，可使用下列信息作出恰当选择。

- **家庭网络**：为家庭网络选择此网络位置，或者在信任网络中的人和设备时选择此网络位置。网络发现功能将打开，可以让您看到网络中的其他计算机和设备，也可以让其他网络用户看到您的计算机。
- **工作网络**：为小型办公室或其他工作场所网络选择此网络位置。网络发现功能将打开，但无法创建或加入家庭组。
- **公用网络**：为机场、咖啡厅和其他公共场所选择此网络位置。网络发现功能将关闭。此网络位置提供最强的保护。如果未使用路由器直接连接到 Internet 或使用移动宽带连接时，也应选择此网络位置。家庭组不可用。

注意： 如果网络中只有一台计算机且不需要文件或打印机共享功能，那么最安全的选择是公用网络。

如果首次连接到网络时没有显示“设置网络位置”窗口，可能需要释放并续租计算机的 IP 地址。在计算机上打开命令提示符后，输入 **ipconfig/release** 然后输入 **ipconfig/renew** 从路由器获得 IP 地址。

可以更改所有网络位置配置文件的默认设置。对默认配置文件的更改将应用到使用同一个网络位置配置文件的每个网络。

要在 Windows 7 中更改网络位置配置文件设置，按以下顺序操作。

开始>控制面板>网络和共享中心>单击当前的网络位置配置文件>选择网络位置>查看或更改网络和共享中心的设置>选择家庭组和共享选项>更改高级共享设置

要在 Windows Vista 中更改网络位置配置文件设置，按以下顺序操作。

开始>控制面板>网络和共享中心>自定义>选择位置类型>单击下一步>查看或更改网络和共享中心的网络和共享设置

6.11.3 登录路由器

路由器与调制解调器建立通信后，需配置路由器与网络中的设备通信。打开 Web 浏览器，在“地址”栏中输入 192.168.1.1。这是 Linksys E2500 路由器配置和管理界面的默认私有 IP 地址。

首次连接到 Linksys E2500 时，系统会询问您是安装 Cisco Connect 软件还是使用基于浏览器的实用程序手动连接到路由器。手动连接到 E2500 路由器时，安全窗口将提示进行身份验证以访问路由器配置屏幕。用户名字段必须留空。输入 admin 作为默认口令。

6.11.4 基本网络设置

登录后，设置屏幕打开，如图 6-25 所示。设置屏幕的选项卡可帮助配置路由器。进行任何更改后，必须单击每个屏幕底部的 Save Settings（保存设置）。

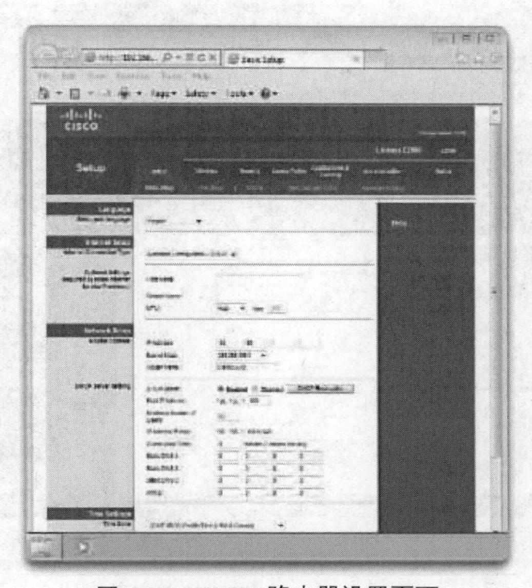

图 6-25 E2500 路由器设置页面

针对家庭或小型企业设计的所有路由器均已预先配置了基本设置。这些设置可能位于不同的选项卡中，具体取决于路由器的品牌和型号。比较好的做法是更改以下默认设置。

- **Router Name（路由器名称）**：提供易于识别的名称。在操作系统中查看联网设备时将显示此名称。
- **Network Device Access Permissions（网络设备访问权限）**：许多由特定制造商生产的网络设备都使用相同的默认用户名和密码来访问设备配置屏幕。如果保留不变，未授权的用户即可轻松登录设备并修改设置。因此，在首次连接到网络设备时，应更改默认的用户名和密码。在某些设备上，只能重置密码。
- **Basic QoS（基本 QoS）**：E2500 路由器支持应用程序、在线游戏、VoIP 和视频流使用 QoS 功能。

虽然一些默认设置应该进行更改，但另一些默认设置最好保留不变。大多数家庭或小型企业网络共享 ISP 提供的一条 Internet 连接。此类网络中的路由器从 ISP 接收公有地址，从而使该路由器能够通过 Internet 发送和接收数据包。然后，路由器向本地网络主机提供私有地址。由于私有地址无法用于 Internet 中，因此使用某种过程将私有地址转换为唯一的公有地址。这样，本地主机才能通过 Internet 通信。

网络地址转换（NAT）就是用于将私有地址转换为可路由 Internet 地址的过程。借助 NAT 可将私有（本地）源 IP 地址转换为公有（全局）地址。传入数据包的过程与之相反。通过 NAT，路由器能够将多个内部 IP 地址转换为公有地址。

只有发送到其他网络的数据包需要转换。这些数据包必须经过网关，路由器在此将源主机的私有 IP 地址替换为路由器的公有 IP 地址。

尽管内部网络中的每台主机都有唯一的私有 IP 地址，但所有主机都共享 ISP 分配给路由器的可路由 Internet 地址。

使用 E2500 路由器的配置屏幕时，单击 Help（帮助）选项卡可查看有关某个选项卡的补充信息。有关帮助屏幕上所示内容之外的信息，可查阅相关文档。

6.11.5 基本无线设置

建立到路由器的连接后，最好是配置一些基本设置来帮助保护无线网络并提高其速度。下列所有无线设置均在“无线”选项卡中，如图 6-26 所示。

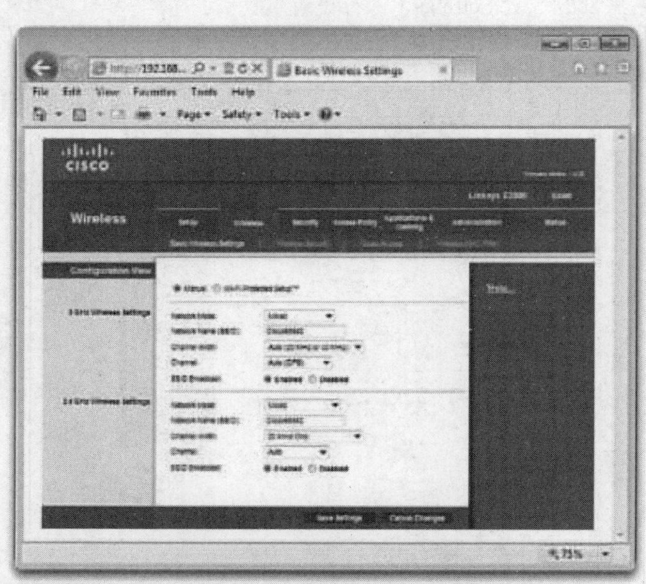

图 6-26 E2500 无线设置屏幕

- 网络模式。
- 服务集标识符（SSID）。
- 信道。
- 无线安全模式。

1. 网络模式

802.11 协议可以根据无线网络环境提供更高的吞吐量。如果所有无线设备都通过相同的 802.11 标准连接，就可以获得该标准的最大速率。如果接入点配置为只接受一个 802.11 标准，不使用该标准的设备就无法连接到接入点。

混合模式的无线网络环境可包括 802.11a、802.11b、802.11g 和 802.11n。这种环境为需要无线连接的传统设备提供比较方便的访问。

2. SSID

服务集标识符（SSID）是无线网络的名称。SSID 广播可以让其他设备自动发现无线网络的名称。禁用 SSID 广播时，必须在无线设备上手动输入 SSID。

禁用 SSID 广播会让合法客户端更难以查找无线网络。只是关闭 SSID 广播并不足以防止未授权的客户端连接到无线网络，应该使用更强的加密方法如 WPA 或 WPA2，而不是关闭 SSID 广播。

3. 信道

无线设备通过相同的频率范围进行传输时，会产生干扰。无绳电话之类家用电子设备、其他无线网络和婴儿监控仪可能会使用这同一个频率范围。这些设备会降低 Wi-Fi 性能并有可能中断网络连接。

802.11b 和 802.11g 标准在较窄的 2.4 GHz 射频范围内进行传输。2.4 GHz Wi-Fi 信号范围被划分为许多更小的频段，也称信道。通过设置此 Wi-Fi 信道号，可以避免产生无线干扰。

信道 1 使用最低的频段，其后的每个信道频率略微增加。两个信道号相隔越远，重叠程度和干扰机率就越小。信道 1 和信道 11 与默认信道 6 不重叠。为了获得最佳效果，最好使用这三个信道之一。例如，如果您与邻居的 WLAN 相互干扰，则可更改为相距较远的信道。

4. 无线安全模式

大多数无线接入点都支持多种不同的安全模式。最常见的安全模式如下所示。

- **有线等效保密（WEP）**：使用 64 位或 128 位加密密钥加密无线接入点与客户端之间的广播数据。
- **临时密钥完整性协议（TKIP）**：此 WEP 补丁每隔几分钟自动协商一次新的密钥。TKIP 有助于防止攻击者获得足够的数据破解加密密钥。
- **高级加密标准（AES）**：比 TKIP 更加安全的加密系统。AES 还需要更强的计算能力来运行更安全的加密技术。
- **Wi-Fi 保护访问（WPA）**：WEP 的改进版本，作为 802.11i 通过批准前的临时解决方案而制定。现在，802.11i 已通过批准，WPA2 已发布。它覆盖了整个 802.11i 标准。WPA 采用的加密技术比 WEP 加密更强。
- **Wi-Fi 保护访问 2（WPA2）**：WPA 的改进版本，支持可靠的加密，提供政府级安全。WPA2 可通过口令身份验证（个人）或服务器身份验证（企业）来启用。

6.11.6 使用 Windows GUI 测试连接性

连接完所有设备并且所有链路指示灯工作正常后，测试网络的连通性。此测试可确定连接到的是无线接入点、家庭网关还是 Internet。对 Internet 连接来说，最简单的测试方法是打开 Web 浏览器查看 Internet 是否可用。要排除无线连接故障，可以使用 Windows GUI 或 CLI。

要在 Windows 7 中检验无线连接，按以下顺序操作。

开始>控制面板>网络和共享中心>更改适配器设置。

然后双击**无线网络连接**显示状态屏幕。

要在 Windows Vista 中检验无线连接，按以下顺序操作。

开始>控制面板>网络和共享中心>管理网络连接。

然后双击**无线网络连接**显示状态屏幕。

要在 Windows XP 中检验无线连接，按以下顺序操作。

开始>控制面板>网络连接。

然后双击**无线网络连接**显示状态屏幕。

如图 6-27 所示，"Wireless Network Connection Status"窗口将显示计算机是否连接到 Internet 以及连接持续时间，同时也会显示发送和接收的字节数。

在 Windows 7 或 Windows Vista 中，单击 Details 按钮。连接状态信息中包括静态地址或动态地址。同时还会列出子网掩码、默认网关、MAC 地址和有关 IP 地址的其他信息。如果连接不能正常工作，单击 Diagnose 按钮重置连接信息并尝试建立新的连接。

在 Windows XP 中如欲显示地址类型，单击 Support 选项卡。连接状态信息中包括手动分配的静态地址或 DHCP 服务器分配的动态地址，同时还会列出子网掩码和默认网关。要访问 MAC 地址和有关 IP 地址的其他信息，单击 Details 按钮。如果连接不能正常工作，单击 Repair 按钮重置连接信息并尝试建立新的连接。

要在连接前查看有关本地无线网络的更多信息，可能需要使用无线定位器。无线定位器是帮助用户查看临近区域无线网络的 SSID 广播、加密、信道和位置的软件实用程序。

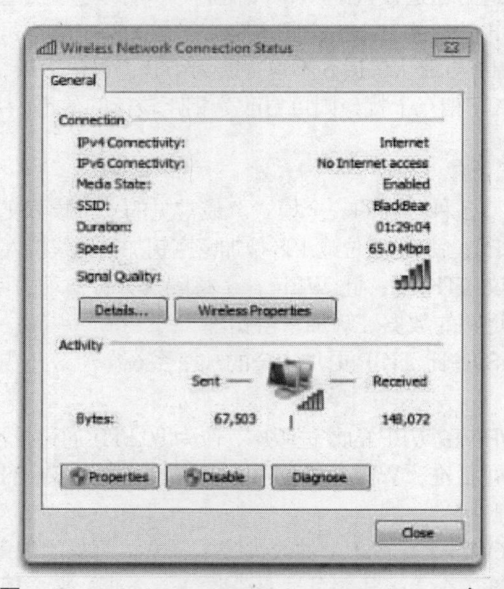

图 6-27 Wireless Network Connection Status 窗口

6.11.7 使用 Windows CLI 测试连接性

一些 CLI 命令可用于测试网络连通性。作为一名技术人员，必须熟悉这一套基本命令。

1. ipconfig 命令选项

ipconfig 命令显示所有网络适配器的基本配置信息。要执行特定任务，可以在 **ipconfig** 命令后添加选项，如表 6-11 所示。

表 6-11　ipconfig 命令选项

ipconfig 命令选项	用途
/all	显示所有网络适配器的完整配置
/release	释放网络适配器的 IP 地址
/renew	续租网络适配器的 IP 地址
/flushdns	清空存储 DNS 信息的缓存
/registerdns	刷新 DHCP 租期并向 DNS 重新注册适配器
/displaydns	显示缓存中的 DNS 信息

2. ping 命令选项

ping 命令测试设备之间的基本连通性。通过 ping 自己的计算机可以测试自己的连接。要测试自己的计算机，可以 ping 计算机的网卡。在 Windows 7 和 Windows Vista 中，选择开始并输入 **cmd**。在 Windows XP 中，选择开始>运行> cmd。在命令提示符下输入 **ping localhost**。

尝试 ping 网络中的其他计算机，包括默认网关和远程计算机。通过使用 **ipconfig** 命令，可以查找默认网关的地址。

ping 所在网络之外的公有 IP 地址，可检查 WAN 连接是否工作正常。此外，还可以 ping 某个常用的网站，测试 Internet 连接和 DNS。在命令提示符下输入 **ping** *目标名称*。

ping 命令的响应可显示域的 IP 地址解析。该响应将显示 ping 的应答或者显示因存在问题而请求超时。

要执行其他特定任务，可以在 ping 命令后添加选项，如表 6-12 所示。

表 6-12　ping 命令选项

ping 命令选项	用途
-t	ping 指定的主机，直至停止
-a	将地址解析为主机名
-n count	要发送的回应请求数
-l size	发送缓冲区的大小
-f	在数据包中设置不分片标志
-I TTL	生存时间
-v TOS	服务类型
-r count	记录计数跃点的路由
-s count	计数跃点的时间戳
-j host-list	与主机列表一起的松散源路由
-k host-list	与主机列表一起的严格源路由
-w timeout	等待每次应答的超时时间（毫秒）

3. net 命令

net 命令用于管理网络计算机、服务器以及驱动器和打印机之类的资源。在 Windows 中，**net** 命令使用 NetBIOS 协议。如表 6-13 所示，这些命令可启动、停止和配置网络服务。

表 6-13 net 命令

net 命令	用途
net/?或 net help	显示 **net** 命令
nbtstat	显示协议统计和当前使用 TCP/IP 上的 NetBIOS（NBT）的 TCP/IP 连接
netstat	显示活动的 TCP 连接
net accounts	更新用户账户数据库并修改密码和登录要求
net computer	添加或删除计算机
net config [workstation | server]	显示配置信息
net continue	继续已被 net pause 暂停的服务
net file	显示服务器上所有打开的共享文件的名称
net group	添加、显示或修改全局组
net help [*command*]	显示有关指定的 net 命令的信息
net helpmsg	提供错误和问题解决信息
net localgroup	添加、显示和修改本地组
net ***name***	添加或删除信息名称
net pause	暂停当前正在运行的服务
net print	显示打印机队列或者打印作业信息，或控制指定的打印作业
net send	发送消息
net session	显示或断开计算机之间的会话
net share	显示或管理共享打印机或目录
net start	显示启动的服务
net statistics [workstation | server]	显示工作站和服务器统计信息
net stop [*service*]	停止指定的网络服务
net time	显示或同步网络时间
net use	显示或管理远程连接
net user	创建、修改或列出用户账户
net view	显示网络资源或计算机

4. tracert 命令

tracert 跟踪数据包从计算机到目的主机所采用的路由。在命令提示符下输入 **tracert** *主机名*。

结果中的第一个列表是默认网关。其后每个列表是数据包传输到目的地所经过的路由器。tracert 可显示数据包所停的位置，即表示出现问题的位置。如果列表显示问题出现在默认网关后面，则表明可能是 ISP、Internet 或目的服务器有问题。

5. nslookup 命令

nslookup 测试和排除 DNS 服务器故障。它通过查询 DNS 服务器发现 IP 地址或主机名。在命令提示符下输入 **nslookup** *主机名*。nslookup 将返回输入的主机名的 IP 地址。反向的 **nslookup** 命令（**nslookup** *IP_地址*）则返回输入的 IP 地址的相应主机名。

6.12 操作系统配置

本节定义了域和工作组，并描述了连接至工作组或域、共享资源和建立虚拟专用网络（VPN）连接并与之连接的步骤。

6.12.1 域和工作组

域和工作组是用于组织和管理网络中的计算机的方法。网络中的所有计算机都必须是属于某个域或某个工作组。在计算机上首次安装 Windows 时，系统会自动将其分配到某个工作组。

1. 域

域是作为一个整体进行管理的一组计算机和电子设备，具有一套通用的规则和程序。域并不是指一个位置或特定类型的网络配置。域中的计算机是所连接计算机的逻辑分组，这些计算机可能位于全球不同地点。一个名为域控制器的专用服务器负责管理用户和网络资源中所有与安全相关的方面，集中实施安全和管理。

为了保护数据，管理员要对服务器中的所有文件执行例行备份。如果计算机崩溃或数据丢失，管理员可以很方便地从近期备份恢复数据。

2. 工作组

工作组是 LAN 上的一组工作站与服务器，可以彼此通信和交换数据。每个独立的工作站控制自己的用户账户、安全信息以及数据和资源访问。

6.12.2 连接到工作组或域

计算机必须具有相同的域名或工作组名称之后才能共享资源。较旧的操作系统对工作组的命名有很多的限制。如果工作组由新旧两种操作系统组成，应使用操作系统最旧的计算机的工作组名称。

注意： 在将计算机从域更改为工作组之前，需要具备本地管理员组中账户的用户名和密码。

要为 Windows 7 和 Windows Vista 更改工作组名称，按以下顺序操作。

开始>右键单击**计算机**>**属性**>**更改设置**>**更改**

要为 Windows XP 更改工作组名称，按以下顺序操作。

开始>右键单击**我的电脑**>单击**属性**>**计算机名**选项卡>**更改**

Windows 还提供向导，可引导用户完成加入域或工作组的过程。更改域名或工作组名称后，必须重新启动计算机使更改生效。

6.12.3 Windows 7 家庭组

若所有 Windows 7 计算机属于同一个工作组，则它们也可以属于一个家庭组。在网络中，每个工作组只能有一个家庭组。计算机每次只能成为一个家庭组的成员。家庭组选项在 Windows Vista 或 Windows XP 中不可用。

工作组中只有一个用户能创建家庭组。其他用户可以加入家庭组，只要他们知道家庭组密码。家庭组是否可用取决于网络位置配置文件。

- **家庭网络**：允许创建或加入家庭组。
- **工作网络**：不允许创建或加入家庭组，但可以查看资源并与其他计算机共享资源。
- **公用网络**：家庭组不可用。

注意：　若计算机安装了 Windows 7 简易版或 Windows 7 家庭普通版，则可以加入家庭组，但不能创建家庭组。

要将计算机更改为“家庭网络”网络位置配置文件，按以下顺序操作。

How To

步骤 1　单击开始>控制面板>网络和共享中心。

步骤 2　如图 6-28 所示，单击窗口的查看活动网络部分列出的网络位置配置文件。

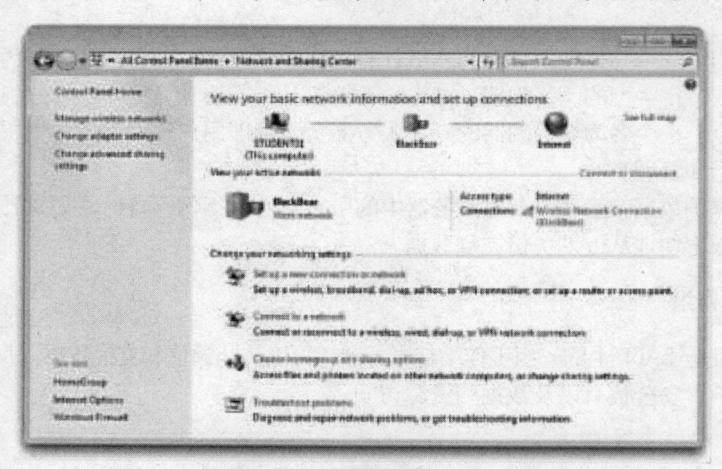

图 6-28　当前网络位置文件

步骤 3　单击家庭网络。

步骤 4　选择要共享的内容（例如图片、音乐、视频、文档和打印机），然后单击下一步。

步骤 5　加入或创建家庭组。

要创建家庭组，按以下顺序操作。

How To

步骤 1　单击开始>控制面板>家庭组。

步骤 2　单击创建家庭组。

步骤 3　选择要共享的文件，然后单击下一步。

步骤 4　记录家庭组密码。

步骤 5　单击完成。

当计算机加入家庭组时，计算机上除来宾账户外的所有用户账户都成为该家庭组的成员。属于家庭组后，就可以与同一个家庭组中的其他人轻松地共享图片、音乐、视频、文档、库和打印机。用户可以控制对自己的资源的访问权。此外，用户还可以在 Windows 虚拟 PC 中使用虚拟机创建或加入家庭组。

要将计算机加入家庭组，按以下顺序操作。

How To

步骤 1 单击开始>控制面板>家庭组。

步骤 2 单击立即加入。

步骤 3 选择要共享的文件，然后单击下一步。

步骤 4 键入家庭组密码；然后单击下一步。

步骤 5 单击完成。

要更改计算机中共享的文件，选择开始>控制面板>家庭组。执行更改后，单击保存更改。

注意： 如果计算机属于某个域，则可以加入家庭组并访问其他家庭组计算机中的文件和资源。但是，不能创建新的家庭组或与家庭组共享自己的文件和资源。

6.12.4 在 Windows Vista 中共享资源

Windows Vista 通过打开和关闭特定的共享功能来控制要共享的资源及其共享方式。“网络和共享中心”的“共享和发现”可用于管理家庭网络的设置。如下项目可以进行控制：

- 网络发现；
- 文件共享；
- 公用文件夹共享；
- 打印机共享；
- 密码保护的共享；
- 媒体共享。

要访问“共享和发现”，按以下顺序操作。

开始>控制面板>网络和共享中心

要在连接到同一个工作组的计算机之间启用资源共享，必须打开“网络发现”和“文件共享”。

6.12.5 在 Windows XP 中共享资源

Windows XP 网络安装向导可配置一些计算机设置来搭建家庭网络和共享资源。该向导会设置以下各项。

- 计算机的 Internet 连接，通过直接拨号或宽带连接实现，或者通过家庭网络中的其他计算机连接。
- Internet 连接共享（在基于 Windows XP 的计算机上），用于与家庭网络中的其他计算机共享 Internet 连接。
- 计算机名、计算机描述和工作组名称。
- 文件和打印机共享。

要访问网络安装向导，按以下顺序操作。

开始>控制面板>网络安装向导

网络安装向导是可移植的。通过创建一个网络安装向导盘，可以自动配置其他 Windows XP 计算机使用相同的设置。

6.12.6 网络共享和映射驱动器

网络文件共享和映射网络驱动器是一种安全便利的方法，可以很方便地访问网络资源。当不同版本的 Windows 需要访问网络资源时尤其如此。要在不同的操作系统之间通过网络访问单个文件、特定文件夹或整个驱动器，映射本地驱动器是一种实用的方法。通过将盘符（A 到 Z）分配给远程驱动器中的资源即可映射驱动器，这样就可以如同本地驱动器一样地使用远程驱动器。

1. 网络文件共享

首先确定要通过网络共享的资源和用户对资源的权限类型。权限定义了用户对文件或文件夹的访问类型。

- **读取**：用户可以查看文件和子文件夹名称、导航到子文件夹、查看文件中的数据并运行程序文件。
- **更改**：除“读取”权限之外，用户还可以添加文件和子文件夹、更改文件中的数据并删除子文件夹和文件。
- **完全控制**：除“更改”和“读取”权限之外，用户还可以在 NTFS 分区中更改文件和文件夹的权限并取得文件和文件夹的所有权。

将资源复制或移动到共享文件夹。

要在 Windows 7 和 Windows Vista 中共享资源，按以下顺序操作。

右键单击文件夹>单击**属性>高级共享>**选择**共享此文件夹>权限**。通过查看共享文件夹的权限窗口，确定有权访问文件夹的用户及其权限。

要在 Windows XP 中共享资源，按以下顺序操作。

右键单击文件夹>选择**共享和安全>共享此文件夹**。确定有权访问文件夹的用户及其权限。

2. 网络驱动器映射

要将网络驱动器映射到共享文件夹，按以下顺序操作。

开始>右键单击**计算机>**单击**映射网络驱动器**。找到通过网络共享的文件夹并分配盘符。

Windows 7 限制最多 20 个并发文件共享连接。Windows Vista 商用版和 Windows XP 专业版限制最多 10 个并发文件共享连接。

6.12.7 VPN

虚拟专用网络（VPN）是一种通过公共网络（例如 Internet）连接远程站点或用户的专用网络。最常见的 VPN 类型可用于访问企业专用网络。VPN 通过 Internet 路由，使用从企业专用网络到远程用户的专用安全连接。当连接到企业专用网络时，用户成为该网络的一部分并有权访问所有服务和资源，就像他们物理连接到企业 LAN 一样。

远程访问用户必须在自己的计算机中安装 VPN 客户端，才能建立与企业专用网络的安全连接。在通过 Internet 将数据发送到企业专用网络的 VPN 网关之前，VPN 客户端软件会先对数据进行加密。VPN 网关建立、管理并控制 VPN 连接，也称为 VPN 隧道。基本的 VPN 连接软件如图 6-29 所示。

图 6-29 VPN 软件连接

要设置并配置 Windows 7 和 Windows Vista 使用 VPN 连接，按以下顺序操作。

步骤 1 选择开始>网络和共享中心。

步骤 2 选择设置新的连接或网络。

步骤 3 “新建连接向导”窗口打开后，选择连接到工作区并单击下一步。

步骤 4 选择使用我的 Internet 连接（VPN）并键入 Internet 地址和目标名称。

步骤 5 选择现在不连接；仅进行设置以便稍后连接，然后单击下一步。

步骤 6 键入用户名和密码并单击创建。

步骤 7 在登录窗口中，输入用户名和密码并单击连接。

要设置并配置 Windows XP 使用 VPN 连接，按以下顺序操作。

步骤 1 选择开始>控制面板>网络连接。

步骤 2 选择创建一个新的连接。

步骤 3 “新建连接向导”窗口打开后，单击下一步。

步骤 4 选择连接到我的工作场所的网络，然后单击下一步。

步骤 5 选择虚拟专用网络连接并单击下一步。

步骤 6 键入连接的名称并单击下一步。

步骤 7 键入 VPN 服务器的名称或 IP 地址，然后单击下一步和完成。

步骤 8 在登录窗口中，输入用户名和密码并单击连接。

6.13 选择 ISP 连接类型

在选择 Internet 服务提供商和服务类型时，确定客户的需求非常重要。许多考虑因素会影响决定。本节将描述常见的 Internet 连接类型和选择，并讨论各自的优点和缺点。

6.13.1 连接技术简史

20世纪90年代，Internet一般用于数据传输。与当今的高速连接相比，传输速率较慢。额外的带宽可以进行语音和视频及数据的传输。现在，有许多方法可以连接到Internet。电话、有线电视、卫星和私营电信公司都可以提供企业和家庭使用的宽带Internet连接。

1. 模拟电话

模拟电话也称为普通老式电话服务（POTS），通过标准的语音电话线路进行传输。此类服务使用模拟调制解调器向远程站点的另一个调制解调器（例如 Internet 服务提供商）拨打电话。调制解调器使用电话线路来发送和接收数据。这种连接方法称为拨号。

2. 综合服务数字网络

综合服务数字网络（ISDN）使用多个信道并可承载不同类型的服务；因此，它被视为宽带的一种。ISDN是通过普通电话线发送语音、视频和数据的标准。ISDN技术使用电话线作为模拟电话服务。

3. 宽带

宽带技术可用于在一根电缆上发送和接收使用不同频率的多种信号。例如，为家庭输送有线电视信号的电缆可以同时承载计算机网络的传输。由于两种传输类型使用不同的频率，因此不会互相干扰。

宽带使用的频率非常广，可进一步划分为信道。在网络方面，宽带一词指的是同时传输两种或更多种信号的通信方法。通过同时发送两种或更多种信号，可提高传输速率。一些常用的宽带网络连接包括有线电视、DSL、ISDN和卫星。

6.13.2 DSL和ADSL

数字用户线路（DSL）是一种永久在线的服务，也就是说无需在每次要连接到Internet时进行拨号。DSL使用现有的电话铜缆在最终用户和电话公司之间提供高速数字数据通信。与ISDN以数字数据通信代替模拟语音通信不同，DSL与模拟信号共用电话线。

使用DSL时，语音和数据信号在电话铜缆中以不同的频率传送。其中采用过滤器防止DSL信号干扰电话信号。每个电话和电话插孔之间都连接了DSL过滤器。

DSL调制解调器不需要过滤器。DSL调制解调器不受电话频率的影响。DSL调制解调器可以直接连接到计算机，也可以连接到网络设备与多台计算机共享Internet连接。

非对称数字用户线路（ADSL）每个方向的带宽容量不同。下载是最终用户从服务器接收数据。上传是最终用户向服务器发送数据。ADSL的下载速度很快，这对要下载大量数据的用户很有利。ADSL的上传速度比下载速度慢。ADSL在托管Web服务器或FTP服务器时表现不佳，因为这两者都涉及上传频繁的Internet活动。

6.13.3 视距无线Internet服务

视距无线Internet是一种永久在线的服务，使用无线电信号传输Internet接入服务。无线电信号从发射塔发送到接收器，接收器连接到客户的计算机或网络设备。发射塔与客户设备之间不能存在障碍物。发射塔可以连接到其他发射塔或直接连接到 Internet 主干网。无线电信号可以传输并且仍能保持一定强度来提供清晰的信号，这一传输距离取决于信号的频率。900MHz的低频最大传输距离为40英里（65公里），而

5.7GHz的高频只能传输2英尺（3公里）。极端天气条件、树木和高层建筑物都能影响信号强度和性能。

6.13.4 WiMAX

微波接入全球互通（WiMAX）是一种基于IP的无线4G宽带技术，能够为移动设备访问Internet提供高速移动接入。WiMAX是IEEE 802.16e标准。它支持MAN规模的网络，下载速度高达70Mbit/s，最大距离为30英里（50公里）。WiMAX的安全性和QoS与手机网络相当。

WiMAX使用短波传输，通常在2GHz～11GHz之间。这些频率不容易受到实际障碍物的干扰，因为它们比较高的频率更容易绕过障碍物。多入多出（MIMO）技术受到支持，也就是说可以增加额外的天线来提高潜在吞吐量。

WiMAX信号有两种传输方法。

- **固定WiMAX**：点对点或点对多点服务，速度高达72Mbit/s，传输距离为30英里（50公里）。
- **移动WiMAX**：移动服务，与Wi-Fi类似，但速度更快且传输距离更长。

6.13.5 其他宽带技术

宽带技术提供了多种不同的选择，供连接用户和设备进行通信和共享信息。每种选择提供的功能不同或者是为支持特定需求而设计。我们必须清楚地了解几种宽带技术以及它们如何才能为客户提供最大支持。

1. 手机

手机技术可用于传输语音、视频和数据。安装手机WAN适配器后，用户就可以通过手机网络接入Internet。手机WAN具有不同特点。

- **1G**：仅模拟语音。
- **2G**：数字语音、电话会议和主叫ID；数据速度低于9.6kbit/s。
- **2.5G**：数据速度介于30kbit/s到90kbit/s之间；支持Web浏览、短时音频和视频短片剪辑、游戏以及应用程序和铃声下载。
- **3G**：数据速度介于144kbit/s到2Mbit/s之间；支持全动态视频、音乐流、3D游戏和速度更快的Web浏览。
- **3.5G**：数据速度介于384kbit/s到14.4Mbit/s之间；支持高质量视频流、高质量视频会议和VoIP。
- **4G**：数据速度在移动过程中介于5.8Mbit/s到672Mbit/s之间，静止时高达1Gbit/s；支持IP语音、游戏服务、高质量的多媒体流和IPv6。

手机网络采用一项或多项以下技术。

- **全球移动通信系统（GSM）**：全球手机网络采用的标准。
- **通用分组无线业务（GPRS）**：面向GSM用户的数据服务。
- **四频段**：让手机在以下所有4个GSM频率上都可以工作：850MHz、900MHz、1800MHz和1900MHz。
- **短信服务（SMS）**：用于发送和接收短信的数据服务。
- **多媒体短信服务（MMS）**：用于发送和接收短信并可包括多媒体内容的数据服务。
- **增强型数据速率GSM演进技术（EDGE）**：提高数据速率并增强数据可靠性。
- **演进数据最优化（EV-DO）**：提高上传速度和QoS。

■ **高速下行链路分组接入（HSDPA）**：提高3G接入速度。

2. 有线宽带

有线电视 Internet 连接不使用电话线路。有线电视使用的同轴电缆最初是为输送有线电视信号而设计的。电缆调制解调器将计算机连接到有线电视公司。计算机可以直接插入电缆调制解调器，也可以连接到路由器、交换机、集线器或多功能网络设备以便多台计算机可以共享 Internet 连接。与 DSL 相同，有线电视连接也提供永久在线的高速服务，也就是说即使不使用连接，与 Internet 的连接仍处于可用状态。

3. 卫星

对于无法获得有线电视连接或 DSL 连接的用户来说，卫星宽带是合适的替代方案。卫星连接不需要电话线路或电缆，而是使用卫星天线进行双向通信。卫星天线从卫星收发信号，卫星将这些信号传递给服务提供商。下载速度最高可达 1Gbit/s；上传速度接近 10Mbit/s。信号从卫星天线发出后，通过绕地球轨道运行的卫星中继到 ISP，这需要一定时间。由于这种延时，很难采用时间敏感型应用程序，例如视频游戏、VoIP 和视频会议。

4. 光纤宽带

光纤宽带的连接速度和带宽都高于电缆调制解调器、DSL 和 ISDN。光纤宽带可同时提供多种数字服务，例如电话、视频、数据和视频会议。

6.13.6 为客户选择 ISP

在连接不同站点或 Internet 时，可以选择多种 WAN 解决方案。WAN 连接服务所提供的速度和服务级别不等。您应该了解用户如何连接到 Internet 以及不同连接类型的优缺点。所选择的 ISP 对网络服务具有重大的影响。有些与电话公司连接的私营经销商可能会出售超过允许数量的连接，从而降低客户服务的整体速度。

Internet 连接需要考虑 4 个主要因素：

■ 成本；
■ 速度；
■ 可靠性；
■ 可用性。

选择 ISP 之前要研究 ISP 提供的连接类型。确认所在地区可供选择的服务。比较连接速度、可靠性和成本后再达成服务协议。表 6-14 描述了 ISP 连接的详细信息。

表 6-14　ISP 连接详细信息

类型	优点	缺点	速度
POTS	应用广泛	速度非常慢 连接时无法接听电话	最高 56kbit/s
ISDN	速度高于 POTS	仍比其他宽带技术慢得多	BRI：最高 128kbit/s PRI：最高 2.048Mbit/s
DSL	成本低	与中心局的距离会影响速度	24Mbit/s 至 100Mbit/s
有线宽带	下载速度非常快	上传速度慢	27kbit/s 至 160Mbit/s

续表

类型	优点	缺点	速度
卫星	适合没有 DSL 和有线电视的地方	成本高于其他宽带技术 易受天气条件影响	9kbit/s 至 24Mbit/s
手机	适合移动用户	有些地方无法接入	20kbit/s 及以上，取决于使用的技术

1. POTS

POTS 连接非常缓慢，但只要有电话的地方就可以使用。结合使用电话线路和模拟调制解调器主要有两个缺点。首先是电话线路在调制解调器使用过程中不能用于语音呼叫。其次是模拟电话服务提供的带宽有限。使用模拟调制解调器的最大带宽为 56kbit/s，但是实际速度通常要慢得多。在繁忙的网络中，模拟调制解调器不是能够满足需求的合适解决方案。

2. ISDN

ISDN 使用 POTS 线路，因此非常可靠。ISDN 在电话公司支持数字信号传输数据的大多数地方都能使用。由于 ISDN 使用的是数字技术，与传统的模拟电话服务相比，它能够提供更快的连接时间、更快的速度和质量更高的语音。它还允许多台设备共用一条电话线路。

3. DSL

DSL 允许多台设备共用一条电话线路。DSL 的速度通常高于 ISDN。DSL 支持使用高带宽应用程序或多位用户共享同一个 Internet 连接。在大多数情况下，家庭或企业中已有的铜线就能传输 DSL 通信所需的信号。

DSL 技术也存在一些局限性。

- DSL 服务并非在任何地方都可用，而且安装地点越靠近电话提供商的中心局（CO）就越快越好。
- 在某些情况下，已经安装的电话线路并不能传送所有 DSL 信号。
- DSL 传输的语音信息和数据必须在客户站点进行分隔。因此，采用一种过滤器设备来防止数据信号干扰语音信号。

4. 有线宽带

大多数已经安装有线电视的家庭都可以选择使用同一根电缆安装高速 Internet 服务。许多有线电视公司也提供电话服务。

5. 卫星

农村地区的人们通常使用卫星宽带，因为他们需要比拨号快的连接但又无法使用其他宽带连接。一般情况下，其安装成本和每月服务费远远高于 DSL 和有线电视连接。暴风雨天气条件会降低连接的质量，使连接速度降低甚至中断。

6. 手机

可供选择的无线 Internet 服务多种多样。那些提供手机服务的公司也可以提供 Internet 服务。计算机与 Internet 之间的连接使用 PC 卡/ExpressBus、USB 或者 PCI 和 PCIe 卡。在有限的区域内，服务提供商可以使用微波技术提供无线 Internet 服务。

6.14 网络常用的预防性维护技术

预防性维护对于维持网络高可用性、开销及中断时间最小而言至关重要。充分做好预防性维护计划的准备工作并例行执行维护任务是维护网络的一个重要部分。

预防性维护程序

为了让网络正常运行，应该坚持实行一些常用的预防性维护方法。在组织中，如果一台计算机出现故障，通常只有它的用户受到影响。但是如果网络出现故障，就会有许多用户或者全部用户无法工作。

预防性维护工作对于网络十分重要，正如它对网络中的计算机一样。必须检查电缆、网络设备、服务器和计算机的状况，确保清洁无尘并能正常工作。温度过高是网络设备的最大问题之一，尤其是在服务器机房中。网络设备在过热时会运转不良。如果灰尘积聚在网络设备表面和内部，则会妨碍冷空气的正常流动，有时甚至会堵住风扇。因此，务必保持网络机房清洁无尘并经常更换空气过滤器。准备一些随时可供更换的过滤器以便及时维护，也是个不错的主意。您应该制定计划，定期执行例行维护和清洁。维护计划有助于防止网络中断和设备故障。

作为定期例行维护计划的一部分，需要检查所有电缆。确保电缆标记正确并且标签未脱落。更换破旧或无法阅读的标签。始终遵守公司的电缆标识规定。确认电缆支架安装正确且没有任何连接点松脱。电缆可能会损坏或磨损。保持良好的电缆维护状态就能保持良好的网络性能。如果需要，可以参考布线图。

检查工作站和打印机的电缆。桌下的电缆常常会被移动或被踢到。这些情况可能会导致带宽下降或连接中断。

作为一名技术人员，您可能会发现设备出现故障、损坏或发出异响。如果发现任何此类问题，应该通知网络管理员，以防不必要的网络中断。您还应该主动指导网络用户，向他们示范如何正确连接和断开电缆以及如何在必要的情况下移动电缆。

6.15 网络的基本故障排除流程

需要使用系统化的方法来排除网络问题，这对于网络用户来说可以使得中断时间最小化。本节将介绍网络的故障排除流程。

6.15.1 查找问题

网络问题可能简单也可能复杂，而且可能由硬件、软件和连通性问题共同导致。计算机技术人员必须能够分析问题并确定错误的原因才能修复网络问题。此过程称为故障排除。

为了评估问题，需要确定网络中有多少计算机遇到问题。如果网络中的一台计算机出现问题，则在该计算机上开始故障排除过程。如果网络中的所有计算机都出现问题，则要在所有计算机连通的网络机房中开始故障排除过程。作为技术人员，您应该研究出合理而且一致的方法，一次消除一个问题地诊断网络问题。

应按照本节阐述的步骤准确查找、修复和记录问题。故障排除流程的第一步是找出问题。表6-15显示了一系列要询问客户的开放式问题和封闭式问题。

表 6-15

步骤 1：查找问题	
开放式问题	您遇到了哪些计算机问题或网络设备问题？ 您的计算机上最近安装过什么软件？ 发现问题时您在做什么？ 您收到了什么错误消息？ 计算机正在使用的网络连接是什么类型？
封闭式问题	最近有其他人用过您的计算机吗？ 您能看到任何共享文件或打印机吗？ 您最近更改过密码吗？ 您能访问 Internet 吗？ 您当前登录到网络了吗？

6.15.2 推测可能原因

在与客户交谈后，可以推测可能的原因。表 6-16 列出了导致网络问题的一些常见可能原因。

表 6-16

步骤 2：推测可能原因	
网络问题的常见原因	电缆连接松动 网卡安装不正确 ISP 故障 无线信号强度低 IP 地址无效

6.15.3 测试推测以确定原因

对问题进行了一些推测之后，可根据推测进行测试，以确定问题的原因所在。表 6-17 显示了一系列快速程序，它们可帮助确定问题的确切原因，有时甚至能纠正问题。如果某个快速程序确实纠正了问题，那么可以验证全部系统功能。如果快速程序未纠正问题，可能需要进一步研究问题，以便确定确切原因。

表 6-17

步骤 3：测试推测以确定原因	
用于确定原因的常见步骤	检查所有的电缆是否连接到正确的位置 先拔下然后重新连接电缆和连接器 重启计算机或网络设备 以其他用户的身份登录 修复或重新启用网络连接 联系网络管理员 Ping 自己的默认网关 访问远程网页，例如 http://www.cisco.com

6.15.4 制定解决问题的行动计划，并实施解决方案

在确定了问题的确切原因之后，应制定解决问题的行动计划，并实施解决方案。表 6-18 显示了一些信息源，可以使用这些信息源来搜集更多信息以解决问题。

表 6-18 步骤 4：制定解决问题的行动计划，并实施解决方案

如果在上一个步骤中未得出解决方案，则需要进一步研究以实施解决方案	帮助台修复日志 其他技术人员 制造商常见问题解答网站 技术网站 新闻组 计算机手册 设备手册 在线论坛 Internet 搜索

6.15.5 验证全部系统功能并实施预防措施

更正问题之后，应验证全部功能，并根据需要实施预防措施。表 6-19 显示了用于验证解决方案的步骤。

表 6-19 步骤 5：验证全部系统功能并实施预防措施

验证全部功能	使用 **ipconfig/all** 命令显示所有网络适配器的 IP 地址信息 使用 **ping** 检查网络连通性，它将向特定地址发送数据包并显示响应信息 使用 **nslookup** 查询 Internet 域名服务器，它将返回域中主机的列表或者一台主机的信息 使用 **tracert** 确定数据包通过网络传输时采用的路由，它将显示您的计算机与其他计算机之间的通信出现问题的位置 使用 **net view** 显示工作组中计算机的列表，它将显示网络中的可用共享资源

6.15.6 记录发现的问题、采取的措施和最终结果

故障排除流程的最后一步是记录发现的问题、采取的措施和最终结果。表 6-20 列出了记录问题和解决方案需要执行的任务。

表 6-20 步骤 6：记录发现的问题、采取的措施和最终结果

记录发现的问题 采取的措施和最终结果	与客户讨论实施的解决方案 请客户检验问题是否已解决 为客户提供所有的书面文件

续表

	在工单和技术人员日志中记录为解决问题而执行的步骤 记录修复过程中使用的任何组件 记录解决问题所用的时间

6.16 网络的常见问题和解决方案

本节将提供可应用于许多常见网络问题的解决方案。

查找常见问题和解决方案

网络问题可能归因于硬件问题、软件问题或配置问题，或者是三者中多项因素的共同作用。有些类型的网络问题发生频次较高。表 6-21 列出了常见的网络问题和解决方案。

表 6-21 网络的常见问题和解决方案

查找问题	可能原因	可能的解决方案
网卡 LED 指示灯不亮	网络电缆没有插好、错误或损坏	重新连接或更换计算机的网络连接
用户无法 Telnet 远程设备	远程设备未进行 Telnet 访问的配置 不允许从该用户或某个特定网络进行 Telnet 连接	配置远程设备进行 Telnet 访问 允许从该用户或网络进行 Telnet 访问
旧笔记本电脑无法检测到无线路由器	无线路由器/接入点配置的 802.11 协议不同 没有广播 SSID 笔记本电脑中的无线网卡被禁用	使用兼容的协议为笔记本电脑配置无线路由器 配置无线路由器广播 SSID 启用笔记本电脑中的无线网卡
计算机的 IP 地址为 169.254.x.x	网络电缆没有插好 路由器关闭或连接错误 网卡故障	重新连接网络电缆 确保路由器电源打开并正确连接到网络 更换网卡 在计算机上释放并续租 IP 地址
远程设备不响应 ping 请求	Windows 防火墙默认禁用 ping 远程设备配置为不响应 ping 请求	将防火墙设置为启用 ping 协议 将远程设备配置为响应 ping 请求
用户可以登录本地网络但无法访问 Internet	网关地址不正确	确保为网卡分配的网关地址正确
网络完全正常并且启用了笔记本电脑的无线连接，但是笔记本电脑无法连接到网络	笔记本电脑的无线功能关闭 外部无线天线没有对准 笔记本电脑超出无线覆盖范围 与使用同一个频率范围的其他无线设备发生干扰	使用无线网卡属性或者 Fn 键及多功能键启用笔记本电脑的无线功能 重新对准外接无线天线以接收无线信号 移到更靠近无线路由器/接入点的地方 将无线路由器更改为其他信道

续表

查找问题	可能原因	可能的解决方案
Windows 7 计算机刚刚连接到一个只包含 Windows 7 计算机的网络中，但无法查看共享资源	工作组不正确	更改工作组名称
	网络位置不正确	将网络位置更改为“家庭网络”
	没有加入家庭组	加入家庭组
	“网络发现”和“文件共享”关闭	打开“网络发现”和“文件共享”
用户无法通过网络映射驱动器	工作组不正确	更改工作组名称
	“网络发现”和“文件共享”关闭	打开“网络发现”和“文件共享”

6.17　总结

本章介绍了网络的基础知识、建网的好处、计算机与网络的连接方式以及网络和网络组件的规划、实施与升级。本章还介绍了排除网络故障的方方面面并举例说明如何分析和实施简单的解决方案。本章需要牢记的概念要点如下。

- 计算机网络由共享数据和资源的两台或多台计算机组成。
- 网络有若干不同类型：LAN、WLAN、PAN、MAN 和 WAN。
- 点对点网络中的设备相互之间直接连接。这种网络易于安装，不需要额外的设备或专门的管理员。用户控制自己的资源，且点对点网络适合计算机数量不多的情况。客户端/服务器网络使用专用的系统作为服务器。服务器对连接到网络的用户或客户端发出的请求做出响应。
- 网络拓扑定义了计算机、打印机和其他网络设备连接至网络的方式。物理拓扑描述线路和设备的布局以及数据传输使用的路径。逻辑拓扑是信号从一个点传输到另一点所采用的路径。拓扑包括总线、星型、环状、网状和混合几种。
- 网络设备用于连接计算机和外围设备，实现设备间的通信。网络设备包括集线器、网桥、交换机、路由器和多功能设备。使用哪种类型的设备根据网络类型而定。
- 网络介质可定义为：从一台计算机将信号或数据发送到另一台计算机所采用的方式。信号可通过有线或无线的方式传输。本章介绍的介质类型包括同轴电缆、双绞线、光缆和射频。
- 以太网体系结构是目前最常用的一种 LAN 体系结构。体系结构是指计算机或通信系统的整体结构。它决定了系统的功能和局限性。以太网体系结构基于 IEEE 802.3 标准。IEEE 802.3 标准规定网络要实施 CSMA/CD 访问控制方法。
- OSI 参考模型是行业标准的框架，将网络的功能划分为 7 个不同的层：应用层、表示层、会话层、传输层、网络层、数据链路层和物理层。务必了解每一层的用途。
- TCP/IP 协议簇已成为 Internet 的主要标准。TCP/IP 代表一组公共标准，指定通过一个或多个网络在计算机之间交换信息数据包的方式。
- 网卡是一个插入主板的设备，提供用于网络电缆连接的端口。它是计算机与 LAN 之间的接口。
- 当计算机属于同一个工作组和家庭组时，便可通过网络共享资源。
- 测试网络连通性可以通过 CLI 工具完成，例如 ping、ipconfig、net、tracert 和 nslookup。
- 在通过数据信道发送信号时，三种传输方法是单工、半双工或全双工。全双工网络技术提高了性能，原因是可以同时发送和接收数据。DSL、有线电视和其他宽带技术均以全双工模式工作。

- 网络设备和介质（例如计算机组件）必须加以维护。定期清洁设备并主动预防问题十分重要。如果设备损坏，应维修或更换以防服务中断。
- 许多安全隐患与网络环境、设备和介质有关。
- 所做的网络设计决定应该符合客户的需求和目标。
- 根据客户的需要选择网络组件，提供网络所需的服务和功能。
- 根据所需服务和设备规划网络安装。
- 网络升级可能涉及额外的设备或布线工作。
- 通过制定和实施全面的预防性维护政策来防止网络问题。
- 排除网络问题时，倾听客户所述的内容，以便提出开放式问题和封闭式问题，帮助确定从何着手解决问题。首先检查明显的问题并尝试快速解决方案，然后再升级到故障排除流程。

6.18 检查你的理解

您可以在附录 A 中查找下列问题的答案。

1. 哪种网络设备不用将网络分段便可重新生成数据信号？
   A. 集线器　B. 调制解调器
   C. 交换机　D. 路由器
2. 在新建筑物内规划网络时，技术人员发现公司需要的布线长度最大可能会延长到 295 英尺（90 米），并且需要以可负担得起的价格获得更强的带宽支持。如果优先选择网络上使用的最常见布线类型，则技术人员会选择哪种电缆类型？
   A. 3 类　B. 7 类
   C. 5e 类　D. 6A 类
3. 哪个术语用于描述网络上可以发送和接收信息的任何设备？
   A. 主机　B. 工作站
   C. 服务器　D. 控制台
   E. 外围设备
4. 哪个标准组织发布了最新以太网标准？
   A. EIA/TIA　B. IEEE
   C. ANSI　D. CCITT
5. 为了向客户提供 Internet 最大访问带宽，哪项技术要求客户处于服务提供商设施的特定范围内？
   A. 有线宽带　B. DSL
   C. ISDN　D. 卫星
6. 某公司拥有 4 个办公地点：总部和 3 个分支机构。这 4 个地点通过 WAN 连接互连。对于冗余性而言，全网状拓扑合乎此 WAN 的需要。创建全网状拓扑需要多少个单独的 WAN 链路？
   A. 4　B. 6
   C. 8　D. 12
7. 下列哪项陈述描述了 LAN 的物理拓扑？
   A. 它描述了 LAN 中采用的寻址方案
   B. 它描述了 LAN 是广播还是令牌传递网络
   C. 它定义了主机和网络设备连接到 LAN 的方式
   D. 它说明了主机访问网络的顺序

8. 技术人员正在对失去网络连接的计算机进行故障排除。从客户那里收集数据之后，技术人员接下来应该完成哪两项任务？（选择两项）
   A. 检查计算机的 IP 地址是否有效
   B. 检查计算机的操作系统是否为最新版本
   C. 尝试以其他用户身份登录
   D. 修复网络电缆
   E. 检查 NIC 链路指示灯是否亮起
9. 哪种类型的网络覆盖单个建筑物或校园并向位于同一个组织机构中的人员提供服务和应用程序？
   A. PAN　　B. WAN
   C. LAN　　D. MAN
10. 哪种协议在 TCP/IP 模型的应用层运行？
   A. IP　　B. TCP
   C. HTTP　　D. ICMP
11. 某公司购买了一些廉价的无线 NIC。安装 NIC 之后，该公司发现用户无法连接到 2.4 GHz 的无线网络。此问题的原因可能是什么？
   A. NIC 是针对 802.11a 标准而设计的
   B. NIC 是针对 802.11b 标准而设计的
   C. NIC 是针对 802.11g 标准而设计的
   D. NIC 是 802.11 b/g 双重标准
12. 技术人员希望更新计算机的 NIC 驱动程序。用于查找 NIC 新驱动程序的最佳位置在哪里？
   A. NIC 附带的安装介质　　B. Windows 更新
   C. NIC 制造商的网站　　D. Windows 的安装介质
   E. Microsoft 的网站
13. 一位学生正在帮助朋友解决家中计算机无法再访问 Internet 的问题。经过调查，此学生发现为计算机分配的 IP 地址为 169.254.100.88。下列哪项描述会导致计算机获取此类 IP 地址？
   A. 静态 IP 寻址以及不完整的信息　　B. 周围设备的干扰
   C. 变弱的计算机电源输出　　D. 无法到达 DHCP 服务器

第 7 章

笔记本电脑

学习目标

通过完成本章的学习，您将能够回答下列问题：

- 什么是笔记本电脑？其常见用途是什么？
- 笔记本电脑的组件是什么？
- 选择笔记本电脑组件的最佳方式是什么？
- 配置笔记本电脑的不同方法有哪些？
- 如何修理笔记本电脑？
- 笔记本电脑使用的无线通信方式是什么？
- 笔记本电脑常用的预防性维护技术有哪些？
- 笔记本电脑故障排除的方式有哪些？
- 笔记本电脑故障排除时，常见的问题及解决方法有哪些？

关键术语

下列为本章所用的关键术语。您可以在本书的术语表中找到其定义。

笔记本
电池
交流电适配器
镍镉“Ni-Cad”（NiCd）
镍金属氢化物（NiMH）
锂离子（Li-Ion）
锂聚合物（Li-Poly 或 LiPo）
安全钥匙孔
通用串行总线端口
S 视频端口
调制解调器端口
以太网接口
网络 LED
立体声耳机插孔
麦克风插孔
通风格栅
PC 组合卡插槽
红外线端口
笔记本电脑闩锁
硬盘检修板
电池闩锁
扩展坞连接器
RAM 检修板
规格尺寸
小型双列直插内存模块（SODIMM）
CPU 降频
功能（Fn）键
内置 LCD
基站
扩展坞
端口复制器
排气孔
交流电源连接器
PC 卡/ ExpressCard 插槽
VGA 端口
数字视频接口（DVI）端口
线连接器
耳机连接器
鼠标端口
键盘端口
外部磁盘驱动器连接器
并行端口
串行端口
RJ-11（调制解调器端口）
LED 显示器
有机 LED（OLED）
等离子显示器
LCD 切断开关

变换器
背光灯
高级电源管理（APM）
高级配置和电源接口（ACPI）
休眠
待机
低电池电量警告
关键电池电量水平
蓝牙
红外线（IR）无线技术
视距范围
散射
反射
移动电话 WAN 卡
无线适配器
Mini-PCI
Mini-PCIe
PCI Express Micro
闪存驱动器
闪存卡
闪存卡读卡器
客户可更换部件（CRU）
现场可更换部件（FRU）
直流插孔
触摸板

最早的笔记本电脑主要供需要在办公室外访问和输入数据的商务人士使用。与价格相对便宜的台式电脑相比，当时的笔记本电脑因为价格贵、自重重且功能不多等局限，应用并不广泛。

笔记本电脑最重要的特征是尺寸紧凑。笔记本电脑的设计将键盘、屏幕和内部组件集中在小型便携式外壳中。因此，笔记本电脑可用于在学校记笔记、在商业会议中演示信息，或者在咖啡厅中访问Internet。笔记本电脑使用充电电池，断开外部电源时也可使用。笔记本电脑因设计紧凑、使用方便并且技术越来越先进，现已被普遍使用。

笔记本电脑的一些常见用途包括：

- 记课堂笔记；
- 研究论文；
- 在商业会议中演示信息；
- 不在家或不在办公室时访问数据；
- 旅行时玩游戏；
- 旅行时看电影；
- 在公共场所访问 Internet；
- 在公共场所收发电子邮件。

7.1　笔记本电脑组件

下面重点讲解笔记本电脑内外部组件。组件可以安装在不同型号笔记本电脑的不同地方。了解每个组件，从而在挑选用于购买和升级的组件时做出明智的决策，这一点尤为重要。当笔记本电脑组件发生故障或不能工作时，了解它们对于故障排除来说是十分必要的。

7.1.1　笔记本电脑特有的外部特征

笔记本电脑和台式电脑使用相同类型的端口，以便互换外围设备。这些端口专门为连接外围设备而设计。

由于笔记本电脑采用紧凑型设计，因此端口、接口和驱动器的布局较为独特。端口、接口和驱动器位于笔记本电脑外部的正面板、背面板和侧面板中。某些笔记本电脑包含用于添加功能的 PC 卡或 ExpressCard 插槽，如可移动存储卡、调制解调器或网络连接。

笔记本电脑需要外部电源端口。笔记本电脑可以使用电池或交流电适配器工作。使用此端口可以为计算机供电或为电池充电。

LED、状态指示灯、端口、插槽、连接器、托架、插孔、通风口和钥孔都在笔记本电脑的外部。

注意：　LED 显示器因笔记本电脑而异。有关特定状态显示的列表，可查阅笔记本电脑手册。

图 7-1 显示了笔记本电脑背面的三个组件。

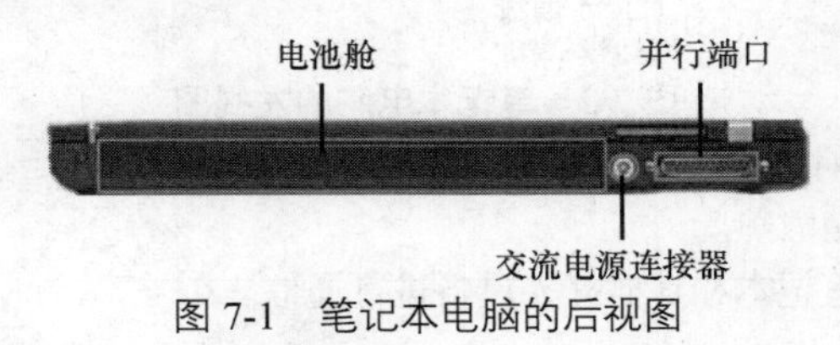

图 7-1　笔记本电脑的后视图

笔记本电脑使用电池或交流电适配器工作。笔记本电脑的电池有多种形状和大小。它们使用不同类型的化学物质和金属来存储电能。表7-1比较了多种可充电电池。

表7-1 笔记本电脑电池比较

电池类型	特征	常见用途
镍镉“Ni-Cad”（NiCd）	相对于其存储的电能而言，重量重，使用寿命长（可以进行多次充电循环使用），可能存在记忆效应	玩具、无绳电话、应急照明灯、电动工具、相机闪光灯
镍金属氢化物（NiMH）	相对于其储存的电能而言，重量适中，使用寿命一般，循环、关闭或充电结束时可能出现“极性颠倒”情况。可能需要多次充电/放电循环才会达到满容量	移动电话、数码相机、GPS装置、手电筒和其他电子消费品
锂离子（Li-Ion）	相对于其储存的电能而言，重量轻，无记忆效应，可能容易过热。保持冷却、经常充电，寻找最新（最近生产）的电池	移动电话、笔记本电脑
锂聚合物（Li-Poly 或 LiPo）	相对于其储存的电能而言，价格昂贵、体积小且重量轻，容量适中，可快速充电，使用寿命一般，不会短路，不易燃	PDA、笔记本电脑、便携式MP3播放器、便携式游戏设备、无线电控制飞机

笔记本电脑的左侧有10个组件。

- 安全钥匙孔：用来接收特殊形状锁的小插槽，它可以达到降低物理偷盗风险的目的。安全钥匙孔允许用户使用密码锁或钥匙锁将笔记本电脑连接到诸如桌子之类的固定位置。
- 通用串行总线端口：可以让笔记本电脑与大多数外部设备相连接。
- S视频端口：可以让笔记本电脑与外部显示器或投影仪相连接。
- 调制解调器端口：在模拟电话网络上进行通信。
- 以太网接口：在以太网络上进行通信。
- 网络LED：显示网络流量活动。
- 立体声耳机插孔：允许笔记本电脑将音频传到外部扬声器或耳机。
- 麦克风插孔：允许麦克风输入声音。
- 通风格栅：帮助机箱散热。
- PC 组合卡插槽：接收扩展卡，比如PCMCIA、PC。

图7-2显示了笔记本电脑的左侧组件。

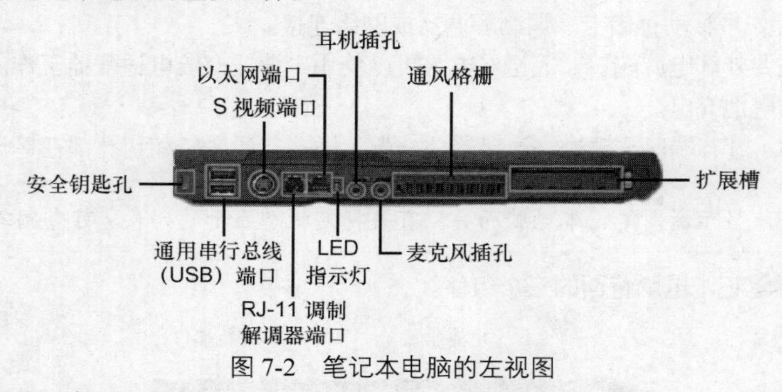

图7-2 笔记本电脑的左视图

笔记本电脑的前面有下列组件。

- 通风格栅：帮助机箱散热。
- 红外线端口：允许笔记本和其他红外设备进行通信。

■　扬声器：提供声音输出。
■　笔记本电脑闩锁：保持盖关闭。

图 7-3 显示了笔记本电脑的前面组件。

笔记本电脑的右侧包含了 4 个组件。

■　光盘驱动器：读取 CD、DVD 以及蓝光光盘。
■　光盘驱动器状态指示灯：显示光驱的活动状态。
■　驱动器托架状态指示灯：显示驱动器托架的状态。
■　VGA 端口：允许外接显示器或者投影仪。

图 7-4 显示了笔记本电脑的右侧组件。

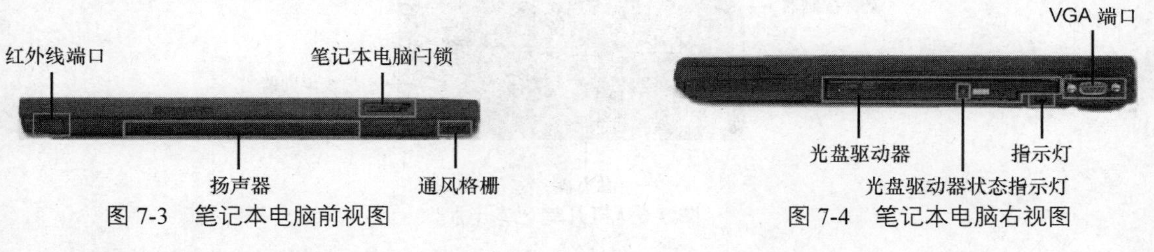

图 7-3　笔记本电脑前视图　　图 7-4　笔记本电脑右视图

笔记本电脑的底部有下列组件。

■　硬盘检修板：提供访问硬盘的通道。
■　电池闩锁（两个区域）：从电池仓取出电池。
■　扩展坞连接器：连接笔记本到扩展坞或端口复制器。
■　RAM 检修板：提供访问内存的通道。

图 7-5 显示了笔记本电脑的底部组件。

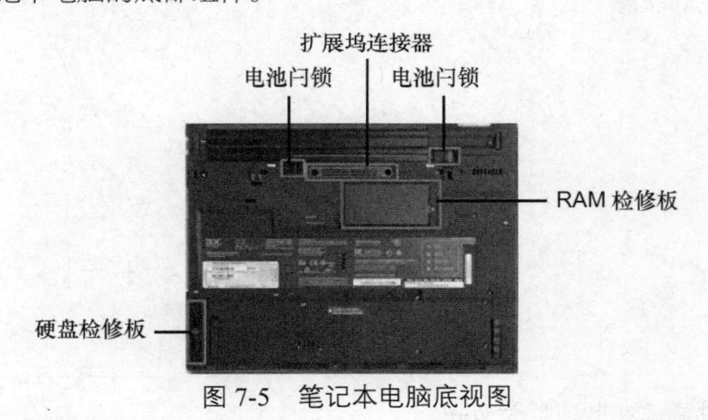

图 7-5　笔记本电脑底视图

7.1.2　笔记本电脑中的常见输入设备和 LED

笔记本电脑采用紧凑型便携式设计，同时保留了台式电脑系统提供的大量功能。因此，笔记本电脑中内置了必需的输入设备。打开笔记本电脑时，可能存在以下输入设备：

■　触摸板；
■　触控点；
■　键盘；
■　指纹识别器；
■　麦克风；

- Web 摄像头。

一些输入设备是内置到笔记本电脑中的。通常，笔记本电脑不使用时，是关闭的。打开笔记本电脑的盖子，您可以访问各种输入设备、发光二极管（LED）以及显示屏。当笔记本电脑盖子打开时，多个可用的输入设备如图 7-6 所示。

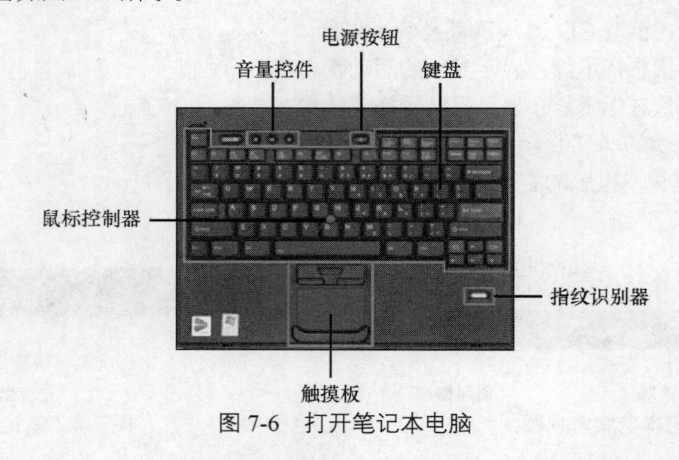

图 7-6 打开笔记本电脑

注意： 可以使用台式电脑输入设备的配置和优化方法对笔记本电脑中内置的输入设备的速度、灵敏度、滚动或敲击次数进行配置和优化。

笔记本电脑可能具有用于显示特定设备或组件的状态的 LED。LED 常见于显示屏下方或键盘正上方。

笔记本电脑中常见的状态 LED 类型如下：

- 无线；
- 蓝牙；
- 数字锁定；
- 大写锁定；
- 硬盘活动；
- 开机；
- 电池状态；
- 休眠/待机。

注意： LED 因笔记本电脑型号而异。

7.1.3 内部组件

笔记本电脑小巧紧凑，需要将许多内部组件安装到有限空间内。尺寸限制导致许多笔记本电脑组件（例如主板、RAM 和 CPU）的规格尺寸五花八门。某些笔记本电脑组件（例如 CPU）可能专为减少耗电而设计，以确保系统在使用电池电源时可以运行较长时间。

1. 主板

台式电脑主板具有标准规格尺寸。标准尺寸和形状实现了不同制造商之间的主板互换。相比之下，笔记本电脑主板因制造商而异，并且具有专用性。修理笔记本电脑时，建议从笔记本电脑制造商处获取更换用的主板。图 7-7 比较了台式电脑主板与笔记本电脑主板。

笔记本电脑主板与台式电脑主板采用的设计不同。适合笔记本电脑的组件通常无法在台式电脑中使用。表 7-2 比较了笔记本电脑和台式电脑的设计。

表 7-2 笔记本电脑和台式电脑比较

组件	笔记本电脑	台式电脑
主板规格尺寸	专有	AT、LPX、NLX、ATX、BTX
扩展槽	Mini-PCI	PCI、PCIe、ISA、AGP
RAM 插槽类型	SODIMM	SIMM、DIMM、RIMM

2. RAM

笔记本电脑空间有限。因此，它们使用小型双列直插内存模块（SODIMM）（如图 7-8 所示）。

笔记本电脑主板

台式电脑主板

图 7-7 主板比较

图 7-8 SODIMM

3. CPU

与台式电脑处理器相比，笔记本电脑处理器采用降低能耗、减少热量产生的设计。因此，笔记本电脑处理器需要的散热装置比台式电脑的小。笔记本电脑处理器还使用 CPU 降频，根据需要修改时钟速度，以减少能耗和热量。这会导致性能略微下降，但会延长某些组件的使用寿命。利用这些专门设计的处理器，笔记本电脑在使用电池电源时可以运行更长时间。

注意： 请参阅笔记本电脑手册，以了解兼容的处理器和更换说明。

7.1.4 特殊功能键

功能（Fn）键的用途是激活两用键上的另一种功能。通过按下 Fn 键与另一个键的组合来访问的功能以较小字体或不同颜色印制在该键上。可以访问以下功能：

- 显示器设置；
- 显示器亮度；
- 键盘背光亮度；
- 音量设置；
- 睡眠状态；
- 无线功能；
- 蓝牙功能；
- 电池状态。

注意：　某些笔记本电脑可能具有专用功能键，利用这些功能键，用户无需按 Fn 键即可执行功能。

笔记本电脑显示器是内置 LCD。它与台式电脑 LCD 显示器相似，不同的是可以使用软件或按钮控件来调整分辨率、亮度和对比度设置。无法调整笔记本电脑显示器的高度和距离，因为显示器已经集成到外壳的盖子中。可以将台式电脑显示器连接至笔记本电脑。通过按 Fn 键和笔记本电脑键盘上的相应功能键，可以在笔记本电脑显示器与台式电脑显示器之间切换。

不要将 Fn 键与功能键 F1 至 F12 相混淆。这些功能键通常位于横跨键盘顶部的同一行中，其功能取决于操作系统（OS）以及按下它们时正在运行的应用程序。通过按下每个键与 Shift、Ctrl 和 Alt 键的一种或多种组合，每个键最多可以执行 7 种不同的操作。

7.1.5　扩展坞与端口复制器

基站用于连接交流电源和台式电脑外围设备。在将笔记本电脑接入基站时，可以访问电源和连接的外围设备以及数量更多的端口。

有以下两种用于此相同用途的基站：扩展坞和端口复制器。端口复制器可能包含 SCSI 端口、网络端口、PS/2 端口、USB 端口和游戏端口。扩展坞具有与端口复制器相同的端口，但还增加了连接 PCI 卡、更多硬盘、光盘驱动器和软盘驱动器的功能。连接至扩展坞的笔记本电脑具有与台式电脑相同的功能。

扩展坞和端口复制器使用以下多种连接类型：

- 制造商和型号特定的连接；
- USB 和 FireWire；
- PC 卡或 ExpressCard。

某些扩展坞使用位于扩展坞顶部的端口连接笔记本电脑。其他扩展坞则直接插入笔记本电脑的 USB 端口。大多数笔记本电脑可以在使用过程中或关机后进行对接。通过使用即插即用技术，或者针对对接状态和未对接状态使用单独的硬件配置文件，可以在对接时添加设备。图 7-9 展示了一例在顶部有着连接端口的扩展坞。

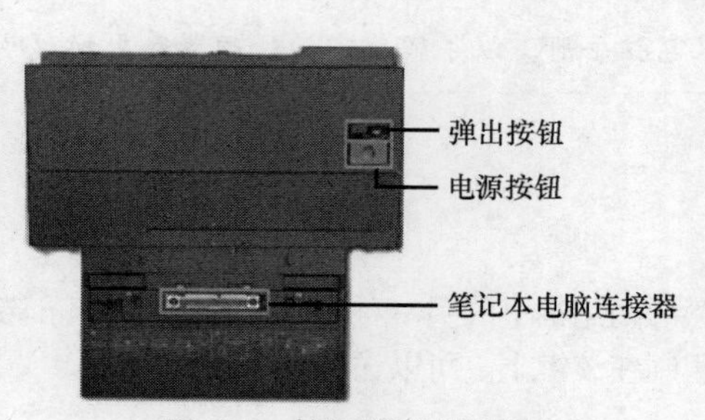

图 7-9　扩展坞顶部视图

注意：　许多基站为专有基站，仅适用于特定的笔记本电脑。在购买基站之前，须核对笔记本电脑文档或访问制造商网站，以确定适合笔记本电脑的品牌和型号。

扩展坞的后面包含端口和连接器用来连接到桌面的外围设备，如鼠标、显示器或打印机。为了从扩展坞排除热气，通风时必要的。

下面是扩展坞后面的典型组件。

- 排气孔：为笔记本电脑排除热空气。
- 交流电源连接器：提供电源给电池充电。
- PC 卡/ ExpressCard 插槽：连接笔记本电脑扩展卡。
- VGA 端口：允许外部显示器或投影机。
- 数字视频接口（DVI）端口：允许外部显示器或投影机。
- 线连接器：允许音频输入预放大的来源，如 iPod。
- 耳机连接器：允许音频输出到耳机。
- USB 端口：连接笔记本电脑到多数外围设备。
- 鼠标端口：连接老式鼠标到笔记本电脑。
- 键盘端口：连接老式键盘到笔记本电脑。
- 外部磁盘驱动器连接器：连接笔记本电脑到外部磁盘驱动器。
- 并行端口：连接不支持 USB 的老式设备如打印机和扫描仪。
- 串行端口：老式端口，在 USB 广泛使用之前用于连接如鼠标、键盘及调制解调器等设备。
- RJ-11（调制解调器端口）：模拟电话网络上的通信。
- 以太网端口：用于以太网络上通信。

图 7-10 显示了扩展坞后面的常见组件。

扩展坞可能也有一个键锁，以保护连接到扩展坞上的笔记本，如图 7-11 所示。

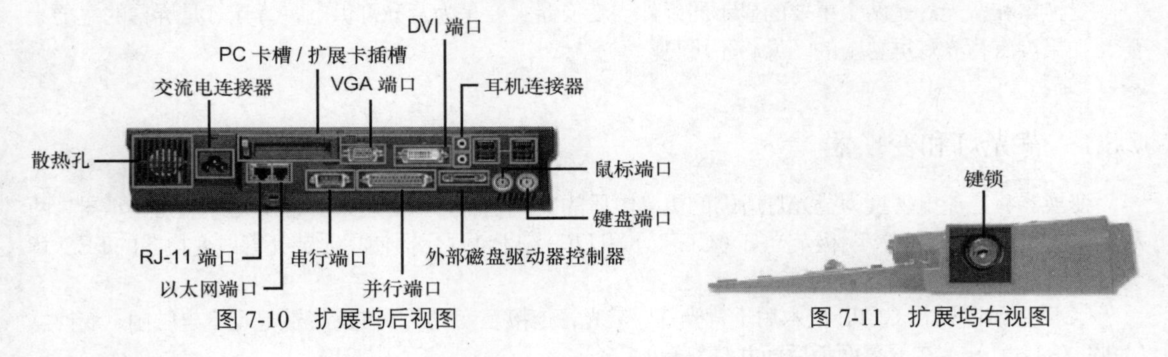

图 7-10 扩展坞后视图

图 7-11 扩展坞右视图

7.2 笔记本电脑显示器组件

笔记本电脑显示器是用于显示屏幕上所有内容的输出设备，并且是笔记本电脑上最昂贵的组件之一。有 4 种不同类型的显示器，它们有不同的尺寸和分辨率。理解笔记本电脑的显示器类型及内部显示器的组件对于购买或者修理该系统是非常重要的。本节将描述不同的显示器类型及每种的内部组件。

LCD、LED、OLED 和等离子显示器

笔记本电脑显示器为内置显示器。它们与台式电脑显示器相似，不同的是可以使用软件或按钮控件来调整分辨率、亮度和对比度。笔记本电脑显示器的高度和距离无法调整，因为显示器已经集成到外壳的盖子中。可以将台式电脑显示器连接到笔记本电脑，从而向用户提供多个屏幕和

更多功能。

笔记本电脑显示器分为以下 4 类：

- LCD；
- LED；
- OLED；
- 等离子。

与 LCD 显示器相比，LED 显示器使用的电能较少并且具有较长的使用寿命。有机 LED（OLED）技术通常用于移动设备和数码相机，但也可以用在笔记本电脑概念设计中。随着这一技术的改进，OLED 显示器将变得越来越普及。等离子显示器在笔记本电脑中很少见，因为它们的耗电量很大。

在许多笔记本电脑上，当关闭外壳时，笔记本电脑盖上的小触销会接触一个称为 LCD 切断开关的开关。此 LCD 切断开关通过熄灭背光灯和关闭 LCD 来帮助节省电能。如果此开关损坏或脏污，打开笔记本电脑时 LCD 可能不会点亮。仔细清洁此开关以恢复正常运行。

7.3 内部组件

变换器和背光灯是两个重要的显示器组件。变换器主要是为背光灯供电，背光灯是屏幕的主要光源，如果没有背光灯屏幕上的图像将不可见。

7.3.1 背光灯和变换器

变换器将直流电转换为背光灯所需的更高电压的交流电。背光灯透过屏幕发光并照亮显示器。两种常见类型的背光灯为冷阴极荧光灯（CCFL）和 LED。LED 显示器使用无荧光管或变换器的 LED 背光灯。

LCD 显示器则将 CCFL 技术用于背光灯。荧光管连接至变换器。在大多数笔记本电脑中，变换器（如图 7-12 所示）在屏幕面板后面并且靠近 LCD。

背光灯（如图 7-13 所示）在 LCD 屏幕后面。要更换背光灯，必须彻底拆卸显示装置。

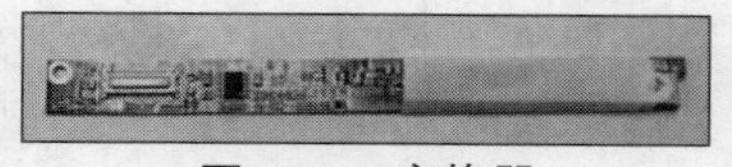

图 7-12 变换器

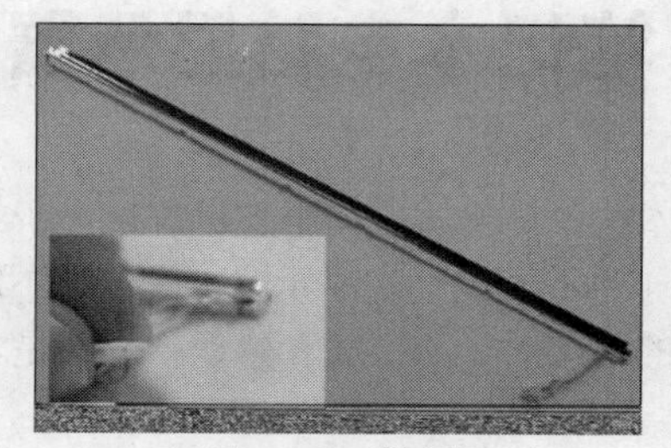

图 7-13 背光灯

7.3.2 Wi-Fi 天线连接器

Wi-Fi 天线通过无线信号执行数据传输和接收。笔记本电脑中的 Wi-Fi 天线通常位于屏幕上方，Wi-Fi 天线通过天线导线和天线引线连接到无线网卡，如图 7-14 所示。

图 7-14 Wi-Fi 天线引线

导线通过位于屏幕侧面的穿线框固定到显示装置上。

7.4 笔记本电脑电源

电源的保护和管理是笔记本电脑需要考虑的重要方面，因为它们是为便携而设计的。当外部电源断开时，笔记本电脑使用电池作为电源。软件可以用于延长笔记本电脑的寿命并最大化电池使用情况。本节将介绍电源管理的方法及如何通过软件以及笔记本电脑的 BIOS 优化电源管理的设置。

7.4.1 电源管理

电源管理和电池技术的进步使得笔记本电脑在断开交流电源后的工作时间越来越长。在不充电的情况下，最新电池的续航时间可以长达 10 小时或更长。配置笔记本电脑的电源设置以便更好地管理电源的使用对于确保高效地使用电池非常重要。

电源管理用于控制流入计算机组件的电流。有两种电源管理方法：

- 高级电源管理（APM）；
- 高级配置和电源接口（ACPI）。

APM 是较早版本的电源管理。BIOS 利用 APM 控制电源管理设置。

ACPI 已经取代了 APM。ACPI 标准在硬件和操作系统之间建立联系，并允许技术人员创建电源管理方案以实现笔记本电脑最佳性能。ACPI 标准适用于大多数计算机，但在管理笔记本电脑的电源时尤为重要。表 7-3 所示为 ACPI 标准。

表 7-3 ACPI 标准

标准	描述
S0	计算机处于打开状态，并且 CPU 正在运行
S1	CPU 和 RAM 仍在接收电力，但是未使用的设备已断电
S2	CPU 处于关闭状态，但是刷新了 RAM。系统所处模式的刷新频率低于 S1 所处模式的刷新频率
S3	CPU 处于关闭状态，并且 RAM 设置为低刷新频率。该模式通常称为“保存至 RAM”。在 Windows XP 中，此状态称为挂起模式
S4	CPU 和 RAM 均处于关闭模式。RAM 的内容已保存到硬盘上的临时文件。该模式也称为“保存至 RAM”。在 Windows 7、Windows Vista 和 Windows XP 中，此状态称为休眠状态
S5	计算机处于关闭状态

7.4.2 管理 BIOS 中的 ACPI 设置

技术人员经常需要通过更改 BIOS 设置中的设置来配置电源设置。图 7-15 中的示例为 BIOS 设置中的电源设置。

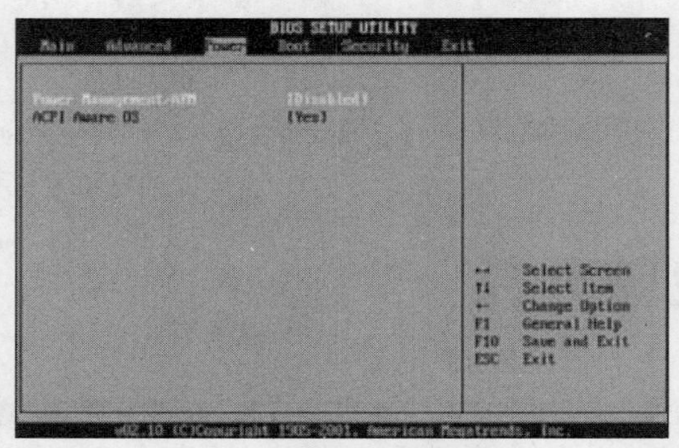

图 7-15 BIOS 中的电源设置

配置 BIOS 设置中的电源设置会影响以下各项：

- 系统状态；
- 电池和交流模式；
- 热管理；
- CPU PCI 总线电源管理；
- LAN 唤醒（WoL）。

注意：WoL 可能需要在计算机内部进行从网络适配器到主板的电缆连接。

在 Windows 中，必须在 BIOS 设置中启用 ACPI 电源管理模式，才能允许操作系统配置电源管理状态。

要在 BIOS 设置中启用 ACPI 模式，按以下步骤操作。

How To

步骤 1 进入 BIOS 设置。

步骤 2 找到并进入电源管理设置菜单项。

步骤 3 使用合适的键启用 ACPI 模式。

步骤 4 保存并退出 BIOS 设置。

注意：这些步骤适用于大多数笔记本电脑，但务必检查笔记本电脑文档中的特定配置设置。各个电源管理状态并没有标准名称。不同制造商对同一个状态使用的名称可能不同。

7.4.3 管理笔记本电脑电源选项

利用 Windows 中的“电源选项”实用程序，可以减少特定设备或整个系统的能耗。可以管理以下各项的电源使用：

- 笔记本电脑；

■ 硬盘驱动器；
■ 显示屏；
■ 睡眠定时器；
■ 低电池电量警告。

要在 Windows 7 和 Windows Vista 中配置电源设置，按以下顺序操作。

开始 > 控制面板 > 电源选项

要在 Windows XP 中配置电源设置，按以下顺序操作。

开始 > 控制面板 > 电源选项

1. 笔记本电脑电源选项

如果不想在按电源按钮时彻底关闭笔记本电脑，可以调整设置以减少用电量。

要在 Windows 7 和 Windows Vista 中访问“定义电源按钮并打开密码保护”菜单，须单击“电源选项”实用程序左侧的选择电源按钮的功能链接。在 Windows XP 中，可以通过选择“电源选项”实用程序中的高级选项卡来访问电源按钮设置。

在 Windows 7 和 Windows Vista 中，这些选项如下所示。

■ 不采取任何操作：计算机继续满功率运行。
■ 睡眠：将文档和应用程序保存到 RAM 中，从而允许电脑快速开机。
■ 休眠：将文档和应用程序保存到硬盘上的临时文件中。与“睡眠”相比，笔记本电脑开机需要的时间稍长一些。

在 Windows XP 中，这些选项如下所示。

■ 待机：将文档和应用程序保存到 RAM 中，从而允许电脑快速开机。
■ 休眠：将文档和应用程序保存到硬盘上的临时文件中。与“待机”相比，笔记本电脑开机需要的时间稍长一些。

图 7-16 显示在 Windows 7 的“电源选项”实用程序中启用了“休眠”。

2. 硬盘和显示器电源管理

笔记本电脑中两个最大的耗电组件是硬盘和显示器。如图 7-17 所示，可以选择在依靠电池或交流适配器运行笔记本电脑的情况下关闭硬盘或显示器的时间。

图 7-16 在 Windows 7 电源选项实用程序中启用休眠

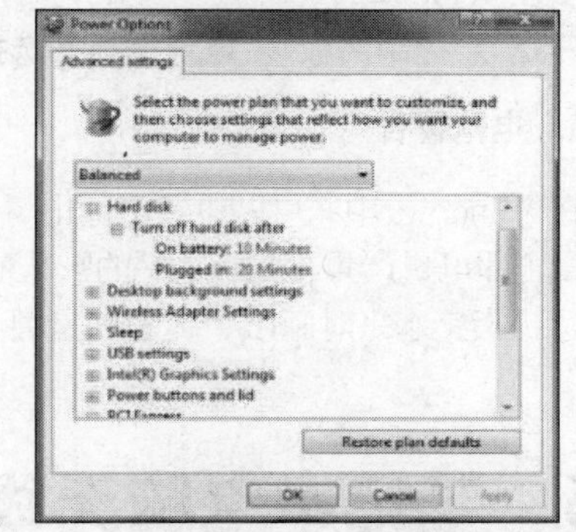

图 7-17 Windows XP 电源选项高级设置

要在 Windows 7 和 Windows Vista 中调整硬盘、显示器或其他计算机组件的电源设置，按以下步骤操作。

How To

步骤 1 单击开始 > 控制面板 > 电源选项。

步骤 2 找到电源计划。

步骤 3 单击更改计划设置。

步骤 4 单击更改高级电源设置。

要在 Windows XP 中访问高级电源设置，按以下顺序操作。

开始 > 控制面板 > 电源选项 > 高级选项卡

3. 睡眠定时器

图 7-18 显示了 Windows 7 和 Windows Vista 电源计划设置的自定义睡眠定时器。

图 7-19 显示了 Windows XP 电源方案设置。

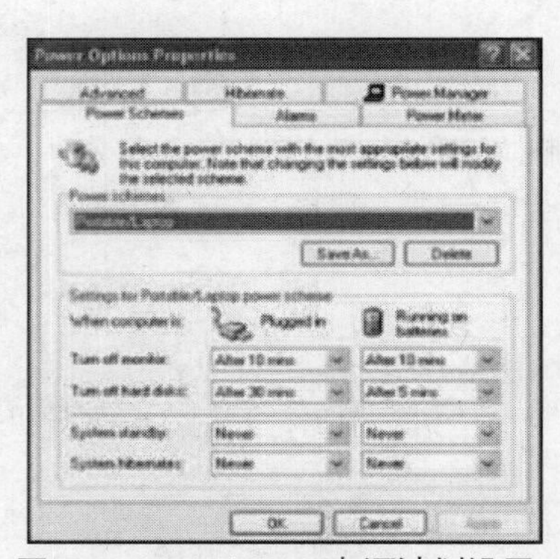

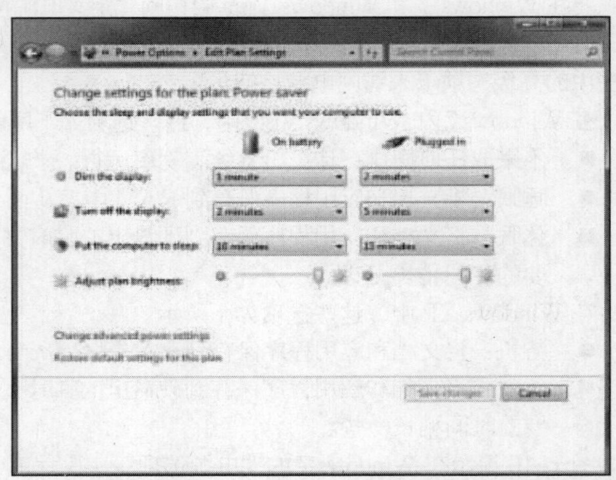

图 7-18 Windows 7 电源计划设置　　图 7-19 在 Windows XP 中编辑电源方案设置

要在 Windows 7 和 Windows Vista 中配置睡眠定时器，按以下步骤操作。

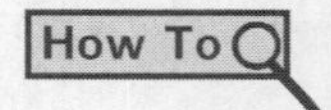

步骤 1 单击开始 > 控制面板 > 电源选项。

步骤 2 单击更改计算机睡眠时间并选择所需时间。

要在 Windows XP 中配置睡眠定时器，按以下顺序操作。

开始 > 控制面板 > 电源选项并选择所需时间

4. 电池警告

在 Windows 中，可以设置电池电量警告水平。低电池电量警告的默认值为 10%剩余容量。临界电池电量（即电量严重不足）水平的默认值为 5%。也可以设置通知的类型和要采取的操作，例如在电池容量达到指定水平时睡眠、休眠还是关闭笔记本电脑。

7.5 笔记本电脑无线通信技术

笔记本电脑的一个主要优点是其便携性，且添加了无线技术后提高了笔记本电脑在任何位置均可用的功能。借助无线技术，笔记本电脑用户可以连接到 Internet、无线外设以及其他的笔记本。多数笔记本电脑都有内置的无线设备，同台式电脑相比，它们的灵活性和移动性增加。本节需要查看各种不同的可用无线技术。

7.5.1 蓝牙

电气电子工程师协会（IEEE）802.15.1 标准描述了蓝牙技术规范。蓝牙设备能够处理语音、音乐、视频和数据。

表 7-4 显示了常见的蓝牙特征。

表 7-4 蓝牙特征

一项短距离的无线技术，旨在免去便携式设备或固定配置设备之间的电缆连接需要
在免授权的工业、科学和医疗频段内的 2.4～2.48MHz 之间运行
低功率、低成本且尺寸小
使用自适应跳频
1.2 版最高运行速度可达 1.2Mbit/s
具有增强数据速率（EDR）的 2.0 版最高运行速度可达 3Mbit/s
具有高速（HS）的 3.0 版最高运行速度可达 24Mbit/s

蓝牙 PAN 的距离受 PAN 中的设备的用电量限制。蓝牙设备分为三类，如表 7-5 所示。最常见的蓝牙网络为 2 类，其范围大约为 33 英尺（10 米）。

表 7-5 蓝牙分类

类别	最大允许功率（mW）	近似距离
1 类	100mW	约 330 英尺（100 米）
2 类	2.5mW	约 33 英尺（10 米）
3 类	1mW	约 3 英尺（1 米）

蓝牙技术的 4 种规范定义了数据传输率的标准。每个后续版本都提供了增强功能。例如，版本 1 技术较落后并且功能有限，而版本 4 则具有更先进的功能。

表 7-6 展示了定义数据传输速率标准的 4 种蓝牙技术规范。

表 7-6 蓝牙规范

规范	版本	数据传输速率
1.0	v1.2	1Mbit/s
2.0	V2.0+EDR	3Mbit/s
3.0	V3.0+HS	24Mbit/s
4.0	V4.0+LE	24Mbit/s

蓝牙标准中包含了安全措施。蓝牙设备在首次连接时，将使用 PIN 对设备进行身份验证。蓝牙支持 128 位加密和 PIN 身份验证。

蓝牙安装和配置

Windows 默认情况下会激活与蓝牙设备的连接。如果该连接尚未激活，须查找笔记本电脑正面或侧面的开关，以启用该连接。如果笔记本电脑未配备蓝牙技术，则可以购买 USB 蓝牙适配器并将其插入到 USB 端口中。

在安装和配置设备之前，确保在 BIOS 中启用蓝牙。

打开设备并使其可被 Windows 发现。查阅设备文档以了解如何使设备能够被发现。使用蓝牙向导搜索和发现处于可发现模式的蓝牙设备。

要在 Windows 7 中发现蓝牙设备，按以下步骤操作。

How To

步骤 1　单击开始 > 控制面板 > 设备和打印机 > 添加设备。

步骤 2　选择发现的设备并单击下一步。

步骤 3　将 Windows 7 提供的配对码输入到蓝牙设备中。

步骤 4　成功添加设备后，单击关闭。

在 Windows Vista 中，按以下步骤操作。

How To

步骤 1　单击开始 > 控制面板 > 网络和 Internet > 设置启用蓝牙的设备 > 设备 > 添加。

步骤 2　如果出现提示，请单击继续。此时会启动添加 Bluetooth 设备向导。

步骤 3　单击我的设备已经设置并且准备好，可以找到 > 下一步。

步骤 4　选择发现的设备并单击下一步。

步骤 4　如果出现提示，则输入密钥并单击完成。

在 Windows XP 中，按以下步骤操作。

How To

步骤 1　单击开始 > 控制面板 > 蓝牙设备 > 设备 > 添加。

步骤 2　此时会启动添加 Bluetooth 设备向导。

步骤 3　单击我的设备已经设置并且准备好，可以找到 > 下一步。

步骤 4　选择发现的设备并单击下一步。

步骤 4　如果出现提示，则输入密钥并单击下一步。

步骤 4　单击完成。

7.5.2　红外线

红外线（IR）无线技术是一种低能耗、短距离的无线技术。IR 使用 LED 传输数据，使用光电二极管接收数据。IR 无线网络在全球不受管制。但是，红外线数据协会（IrDA）定义了 IR 无线通信的规范。常见红外线特征包括如下几点。

- 红外线无线技术是一种使用 LED 的低功耗、短距离无线技术。
- 红外线信号可在最低的光频率下工作，传输距离局限于几英尺或几米。
- 红外线无法穿透天花板或墙体。

三种常见的 IR 网络类型如下所示。

- 视距范围：只有当设备之间的视域畅通无阻时才能传输信号。
- 散射：信号在天花板和墙体上反弹。
- 反射：将信号发送到光学收发器并重定向到接收设备。

IR 设备的设置和配置很简单。许多 IR 设备可连接到笔记本电脑或台式电脑的 USB 端口。当计算机检测到新设备时，Windows 7 将安装合适的驱动程序。安装过程与设置 LAN 连接相似。

IR 是实用的短距离连接解决方案，但它具有一些限制：

- IR 光线无法穿透天花板或墙体；
- IR 信号容易被荧光灯之类的强光源干扰和削弱；
- 散射 IR 设备可以在非视距范围内连接，但数据传输率较低并且距离较短；
- 在用于计算机通信时，IR 距离应该为 3 英尺（1 米）或更短。

在按照以下步骤安装和配置设备之前，确保在 BIOS 中启用 IR。

How To

步骤 1 打开设备，使其可被 Windows 发现。

步骤 2 将设备对齐。

步骤 3 当设备正确对齐后，任务栏上会出现一个图标以及一条弹出消息。

步骤 4 单击该弹出消息以显示"红外线"对话框。

没有内置 IR 设备的笔记本电脑可以将串行 IR 收发器连接到串行端口或 USB 端口。图 7-20 显示了一个内置 IR 端口收发器。

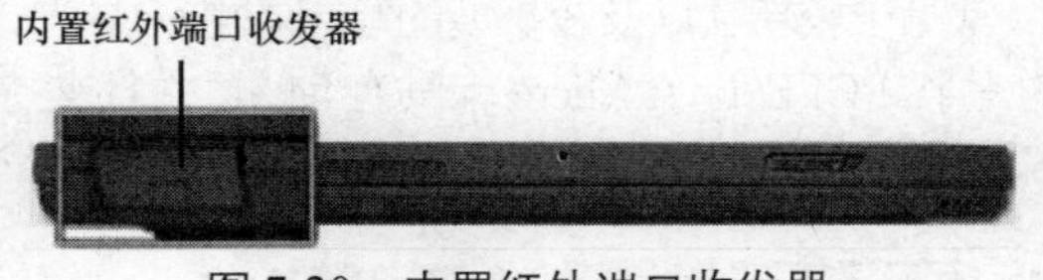

图 7-20 内置红外端口收发器

也可以在控制面板中访问"红外线"对话框。可以配置以下设置。

- 红外线：控制关于 IR 连接的通知方式以及控制文件的传输方式。
- 图像传送：控制从数码相机中传输图像的方式。
- 硬件：列出计算机上安装的 IR 设备。

7.5.3 移动电话 WAN

为了将笔记本电脑连接至移动电话 WAN，需要安装用于连接移动电话网络的适配器。移动电话 WAN 卡（如图 7-21 所示）为即插即用（PnP）卡。此卡插入到 PC 卡插槽中或者已经内置于笔记本电脑中。

图 7-21 移动电话 WAN 卡

也可以通过 USB 适配器或使用移动热点来访问移动电话 WAN。可以使用 Wi-Fi 技术将移动热点连接到笔记本电脑。某些移动电话提供移动热点功能。

具有集成的移动电话 WAN 功能的笔记本电脑不需要安装软件，也不需要额外的天线或附件。打开笔记本电脑时，就可以使用集成的 WAN 功能。如果该连接尚未激活，须查找笔记本电脑正面或侧面的开关.为启用连接，应按照以下步骤。

How To

步骤 1 在安装和配置设备之前，确保在 BIOS 中启用移动电话 WAN。

步骤 2 安装制造商提供的宽带卡实用程序软件。

步骤 3 使用实用程序软件管理网络连接。

移动电话 WAN 实用程序软件通常位于任务栏中，或者位于开始 > 程序中。

7.5.4 Wi-Fi

笔记本电脑使用无线适配器访问 Internet。无线适配器可能内置于笔记本电脑中，或者通过笔记本电脑扩展端口连接到笔记本电脑。笔记本电脑中使用的三种主要类型的无线适配器如下所示。

- Mini-PCI：常用于较旧款的笔记本电脑。Mini-PCI 卡具有 124 针，并且支持 802.11a、802.11b 和 802.11g 无线 LAN 连接标准。
- Mini-PCIe：笔记本电脑中最常见的无线网卡类型。Mini-PCIe 卡具有 54 针，并且支持所有无线 LAN 标准。
- PCI Express Micro：常见于较新款以及较小型的笔记本电脑中，如超级本，因为它们的尺寸仅为 Mini-PCIe 卡的一半。PCI Express Micro 卡具有 54 针，并且支持所有无线 LAN 标准图 7-22 展示了笔记本电脑中无线适配器的三种主要类型。

图 7-22 无线适配器类型

较新款的笔记本电脑通常不使用无线扩展卡，因为大多数已经内置了无线适配卡。更为常见的是使用 USB 适配器为笔记本电脑添加或升级无线功能。

要在运行 Windows 7 和 Windows Vista 的笔记本电脑上配置无线以太网设置，按以下步骤操作。

How To

步骤 1 确保已安装调制解调器和路由器软件，并且打开这两种设备。

步骤 2 选择开始 > 控制面板 > 网络和共享中心 > 设置新的连接或网络。

步骤 3 如果已经建立了连接或网络，则单击连接并选择网络。

步骤 4 使用设置新的连接或网络向导建立新连接或配置新网络。

要在运行 Windows XP 的笔记本电脑上配置无线以太网设置，按下步骤操作。

How To

步骤 1 确保已安装调制解调器和路由器软件，并且打开这两种设备。

步骤 2 选择开始 > 控制面板 > 网络和 Internet 连接 > 网络连接。

步骤 3 如果已经建立了连接或网络，则单击连接并选择网络。

步骤 4 如果尚未建立连接或网络，则单击创建一个新的连接链接。

步骤 5 使用设置新的连接或网络向导建立新连接或配置新网络。

7.6　笔记本电脑硬件和组件的安装和配置

紧凑和便携是笔记本电脑如此受欢迎的两个主要原因。这两个因素也限制了笔记本电脑在某些用户期望可用的技术领域有所发展。本节将讨论如何通过安装和配置扩展设备来增强笔记本电脑的功能。

7.6.1　扩展卡

与台式电脑相比，笔记本电脑的缺点之一是其紧凑型设计可能会无法提供某些功能。为了解决此问题，许多笔记本电脑包含用于添加功能（例如更多内存、调制解调器或网络连接）的 PC 卡或 ExpressCard 插槽。

这些卡符合 PCMCIA 标准。它们分为以下三种类型：I 型、II 型和 III 型。每种类型的尺寸各不相同并且可以连接不同的设备。

PC 卡插槽使用开放式标准接口连接到使用 CardBus 标准的外围设备。ExpressCard 是较新型的扩展卡并且最常用。

表 7-7 显示了 PC 卡的比较。

表 7-7　　PC 卡规范

PC 总线	尺寸（mm）	厚度（mm）	接口	示例
I 类	85.6mm × 54mm	3.3 mm	内存、I/O、CardBus	SRAM 闪存
II 类	85.6mm × 54mm	5.5 mm	内存、I/O、CardBus	调制解调器、LAN 和无线
III 类	85.6mm × 54mm	10.5 mm	内存、I/O、CardBus	硬盘驱动器

表 7-8 显示了 PC ExpressCards 的比较。

表 7-8　　PCExpress 卡规范

PC 总线	尺寸（mm）	厚度（mm）	接口	示例
ExpressCard/34	75 mm × 34 mm	5 mm	PCI Express 或 USB 2.0 或 USB 3.0	FireWire、电视调谐器、无线网卡
ExpressCard/54	75 mm × 54 mm	5mm	PCI Express 或 USB 2.0 或 USB 3.0	智能读卡器、CF 卡读卡器、1.8 英寸硬盘

PC ExpressCard 具有以下两种型号：ExpressCard/34 和 ExpressCard/54。这两种型号的宽度分别为 34 毫米和 54 毫米。图 7-23 显示了 PC 卡和 PC ExpressCard 的示例。

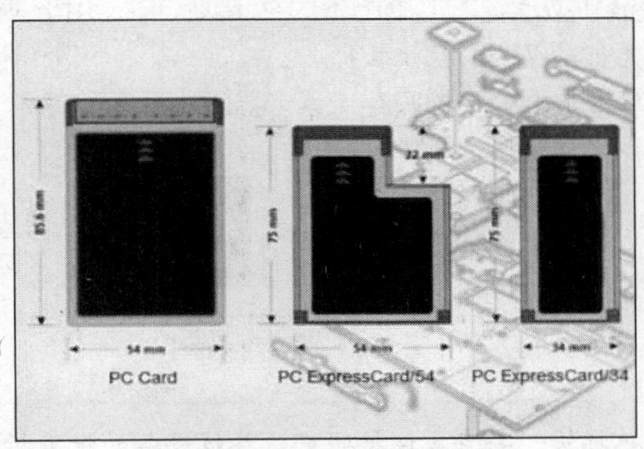

图 7-23　笔记本电脑扩展卡

以下是使用 PC 卡和 ExpressCard 时可以添加的一些功能示例：

- Wi-Fi 连接；
- 以太网访问；
- USB 和 FireWire 端口；
- 外置硬盘访问；
- 更多内存。

所有 PC 扩展卡的插入和拆卸步骤都相似。要安装卡，将卡插入到插槽中。要拆卸卡，按弹出按钮以松开此卡。

如果 PC 卡可热插拔，按照以下步骤安全地拆卸此卡。

How To

步骤 1 左键单击 Windows 系统托盘中的“安全删除硬件”图标以确保设备未在使用中。

步骤 2 左键单击想要删除的设备。此时会弹出一条消息说可以安全删除设备。

步骤 3 从笔记本电脑中卸下可热插拔的设备。

警告： PC 卡和 USB 设备通常可以热插拔。在某些情况下，光盘驱动器和电池也可以热插拔。但是，内部硬盘和 RAM 绝对不能热插拔。在计算机电源打开时拆卸无法热插拔的设备可能会导致数据和设备损坏。

7.6.2 闪存

1. 外置闪存驱动器

外置闪存驱动器也称为拇指驱动器，是连接到 USB 端口的可移动存储设备。外置闪存驱动器使用的非易失性存储器芯片类型与固态驱动器（SSD）使用的芯片类型相同。因此，闪存驱动器访问数据的速度快、可靠性高且能耗更低。图 7-24 展示了外部闪存驱动器。

外置闪存驱动器可扩充笔记本电脑上的存储空间量，并且可以连接至 USB 端口。操作系统可以像访问其他类型的驱动器一样访问这些驱动器。

2. 闪存卡和闪存卡读卡器

闪存卡是使用闪存存储器来存储信息的数据存储设备。闪存卡尺寸小，便于携带并且不需要电源来维护数据。它们常用于笔记本电脑、移动设备和数码相机中。有大量闪存卡型号可供使用，每种型号的尺寸和形状各不相同。最新型笔记本电脑配备闪存卡读卡器，用于读取安全数字（SD）和安全数字高容量（SDHC）闪存卡（如图 7-25 中所示）。

图 7-26 中显示了标准笔记本电脑上的闪存卡读卡器。

图 7-24 闪存驱动器

图 7-25 数字闪存卡

图 7-26 闪存卡读卡器

注意： 闪存卡可以热插拔，并且应该按照可热插拔设备的标准拆卸过程进行拆卸。

7.6.3 SODIMM 内存

加装 RAM 可减少操作系统以虚拟内存形式在硬盘中读写数据的次数，从而提高笔记本电脑的性能。加装 RAM 还有助于操作系统更高效地运行多个应用程序。

笔记本电脑的品牌和型号决定了所需的 RAM 芯片类型。务必选择与笔记本电脑物理兼容的内存类型。大多数台式电脑使用安装到 DIMM 插槽中的内存。而大多数笔记本电脑则使用被称为 SODIMM 的外形更小的内存芯片。SODIMM 有支持 32 位传输的 72 针和 100 针配置，也有支持 64 位传输的 144 针、200 针和 204 针配置。

注意： SODIMM 可以进一步归类为 DDR、DDR2 和 DDR3。不同的笔记本电脑型号需要不同类型的 SODIMM。

在购买和加装 RAM 之前，须查阅笔记本电脑文档或访问制造商的网站以了解尺寸规格。使用此文档了解在笔记本电脑上安装 RAM 的位置。大多数笔记本电脑将 RAM 插入到外壳底面一块盖板后面的插槽中。在某些笔记本电脑上，必须卸下键盘才能接触到 RAM 插槽。

如图 7-27 所示，SODIMM 被安装在机箱底部。

咨询笔记本电脑制造商以确认每个插槽可以支持的最大 RAM 容量。可以在 POST 屏幕、BIOS 或“系统属性”窗口中查看当前安装的 RAM 容量。

图 7-28 显示了“系统”实用程序中显示 RAM 容量的位置。

系统实用程序允许您查看您的系统的基本信息，如内存的容量。

在 Windows 7 和 Windows Vista 中，按以下顺序操作。

开始 > 控制面板 > 系统

在 Windows XP 中，按以下顺序操作。

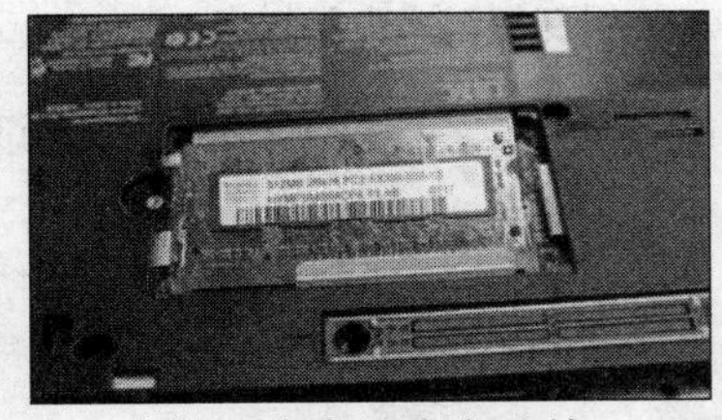

图 7-27 在笔记本电脑中安装的 SODIMM

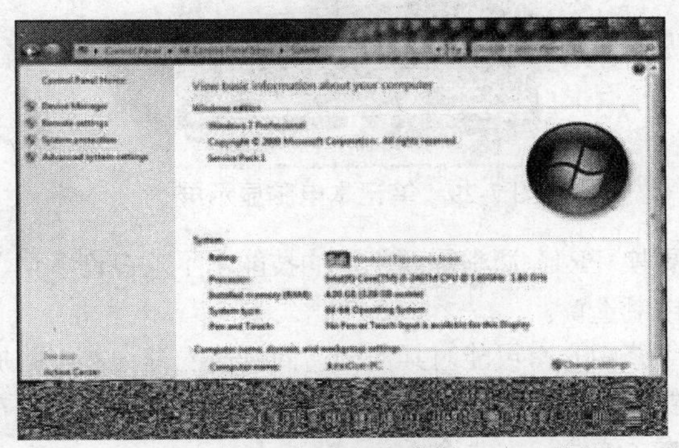

图 7-28 系统实用程序中的 RAM 信息

开始 > 控制面板 > 系统 > 常规选项卡

要更换或添加内存，确定笔记本电脑是否具有可用的插槽，并确定笔记本电脑是否支持要添加的内存数量和类型。在某些情况下，可能没有用于安装新 SODIMM 的插槽。

要卸下现有的 SODIMM，按以下步骤操作。

How To

步骤 1 从笔记本电脑中卸下交流适配器和电池，以及制造商指定的任何其他组件。

步骤 2 卸下用于固定内存插座上方盖子的螺钉以露出 SODIMM。

步骤 3 向外按用于固定 SODIMM 侧面的夹子。

步骤 4 向上提拉 SODIMM，将其从插槽中松开并卸下。

要安装SODIMM，按以下步骤操作。

How To

步骤 1 成45度角对齐SODIMM内存模块的缺口，并轻轻地将其压入插座。

步骤 2 轻轻地将内存模块向下按入到插座中，直到夹子锁定为止。

步骤 3 装回盖子并安装所有螺钉。

步骤 4 插入电池并连接交流适配器。打开计算机并访问“系统”实用程序以确保RAM已安装成功。

7.7 更换硬件设备

笔记本电脑的一些组件可能需要更换。请记住，一定要确保你有正确的替换组件及制造商推荐的工具。

7.7.1 硬件更换概述

笔记本电脑的某些部件可由客户进行更换，这些部件通常称为客户可更换部件（CRU）。CRU包括诸如笔记本电脑电池和RAM之类的组件。不应该由客户更换的部件通常称为现场可更换部件（FRU）。FRU包括诸如主板、LCD显示器（如图7-29所示）。

FRU的另一个组件是键盘（如图7-30所示）。

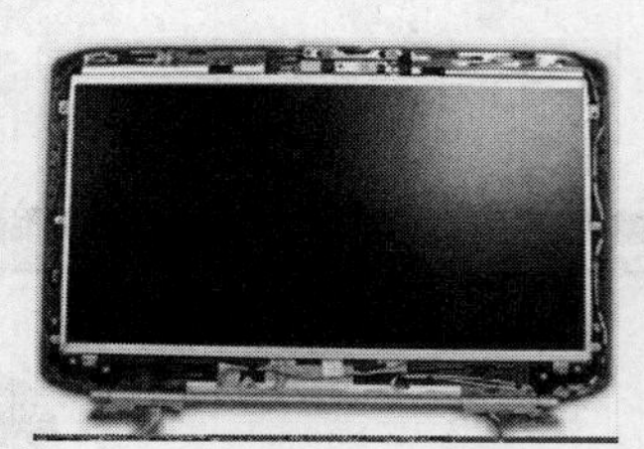

图7-29 笔记本电脑显示屏

图7-30 拆卸笔记本电脑键盘

更换FRU通常需要相当的技能水平。在许多情况下，可能需要将设备返回至销售处、认证维修中心或制造商。

维修中心有可能对其他制造商制造的笔记本电脑提供维修，也可能作为特定品牌的授权保修和维修经销商，专门维修特定品牌的笔记本电脑。以下是在本地维修中心执行的常见维修：

- 硬件和软件诊断；
- 数据传输和恢复；
- 硬盘安装和升级；
- RAM安装和升级；
- 键盘和风扇更换；
- 笔记本电脑内部清洁；
- LCD屏幕维修；
- LCD变换器和背光灯维修。

大多数LCD显示器维修工作必须在维修中心执行。维修包括更换屏幕、透过屏幕照亮显示器的背光灯以及用于产生背光灯所需的高电压的变换器。

如果不提供本地服务，则可能需要将笔记本电脑送往区域维修中心或制造商处。如果笔记本电脑损坏严重或者需要专用的软件和工具，制造商可能会决定更换笔记本电脑，而不是尝试维修。

警告：在尝试维修笔记本电脑或便携式设备之前，务必检查保修状态，看看是否必须在授权维修中心执行保修期内的维修工作，以免保修失效。如果自行维修笔记本电脑，务必备份数据并断开设备电源。本章提供关于更换和维修笔记本电脑组件的一般说明。在开始笔记本电脑维修之前，务必查阅维修手册。

7.7.2 电源

以下迹象表明可能需要更换电池。

- 当断开交流电源时笔记本电脑立即关机。
- 电池发生泄漏。
- 电池过热。
- 电池不储存电荷。

如果遇到疑似与电池相关的问题，需将电池更换为一块确认完好并且与笔记本电脑兼容的电池。如果找不到更换用的电池，则将电池带到授权维修中心进行测试。

更换用的电池必须达到或超过笔记本电脑制造商的规格。新电池与原来的电池必须具有相同的规格尺寸。电压、额定功率和交流适配器也必须符合制造商的规格。

注意：对新电池充电时，务必按照制造商提供的说明进行操作。在初次充电期间可以使用笔记本电脑，但不要拔下交流适配器。应该间或将镍镉和 NiMH 充电电池彻底放电，以消除记忆效应。对电池彻底放电后，随后应该将其充到最大容量。

警告：须小心处理电池。如果电池短路、处理不当或未正确充电，电池可能会爆炸。确保电池充电器适合电池的化学性质、尺寸和电压。电池被认为是有毒废物，因此必须按照当地的法律进行处置。

1. 更换电池

要拆卸和安装电池，按以下步骤操作。

How To

步骤 1 关闭笔记本电脑的电源并断开交流适配器。

步骤 2 如果需要，卸下电池的盖子。

步骤 3 将电池锁移到解锁位置。

步骤 4 将释放杆保持在解锁位置并卸下电池。

步骤 5 确保笔记本电脑内部的电池触点以及电池上没有灰尘和腐蚀。

步骤 6 插入新电池。

步骤 7 确保锁定两个电池锁杆。

步骤 8 如果需要，装回电池的盖子。

步骤 9 将交流适配器连接至笔记本电脑并打开计算机的电源。

2. 更换直流插孔

直流插孔从笔记本电脑的交流/直流电源转换器中接收电能，并向主板提供电能。

如果直流插孔可以更换，按以下步骤操作。

How To

步骤 1 关闭笔记本电脑的电源并断开交流适配器。

步骤 2 卸下电池以及制造商说明的任何其他组件。

步骤 3 松开外壳中的直流插孔。

步骤 4 松开连接至直流插孔的电源线。

步骤 5 从主板上断开电源线连接器并从外壳中卸下直流插孔。

步骤 6 将电源线连接器连接到主板上。

步骤 7 将连接至直流插孔的电源线紧固到外壳上。

步骤 8 将直流插孔紧固到外壳上。

步骤 9 插入电池并重新安装卸下的任何其他组件。

步骤 10 将交流适配器连接至笔记本电脑并打开计算机的电源。

笔记本电脑的直流插孔如图 7-31 所示。

注意：如果直流插孔已焊接到主板上，则应该按照笔记本电脑制造商的说明更换此主板。

图 7-31 直流插孔

7.7.3 键盘、触摸板和屏幕

键盘和触摸板可以视为 FRU 输入设备。更换键盘或触摸板通常需要卸下罩着笔记本电脑内部的塑料外壳（如图 7-32 所示）。

1. 更换键盘

要拆卸和更换键盘，按以下步骤操作。

How To

步骤 1 关闭笔记本电脑的电源，断开交流适配器并卸下电池。

步骤 2 打开笔记本电脑。

步骤 3 卸下将键盘固定到位的任何螺钉。

步骤 4 卸下将键盘固定到位的任何塑料部件。

步骤 5 向上提起键盘并从主板上拆下键盘电缆。

步骤 6 卸下键盘。

步骤 7 将新键盘电缆插入到主板中。

步骤 8 插入键盘并连接将键盘固定到位的任何塑料部件。

步骤 9 装回所有必需的螺钉以紧固键盘。

步骤 10 合上屏幕并翻转笔记本电脑。

步骤 11 将交流适配器连接至笔记本电脑并打开计算机的电源。

2. 更换触摸板

要拆卸和更换触摸板（如图 7-33 所示），按以下步骤操作。

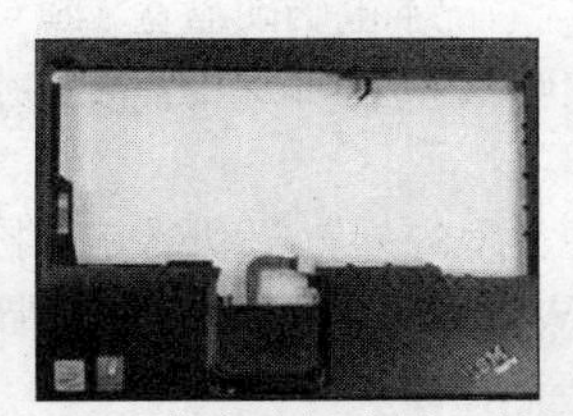

图 7-32 笔记本电脑键盘外围的塑料外壳

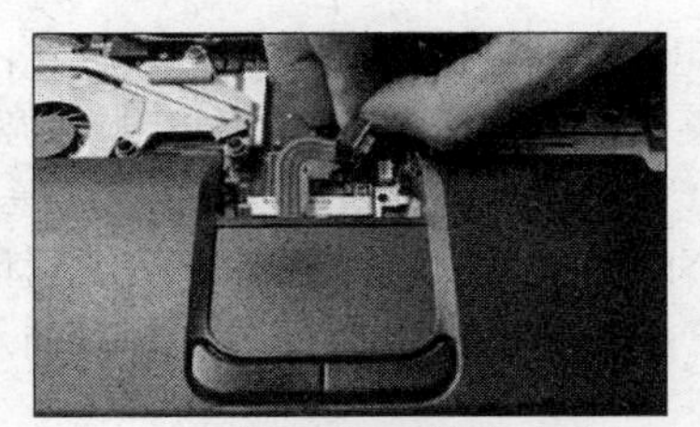

图 7-33 连接至塑料外壳的触摸板

How To

步骤 1 如果触摸板连接至笔记本电脑外壳，则卸下外壳。如果触摸板是单独的组件，则卸下妨碍接触触摸板的所有设备。

步骤 2 合上屏幕并翻转笔记本电脑。

步骤 3 卸下笔记本电脑的底部外壳。

步骤 4 断开将触摸板连接到主板的电缆。

步骤 5 卸下将触摸板固定到位的螺钉。

步骤 6 卸下触摸板。

步骤 7 插入新触摸板并将其固定到笔记本电脑外壳上。

步骤 8 装回螺钉，将触摸板固定到位。

步骤 9 将触摸板电缆连接到主板。

步骤 10 装回笔记本电脑的底部外壳。

步骤 11 翻转笔记本电脑并打开屏幕。

步骤 12 打开笔记本电脑并确保触摸板正常工作。

图 7-33 展示了断开将触摸板连接到主板上的电缆。

3. 更换屏幕

笔记本电脑的显示屏通常是最昂贵的更换组件。遗憾的是，它也是最容易因为压力或碰撞而损坏的组件。要更换屏幕，按以下步骤操作。

How To

步骤 1 从笔记本电脑中卸下交流适配器和电池，以及制造商指定的任何其他组件。

步骤 2 卸下笔记本电脑外壳的顶部部件和键盘。

步骤 3 从主板上断开显示器电缆。

步骤 4 卸下将显示器紧固到笔记本电脑框架上的任何螺钉。

步骤 5 从笔记本电脑框架中拆卸显示器组件。

步骤 6 将显示器组件插入到笔记本电脑框架中。

步骤 7 装回螺钉以紧固显示器组件。

步骤 8 将显示器电缆连接至主板。

步骤 9 重新连接键盘和笔记本电脑外壳的顶部部件。

步骤 10 插入电池并连接交流适配器。打开计算机，检查新显示装置是否正常工作。

7.7.4 硬盘和光盘驱动器

笔记本电脑内部硬盘存储设备的尺寸规格比台式电脑要小。笔记本电脑硬盘宽 1.8 英寸（4.57 厘米）或 2.5 英寸（6.35 厘米），而台式电脑硬盘宽 3.5 英寸（8.9 厘米）。除非保修需要技术援助，否则存储设备为 CRU。

外置 USB 硬盘使用 USB 端口连接至笔记本电脑。另一种类型的外置驱动器是连接至 FireWire 端口的 IEEE 1394 外置硬盘。将外置硬盘插入到 USB 或 FireWire 端口时，笔记本电脑会自动进行检测。

在购买新的内置或外置存储设备之前，须查阅笔记本电脑文档或访问制造商的网站以了解兼容性要求。文档通常包含可能有用的常见问答。在 Internet 上研究已知的笔记本电脑组件问题也很重要。

在大多数笔记本电脑上，内置硬盘和内置光盘驱动器都连接在外壳底面的盖子后面。在某些笔记本电脑上，必须卸下键盘才能检修这些驱动器。笔记本电脑上的蓝光、DVD 和 CD 驱动器可能无法互换。某些笔记本电脑可能不包括光盘驱动器。

要查看当前安装的存储设备，须检查 POST 屏幕或 BIOS。如果要安装第二个硬盘或光盘驱动器，须确认设备管理器中的设备旁边没有错误图标。

1. 更换硬盘

要拆卸和更换硬盘，按以下步骤操作。

How To

步骤 1 关闭笔记本电脑的电源并断开交流适配器。

步骤 2 在笔记本电脑的底部，卸下将硬盘固定到位的螺钉。

步骤 3 将组件向外滑。拆下硬盘驱动器组件。

步骤 4 从硬盘上拆下硬盘面板。

步骤 5 将硬盘面板连接至硬盘。

步骤 6 将硬盘滑入到硬盘托架中。

步骤 7 在笔记本电脑的底部，安装螺钉以将硬盘固定到位。

步骤 8 将交流适配器连接至笔记本电脑并打开计算机的电源。

2. 更换光盘驱动器

要拆卸和更换光盘驱动器，按以下步骤操作。

How To

步骤 1 关闭笔记本电脑的电源并断开交流适配器。

步骤 2 按下按钮以打开驱动器并取出其中的任何介质。关闭托盘。

步骤 3 在笔记本电脑的底部，卸下将光盘驱动器固定到位的螺钉。

步骤 4 滑动闩锁以松开紧固驱动器的控制杆。

步骤 5 拉动控制杆以露出驱动器。卸下驱动器。

步骤 6 牢牢地插入驱动器。

步骤 7 向内推控制杆。

步骤 8 装回螺钉，将驱动器固定到位。

步骤 9 将交流适配器连接至笔记本电脑并打开计算机的电源。

7.7.5 无线网卡

在更换无线网卡之前，检查无线网卡上的标签或笔记本电脑文档以确定笔记本电脑需要的尺寸规格。

要拆卸和安装无线网卡，按以下步骤操作。

How To

步骤 1 关闭笔记本电脑的电源并断开交流适配器。

步骤 2 在计算机底部找到无线网卡舱位。

步骤 3 如果需要，卸下盖子。

步骤 4 断开所有电线，并卸下将无线网卡固定到位的任何螺钉。

步骤 5 从舱位中滑出并卸下无线网卡。

步骤 6 将无线网卡滑入其舱位。

步骤 7 连接所有电线，并装回将无线网卡固定到位的任何螺钉。

步骤 8 如果需要，装回盖子，包括将盖子固定到位的任何螺钉。

步骤 9 将交流适配器连接至笔记本电脑并打开计算机的电源。

7.7.6 扬声器

在更换笔记本电脑扬声器之前，须通过增大音量或取消静音，确认扬声器没有静音。

要拆卸和更换扬声器装置，按以下步骤操作。

How To

步骤 1 关闭笔记本电脑的电源，然后断开交流适配器。

步骤 2 卸下电池以及制造商建议的任何其他组件，包括键盘或顶部外壳。

步骤 3 断开将扬声器连接至主板的任何电缆。

步骤 4 卸下将扬声器紧固到笔记本电脑框架上的任何螺钉。

步骤 5 卸下扬声器。

步骤 6 插入扬声器。

步骤 7 拧紧所有螺钉，将扬声器紧固到笔记本电脑框架上。

步骤 8 连接将扬声器连接至主板的任何电缆。

步骤 9 插入电池以及卸下的所有其他组件。

步骤 10 连接交流适配器并打开笔记本电脑的电源，以检查扬声器是否正常工作。

7.7.7 CPU

在更换 CPU 之前，技术人员必须卸下风扇或散热器。风扇和散热器可以连在一起作为一个模块，也可以作为单独的装置来安装。如果风扇和散热器是分开的，须单独卸下这两个组件。

要更换 CPU 以及单独的风扇和散热器，按以下步骤操作。

How To

步骤 1 关闭笔记本电脑的电源并断开交流适配器。
步骤 2 卸下电池以及制造商建议的任何其他组件。
步骤 3 翻转笔记本电脑，如有必要，卸下覆盖在风扇上的任何塑料部件。
步骤 4 找到风扇并卸下将风扇固定到位的任何螺钉。
步骤 5 断开将风扇连接到主板的电源线。
步骤 6 从笔记本电脑中卸下风扇。
步骤 7 卸下将散热器固定到位的任何螺钉，从而将散热器从 CPU 上卸下。
步骤 8 卸下锁定闩锁的螺钉，该闩锁用于将 CPU 固定在插座中。
步骤 9 打开闩锁并从插座中卸下 CPU。
步骤 10 除去 CPU 上的任何散热膏，并将 CPU 存放在防静电袋中。
步骤 11 将新 CPU 轻轻地放入插座中。
步骤 12 扣上将 CPU 固定到位的闩锁，然后拧紧固定闩锁的螺钉。
步骤 13 更换散热器之前将散热膏涂抹到 CPU 上。
步骤 14 插入散热器并装回所有必需的螺钉。
步骤 15 插入风扇并将电源线连接到主板。
步骤 16 装回所有必需的螺钉，将风扇固定到主板上。
步骤 17 装回笔记本电脑的底盖。
步骤 18 插入电池并装回所有必需的组件。

如果风扇和散热器连接在一起，要拆卸和更换 CPU 和散热器组件，按以下步骤操作。

How To

步骤 1 关闭笔记本电脑的电源并断开交流适配器。
步骤 2 卸下电池以及制造商建议的任何其他组件。
步骤 3 翻转笔记本电脑，如有必要，卸下覆盖在散热器上的任何塑料部件。
步骤 4 找到散热器或风扇和散热器组件，并卸下将其固定到位的任何螺钉。
步骤 5 从主板上断开风扇电源线。
步骤 6 卸下散热器或风扇和散热器组件。
步骤 7 卸下锁定闩锁的螺钉，该闩锁用于将 CPU 固定在插座中。
步骤 8 打开闩锁并从插座中卸下 CPU。
步骤 9 除去 CPU 上的任何散热膏，并将 CPU 存放在防静电袋中。
步骤 10 将新 CPU 轻轻地放入插座中。
步骤 11 扣上将 CPU 固定到位的闩锁，然后拧紧固定闩锁的螺钉。
步骤 12 更换散热器之前将散热膏涂抹到 CPU 上。
步骤 13 插入散热器或风扇和散热器组件，并将电源线连接到主板。
步骤 14 装回所有必需的螺钉，将散热器或风扇和散热器组件固定到系统框架上。
步骤 15 装回笔记本电脑的底盖。
步骤 16 插入电池并装回所有必需的组件。

注意：　CPU 是笔记本电脑中最脆弱的组件之一。应该非常小心地进行操作。

注意：　务必注意 CPU 的安置方式。必须以相同的方式安装更换件。

7.7.8　主板

如果要更换笔记本电脑的主板，技术人员通常需要从笔记本电脑中卸下所有其他组件。在更换笔记本电脑主板之前，确保更换件符合笔记本电脑型号的设计规格。

要拆卸和更换主板，按以下步骤操作。

How To

步骤 1　关闭笔记本电脑的电源并断开交流适配器。

步骤 2　卸下电池以及制造商建议的任何其他组件。

步骤 3　从笔记本电脑外壳拆下直流插孔。从外壳中松开电源线夹，并从主板上断开电源线。

步骤 4　卸下将主板连接到外壳的其余任何螺钉。

步骤 5　卸下主板。

步骤 6　将主板连接到笔记本电脑外壳。拧紧任何必需的螺钉。

步骤 7　将直流插孔连接到笔记本电脑外壳，将电源线夹到外壳上，然后将其连接至主板。

步骤 8　装回任何卸下的组件。

步骤 9　插入电池，连接交流适配器并打开计算机的电源，确保系统正常工作。

7.7.9　塑料部件

笔记本电脑的外部通常由多个塑料部件组成。其中包括用于遮盖内存、无线网卡和硬盘的塑料部件，以及触摸板和键盘周围的外壳。

要拆卸和更换塑料部件，按以下步骤操作。

How To

步骤 1　断开交流适配器并卸下电池。

步骤 2　调整笔记本电脑的位置，使需要处理的塑料组件朝上。

步骤 3　将需要处理的塑料组件的螺钉拧松，或者使用制造商建议的方法轻轻地将塑料组件撬开。

步骤 4　连接塑料组件并装回所有必需的螺钉，或者插入并固定该组件。

步骤 5　插入电池并连接交流适配器。

7.8　笔记本电脑的预防性维护技术

应定期举行预防性维护以让笔记本电脑保持正常运行。务必使笔记本电脑保持清洁，并确保在可能的最佳环境中使用笔记本电脑。下面将讲解笔记本电脑的预防性维护技术。

7.8.1 计划维护

笔记本电脑具有便携性，会用于不同类型的环境。因此，它们比台式电脑更有可能遇到以下有害物质和情况：

- 灰尘和污染；
- 液体溅入；
- 磨损；
- 掉落；
- 过热或过冷；
- 过潮。

许多组件都集中在键盘正下方的一个狭小区域中。键盘上溅入液体或掉入碎屑都可能导致严重的内部损坏。

务必使笔记本电脑保持清洁，并确保在可能的最佳环境中使用笔记本电脑。正确的保养和维护有助于笔记本电脑组件更加高效地运行以及延长设备寿命。

预防性维护计划

预防性维护计划对于解决此类问题很重要，并且必须包括一个例行维护计划。大多数组织制定了预防性维护计划。如果还没有计划，应该与经理合作制定一份。最有效的预防性维护计划要求每月执行一组例行程序，但在使用情况需要时也可以考虑执行维护。

笔记本电脑的预防性维护计划可能包括特定组织特有的做法，但还应该包括下列标准程序：

- 清洁；
- 硬盘维护；
- 软件更新。

要使笔记本电脑保持清洁，一定要主动维护，而不要被动清洁。不要让液体和食物接触笔记本电脑。不使用时，合上笔记本电脑。在清洁笔记本电脑时，切勿使用包含氨水的烈性清洁剂或溶液。用于清洁笔记本电脑的非磨损性物质包括以下几种：

- 压缩空气；
- 中性清洗液；
- 棉签；
- 不起毛的软清洁布。

警告： 在清洁笔记本电脑之前，须断开所有电源并卸下电池。

例行维护包括每月清洁以下笔记本电脑组件：

- 外壳；
- 散热孔；
- 输入输出端口；
- 显示屏；
- 键盘。

注意： 如果笔记本电脑明显需要清洁，应立即清洁，不要等下一次计划维护。

7.8.2 清洁程序

正确的例行清洁是最简单易行也是最廉价的笔记本电脑保护方法，可以延长其使用寿命。清洁笔记本电脑时，务必使用正确的产品和程序。务必阅读清洁产品上的警告标签。由于组件比较敏感，因此应该小心处理。如需其他信息和清洁建议，须查阅笔记本电脑手册。

图 7-34 展示了合适的清洁产品和工具。

图 7-34 清洁用品

以下常见的清洁程序有助于维护笔记本电脑和延长其使用寿命。

警告：为了避免损坏笔记本电脑的表面，应使用不起毛的软布和经过核准的清洁液。将清洁液涂在不起毛的清洁布上，而不是直接涂在笔记本电脑上。

清洁笔记本电脑组件之前，按以下步骤操作。

How To

步骤 1 关闭笔记本电脑。

步骤 2 断开所有连接的设备。

步骤 3 从电源插座上断开笔记本电脑。

步骤 4 卸下电池。

1. 键盘

在不起毛的软布上蘸取少量水或温和的清洁液，然后擦拭笔记本电脑和键盘。

2. 通风孔

使用压缩空气或无静电的真空吸尘器清除通风孔以及通风孔后面的风扇中的灰尘。用镊子取出任何碎屑。

3. LCD 显示屏

在不起毛的软布上蘸取少量计算机屏幕清洁剂，然后擦拭显示屏。

警告：不要将清洁液直接喷在 LCD 显示屏上。使用专门用于清洁 LCD 显示屏的产品。

4. 触摸板

在不起毛的软布上蘸取经过核准的清洁剂，然后轻轻擦拭触摸板的表面。切勿使用湿布。

5. 光盘驱动器

光盘驱动器中可能会聚集污垢、灰尘和其他污染物。被污染的驱动器可能导致故障、数据丢失、产生错误消息以及使用效率低下。

要清洁光盘驱动器，按以下步骤操作。

How To

步骤 1 使用商用 CD 或 DVD 驱动器清洁光盘。

步骤 2 从光盘驱动器中取出所有介质。

步骤 3 插入清洁光盘，并让其旋转建议的时间量，以清洁所有接触区域。

6. CD 和 DVD 光盘

检查光盘的两面是否有刮痕。更换具有深刮痕的光盘，因为深刮痕可能会导致数据错误。如果发现问题，例如跳过内容或播放质量下降，须清洁光盘。可以使用用于清洁光盘和提供灰尘、指纹及刮痕防护的商用产品。用于 CD 的清洁产品可以放心地用于 DVD。

要清洁 CD 或 DVD，按以下步骤操作。

How To

步骤 1 握住光盘的外缘或内缘。

步骤 2 用不起毛的棉布轻轻地擦拭光盘。切勿使用纸张或可能刮伤光盘或留下斑痕的任何材料。

步骤 3 从光盘中心向外擦拭。切勿进行环形擦拭。

步骤 4 如果光盘上仍有任何污染物，将 CD 或 DVD 清洁液喷到不起毛的棉布上，并重新擦拭。

步骤 5 将光盘晾干，然后插入到驱动器中。

7.9 笔记本电脑的基本故障排除流程

故障排除是一项需要经验积累的技能。通过获取经验和使用有组织的方法来解决问题，技术人员可以更好地发展自己的能力。本节概述了一个用于正确的故障排除的系统化方法并且给出了如何解决笔记本电脑系统问题的方法。

7.9.1 查找问题

笔记本电脑问题可能是由于硬件、软件和网络问题结合在一起造成的。要修理笔记本电脑，计算机技术人员必须能够分析问题以及确定错误的原因。此过程称为故障排除。

故障排除流程的第一步是找出问题。表 7-9 显示了一系列要询问客户的开放式问题和封闭式问题。

表 7-9 查找问题

开放式问题	您遇到了哪些笔记本电脑问题？ 最近安装了什么软件？ 发现问题的时候您正在做什么？ 您收到了哪些错误消息？
封闭式问题	笔记本电脑是否在保修期内？ 笔记本电脑当前是否正在使用电池？ 笔记本电脑能否使用交流适配器运行？ 笔记本电脑能否启动并显示操作系统桌面？

7.9.2　推测可能原因

在与客户交谈后，可以推测可能的原因。表 7-10 列出了导致笔记本电脑问题的一些常见的可能原因。

表 7-10　推测可能的原因

笔记本电脑问题的常见原因	电池没电 电池无法充电 电缆连接松动 键盘没有锁 数字键打开 RAM 松动

7.9.3　测试推测以确定原因

对问题进行了一些推测之后，可根据推测进行测试，以确定问题的原因所在。如果快速程序未能更正问题，则进一步研究问题以确定确切的原因。表 7-11 显示了一系列快速程序，它们可帮助确定问题的确切原因，有时甚至能纠正问题。

表 7-11　测试推测以确定原因

用于确定原因的常见步骤	将交流适配器用于笔记本电脑 更换电池 重启笔记本电脑 检查 BIOS 设置 断开电缆并重新连接电缆 断开外围设备 切换数字锁定键 拆卸并重装 RAM 检查大写锁定键是否打开 检查启动设备中是否有无法启动的介质

7.9.4　制定解决问题的行动计划，并实施解决方案

在确定了问题的确切原因之后，应制定解决问题的行动计划，并实施解决方案。表 7-12 显示了一些信息源，可以使用这些信息源来搜集更多信息以解决问题。

表 7-12　制定解决问题的方案，并实施该解决方案

如果在前面的步骤中未得出解决问题的方案，则需要进一步研究以实施解决方案	帮助台修复日志 其他技术人员 制造商常见问题 技术网站 新闻组 手册 在线论坛 Internet 搜索

7.9.5 验证全部系统功能并实施预防措施

更正问题之后，应验证全部功能，并根据需要实施预防措施。表 7-13 列出了用于验证解决方案的步骤。

表 7-13 验证全部功能，并根据需要实施预防措施

检验全部功能	重启笔记本电脑 连接所有外围设备 仅使用电池运行笔记本电脑 从应用程序打印文件 输入示例文档以检测键盘 检查事件查看器是否有警告或错误

7.9.6 记录发现的问题、采取的措施和最终结果

故障排除流程的最后一步是记录发现的问题、采取的措施和最终结果。表 7-14 列出了记录问题和解决方案需要执行的任务。

表 7-14 记录发现的问题、采取的措施和最终结果

记录发现的问题、采取的措施和最终结果	与客户讨论实施的解决方案 请客户验证问题是否已解决 为客户提供所有的书面文件 在工作单和技术人员日志中记录为解决问题而采取的步骤 记录修复过程中使用的任何组件 记录解决问题所花费的时间

7.9.7 找出常见问题和解决方案

笔记本电脑问题可归为硬件问题、软件问题、网络问题或其中两种甚至三种问题兼有的综合性问题。有些类型的笔记本电脑问题发生频次较高。表 7-15 显示了常见的笔记本电脑问题和解决方案。

表 7-15 常见问题和解决方案

查找问题	可能的原因	可能的解决方案
笔记本电脑无法开机	笔记本电脑未插好 电池无法充电 电池无法储存电量	将笔记本电脑插到交流电源上 卸下并重装电池 如果电池无法充电更换电池
笔记本电脑电池支持的系统运行时间变短	未遵循正确的电池充电和放电做法 额外的外围设备正在消耗电量 电源计划配置不正确 电池储存电量的时间不太长	按照手册中描述的对电池进行充电 如果可能，卸下不需要的外围设备并禁用无线网卡 修改电源计划以减少电池使用率 更换电池

续表

查找问题	可能的原因	可能的解决方案
外部显示已通电，但是屏幕上没有图像	视频电缆松动或损坏 笔记本电脑未将视频信号发送到外部显示器	重新连接或更换视频电缆 使用 Fn 键以及多功能键切换到外部显示器
笔记本电脑已开机，但是重新打开笔记本电脑盖时LCD屏幕上不显示任何内容	LCD 切断开关不干净或已损坏 笔记本电脑已进入睡眠模式	检查笔记本电脑维修手册，了解关于清洁或更换LCD切断开关的说明 按键盘上的键使计算机脱离睡眠模式
笔记本电脑显示的图像像素化	LCD 显示器属性错误	将LCD屏幕设置为原始分辨率
笔记本电脑显示器闪烁	屏幕上的图像刷新速度不够快 显示器变换器损坏或出现故障	调整屏幕刷新速度 拆卸显示装置并更换变换器
用户遇到自己移动的重影光标	触控板不干净 正在同时使用触控板和鼠标 在打字的时候手碰到了触控板	清洁触控板 断开鼠标 打字时尽量不要接触触控板
屏幕上的像素失效或者不产生颜色	为像素供电的电源已被断开	与制造商联系
屏幕上的图像出现不同颜色和大小的闪光线条或图案（假影）	未正确连接显示器 GPU 过热 GPU 错误或出现故障	拆卸笔记本电脑以检查显示器连接 拆卸并清洁笔记本电脑，检查是否有灰尘和碎屑 更换 GPU
屏幕上的图案颜色不正确	未正确连接显示器 GPU 过热 GPU 错误或出现故障	拆卸笔记本电脑以检查显示器连接 拆卸并清洁笔记本电脑，检查是否有灰尘和碎屑 更换 GPU
屏幕上显示的图像扭曲	更改了显示设置 未正确连接显示器 GPU 过热 GPU 错误或出现故障	将显示设置恢复为原始出厂设置 拆卸笔记本电脑以检查显示器连接 拆卸并清洁笔记本电脑，检查是否有灰尘和碎屑 更换 GPU
网络完全正常并且启用了笔记本电脑是无线连接，但是笔记本电脑无法连接到网络	笔记本电脑无线功能处于关闭状态 外部无线天线未对准 超出无线范围	使用无线网卡属性或Fn键及合适的多功能键打开笔记本电脑无线功能 重新对准外部无线天线以接收无线信号 靠拢无线接入点
通过蓝牙设备连接的输入设备工作不正常	蓝牙功能处于关闭状态 输入设备电量不足 输入设备超出范围	使用蓝牙设置小程序或 Fn 键及合适的多功能键打开笔记本电脑的蓝牙功能 更换电池 将输入设备靠拢笔记本电脑的蓝牙接收器 检查蓝牙功能是否已打开
键盘插入的是数字而不是文本，并且数字锁的指示灯处于打开状态	数字锁处于启用状态	使用数字锁定键或 Fn 及合适的多功能键关闭数字锁功能

7.10 总结

本章讨论了笔记本电脑的特性和功能，以及如何拆卸和安装内部和外部组件。本章需要牢记的概念要点如下。

- 笔记本电脑的独特性体现在其紧凑的尺寸以及依靠电池电源工作的能力。
- 笔记本电脑和台式电脑使用相同类型的端口，以便互换外围设备。
- 笔记本电脑内置了键盘和触控板等基本输入设备，以提供与台式电脑相似的功能。
- 笔记本电脑的内部组件通常比台式电脑要小，因为它们必须装入到紧凑的空间中并且节省能量。
- 笔记本电脑具有可以与 Fn 键一起按下的功能键。这些键所执行的功能取决于笔记本电脑型号。
- 扩展坞和端口复制器通过提供台式电脑上配备的相同类型的端口，可以增强笔记本电脑的功能。
- 笔记本电脑最常用的是 LCD 和 LED 显示器。
- 背光灯和变换器照亮笔记本电脑显示器。
- 可以配置笔记本电脑电池的电源设置，以确保高效地使用电能。
- 笔记本电脑可能采用多种无线技术，包括蓝牙、红外线、Wi-Fi 以及移动电话 WAN 接入功能。
- 笔记本电脑提供了多种扩展可能性。用户可以通过添加内存来提高性能，利用闪存来增加存储容量，或者使用扩展卡来增强功能。
- 笔记本电脑组件包括 CRU 和 FRU。
- 应该定期清洁笔记本电脑组件以延长笔记本电脑的寿命。

7.11 检查你的理解

您可以在附录 A 中查找下列问题的答案。

1. 哪种类型的 RAM 模块是针对笔记本电脑的空间限制而设计的？

   A. SODIMM　　B. SRAM
   C. SIMM　　D. DIMM

2. 与台式机 CPU 相比，笔记本电脑中所使用的移动 CPU 的设计注意事项是什么？

   A. 它们可与台式机 CPU 互换。
   B. 它们需要的冷却机械装置比台式机需要的冷却机械装置小。
   C. 它们的运行时钟速度比台式机的运行时钟速度快。
   D. 它们消耗的电力比台式机消耗的电力多。

3. 2 类蓝牙网络的最大范围是多少？

   A. 2 米　　B. 5 米
   C. 10 米　　D. 50 米

4. 下列哪一项是笔记本电脑扩展槽的示例？

   A. 内部 USB　　B. 外部 PCI
   C. ExpressCard　　D. AGP　　E. ISA

F. EISA

5. 主动保持笔记本电脑清洁的方法是什么?

A. 不让液体接触笔记本电脑　　B. 使用棉签清洁键盘

C. 使用温和的肥皂清洁屏幕　　D. 使用压缩空气吹扫光驱上的灰尘

6. 技术人员即将对笔记本电脑执行例行清洁，但是发现散热孔中聚积了一些灰尘。技术人员应该使用什么来除去灰尘?

A. 湿布　　B. 压缩空气

C. 清洁盘　　D. 中性洗涤剂

7. 技术人员在排除潜在笔记本电池故障时，可能会询问以下哪个封闭式问题?

A. 笔记本电脑可以使用交流电适配器工作吗?

B. 您遇到了哪些笔记本电脑问题?

C. 最近安装过什么软件?

D. 最近是否升级了显示器驱动程序?

8. 技术人员对笔记本电脑进行故障排除时，发现有些键盘键不能正常工作。该技术人员首先应检查什么?

A. 交流适配器是否正确充电　　B. 触摸板是否工作

C. WordPad 程序是否未损坏　　D. 数字锁定键和滚动锁定键是否已打开

9. 下面哪项陈述描述了 S4 ACPI 电源状态?

A. CPU 和 RAM 仍在接收电力，但未使用的设备已断电

B. 笔记本电脑处于打开状态，并且 CPU 正在运行

C. CPU 和 RAM 处于关闭状态。RAM 的内容已经保存到硬盘上的临时文件中

D. 笔记本电脑处于关闭状态，并且未保存任何内容

10. 技术人员正在尝试在笔记本电脑上配置集成式手机 WAN 适配器。为了配置此适配器，技术人员采取的第一步应该是什么?

A. 在设备管理器中卸载设备驱动程序　　B. 运行 Windows 更新

C. 下载手机服务提供商提供的软件　　D. 确保在 BIOS 设置中启用该设备

第 8 章

移动设备

学习目标

通过完成本章的学习，您将能够回答下列问题：

- 哪种硬件用于移动设备？
- 移动设备上的触摸屏的特征是什么？
- 两种最常用的移动操作系统的主要特征是什么？
- 开源操作系统和闭源操作系统之间的主要区别是什么？
- 如何下载应用程序并安装到移动设备？
- 在移动设备上，用户如何与应用程序进行交互？
- 在 Android 设备上，用户如何管理应用、小部件和文件夹？
- 在 iOS 设备上，用户如何管理应用和文件夹？
- 移动设备的常用功能是什么？
- 用户如何在移动设备上连接网络并使用电子邮件？
- 移动设备有哪些安全选项？
- 移动设备的故障排除流程是什么？
- 移动设备的常见问题和解决方案是什么？

关键术语

下列为本章所用的关键术语。您可以在本书的术语表中找到其定义。

移动设备
现场可维修部件
内存卡
用户身份模块（SIM）卡
触摸屏
电容式触摸屏
电阻式触摸屏
多点触控
手势
滑动或轻扫
双击
长触
滚动
捏合
扩展
邻近感应传感器
闪存芯片
内存控制器
开源
闭源
应用程序（应用）
内容源
快速响应（QR）代码
推送和拉取
侧加载
主屏幕
导航图标
小部件
iOS 主屏按钮
语音控制
Siri
通知中心
Spotlight
iTunes
多任务栏
提醒标记
加速器
自动旋转

屏幕亮度
全球定位系统（GPS）
导航
地谜藏宝
地理标记
Wi-Fi 网络
蜂窝数据网络
第一代（1G）
第二代（2G）
全球移动通信系统（GSM）
集成数字增强网络（iDEN）
码分多址（CDMA）
个人数字蜂窝（PDC）
2.5G 扩展
通用分组无线业务（GPRS）
增强型数据速率 GSM 演进（EDGE）
CDMA2000
第三代（3G）
通用移动通信系统（UMTS）
演进数据优化（EV-DO）
自由移动多媒体接入（FOMA）
时分同步码分多址（TD-SCDMA）
第四代（4G）
移动 WiMAX
长期演进（LTE）
短信服务（SMS）
彩信服务（MMS）
飞行模式
蓝牙技术
网络共享
蓝牙配对
电子邮件协议
邮局协议第 3 版（POP3）
Internet 消息访问协议（IMAP）
简单邮件传输协议（SMTP）
多用途 Internet 邮件扩展（MIME）
安全套接字层（SSL）
Microsoft Exchange
消息传递应用程序编程接口（MAPI）
iCloud
数据同步
Motocast USB
Wi-Fi 同步
跨平台数据同步
密码锁
远程备份
备份应用
定位器应用
三角测量术
远程锁定
远程擦除
沙盒
引导装载程序
Root
越狱

随着移动需求的增加，移动设备越来越流行。移动设备是指任何手持式轻便设备，它们通常使用触摸屏进行输入。与台式计算机或笔记本电脑类似，移动设备使用操作系统来运行应用程序（应用）、游戏以及播放电影和音乐。移动设备的例子包括 Android 设备（如 Samsung Galaxy 平板电脑和 Galaxy Nexus 智能手机）以及 Apple iPad 和 iPhone。

为了提高移动性，移动设备使用了各式各样的无线技术。很多移动设备组件、操作系统和软件是专有的。因此，尽可能多地熟悉不同移动设备非常重要。

您可能必须要清楚如何配置、维护和维修各种移动设备。之前学过的关于台式计算机和笔记本电脑的知识会对您有所帮助；不过这些技术之间的差异相当显著。

掌握处理移动设备必需的技能对您的职业发展很重要。本章将重点介绍移动设备的许多特性及其功能，包括配置、同步和数据备份。

8.1 移动设备硬件概述

尽管移动设备具有与台式计算机和笔记本电脑类似的硬件，它们之间仍然有很多显著的差异。移动设备中的硬件通常不会由现场技术人员维修，但一些部件是可替换的。这一部分将讨论移动设备中的硬件类型。

8.1.1 非现场可维修部件

与笔记本电脑不同的是，移动设备没有现场可维修部件。移动设备由集成在一个单元中的多个紧凑组件构成。移动设备发生故障时，通常将其送回制造商进行修理或更换。如果设备仍在保修期内，通常可退回给销售点更换。

损坏的移动设备通常必须返厂维修或更换。很多网站提供了维修移动设备所需的部件和说明，包括触摸屏、前后玻璃板和电池。安装非制造商提供的部件将使制造商提供的保修服务失效，并可能损坏设备。例如，iPhone 电池不应更换为非 Apple 提供的电池。如果安装的替换电池不完全符合手机的电气规格，手机有可能会发生短路或过载，从而无法使用。

移动设备没有现场可维修部件，但是有些移动设备部件是现场可更换的。

- 电池：某些移动设备电池可以更换。
- 内存卡：很多移动设备使用内存卡来增加存储。
- 用户身份模块（SIM）卡：这片小卡包含用来向移动电话和数据服务验证设备身份的信息，如图 8-1 所示。SIM 卡还可用来保存用户数据，如联系人和文本消息。

图 8-1 SIM 卡

8.1.2 不可升级硬件

移动设备硬件通常不可升级。内部硬件的设计和尺寸不允许通过升级硬件来改变。移动设备中的很多组件直接与电路板相连，而电路板无法更换为升级组件（如图 8-2 所示）。但是，电池和内存卡通常可以更换为更大容量的。这可能不会增加移动设备的速度或功能，但可以延长两次充电间的运行时间，或提高数据存储容量。

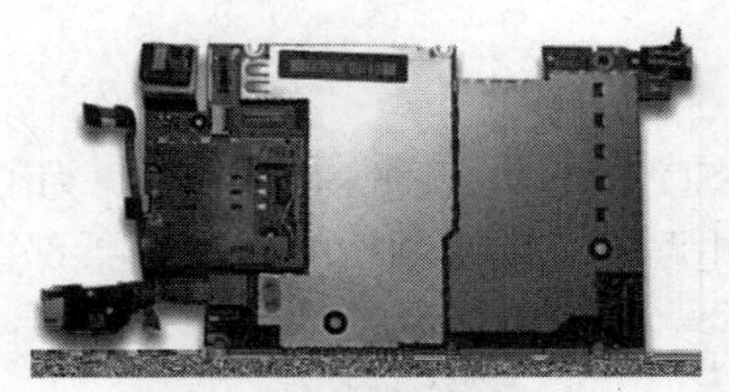

图 8-2 iPhone 电路板

通过使用内置端口和扩展坞，可以向移动设备添加某项功能。这些连接提供了可扩展性，如视频或音频输出、连接扩展坞，或接驳时钟收音机。某些智能手机甚至可以接驳带键盘、触控板和LCD 显示器的设备，构成某种版本的笔记本电脑。此外还有内含键盘的平板电脑保护套。

当移动设备无法提供用户所需的功能或运行速度时，必须进行更换。通常，在购买新移动设备时，可将旧移动设备兑换成积分。配件可以翻新、转售或捐赠。无法换购的基本移动设备可以捐赠他人再利用。具体可查阅所在地区的当地捐赠计划，了解可以将这些设备送往何处。

8.1.3 触摸屏

大多数移动设备没有键盘或指针设备。它们使用触摸屏来让用户与屏幕上显示的内容进行物理交互，以及在虚拟键盘上输入。手指或触笔被用来代替鼠标指针。通过触摸与台式计算机和笔记本电脑类似的图标完成点击操作，而不是用鼠标点击。移动设备制造商在描述移动设备上的操作和步骤时，使用词语“轻触”或“触摸”。在说明手册中可以看到这两个术语，它们的意思相同。本课程使用术语“触摸”。

有下面两种类型的触摸屏。

- **电容式**：由涂抹一层导体的玻璃屏幕组成。由于人体也是导体，因此触摸屏幕会中断屏幕的电场。触摸处理器通过测量此变化，来确定触摸屏幕的垂直和水平位置。
- **电阻式**：由多个透明的导电材料层组成。这些层之间有很小的气隙。其中一层从上至下导电，而另一层从左至右导电。当在屏幕上施加压力时，两层接触。当两层接触时，触摸处理器便会根据电流中断的位置计算垂直和水平位置。

除了单点触摸外，移动设备还能够识别屏幕上的两个或多个触摸点。这被称为多点触控。以下是用来执行功能的一些常用手势。

- **滑动或轻扫**：在屏幕间水平或垂直移动。触摸屏幕，在想要移动屏幕的方向上快速滑动手指，然后松开。
- **双击**：缩放照片、地图和文本等内容。快速触摸屏幕两次会放大。再次快速触摸屏幕两次会缩小。
- **长触**：选择项目，如文本、图标或照片。触摸并按住屏幕，直至出现所触摸项目的选项。
- **滚动**：滚动屏幕显示不全的大项目，如照片或网页。触摸并按住屏幕，在想要移动项目的方向上移动手指。在到达想要查看的屏幕区域时，抬起手指。
- **捏合**：缩小对象，如照片、地图和文本。用两根手指触摸屏幕，然后将手指并在一起，以缩小对象。
- **扩展**：放大对象，如照片、地图和文本。用两根手指触摸屏幕，然后将手指分开，以放大对象。

这些手势可能因设备而异。还可使用其他多种手势，具体视设备和操作系统版本而定。若要了解更多信息，可查阅设备文档。

某些智能手机有邻近感应传感器，当手机靠近耳朵时，会关闭触摸屏，而将设备从耳边拿开时，又会打开触摸屏。这可以防止图标或数字按键在接触脸部或耳朵时被激活，而且还能节省电量。

8.1.4　固态驱动器

移动设备使用与固态硬盘（SSD）相同的组件来存储数据。为了缩小尺寸要求，组件周围没有保护套，如图 8-3 所示。SSD 中的电路板、闪存芯片和内存控制器都直接安装在移动设备中。

图 8-3　SSD 板

以下是在移动设备中使用闪存存储器的一些好处。

- **节能**：闪存只需要极少的电量就能存储和检索数据。这降低了移动设备的充电频率。
- **可靠**：闪存可经受高强度的冲击和震动而不会失效。闪存还高度耐热和耐寒。
- **质轻**：安装的内存量不会对移动设备的重量产生明显的影响。
- **紧凑**：由于闪存尺寸小，因此不论安装的内存量是多少，移动设备都可以保持小巧的体型。
- **高效**：闪存没有任何移动部件，因此没有类似传统硬盘的磁片旋转时间。此外也没有需要移动的驱动器磁头，因而缩短了查找数据的寻道时间。
- **安静**：闪存不会发出任何噪声。

8.2　移动操作系统

移动设备上的操作系统管理应用和服务，并确定用户与设备交互的方式。这一部分将重点介绍移动设备操作系统和两种主要的移动操作系统各自的关键功能，以及它们之间的差别。

8.2.1　开源与闭源

移动设备以类似台式计算机和笔记本电脑的方式使用操作系统运行软件。本章重点介绍两种最常用的移动操作系统：Android 和 iOS。Android 由 Google 开发，iOS 由 Apple 开发。

Android OS 为开源操作系统，于 2008 年在 HTC Dream 上发布。开源意味着开发者的编程代码（也称为源代码）在软件发布时公开。公众可以更改、复制或再分发代码，而无需向软件开发者支付版税。

开源软件允许任何人为软件的开发和发展做贡献。Android 经过定制后可广泛用于各种电子设备。由于 Android 开放而且可以定制，程序员可使用它来操作笔记本电脑、智能电视和电子书阅读器之类的设备。Android 甚至已经被安装到摄像机、导航系统和便携式媒体播放器中。

iOS 于 2007 年在第一台 iPhone 上发布。iOS 是闭源操作系统，这意味着源代码不对公众公开。要复制或再发行 iOS，无论是否更改，都需要得到 Apple 的许可。Apple 极有可能对使用其操作系统赚取的任何收益收取版税。

8.2.2 应用程序和内容源

应用程序（应用）是在移动设备上执行的程序。移动设备预装了很多不同的应用，以提供基本功能。其中包括用来拨打电话、收发电子邮件、听音乐、拍照，以及播放视频或玩视频游戏的应用。其他类型的许多应用则用于提供信息检索、设备定制和提高效率。

在移动设备上使用应用的方法与在 PC 上使用程序一样。应用不是从光盘安装的，而是从内容源下载的。某些应用可免费下载，其他则必须购买。通常，免费应用含有广告，以帮助支付开发成本。Android 移动设备有多种内容源。

- Google Play。
- Amazon App Store。
- Androidzoom。
- AppsAPK。
- 1Mobile。

还有很多其他网站提供 Android 应用。这些网站通常提供安全内容，但有时也会提供不安全的内容。只安装可靠来源的应用，这一点很重要。如果在可疑网站发现需要的应用，应核实 Google Play 或 Amazon App Store 是否也提供下载。这样就能确保下载内容是安全的。Google Play 应用只允许在兼容设备上安装应用。

有时，网站包含快速响应（QR）代码，如图 8-4 所示。QR 代码类似于条形码，但是可能包含更多信息。要使用 QR 代码，需要使用特殊的应用，通过移动设备上的照相机来扫描代码。代码中包含可用来直接下载应用的 Web 链接。在使用 QR 代码时应小心，只允许从可靠来源下载和安装。

图 8-4 QR 代码

Apple App Store 是 iOS 用户获取应用和内容的唯一内容源。这样可以确保 Apple 已清查过内容，避免包含有害代码，符合严格的性能准则，并且不会侵犯版权。

也可下载其他类型的内容。与应用一样，某些内容是免费的，而其他内容必须购买。也可以通过数据线连接或 Wi-Fi 将当前拥有的内容载入移动设备。可获得的一些内容类型包括：

- 音乐；
- 电视节目；
- 影片；
- 杂志；
- 书籍。

1. 推送与拉取

在移动设备上安装内容有两种主要方法：推送和拉取。Google Play 和 Apple App Store 都支持推送和拉取。当用户在移动设备上运行 Google Play 应用或 Apple App Store 应用时，下载的应用和内容都是从服务器拉取到设备的。

对于 Android 设备，用户可使用任何台式计算机或笔记本电脑浏览 Google Play 并购买内容。内容将从服务器推送到 Android 设备。iOS 用户能够在台式计算机或笔记本电脑上通过 iTunes 购买内容，然后将其推送到 iOS 设备。

在安装 Android 应用时，会显示需要的所有权限的列表。例如，游戏可能需要访问 Internet，管理声音设置，或启用震动。但是，游戏不需要访问存储在智能手机中的联系人列表。必须同意将所列权限授予应用，才能在移动设备上安装应用。务必仔细阅读权限列表，不要安装需要权限来访问其不应访问的项目和功能的应用。

2. 侧加载

在移动设备上安装应用还有另一种方法。可以从 Internet 上的不同来源下载应用，并通过 Wi-Fi、蓝牙、数据线或其他方法传输到移动设备。这被称为侧加载。在将应用传输到移动设备后，可以使用文件资源管理器应用，通过触摸的方法来安装。但是，不建议侧加载应用，因为很多应用来源并不可靠。应该只安装来自可靠来源和开发者的应用。

8.3 Android 触控界面

Android 触摸界面允许用户通过触摸屏上的图标和菜单与系统和应用进行交互。有些设备具有屏幕键盘，可以像使用笔记本电脑或 PC 上的键盘一样使用。

8.3.1 主屏幕项

与台式计算机或笔记本电脑非常相似，移动设备在多个屏幕上组织图标和小部件，以便轻松访问。这些屏幕被称为主屏幕。其中一个屏幕指定为主要主屏幕，如图 8-5 所示。左右滑动主要主屏幕可访问其他主屏幕。每个主屏幕包含导航图标、访问图标和小部件的主区域，以及通知和系统图标。主屏幕指示器显示当前使用哪个主屏幕。

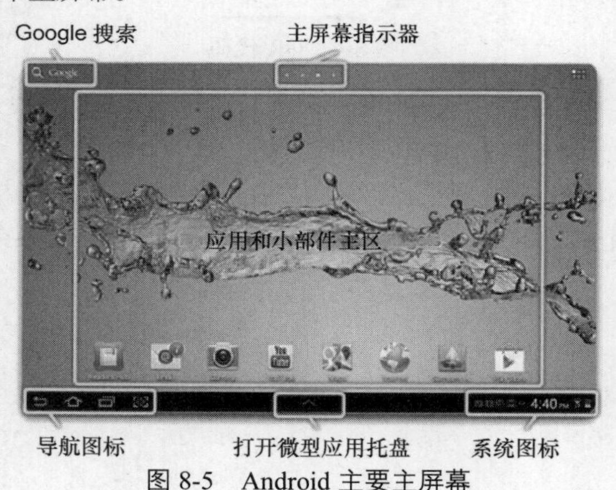

图 8-5　Android 主要主屏幕

1. 导航图标

Android OS 使用系统栏来切换应用和屏幕。系统栏总是显示在每个屏幕的底部。

系统栏包含以下按钮。

- **后退**：将焦点返回到使用的前一个屏幕。如果显示屏幕键盘，此按钮会将其关闭。继续按“后退”按钮可切换之前的各个屏幕，直至显示主要主屏幕。

- **主屏**：将焦点返回到上次使用的主屏幕。如果正在查看左右主屏幕，“主屏”按钮将打开主要主屏幕。
- **最近的应用**：打开最近使用的应用的缩略图像。要打开应用，触摸其缩略图。轻扫缩略图可将其从列表中移除。
- **菜单**：如果可用，显示当前屏幕的更多选项。

2. Google 搜索

Android 设备通常预装了默认的 Google 搜索应用。触摸该应用，然后在框中输入文本，以便在设备和 Internet 上搜索任何内容。触摸麦克风图标可使用语音输入搜索内容。

3. 特殊功能

某些制造商为 Android OS 增加了功能。例如，某些 Samsung Android 平板电脑具有被称为“微型应用托盘”的功能，其中包含应用的快捷方式以便随时使用。触摸屏幕底部的箭头可打开“微型应用托盘”。此功能非常有用，因为用户无需离开他们正在执行的操作即可运行某个特定应用。

4. 通知和系统图标

每个 Android 设备都有一个包含系统图标的区域，如时钟、电池状态以及 Wi-Fi 和提供商网络的无线电信号状态。电子邮件、短信息和 Facebook 等应用通常也在该区域显示状态图标，以指示通信活动。

要打开 Android 手机上的通知区域，长按屏幕顶端，然后向下轻扫屏幕。在 Android 平板电脑上，触摸屏幕底部的通知和系统图标，如图 8-6 所示。

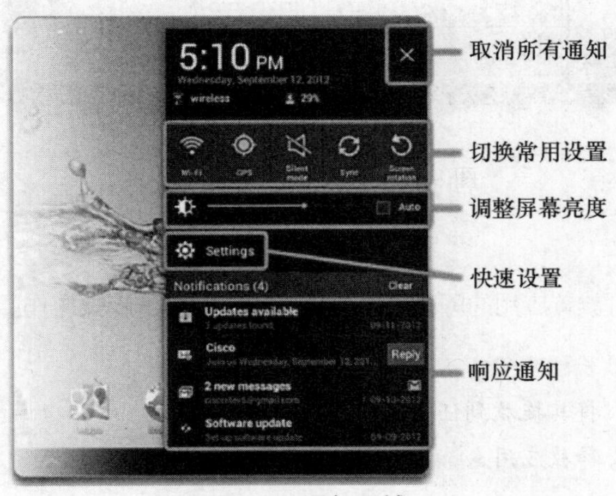

图 8-6　通知区域

可以在通知打开时执行以下任务。

- 触摸通知以响应通知。
- 向屏幕任意一侧轻扫通知，以将其取消。
- 用图标取消所有通知。
- 切换常用设置。
- 调整屏幕的亮度。
- 用快速设置图标打开“设置”菜单。

5. TouchFLO

除了使用手机上的标准 Android 接口外，HTC 还为 Android 设计了 TouchFLO 接口。利用 TouchFLO，可用手指向上拖放屏幕来访问特殊菜单，然后左右移动手指以选择常用任务。TouchFLO 后由 TouchFLO 3D 取代。TouchFLO 3D 在屏幕底部提供了一组选项卡，用于轻松访问任务。TouchFLO 3D 后由 HTC Sense 取代。HTC Sense 使用桌面应用和小部件，但具有很多 HTC 设备独有的界面修改，如锁屏应用和小部件以及 3D 主屏幕效果。

8.3.2 管理应用、小部件和文件夹

在移动设备上管理程序和文件夹与在台式计算机和 PC 上管理它们大为不同。下面解释了添加、删除和移动应用、小部件及文件夹的方法。图 8-7 显示了在 Android 设备上这些项目的示例。

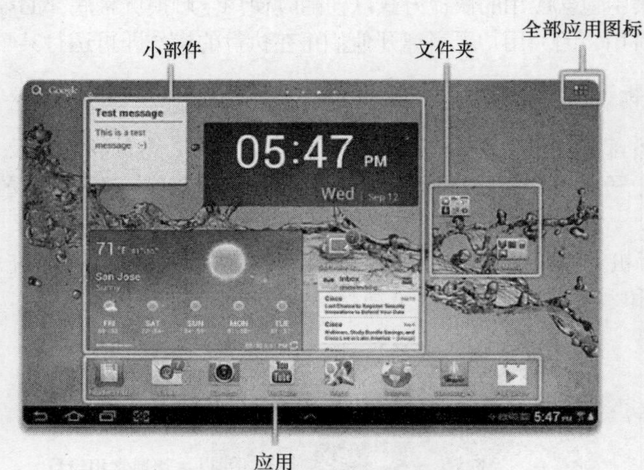

图 8-7 应用、小部件和文件夹

1. 应用

每个主屏幕都设有可放置应用的网格。要移动应用，按以下步骤操作。

步骤 1 长按应用。

步骤 2 将其拖放到任何主屏幕的空白区域。

步骤 3 释放应用。

要从主屏幕删除应用，按以下步骤操作。

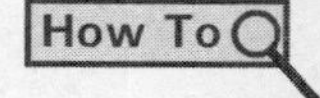

步骤 1 长按应用。

步骤 2 将其拖放到屏幕上的垃圾桶或 X 图标。

步骤 3 释放应用。

要执行应用，直接触摸应用。在应用运行时，通常可通过触摸菜单按钮来配置应用选项。通常有 3 种不同的方式关闭应用。

- 连续触摸后退按钮，直至到达主屏幕。通常程序会发出退出应用的提示。
- 触摸主屏按钮。

■ 触摸应用菜单中的退出选项。

2. 小部件

小部件是用于显示信息的程序（或程序段）。例如，天气小部件可放置在主屏幕中以显示天气情况。通常，可通过触摸小部件来启动关联的应用。对于天气小部件，触摸该小部件将以全屏方式打开天气应用，以提供有关天气的更多信息和细节。小部件非常实用，因为它们可用于快速访问常用的信息和功能。常用小部件的例子如下所示。

■ **时钟**：显示可自定义时钟的较大版本。
■ **天气**：显示一个或多个地点的当前天气状况。
■ **Wi-Fi 开/关**：允许用户快速开关 Wi-Fi，而不用转到设置菜单。
■ **电源控制**：在始终可见的组中显示多个小部件，如 Wi-Fi 开/关、蓝牙和震动。
■ **便签**：允许用户创建显示在主屏幕上的便签。
■ **Facebook**：用于访问 Facebook 帖子，并允许用户快速发帖到 Facebook。
■ **上次呼叫**：显示上次接到的拨入或拨出呼叫。

可以使用很多其他类型的小部件来自定义 Android 屏幕。请参考程序或 Google Play 的文档，确定哪些应用有小部件。

3. 文件夹

在某些移动设备上，可将多个应用分组成文件夹以方便组织。如果文件夹不可用，可以安装应用来提供此功能。可按照希望的任何方式对应用进行分组。

要在 Android 智能手机中创建文件夹，按以下步骤操作。

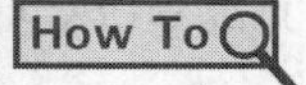

步骤 1 长按主屏幕上的应用。
步骤 2 将应用拖至要与其放入同一文件夹的另一个应用。
步骤 3 释放应用。

要在 Android 平板电脑中创建文件夹，按以下步骤操作。

步骤 1 长按主屏幕上的应用。
步骤 2 将应用拖至屏幕顶部的文件夹图标。
步骤 3 释放应用。

触摸任何文件夹将其打开。触摸文件夹中的任何应用将其打开。要重命名文件夹，触摸该文件夹，触摸文件夹名称，然后输入新的文件夹名称。要关闭文件夹，触摸文件夹外部，或触摸“后退”或“主屏”按钮。与移动应用一样在主屏幕上移动文件夹。

要从文件夹中删除应用，按以下步骤操作。

How To

步骤 1 打开文件夹。
步骤 2 长按要删除的应用。
步骤 3 将应用拖放到主屏幕的空白区域。
步骤 4 释放应用。

在 Android 智能手机上，如果文件夹中包含两个应用，删除其中一个后，文件夹也将删除，剩下的应用将在主屏幕上取代文件夹。在 Android 平板电脑上，如果从文件夹中删除所有应用，文件夹依然保留。从主屏幕上删除文件夹与删除应用相同。

4. 全部应用图标

“全部应用”图标用于打开“全部应用”屏幕，其中显示了设备上安装的所有应用。以下是可从“全部应用”屏幕执行的一些常见任务。

- **启动应用**：触摸任何应用可启动它。
- **将应用放到主屏幕上**：长按应用。这时会显示主屏幕。将应用释放在任何主屏幕的任何开阔区域。
- **卸载应用**：长按应用。将应用拖放到垃圾桶图标或X图标。
- **访问Play商店**：触摸菜单图标，并触摸Google Play。
- **访问小部件**：触摸小部件选项卡以查看安装的所有小部件。使用与在主屏幕上放置应用的相同方法，在主屏幕上放置小部件。

8.4 iOS触控界面

与Android界面类似，iOS触摸界面使用允许用户访问应用和设备功能的触摸屏。这一部分将描述用户与iOS设备交互的方式并指出两种操作系统之间重要的区别。

8.4.1 主屏幕项

iOS界面的工作方式与Android界面非常相似。它与Android触摸屏相似，但也有几项非常重要的区别。

使用iOS主屏幕组织应用，并通过触摸启动应用。它与Android OS之间的一些区别如下。

- **无导航图标**：按物理按键导航而不是触摸导航图标。
- **无小部件**：在iOS设备上只能安装应用和其他内容。
- **无应用快捷方式**：主屏幕上的每个应用都是实际应用，而不是快捷方式。

1. 主屏按钮

与Android不同，iOS设备不使用导航图标来执行功能。被称为“主屏按钮”的单个按钮执行很多与Android导航按钮相同的功能。主屏按钮位于设备底部，上面有一个方块图案，如图8-8所示。主屏按钮执行以下功能。

- **唤醒设备**：当设备的屏幕关闭时，按一次主屏按钮可将其开启。
- **返回主屏幕**：使用应用时，按主屏按钮将返回到上次使用的主屏幕。
- **返回主要主屏幕**：在任何其他主屏幕或搜索屏幕上按主屏按钮将返回到主要主屏幕。
- **打开多任务栏**：双击主屏按钮可打开多任务栏。多任务栏显示了最近使用的应用。
- **启动Siri或语音控制**：按住主屏按钮可启动Siri或语音控制。Siri是用于理解高级语音控制的特殊软件。在没有Siri的设备上，可以使用基本语音控制。
- **打开音频控制**：在屏幕锁定时双击主屏按钮可打开音频控制。
- **打开搜索屏幕**：在主要主屏幕上按主屏按钮可转入搜索屏幕。

2. 通知中心

iOS设备有一个通知中心，用于在同一位置显示应用的所有提醒，如图8-9所示。要在iOS设备上打开通知区域，长按屏幕顶端，然后向下轻扫屏幕。

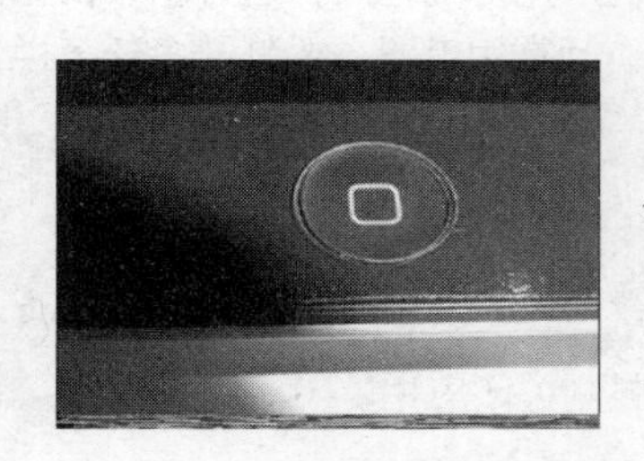

图 8-8 iOS 主屏按钮

图 8-9 通知中心

在通知打开时，可执行以下操作。

- 触摸提醒以响应提醒。
- 触摸 X 图标并触摸清除以删除提醒。

要更改通知选项，按以下顺序操作。

设置>通知

3. 搜索

从左至右轻扫主要主屏幕，或双击主屏按钮，将打开名为 Spotlight 的搜索功能。输入搜索项。所有结果将根据包含结果的应用列出。要改为搜索 Internet，在搜索结果出现后，触摸列表底部的搜索 Web。

8.4.2 管理应用和文件夹

与 Android OS 类似，iOS 具有在移动设备上管理程序和文件夹的特定步骤。下面介绍了在 iOS 上添加、删除和移动应用和文件夹的方法。

1. 应用

iOS 应用和文件夹的使用方法与 Android OS 类似。设备上安装的所有应用都在主屏幕上，而不是“所有应用”按钮中。可以从设备上卸载应用，但需要使用 iTunes 重新安装应用。

每个主屏幕都包含可放置应用的网格。要移动应用，按以下步骤操作。

How To

步骤 1 长按应用直至其抖动。

步骤 2 将其拖放到任何主屏幕的空白区域。

步骤 3 释放应用。

步骤 4 移动任何其他应用。

步骤 5 按主屏按钮保存更改。

要从 iOS 设备上删除应用，按以下步骤操作。

How To

步骤 1 长按应用直至其抖动。

步骤 2 触摸应用上的 X 图标。

步骤 3 删除任何其他应用。

步骤 4 按主屏按钮保存更改。

2. 多任务栏

iOS 允许多个应用同时运行。在使用一个应用时，其他应用可能在后台运行。多任务栏用于快速在最近使用的应用之间切换、关闭正在运行的应用，以及访问常用设置。要打开多任务栏，双击主屏按钮。可在多任务栏中执行以下操作。

- 触摸任何应用将其打开。
- 向左轻扫多任务栏以查看更多应用。
- 向右轻扫多任务栏以访问常用设置。
- 长按应用直至其抖动，然后触摸小的红圈白杠，强制关闭应用。

3. 文件夹

可以在 iOS 设备上创建文件夹以帮助组织应用。要创建文件夹，按以下步骤操作。

How To

步骤 1 长按主屏幕上的应用直至其抖动。

步骤 2 将应用拖至要与其一同放入同一文件夹的另一个应用。

步骤 3 释放应用。

步骤 4 将任何其他应用添加到文件夹。

步骤 5 触摸 Home 键保存更改

触摸任何文件夹将其打开。触摸文件夹中的任何应用将其打开。要重命名文件夹，触摸该文件夹，触摸文件夹名称，然后输入新的文件夹名称。要关闭文件夹，触摸文件夹外部，或触摸“主屏”按钮。与移动应用一样在主屏幕上移动文件夹。

要从文件夹中删除应用，按以下步骤操作。

How To

步骤 1 打开文件夹。

步骤 2 长按要删除的应用。

步骤 3 将应用拖放到主屏幕的空白区域。

步骤 4 释放应用。

要删除文件夹，从文件夹中删除所有应用。

iOS 设备中的很多应用都能显示提醒标记。提醒标记显示为应用上的小图标。此图标是指示需要关注的应用提醒数量的数字。它可能指示有多少个未接来电、有多少条短信或者有多少个更新可用。如果提醒标记显示惊叹号，则应用出现了问题。文件夹内的应用的提醒标记显示在文件夹上。触摸应用可处理提醒。

8.5 常用移动设备功能

下面将描述移动设备的常用功能。

8.5.1 屏幕方向和校正

1. 屏幕方向

大多数移动设备的屏幕形状是矩形。此形状允许以两个方向查看内容：纵向和横向。某些内容更适合以特定视图显示。例如，视频在横向模式下可填充整屏，但在纵向模式下可能无法填充整屏。此外，在纵向模式下阅读书籍或杂志看起来非常自然，因为这与实物形状非常相似。用户通常会针对各种内容类型，选择最适合他们的查看模式。

很多移动设备包含可用于确定持握方式的感应器，如加速器。内容将自动旋转到设备位置，或横向，或纵向。此功能在特定情况下非常有用，例如在拍照时。在设备转入横向模式时，相机应用也将转入横向模式。此外，在用户创建文本时，将设备转向横向模式将自动使应用也转入横向模式，从而使键盘更大、更宽，更方便使用。

在使用 Android 设备时，要启用自动旋转，按以下顺序操作。

设置>显示>选中自动旋转屏幕

在使用 iOS 设备时，要启用自动旋转，按以下顺序操作。

双击主屏按钮>从左至右轻扫多任务栏>触摸左侧的锁图标

2. 屏幕校正

在使用移动设备时，可能需要调整屏幕亮度。在户外使用移动设备时，应提高屏幕亮度级别，因为强日光会使屏幕难以阅读。相比之下，夜间在移动设备上读书时，较低的亮度比较有利。某些移动设备可配置为根据周围光线强度自动调整亮度。设备必须配备光感应器才能自动调节亮度。

大多数移动设备的 LCD 屏幕消耗的电池电量最多。降低亮度或使用自动亮度有助于节省电池电量。将亮度设置为最低可最大限度延长设备的电池续航时间。

在使用 Android 设备时，要配置屏幕亮度，按以下顺序操作。

设置>显示>亮度>将亮度滑动到所需的级别，或选中自动亮度>确定

在使用 iPad 时，要配置屏幕亮度，按以下顺序操作。

双击主屏按钮>从左至右轻扫多任务栏>将亮度滑到所需的级别>单击主屏按钮

要在“设置”菜单中配置亮度，按以下顺序操作。

设置>亮度和墙纸>将亮度滑到所需的级别，或触摸自动亮度>单击主屏按钮

8.5.2 GPS

移动设备的另一项常用功能是全球定位系统（GPS）。GPS 是一种导航系统，它使用来自太空卫星和地面接收站的消息来确定地球上的时间和位置。GPS 无线电接收器使用至少四颗卫星来根据消息计算其位置。GPS 非常精确，可在大多数天气条件下使用。但是，稠密的树叶、隧道和高耸的建筑物可能会干扰卫星信号。

有些 GPS 设备供车用、船用，以及跋涉者和背包族的手持设备使用。在移动设备中，GPS 接收器有多种不同的用途。

- **导航**：用于提供前往某个地点、地址或坐标的分段路线的地图应用。
- **地谜藏宝**：显示藏宝点位置（世界各地的隐藏宝箱）的地图应用。用户找到宝物后，通常在记录簿中记录其发现。
- **地理标记**：将位置信息嵌入数字对象，如照片或视频，以记录其拍摄地。
- **专用搜索结果**：例如，根据远近显示结果，例如在搜索关键字*餐馆*时，显示附近的餐馆。
- **设备跟踪**：如果设备丢失或被窃，在地图上查找该设备。

要在 Android 设备中启用 GPS，按以下顺序操作。

设置>位置服务>使用 GPS 卫星

要在 iOS 设备中启用 GPS，按以下顺序操作。

设置>定位服务>开启定位服务

注意：某些 Android 和 iOS 设备没有 GPS 接收器。这些设备使用来自 Wi-Fi 网络和移动网络（如果可用）的信息来提供位置服务。

8.6 网络连接和电子邮件

移动设备最大的优点之一就是具备从任何有网络连接的位置连接至 Internet 并收发电子邮件的能力。本节将描述连接类型以及设备连接至网络和 Internet 的方式，并解释如何建立和管理安全有效的连接。

8.6.1 无线数据网络

移动设备让人们有了随时随地工作、学习、娱乐和通信的自由。利用移动设备，人们在发送和接收语音、视频和数据通信时不再受物理位置的限制。此外，很多国家/地区还提供 Internet 网咖一类的无线设施。大学校园在没有提供物理网络连接的区域使用无线网络，以便学生选课程、听讲座和交作业。随着移动设备的功能不断增强，以前需要在连接物理网络的大型计算机上执行的很多任务，现在使用连接无线网络的移动设备就能胜任。

几乎所有移动设备都能连接 Wi-Fi 网络。建议尽量连接 Wi-Fi 网络，因为通过 Wi-Fi 使用的数据不计入蜂窝数据流量。此外，由于 Wi-Fi 无线电使用的电量比蜂窝无线电更少，因此连接 Wi-Fi 网络可节省电池电量。与其他支持 Wi-Fi 的设备一样，在连接 Wi-Fi 网络时，安全性很重要。应采取以下预防措施来保护移动设备上的 Wi-Fi 通信。

- 切勿使用未加密的明文发送登录信息或密码信息。
- 尽量使用 VPN 连接。
- 在家庭网络上启用安全保护。
- 使用 WPA2 安全性。

要打开或关闭 Wi-Fi，针对 Android 和 iOS，使用以下路径。

设置>打开或关闭 Wi-Fi

要在 Android 设备处于 Wi-Fi 网络的覆盖范围时连接该设备，须打开 Wi-Fi，然后设备将搜索所有可用的 Wi-Fi 网络，并显示在列表中。触摸列表中要连接的 Wi-Fi 网络。如果需要，输入密码。

当移动设备漫游出 Wi-Fi 网络的范围时，它会尝试连接范围内的其他 Wi-Fi 网络。如果范围内没有 Wi-Fi 网络，移动设备将连接蜂窝数据网络。当 Wi-Fi 开启时，它将自动连接先前连接过的任何 Wi-Fi 网络。如果是新网络，移动设备要么显示可用网络列表，要么询问是否连接该网络。

如果移动设备未提示连接 Wi-Fi 网络，则可能已关闭网络 SSID 广播，或者设备可能没有设置为自动连接。手动配置移动设备的 Wi-Fi 设置。

要在 Android 设备上手动连接 Wi-Fi 网络，按以下步骤操作。

How To

步骤 1 选择设置>添加网络。

步骤 2 输入网络 SSID。

步骤 3 触摸安全性，并选择安全性类型。

步骤 4 触摸密码，然后输入密码。

步骤 5 触摸保存。

要在 iOS 设备上手动连接 Wi-Fi 网络，按以下步骤操作。

How To

步骤 1 选择设置> Wi-Fi >其他。

步骤 2 输入网络 SSID。

步骤 3 触摸安全性，并选择安全性类型。

步骤 4 触摸其他网络。

步骤 5 触摸密码，然后输入密码。

步骤 6 触摸加入。

8.6.2 蜂窝通信

在人们刚刚开始使用手机时，只有很少的手机技术行业标准。没有标准，呼叫其他网络中的用户不仅难度大，而且价格不菲。今天，手机提供商都使用行业标准，这使得使用手机打电话变得容易多了。

蜂窝标准尚未在全世界统一采用。有些手机能够使用多种标准，而其他手机可能只能使用一种标准。因此，某些手机可以在很多国家/地区使用，而其他手机只能在当地使用。

第一代（1G）手机在 20 世纪 80 年代开始投入服务。第一代手机主要使用模拟标准。对于模拟标准，无法轻易地将信号中的干扰和噪声与语音分离。该因素限制了模拟系统的实用性。现在很少有在使用的 1G 设备。

20 世纪 90 年代，第二代（2G）移动设备问世，标志着从模拟标准转向数字标准。数字标准提供了更高的通话质量。以下是一些常用的 2G 标准。

- 全球移动通信系统（GSM）。
- 集成数字增强网络（iDEN）。
- 码分多址（CDMA）。
- 个人数字蜂窝（PDC）。

随着 3G 手机标准的发展，对现有 2G 标准的扩展也不断增多。这些过渡标准也称为 2.5G 标准。以下是一些常见的 2.5G 标准扩展。

- 通用分组无线业务（GPRS）。
- 增强型数据速率 GSM 演进（EDGE）。
- CDMA2000。

第三代（3G）标准使移动设备的应用范围超越了简单的语音和数据通信。如今的移动设备通常都能发送和接收文本、照片、音频和视频。3G 甚至为视频会议提供了足够的带宽。3G 移动设备还能接入 Internet，浏览网页、玩游戏、听音乐和看视频。以下是一些常用的 3G 标准。

- 通用移动通信系统（UMTS）。
- CDMA2000。
- 演进数据优化（EV-DO）。
- 自由移动多媒体接入（FOMA）。
- 时分同步码分多址（TD-SCDMA）。

第四代（4G）标准提供了超宽带 Internet 接入。更高的数据速率可以让用户更快地下载文件、举行视频会议，或观看高清电视。以下是一些常用的 4G 标准。

- 移动 WiMAX。
- 长期演进（LTE）。

4G设备的规格要求为高速移动的设备（如车载设备）提供最高100Mbit/s的通信速率，还要求为缓慢走动或静止站立的人所用的设备提供最大1Gbit/s的速率。

1. WiMAX和LTE

即使移动WiMAX和LTE达不到4G所要求的数据速率（分别为128Mbit/s和100Mbit/s），它们仍被视为4G标准，因为它们在3G性能的基础上实现了巨大的改进。此外，WiMAX和LTE也是未来符合4G完全规范的标准版本的先驱。

可以将用于增加多媒体和网络功能的技术与蜂窝标准捆绑在一起。两种最常见的技术是短信服务（SMS）和彩信服务（MMS），前者用于文本消息，后者用于收发照片和视频。大多数蜂窝提供商针对这些增加的功能收取额外费用。

要在Android设备中打开或关闭蜂窝数据，按以下顺序操作。

设置>触摸无线和网络下的更多>触摸移动网络>触摸已启用数据

要在iOS设备中打开或关闭蜂窝数据，按以下顺序操作。

设置>常规>蜂窝数据>开启或关闭蜂窝数据

当移动设备从4G覆盖区域移动到3G覆盖区域时，将会关闭4G无线电，并开启3G无线电。在此过渡期间，不会丢失连接。

2. 飞行模式

大多数移动设备还有一项被称为“飞行模式”的设置，该模式将关闭所有蜂窝、Wi-Fi和蓝牙无线电。在乘坐飞机旅行时，或在不允许访问数据或访问数据费用过高的场合下，飞行模式很有用。这时仍可以使用移动设备的大多数功能，但是无法通信。

要在Android设备中打开或关闭飞行模式，按以下顺序操作。

设置>更多>飞行模式>确定

要在iOS设备中打开或关闭飞行模式，按以下顺序操作。

点击设置，然后打开或关闭飞行模式

8.6.3 移动设备的蓝牙

移动设备可以使用多种不同的连接方法。蜂窝和Wi-Fi可能难以配置，并需要额外的设备，如传输塔和接入点。在连接耳机或扬声器时，线缆连接并不总是很现实。蓝牙技术为移动设备提供了一种简单的方法来相互连接以及连接无线附件。蓝牙具有无线、自动的特点，并且能耗极低，有助于节约电池电量。一次可连接最多8个蓝牙设备。

以下是移动设备如何使用蓝牙的一些示例。

- **免提耳机**：一个小型耳塞，带有用于拨打和接听电话的麦克风。
- **键盘或鼠标**：可将键盘或鼠标连接到移动设备，以方便输入。
- **立体声控制**：可将移动设备连接到家用或车载立体声播放音乐。
- **车载扬声器**：一种包含用于拨打和接听电话的扬声器和麦克风的设备。
- **网络共享**：移动设备可连接到其他移动设备或计算机来共享网络连接。也可以用Wi-Fi连接或电缆连接（如USB）进行网络共享。
- **移动扬声器**：在没有立体声系统时，可将便携式扬声器连接到移动设备以提供高质量音频。

蓝牙是包含两层的网络标准，即物理层和协议层。在物理层，蓝牙是无线电频率标准。在协议层，设备之间协定发送比特的时间、方式，以及所收即所发。

8.6.4 蓝牙配对

蓝牙配对是在两个蓝牙设备之间建立连接以共享资源。为了让设备配对，开启蓝牙无线电，其中一个设备开始搜索其他设备。其他设备必须设置为可发现模式（也称为可见），这样才能被检测到。当蓝牙设备处于可发现模式时，它在另一个蓝牙设备请求时传输以下信息。

- 名称。
- 蓝牙类。
- 设备可使用的服务。
- 技术信息，如功能或所支持的蓝牙规范。

在配对过程中，可能会请求 PIN，以便为配对过程提供身份验证。PIN 通常是数字，但也可能是数字代码或密钥。使用配对服务时会存储 PIN，因此在设备下次尝试连接时就不必输入 PIN。这在将耳机与智能手机配合使用时非常方便，因为只要打开耳机并在蓝牙范围内，它们就会自动配对。

要将蓝牙设备与 Android 设备配对，按以下步骤操作。

How To

步骤 1 按照设备说明将其置于可发现模式。
步骤 2 检查设备说明，查找连接 PIN。
步骤 3 选择“设置>无线和网络”。
步骤 4 触摸蓝牙将其开启。
步骤 5 触摸蓝牙选项卡。
步骤 6 触摸扫描设备。
步骤 7 触摸发现的设备将其选中。
步骤 8 输入 PIN。
步骤 9 再次触摸设备名称将其连接。

要将蓝牙设备与 iOS 设备配对，按以下步骤操作：

How To

步骤 1 按照设备说明将其置于可发现模式。
步骤 2 检查设备说明，查找连接 PIN。
步骤 3 选择“设置>常规>蓝牙”。
步骤 4 触摸蓝牙将其开启。
步骤 5 触摸发现的设备将其选中。
步骤 6 输入 PIN。

8.6.5 电子邮件简介

电子邮件软件可作为 Web 浏览器的一部分或作为独立应用程序安装。任何电子邮件程序都可用于 Windows 7。Windows Live Mail 是 Microsoft 推荐的电子邮件程序。它管理多个电子邮件账户、日历和联系人。要安装 Windows Live Mail，须从 Microsoft 下载并安装 Windows Essentials。Windows Live Mail 包含在 Windows Essentials 中。

在设置电子邮件账户时，应提供以下信息。

- **显示名**：这可能是希望他人看到的真实姓名、昵称或任何其他名称。
- **电子邮件地址**：这是人们给您发送电子邮件所需要的地址。电子邮件地址由用户名，后跟@符号和电子邮件服务器的域组成（user@example.net）。
- **协议**：由接收邮件服务器使用。不同的协议提供不同的电子邮件服务。
- **接收和发送邮件服务器名称**：这些名称由网络管理员或ISP提供。
- **用户名**：这是用来登录邮件服务器的名称。
- **账户密码**：密码应该足够强，因为通常很容易从网站获得邮件账户。

电子邮件中使用的协议包括：

- 邮局协议第3版（POP3）；
- Internet消息访问协议（IMAP）；
- 简单邮件传输协议（SMTP）；
- 多用途Internet邮件扩展（MIME）；
- 安全套接字层（SSL）。

您需要了解如何配置设备来接受正确的传入邮件格式。可以使用向导来配置电子邮件客户端软件。

1. POP3

POP3通过TCP/IP从远程服务器检索电子邮件。POP3不会在服务器上留下电子邮件副本；但是，某些实现允许用户指定将邮件保存一定时间。POP3支持使用间歇连接的最终用户，如拨号。POP3用户可连接服务器，从服务器上下载电子邮件，然后断开连接。POP3通常使用端口110。

2. IMAP

IMAP允许本地电子邮件客户端从服务器检索电子邮件。与POP3类似，IMAP允许使用电子邮件客户端从电子邮件服务器下载电子邮件。二者的区别在于，IMAP允许用户在网络电子邮件服务器上组织电子邮件，并下载电子邮件的副本。电子邮件原本保留在网络电子邮件服务器上。IMAP通常在服务器上留下电子邮件原本，直至将电子邮件移至电子邮件应用程序的个人文件夹中，这一点和POP3协议完全不同。IMAP同步服务器与客户端之间的电子邮件文件夹。IMAP比POP3速度快，但是IMAP需要占用更多的服务器磁盘空间和更多的CPU资源。IMAP的最新版本是IMAP4。IMAP4通常在大型网络中使用，如大学校园。IMAP通常使用端口143。

3. SMTP

SMTP是基于文本的简单协议，它通过TCP/IP网络传输电子邮件，是只使用ASCII编码的文本电子邮件格式。要发送电子邮件，必须实施SMTP。SMTP将电子邮件从电子邮件客户端发送到电子邮件服务器，或者从一台电子邮件服务器发送到另一台。邮件在确定并验证收件人后发出。SMTP通常使用端口25。

4. MIME

MIME扩展了电子邮件格式，以包括ASCII标准的文本以及其他格式，如图片和字处理文档。MIME通常与SMTP一起使用。

5. SSL

SSL是为了安全传输文件而开发的。电子邮件客户端与电子邮件服务器之间交换的所有数据都会加密。在配置电子邮件客户端使用SSL时，要确保使用正确的电子邮件服务器端口号。

6. Exchange

Exchange 是 Microsoft 创建的邮件服务器、联系人管理器和日历软件。Exchange 使用被称为“消息传递应用程序编程接口”（MAPI）的专有消息传递体系结构。MAPI 由 Microsoft Office Outlook 用来连接 Exchange 服务器，以提供电子邮件、日历和联系人管理。通过完成练习 8.3.3.2 检查您对电子邮件协议的理解，在在线课程中，匹配电子邮件协议。

8.6.6　Android 电子邮件配置

Android 设备能够使用高级通信应用程序和数据服务。很多这类应用程序和功能需要使用 Google 提供的 Web 服务。在首次配置 Android 移动设备时，系统会提示使用 Gmail 电子邮件地址和密码登录 Google 账户。

登录 Gmail 账户后，即可使用 Google Play 商店、数据和设置备份，以及其他 Google 服务。设备会同步来自所用 Google 服务的联系人、电子邮件、应用、下载内容和其他信息。如果没有 Gmail 账户，可以使用 Google 账户登录页创建新账户。

注意： 如果要将 Android 设置还原到先前备份的平板电脑，在首次设置平板电脑时，必须登录账户。如果在初始设置后登录，将无法还原 Android 设置。

初始设置后，触摸 Gmail 应用图标即可访问邮箱。Android 设备还提供了用于连接其他电子邮件账户的电子邮件应用。

要添加电子邮件账户，按以下步骤操作。

How To

步骤 1　触摸电子邮件应用图标。

步骤 2　触摸菜单按钮。

步骤 3　触摸账户设置。

步骤 4　触摸添加账户。

步骤 5　输入电子邮件地址和密码。

步骤 6　触摸下一步，或者触摸手动设置以输入特殊账户设置。

步骤 7　触摸完成。

步骤 8　输入电子邮件账户的名称。

步骤 9　触摸完成。

8.6.7　iOS 电子邮件配置

设置 iOS 设备需要 Apple ID。Apple ID 用于访问 Apple App Store、iTunes Store 和 iCloud。iCloud 可提供电子邮件和在远程服务器存储内容的功能。iCloud 电子邮件是免费的，并附送用于备份、邮件和文档的远程存储。

所有 iOS 设备、应用和内容都会链接到 Apple ID。在首次开启 iOS 设备时，“设置助手”会引导您完成连接设备和使用 Apple ID 登录或创建 Apple ID 的过程。“设置助手”还允许创建 iCloud 电子邮件账户。在设置过程中，可以通过 iCloud 备份，从其他 iOS 设备还原设置、内容和应用。

如果在设置过程中未配置 iCloud，则按以下顺序操作。

设置> iCloud

要设置其他电子邮件账户，按以下步骤操作。

How To

步骤 1 选择设置>邮件、通讯录、日历>添加账户。

步骤 2 触摸账户类型。

步骤 3 如果未列出账户类型，触摸其他。

步骤 4 输入账户信息。

步骤 5 触摸保存。

8.7 移动设备同步

使用多个移动设备可能造成信息存储在不同地方。当一个存储版本不同于存储在另一台设备上的版本时，这将会导致日历、联系人和其他存储的数据类型产生错误。为避免这些问题，绝大多数设备允许数据同步，这就是本节将要介绍的内容。

8.7.1 需要同步的数据类型

很多人既用台式计算机，也用笔记本电脑、平板电脑和智能手机设备来访问和存储信息。同步功能在多台设备使用相同的特定信息时非常有用。例如，在使用日历程序安排约会时，需要在每台设备中输入每个新约会，以确保每台设备上的信息都是最新的。数据同步省去了不断更改每台设备的必要。

数据同步在两台或多台设备之间交换数据，同时在这些设备上保留一致的数据。可同步的一些数据类型包括：

- 联系人；
- 电子邮件；
- 日历项；
- 图片；
- 音乐；
- 应用；
- 视频；
- 浏览器链接和设置。

8.7.2 应用程序安装软件要求

要同步 iOS 设备上的数据，必须安装 iTunes 软件。iTunes 是一款媒体播放器应用程序，可下载、播放和组织内容，以供 iOS 设备和计算机使用。iTunes 还用于管理 iOS 设备，它通过 Apple 激活设备，并在出现故障时还原设备。iTunes 还用于升级 iOS。以下是应用程序安装软件针对 Windows 的要求。

- 具有 1GHz Intel 或 AMD 处理器的 PC。
- 512MB RAM。

- Windows XP Service Pack 2 或更高版本、32 位版本 Windows Vista，或 32 位版本 Windows 7。
- 64 位版本 Windows Vista 或 Windows 7 需要 iTunes 64 位安装程序。

要求因不同的版本而异，特殊音频和视频能力还有其他要求。有关更多信息，可参阅 Apple 网站。

同步 Android 设备的内容不需要应用程序。选择设置>个人>账户和同步即可与 Google 自动同步各种类型的数据和内容。

在使用具有 Android OS 的 Motorola 设备时，使用 Motocast USB 同步数据和内容。以下是应用程序安装软件针对 Windows 的要求。

- 具有 3.0GHz Intel Pentium IV 或 AMD Athlon XP 2600+或更快单核处理器的 PC，或者具有 1.8GHz Core Duo、Pentium 双核或多核 Athlon/Phenom 或更快处理器的 PC。
- 1GB RAM。
- Windows XP Service Pack 3 或更高版本、Windows Vista 或 Windows 7。

特殊音频和视频功能可能还要求更多硬件规格。有关更多信息，可参阅 Motorola 网站。

8.7.3 同步连接类型

要在设备间同步数据，设备必须使用通用通信介质。USB 和 Wi-Fi 连接是在设备间同步数据时最常用的连接类型。

由于大多数 Android 设备没有桌面应用程序来执行数据同步，因此大多数用户使用 Google 的不同 Web 服务并与之同步，甚至在与台式计算机或笔记本电脑同步时也是如此。使用此方法同步数据的一个好处是，可以随时登录到 Google 账户从任何计算机或移动设备访问数据。但这样做的缺点是，可能很难与计算机上本地安装的程序同步数据，如 Outlook 的电子邮件、日历和联系人，或者 iTunes 的音乐和视频。

在 iOS 5 之前，同步只限于使用 USB 连接电缆将设备连接到计算机。现在可以使用 Wi-Fi 同步来与 iTunes 无线同步。要使用 Wi-Fi 同步，必须先使用 USB 电缆将 iOS 设备与 iTunes 同步。还必须在 iTunes 的“摘要”窗格中开启通过 Wi-Fi 连接同步。在此之后，可以使用 Wi-Fi 同步或 USB 电缆。当 iOS 设备与运行 iTunes 的计算机处于同一个无线网络，并且已插入电源时，它将自动与 iTunes 同步。

跨平台数据同步

用户经常有多个运行不同操作系统的设备。不同操作系统之间的数据同步称为跨平台数据同步。必须安装用于处理与 Outlook 或 iTunes 之间的 Android 同步的第三方应用程序才能使同步奏效。可以将 iTunes 安装在 Windows 或 Apple 计算机上，然后 Android 或 iOS 设备就可以使用任意一个 iTunes 来同步数据。

也可以使用应用来执行不同计算平台之间的同步。Dropbox 就是这样的一个例子。可以将 Dropbox 安装在不同平台上，并同步不同类型的数据。它有一项特别有用的功能，能够将移动设备上的照片设置为自动同步。在拍照时，它会自动将照片发送到远程服务器。当另一台设备（如平板电脑或台式计算机）运行该软件时，会自动下载照片。

8.8 保护移动设备安全的方法

与笔记本电脑和 PC 类似，移动设备必须加以保护以防止安全威胁。这一部分将讨论有助于保护数据和设备以防丢失和盗用的几类安全措施。

8.8.1 密码锁概述

智能手机、平板电脑和其他移动设备可能包含敏感数据。如果移动设备丢失，找到该设备的任何人都能访问联系人、短信和 Web 账户。使用密码锁是一种有助于防止移动设备上的隐私信息被盗用的方法。密码锁将锁定设备，并将其置于节电状态。密码锁还可以在设备进入节电状态后延迟指定的时间量才锁定设备。使移动设备进入睡眠状态的一种常用方法是快速按下主电源按钮。设备还可设置为在经过一定的时间量后进入睡眠状态。

有很多不同类型的密码锁。某些类型的密码锁比其他的更难猜。在每次设备开启或从节电状态恢复时都必须输入密码。以下是一些常见类型的密码锁。

- **无**：移除所有其他类型的密码锁（如果已设置）。
- **滑动**：用户滑动图标（如锁或箭头）以解锁设备。此选项的安全度最低。
- **面部解锁**：使用相机识别面部。在识别存储的面部后，设备解锁。
- **图案**：在用户用手指在屏幕上滑出特定图案时锁定设备。要解锁设备，必须在屏幕上重复完全相同的图案。
- **PIN**：使用私有 pin 来保护设备。在输入正确的 pin 后，设备解锁。
- **密码**：使用密码保护设备。此选项最不方便，尤其是在使用又复杂又长的单词时，但可能是最安全的。
- **简单密码**：仅限 iOS 设备。当启用此选项时，密码必须是四位数。如果禁用，可使用由字符、数字和符号组成的更复杂的密码。

设置密码后，每次设备开启或从节电状态恢复时都必须输入密码。

要在 Android 设备上设置密码，按以下顺序操作。

设置>位置和安全>屏幕锁定

然后从列表中选择要使用的密码类型，并设置其余的屏幕安全设置。

要在 iOS 设备上设置密码，按以下顺序操作。

设置>常规>密码锁>开启密码

然后，输入 4 位数字。再次输入相同数字进行确认。

如果忘记了 iOS 设备的密码，必须将其连接到上次同步的计算机，并在 iTunes 中执行还原。

Android 设备也必须执行还原。执行方法是，按住两个音量键，同时打开电源，之后会出现还原选项。可与 Android 设备的制造商联系，以获取具体说明。

8.8.2 失败登录尝试的限制

在正确施加密码后，要解锁移动设备，需要输入正确的 PIN、密码、图案或其他密码。理论上，只要时间充裕并坚持不懈，PIN 之类的密码都可猜出。为防止有人尝试不断猜测密码，移动设备可设置为在达到一定次数的错误尝试后，执行定义的操作。

对于 iOS 设备，在 5 次失败的尝试后将会禁用设备。第 6 次失败尝试时，设备保持禁用状态 1 分钟。6 次以后的每一次失败尝试都将导致等待时间增加。表 8-1 显示了输入错误密码所导致的结果。

表 8-1 iOS 错误密码尝试

错误尝试次数	增加的设备禁用时间	设备禁用总时间
1～5	0	0
6	1 分钟	1 分钟
7	5 分钟	6 分钟

续表

错误尝试次数	增加的设备禁用时间	设备禁用总时间
8	15 分钟	21 分钟
9	60 分钟	81 分钟
10	60 分钟	141 分钟
11	删除设备数据	

为了获得额外安全性，应开启在 10 次失败的密码尝试后擦除此设备上的所有数据选项。如果密码在第 11 次仍然失败，屏幕将变黑并删除设备上的所有数据。要还原 iOS 设备和数据，必须将其连接到上次同步的计算机，并使用 iTunes 中的“还原”选项。

对于 Android 设备，锁定前的失败尝试次数取决于设备和 Android OS 的版本。通常，在密码错误 4～12 次后，Android 设备将会锁定。设备锁定后，可以输入用来设置设备的 Gmail 账户信息来解锁。

8.9　用于智能设备的云服务

绝大多数移动设备可以访问备份存储、定位器服务和安全服务等云服务。这些服务帮助用户保护数据和设备。

8.9.1　远程备份

与台式计算机和笔记本电脑类似，移动设备数据可能因设备故障或设备遗失而丢失。因此有必要定期备份数据，确保可以恢复丢失的数据。对于移动设备，存储空间通常有限，而且往往不可移动。为了克服这些局限，可以执行远程备份。

远程备份指的是设备使用备份应用将其数据复制到网站上。如果需要将数据还原到设备，须运行备份应用，连接存储数据的网站，然后检索数据。

iOS 用户可获得 5GB 的免费存储空间。可以付年费购买更多存储空间。以下是 iCloud 可以备份的项目。

- 日历。
- 邮件。
- 联系人。
- 从 Apple App Store 购买的内容（这些内容不计入 5GB 空间总量）。
- 用设备拍摄的照片。
- 配置的设置。
- 从运行的应用累积的应用数据。
- 屏幕图标和位置。
- 短信和彩信。
- 铃声。

Android 设备用户自动远程备份以下项目。

- 日历。
- 邮件。
- 联系人。

Google 还会保留已购买的所有应用和内容记录，以便重新下载它们。此外还有很多应用可用于远程备份其他项目。研究 Google Play 商店中的应用，找到符合需求的备份应用。

8.9.2 定位器应用程序

如果忘记移动设备放在哪里或移动设备被窃，就可以使用定位器应用来寻找。通常在设备丢失或被拿走前，每台移动设备上都安装并配置了定位器应用。此外，还可以下载一个应用，在 Android 手机丢失后，发送电子邮件或短信提供遗失手机的位置。

Android 和 iOS 有很多用于远程定位设备的应用，但大多数 iOS 用户使用的是“寻找我的 iPhone”应用。第一步是安装应用，启动应用，然后按照说明配置软件。“寻找我的 iPhone”应用可安装在其他 iOS 设备上来寻找遗失的设备。如果没有第二台 iOS 设备，也可以登录 iCloud 网站，并使用“寻找我的 iPhone”功能来寻找设备。

在 Android 设备上，寻找设备的方法随安装的应用而定。登录应用所指示的网站可寻找丢失的 Android 设备。通常，在首次安装应用时，需要创建账户。使用此账户登录到网站。

在从网站或第二个 iOS 设备启动定位选项后，定位器应用将使用无线电确定设备的位置。定位器应用使用来自蜂窝塔、Wi-Fi 热点和 GPS 的位置数据。

- **蜂窝塔**：应用通过分析设备可以连接到的蜂窝塔的信号强度来计算设备的位置。由于蜂窝塔都在已知位置，因此可以确定设备的位置。这被称为“三角测量术”。
- **Wi-Fi 热点**：应用搜寻遗失手机可以检测到的 Wi-Fi 热点的大概位置。设备上存储了一个包含大量已知热点及其位置的文件。
- **GPS**：应用使用来自 GPS 接收器的数据来确定设备的位置。

注意：如果应用找不到遗失的设备，则该设备可能已经关机或断网。设备必须连接到移动网络或无线网络才能接收来自应用的命令，或者向用户发送位置信息。

定位到设备后，就可以执行其他功能，如发送短信或播放声音。如果不记得将设备放在哪里，这些选项将非常有用。如果设备就在附近，播放声音即可指示其确切位置。如果设备在其他地方，发送一条消息显示到设备上，可让捡到的人与失主联系。

8.9.3 远程锁定和远程擦除

如果尝试定位移动设备失败，仍有一些安全措施可用来防止设备上的数据被盗用。这些措施可通过 iOS 设备上的“寻找我的 iPhone”，或通过专用于执行这些措施的应用来完成。通常，执行远程定位的应用同时还提供安全措施。最常见的两种远程安全措施如下所示。

- **远程锁定**：远程锁定功能允许使用密码锁定设备。
- **远程擦除**：远程擦除功能可删除设备上的所有数据，并将其恢复到出厂状态。要将数据还原到设备，Android 用户必须使用 Gmail 账户设置设备，而 iOS 用户必须将其设备与 iTunes 同步。

注意：要使这些远程安全措施奏效，设备必须开机，并且连接到移动网络或 Wi-Fi 网络。

8.10 软件安全性

移动设备可能遭受与台式计算机同一类型的威胁，必须对其加以保护。许多应用程序可用于帮助保护移动设备上的软件。

8.10.1 防病毒

计算机很容易受到恶意软件攻击。智能手机和其他移动设备也是计算机，因此也很脆弱。Android 和 iOS 都有防病毒应用。根据在 Android 设备上安装防病毒应用时所授予的权限，应用可能无法自动扫描文件或运行计划扫描。文件扫描必须手动发起。

iOS 从不允许自动扫描或计划扫描。这是一项安全功能，目的是防止恶意程序使用未经授权的资源，或者感染其他应用或操作系统。某些防病毒应用还提供了定位器服务、远程锁定或远程擦除。

移动设备应用在沙盒中运行。沙盒是操作系统将代码与其他资源或代码隔离的位置。由于应用是在沙盒内运行的，因此恶意程序很难感染移动设备。Android 应用在安装时会要求某些资源的访问权限。恶意应用可访问在安装期间已授予权限的任何资源。因此，只下载来自可靠来源的应用非常重要。

由于沙盒的本质，移动设备更可能将恶意程序传输到其他设备，如笔记本电脑或台式计算机。例如，如果从电子邮件、Internet 或其他设备下载了恶意程序，那么在下次连接笔记本电脑时，该程序有可能被放入笔记本电脑中。

Root 和越狱

移动设备包含引导装载程序。引导装载程序是在操作系统启动前运行的代码。这类似于 PC 和笔记本电脑 BIOS 中的代码。引导装载程序为硬件提供用于启动操作系统的指令。引导装载程序已被锁定，以防修改和访问文件系统的敏感区域。制造商出于多种原因锁定引导装载程序：

- 更改系统软件可能损坏设备；
- 未经测试的软件可能损害手机运营商网络；
- 修改过的操作系统可能提供超出服务合同的功能；
- 防止访问根目录。

Android 设备的 Root 过程和 IOS 设备的越狱过程都涉及解锁引导装载程序。在解锁引导装载程序后，即可安装自定义操作系统。移动设备有成千上万的自定义操作系统。以下是移动设备 Root 或越狱的一些好处。

- 可深度自定义用户界面（UI）。
- 可调整操作系统来提高设备的速度和响应度。
- 可对 CPU 和图像处理单元（GPU）超频以提升设备的性能。
- 可启用被运营商禁用的网络共享等功能。
- 可移除无法从默认操作系统内移除的应用（被称为“臃肿软件”）。

Root 和越狱设备具有很大的风险，并会使制造商保修失效。加载自定义操作系统可能使设备容易受到恶意攻击。自定义操作系统可能包含恶意程序，或者无法提供与默认操作系统相同的安全性。经过 Root 或越狱的设备大幅增加了受病毒感染的风险，因为它可能无法正确创建或维护沙盒功能。自定义操作系统还为用户提供了根目录访问权，这意味着恶意程序也可能被授予访问文件系统敏感区域的权限。

8.10.2 修补和更新操作系统

与台式计算机或笔记本电脑上的操作系统类似，可以更新或修补移动设备上的操作系统。更新将增加功能或提升性能。补丁可修复工作不正常的硬件和软件的安全问题。

由于 Android 移动设备种类繁多，我们无法以适合所有设备的一个包发布更新和补丁。有时候，新版 Android 不能在硬件不符合最低规格的旧款设备上安装。这些设备可以接收补丁以修复已知问题，但不能接收操作系统升级。

Android 更新和补丁使用自动交付过程。当运营商或制造商提供设备更新时，会在设备上显示通知，告知有更新可用。触摸更新即可开始下载和安装过程。

iOS 更新也使用自动交付过程，而且还会排除不符合硬件要求的设备。要检查 iOS 更新，须将设备连接到 iTunes。如果有可用更新，则会打开下载通知。要手动检查更新，须单击 iTunes“摘要”窗格中的检查更新按钮。

8.11　运用故障排除流程修复移动设备问题

本节描述了如何将六步故障排除流程应用于移动设备，并提供了移动设备故障排除的一些常见问题和解决方案。

8.11.1　查找问题

在排除移动设备的问题时，须核实设备是否仍在保修期内。如果是，通常可退回给购买点更换。如果设备已不在保修期内，确定修理是否经济合算。为了确定最佳行动方案，应将移动设备的修理成本与更换成本作比较。由于很多移动设备的设计和功能更新换代很快，它们的修理费用往往比更换费用更贵。因此，通常的做法是更换移动设备。

应按照本节阐述的步骤准确查找、修复和记录问题。

移动设备问题可能源自于硬件、软件和网络三大问题的组合。移动技术人员必须能够分析问题，并确定错误原因，以便修复移动设备。此过程称为故障排除。

故障排除流程的第一步是找出问题。表 8-2 显示了一系列要询问客户的开放式问题和封闭式问题。

表 8-2　步骤 1：查找问题

开放式问题	您遇到了什么问题？ 您的移动设备是什么品牌和型号？ 您的服务提供商是哪家？ 您最近安装过哪些应用？
封闭式问题	以前发生过此问题吗？ 有其他人使用过该移动设备吗？ 您的移动设备还在保修期吗？ 您修改过移动设备的操作系统吗？ 您从未经准许的来源安装过任何应用吗？ 移动设备是否连接到 Internet？

8.11.2　推测可能原因

在与客户交谈后，可以推测可能的原因。表 8-3 列出了导致移动设备问题的一些常见的可能原因。

表 8-3 步骤 2：推测可能原因

移动设备问题的常见原因	电源按钮损坏 电池不能充电 移动设备无法发送或接收电子邮件 扬声器、麦克风或充电端口灰尘过多 移动设备被摔过 移动设备浸过水 应用停止工作 侧加载了恶意应用 移动设备被冻结 移动设备软件或应用不是最新的 用户忘记其密码

8.11.3 测试推测以确定原因

对问题进行了一些推测之后，可根据推测进行测试，以确定问题的原因所在。表 8-4 显示了一系列快速程序，它们可帮助确定问题的确切原因，有时甚至能纠正问题。如果某个快速程序确实纠正了问题，那么可以验证全部系统功能。如果某个快速程序未纠正问题，那么需要进一步研究问题，以便确定确切原因。

表 8-4 步骤 3：测试推测以确定原因

用于确定原因的常见步骤	强制关闭正在运行的应用 重新配置电子邮件账户设置 重启移动设备 将移动设备插入交流插座 更换移动设备电池 将移动设备重置为出厂默认设置 从备份还原移动设备 卸下任何可拆卸电池并重新安装 将 iOS 设备连接到 iTunes 清理扬声器、麦克风、充电端口或其他连接端口 更新移动设备软件和应用

8.11.4 制定解决问题的行动计划，并实施解决方案

在确定了问题的确切原因之后，应制定解决问题的行动计划，并实施解决方案。表 8-5 显示了一些信息源，可以使用这些信息源来搜集更多信息以解决问题。

表 8-5 步骤 4：制定解决问题的行动计划，并实施解决方案

如果在上一个步骤中未得出解决方案，则需要进一步研究以实施解决方案	帮助台修复日志 其他技术人员 制造商常见问题 技术网站 设备手册 在线论坛 Internet 搜索

8.11.5 验证全部系统功能并实施预防措施

更正问题之后，应验证全部功能，并根据需要实施预防措施。表 8-6 显示了用于验证解决方案的步骤。

表 8-6 步骤 5：验证全部系统功能，并根据需要实施预防措施

验证全部系统功能，并根据需要实施预防措施	重新启动移动设备 使用 Wi-Fi 浏览 Internet 使用 4G、3G 或其他运营商网络类型浏览 Internet 拨打电话 发送短信 打开其他类型的应用 只使用电池操作移动设备

8.11.6 记录发现的问题、采取的措施和最终结果

在故障排除流程的最后一步，必须记录发现的问题、采取的措施和最终结果。表 8-7 列出了记录问题和解决方案需要执行的任务。

表 8-7 步骤 6：记录发现的问题、采取的措施和最终结果

记录发现的问题、采取的措施和最终结果	与客户讨论实施的解决方案 请客户验证问题已解决 为客户提供所有书面文件 在工单和技术人员日志中记录为解决问题而执行的步骤 记录修复过程中使用的任何组件 记录解决问题所用的时间

8.11.7 识别常见问题和解决方案

移动设备问题可归为硬件问题、软件问题、网络问题或其中两种甚至三种问题兼有的综合性问题。有些类型的移动设备问题发生频次较高。表 8-8 显示移动设备常见问题和解决方案。

表 8-8 常见问题和解决方案

查找问题	可能的原因	可能的解决方案
移动设备无法连接 Internet	Wi-Fi 不可用 Wi-Fi 已关闭 Wi-Fi 设置不正确 范围内没有运营商数据网络	移至 Wi-Fi 网络边界以内 开启 Wi-Fi 重新配置 Wi-Fi 设置 移至运营商数据网络边界以内
移动设备无法开机	电池电量耗尽 电源按钮损坏 设备故障	为移动设备充电或将电池更换为已充电的电池 联系客户支持以确定下一步行动方案
应用不响应	应用无法正常工作 未正确关闭应用	强制关闭应用 重新启动移动设备 重置移动设备 先卸下再重新插入移动设备电池
移动设备无法发送或接收电子邮件	移动设备没有连接 Internet 电子邮件账户设置不正确	将设备连接到 Wi-Fi 或蜂窝数据网络 重新配置电子邮件账户设置
平板电脑在连接到交流电源时无法充电或充电速度极慢	边充电边使用平板电脑 交流电适配器无法提供足够的电流	充电时关闭平板电脑 使用平板电脑随附的交流电适配器 使用可提供正确电流量的交流电适配器
智能手机无法连接运营商网络	未安装 SIM 卡	安装 SIM 卡
移动设备无法安装更多应用或保存照片	移动设备内存不足	插入内存卡或将内存卡更换为容量更大的内存卡 删除不必要的文件 卸载不必要的应用
移动设备无法与蓝牙设备同步	蓝牙设备超出移动设备的范围 PIN 代码不正确 蓝牙设备不兼容移动设备	将蓝牙设备移至移动设备范围以内 输入正确的 PIN 代码 更新蓝牙设备或将其更换为兼容的蓝牙设备

很多移动设备问题只需关闭设备再重新启动即可解决。当重新启动移动设备不奏效时，可能需要执行重置。

以下是一些重置 Android 设备的方法，可查阅移动设备文档来确定如何重置设备。

- 按住电源按钮直至移动设备关机。再次开启设备。
- 按住电源按钮和音量降低按钮，直至移动设备关机。再次开启设备。

以下是如何重置 iOS 设备。

- 按住睡眠/唤醒按钮和主屏按钮 10 秒钟，直至出现 Apple 徽标。

某些情况下，如果标准重置操作未能纠正问题，可能需要恢复出厂设置。要在 Android 设备上恢复出厂设置，按以下顺序操作。

设置>备份和重置>出厂数据重置>重置设备

要在 iOS 设备上恢复出厂设置，按以下顺序操作。

设置>常规>重置>擦除所有内容和设置

警告： 恢复出厂设置会将设备还原到出厂时的状态。在恢复出厂设置时，将从设备上删除所有设置和用户数据。在恢复出厂设置前，确保备份所有数据并记录所有设置，因为所有数据和设置将在恢复出厂设置后丢失。

8.12 总结

本章介绍了移动设备、移动设备上使用的操作系统、如何保护移动设备的安全、移动设备云服务的使用，以及移动设备连接网络、设备和外围设备的方法。此外还讨论了排除移动设备故障的基本过程，并提供了常见问题简易解决方案的示例。以下是本章需要牢记的重要概念。

- 移动设备硬件只有很少的现场可修理部件。
- 由于修理成本较高的原因，通常的做法是更换，而不是修理移动设备。
- 移动设备通常包含不可互换的专有部件。
- 使用触摸屏，而不是其他输入设备，如鼠标和键盘。
- SSD 因尺寸小、节能和无噪音的原因，在移动设备中被广泛使用。
- 开源软件可由任何人修改，且成本极低，甚至无任何成本。
- 只使用可靠内容源，以避免恶意软件和不可靠内容。
- Android 和 iOS 通过相似的 GUI 使用应用和其他内容。
- 移动设备使用感应器，如 GPS 和加速器来增强其功能。
- 移动设备的网络连接包括蜂窝、Wi-Fi 和蓝牙连接。
- 电子邮件账户与移动设备紧密关联，并提供很多不同的数据同步服务。
- Android 设备使用应用来同步不由 Google 自动同步的数据。
- iOS 设备使用 iTunes 来同步数据和其他内容。
- 密码锁可保护移动设备安全。
- 可执行远程备份将移动设备数据备份到云。
- 远程锁定或远程擦除是用于保护丢失或被盗移动设备的功能。
- 通常在移动设备上使用防病毒软件来防止将恶意软件传输到其他设备或计算机。

8.13 检查你的理解

您可以在附录 A 中查找下列问题的答案。

1. 请参见图示。下列哪项表述最正确描述了所示模式？

   A. 一个快速响应代码，可能表示指向下载或网站的链接

B. 一个 3D 模式，有助于有视觉障碍的用户
C. 一个标准条形码，指明应用程序价格
D. 移动设备的相机校准模式

2. 哪两种信息来源用于在 Android 和 iOS 设备上启用地谜藏宝、地理标记和设备跟踪功能？（选择两项。）
A. GPS 信号
B. 手机或 Wi-Fi 网络
C. 用户文件
D. 集成相机提供的环境图像
E. 相对于其他移动设备的位置

3. Android 或 iOS 移动设备的哪项功能有助于防止恶意程序感染设备？
A. 电话运营商阻止移动设备应用程序访问某些智能电话功能和程序
B. 密码限制移动设备应用程序访问其他程序
C. 移动设备应用程序在沙盒中运行，沙盒会将移动设备应用程序与其他资源隔离开
D. 远程锁定功能防止恶意程序感染设备

4. 哪两个术语描述了解除锁定 Android 和 iOS 移动设备的引导加载程序以允许安装新操作系统的过程？（选择两项）
A. 打补丁
B. 获取根权限
C. 远程擦除
D. 创建沙盒
E. 越狱

5. 在对移动设备进行故障排除时，技术人员确定电池未存储电荷。故障排除流程的下一步是什么？
A. 实施解决方案
B. 记录发现的问题
C. 确定确切原因
D. 验证解决方案和全部系统功能

6. 客户送来移动设备进行维修。在询问一些问题后，维修人员确定设备无法连接到任何 Wi-Fi 网络。刚才执行的是故障排除流程的哪个步骤？
A. 查找问题
B. 确定确切原因
C. 实施解决方案
D. 记录发现的问题
E. 推测可能原因

7. 下列哪项陈述正确描述了移动设备功能？
A. 当移动设备未按照用户需要的速度运行时，用户必须执行内存升级
B. 扩展坞可以向移动设备添加某项功能，例如视频输出
C. 移动设备没有可现场更换的部件，但是有一些可现场维修的部件
D. 与笔记本电脑和台式机一样，大多数移动设备硬件可以升级

8. 以下哪项手机标准是 2.5G 过渡标准的示例？
A. CDMA
B. LTE
C. GPRS
D. GSM

9. 哪个术语用于描述在任何两台蓝牙设备之间建立连接的过程？
A. 配对
B. 同步
C. 加入
D. 匹配

10. 下列哪项陈述正确描述了大多数移动设备上的飞行模式功能？
A. 飞行模式功能可自动降低设备的音频输出音量
B. 飞行模式功能可在设备上关闭手机通话、Wi-Fi 和蓝牙无线电
C. 飞行模式功能允许设备从一个手机网络漫游到另一个手机网络
D. 飞行模式功能可锁定设备，以便在设备丢失或被盗的情况下其他人无法使用该设备

第 9 章

打印机

学习目标

通过完成本章的学习，您将能够回答下列问题：

- 目前可用的打印机是什么类型的？
- 本地打印机的安装和配置过程是什么？
- 如何安装和配置本地打印机和扫描仪？
- 如何在网络上共享打印机？
- 如何升级打印机？
- 如何确定和应用常见的打印机预防性维护技术？
- 如何排除打印机故障？

关键术语

下列为本章所用的关键术语。您可以在本书的术语表中找到其定义。

每分钟打印的页数（ppm）
每英寸点数（dpi）
平均故障工作时间（MTBF）
总拥有成本（TCO）
串行数据传输
并行数据传输
电气和电子工程师协会（IEEE）
小型计算机系统接口（SCSI）
FireWire（i.link 或 IEEE 1394）
喷墨打印机
热敏型
压电型
激光打印机
处理
充电
初次电晕
曝光
显影
转印
定影
清洁
热敏打印机
击打式打印机
以太网连接
页面描述语言（PDL）
打印机命令语言（PCL）
PostScript（PS）
打印机驱动程序
一体式设备
打印服务器
高效颗粒空气（HEPA）过滤

本章将介绍有关打印机的基本信息。我们将学习打印机如何工作、购买打印机时需要考虑哪些因素以及如何将打印机连接至一台计算机或网络。

打印机可以制作电子文件的纸质拷贝。许多政府管理规定都要求采用物理记录；因此计算机文档硬拷贝的重要程度与几年前开始推行无纸变革时一样重要。

必须了解各类打印机的工作原理，然后才能对其进行安装和维护，以及排除出现的任何问题。

9.1 常见打印机功能

目前市面上的打印机通常为使用成像硒鼓的激光打印机，或者使用静电喷墨技术的喷墨打印机。点阵式打印机采用击打技术，适合需要复写副本的应用场合。图 9-1 显示了三种打印机类型。

图 9-1 打印机类型

9.1.1 打印机的特征和功能

作为一名计算机技术人员，可能需要购买、维修或维护打印机。可能会应客户要求执行以下任务：

- 挑选打印机；
- 安装和配置打印机；
- 排除打印机故障。

1. 功能和速度

在挑选打印机时，打印机的功能和速度是需要考虑的两个因素。打印机速度的衡量标准是每分钟打印的页数（ppm）。打印机速度因品牌和机型而异。此外，打印机速度也会受到图像的复杂程度和用户所需打印质量的影响。例如，打印草稿品质的文本页要比打印高品质的文本页更快。打印草稿品质的彩色数码照片要比打印照片品质的图像更快。喷墨打印机的打印速度一般比较慢，但通常足以满足家庭或小型办公室的需求。

2. 彩色或黑白

计算机显示器通过对屏幕上显示的点进行加色混合来产生彩色。这些点利用红、绿、蓝（RGB）三种颜色的点形成色彩范围。相反，打印机则通过减色混合来产生彩色。印刷色彩模式（CMYK）是应用于彩色印刷中的一种减色模式。CMYK 是组成色系的青色、品红色、黄色和黑色四种颜色的缩写，其中黑色用K表示，作为基色。

选择黑白打印机还是彩色打印机取决于客户的需求。如果客户的需求主要是打印信函，不需要彩色功能，那么黑白打印机就足够了，而且这种打印机的价格也更低。小学老师可能需要彩色打印机，因为彩色的图片能让课程更加精彩。

3. 质量

打印质量的衡量标准是每英寸点数（dpi）。dpi数值越大，图像分辨率越高。分辨率越高，文本和图像就越清晰。要生成效果最佳的高分辨率图像，需使用高质量的墨水/碳粉和高质量的纸张。

4. 可靠性

打印机应该具有可靠性。由于市面上存在各种各样的打印机，因此在挑选之前需要研究几种打印机的规格。以下是一些需要考虑的制造商选项：

- **保修：**确定保修涵盖的范围。
- **定期保养：**保养基于预期的使用。文档或制造商网站中提供了使用信息。
- **平均无故障工作时间（MTBF）：**打印机应该在某个平均时长内无故障运行。文档或制造商网站中提供了该信息。

5. 总拥有成本

购买打印机时，要考虑的不仅仅是打印机的初始成本。总拥有成本（TCO）包括多个要素：

- 初始购买价格。
- 耗材（如纸张和墨水）成本。
- 每月打印页数。
- 每页的价格。
- 维护成本。
- 保修成本。

在计算总拥有成本时，需要考虑所需的打印工作量和打印机的预期使用寿命。

9.1.2 有线打印机的连接类型

打印机必须具备一个与要进行打印的计算机兼容的接口。通常，连接至家庭计算机的打印机使用的是并行、USB或无线接口。图9-2显示了各种连接类型的示例。打印机可以使用网线或无线接口连接至网络。

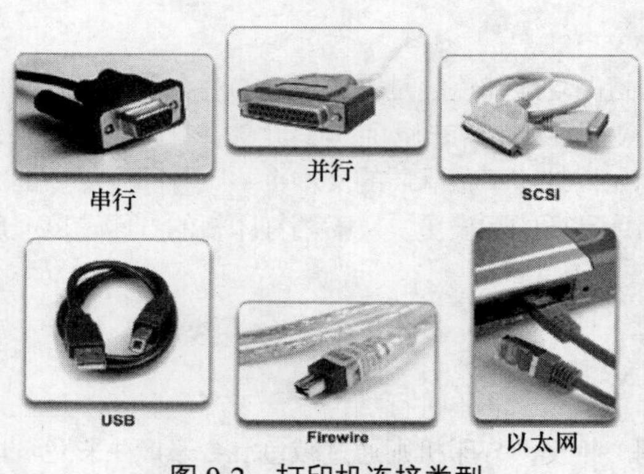

图9-2 打印机连接类型

1. 串行

串行数据传输是指在一个周期内移动一个信息位。串行连接可用于点阵式打印机，因为这类打印机不需要高速数据传输。

2. 并行

并行数据传输比串行数据传输更快。并行数据传输是指在一个周期内移动多个信息位。并行数据传输路径比串行数据传输路径更宽，这使数据可以更快地移入或移出打印机。

IEEE 1284 是并行打印机端口的标准。增强型并行端口（EPP）和增强功能端口（ECP）是符合 IEEE 1284 标准的两种操作模式，它们允许双向通信。

3. SCSI

小型计算机系统接口（SCSI）采用并行通信技术实现较高的数据传输速率。

4. USB

USB 是打印机和其他设备的常用接口。将 USB 设备插入支持即插即用功能的计算机系统时，系统会自动检测到该设备并启动驱动程序安装过程。

5. FireWire

FireWire 也称为 i.LINK 或 IEEE 1394，它是独立于平台的高速通信总线。FireWire 可连接数字打印机、扫描仪、数码相机和硬盘等数码设备。

FireWire 允许外围设备（如打印机）直接插入计算机。它还允许热插拔设备。FireWire 提供了一个接插件连接，最多可连接 63 台设备。FireWire 的数据传输速率高达 400Mbit/s。

6. 以太网

在将打印机连接至网络时，需要与网络以及打印机中安装的网络端口都兼容的电缆连接。大多数网络打印机都使用 RJ-45 接口连接至网络或无线接口。

9.2 打印机的类型

本节描述了多种类型的打印机的特点。为了在使用打印机时作出最佳选择，必须了解不同打印机类型的功能和特点。

9.2.1 喷墨打印机

喷墨打印机可实现高质量的打印。喷墨打印机简单易用，而且价格比激光打印机略低。喷墨打印机的打印质量以每英寸点数（dpi）为衡量标准。dpi 数值越大，图像细节越清晰。某些一体式设备包含喷墨打印机。图 9-3 显示了喷墨打印机组件。

喷墨打印机使用的墨盒可经小孔将墨水喷到页面上。这些小孔被称为喷头，位于打印头中。打印头和墨盒安装在托架上，而托架则与皮带和电机相连。辊子从送纸器中拉入纸张后，皮带便会带动托架沿纸张前后移动，同时喷出的墨水会在页面上形成图案。

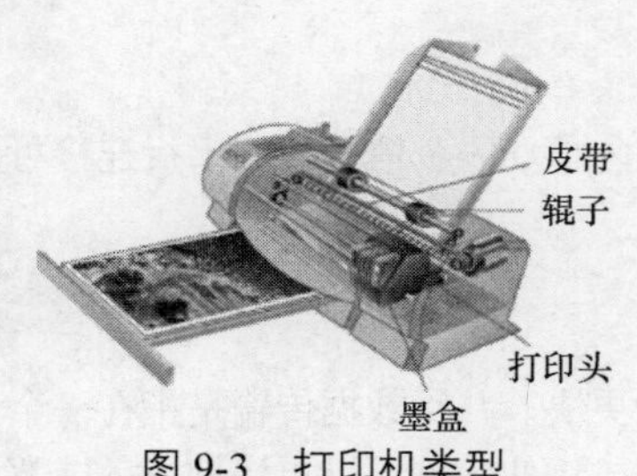

图 9-3 打印机类型

喷墨喷头有两种类型。

- **热敏型：**脉冲电流流至喷头周围的加热喷墨室。热量在喷墨室中产生蒸汽泡。蒸汽迫使墨水经喷头推出并喷射在纸上。
- **压电型：**压电晶体位于每个喷头后面的蓄墨池中。晶体在通电的作用下会产生振荡。这种晶体振荡可控制喷向纸张的墨水流量。

喷墨打印机使用普通纸可节约打印成本，也可使用专用纸以制作高质量的打印照片。配备双面组件的喷墨打印机可以实现正反两面打印。当纸张打印完毕后，墨水通常还是湿的。在 10 至 15 秒内应避免触碰打印输出，以免将其蹭脏。如果喷墨打印机的打印质量下降，应使用打印机软件检查打印机的校正情况。

表 9-1 列出了喷墨打印机的一些优点和缺点：

表 9-1 喷墨打印机的利与弊

优 点	缺 点
初始成本低	喷头容易堵塞
分辨率高	墨盒价格昂贵
预热快	打印完成后墨水较湿

9.2.2 激光打印机

激光打印机使用激光束生成图像，是一种质量高、速度快的打印机。图 9-4 是激光打印机示例。

图 9-4 激光打印机

激光打印机的核心部件是它的成像硒鼓。硒鼓是一个涂有光敏绝缘材料的金属柱体。当激光光束击中硒鼓时，被激光照射的地方就变为导体。

随着硒鼓的旋转，激光束会在硒鼓上形成静电图像。未显影图像或潜像会经过对它有吸附力的干墨水或碳粉。当图像在硒鼓上曝光时，分页器和搓纸辊之间会压出一张纸并向硒鼓的方向送纸。

随着硒鼓的转动，曝光后的图像与纸面接触，并吸附硒鼓上的墨水。然后，这张纸会经过由加热辊组成的定影器组件，碳粉便熔固到纸上。

打印流程

激光打印机通过 7 道工序将信息打印到纸张上。

1. **处理**：打印源上的数据必须转换为可打印的形式。打印机将数据从常见语言（如 Adobe PostScript（PS）或 HP 打印机命令语言（PCL））转换成位图图像，并存储在打印机内存中。一些激光打印机内置了图形设备接口（GDI）支持。Windows 应用程序可使用 GDI 在显示器上显示打印后的图像，因此无需将输出转换为其他格式（如 PostScript 或 PCL）。
2. **充电**：硒鼓上面的前一个潜像被移除后，便可形成新的潜像。电极丝、栅网或辊子可获得大约-600 伏的直流电，并且均匀分布在硒鼓的表面。充电的电极丝或栅网被称为初次电晕。充电的辊子称为充电辊。
3. **曝光**：为了写入图像，需要通过激光束对光敏硒鼓进行曝光。激光扫描到的硒鼓每一部分的表面电荷都会降低为大约-100 伏特的直流电。这种电荷比硒鼓其余部分的负电荷少。因此随着硒鼓的转动，硒鼓上会形成一个看不见的潜像。
4. **显影**：碳粉被吸附到硒鼓表面的潜像上。碳粉是一种带负电荷的塑料和金属颗粒的合成物。控制叶片会将碳粉置于距离硒鼓非常近的位置。然后，碳粉便从控制叶片向硒鼓上带有更多正电荷的潜像移动。
5. **转印**：潜像上吸附的碳粉转印到纸上。电晕线将正电荷传递到纸上。由于硒鼓带有负电荷，因此硒鼓上的碳粉会吸附到纸上。现在，图像显示在纸上并由正电荷固定到位。由于彩色打印机配有三个墨盒，因此彩色图像必须经过多次转印才能完成。为了确保图像精准，一些彩色打印机会将图像多次写入转印带上，由转印带将完整图像转印到纸上。
6. **定影**：碳粉永久定影在纸上。打印纸在加热辊和压力辊之间滚动。当纸进入辊子时，松散的碳粉就会熔化并与纸纤维融合。然后，纸会移至接纸盘获得打印的页面。配备双面组件的激光打印机可以进行正反两面打印。
7. **清洁**：当图像定影在纸上，并且硒鼓与纸张分离后，必须清除硒鼓上剩余的碳粉。打印机可能配有一个叶片来刮除剩余的碳粉。一些打印机利用电极丝上的交流电去除硒鼓表面的电荷，从而使剩余的碳粉脱离硒鼓表面。剩余的碳粉存放在一个废粉仓中，然后倒掉或丢掉。

表 9-2 列出了激光打印机的一些优点和缺点。

表 9-2　激光打印机的利与弊

优　点	缺　点
单页成本低	初始成本高
每分钟打印的页数多	碳粉盒价格昂贵
容量大	维护需求高
打印品干燥	

9.2.3　热敏打印机

一些零售收银机或老式传真机可能配有热敏打印机。热敏纸经过化学处理，而且质地柔软。热敏纸遇热会呈黑色。在装好一卷热敏纸后，进纸组件会将纸送入打印机。打印头中的加热元件会通过电流以产生热量。打印头的加热区域便会在纸上形成图案。

表9-3列出了热敏打印机的一些优点和缺点。

表9-3 热敏打印机的利与弊

优点	缺点
活动部件少，使用寿命更长	热敏纸价格昂贵
工作噪音低	热敏纸保存期限短
无墨水或碳粉费用	图像质量较差
	热敏纸必须存放在常温环境下
	不提供彩色打印

9.2.4 击打式打印机

击打式打印机通过打印头撞击色带将字符印在纸上。例如，点阵式打印机和菊轮式打印机都属于击打式打印机。图9-5是击打式打印机的一个示例。

表9-4列出了击打式打印机的一些优点和缺点。

表9-4 击打打印机的利与弊

优点	缺点
相较于喷墨打印机和激光打印机，击打打印机使用的墨水更便宜	噪音大
采用连续送纸	图像分辨率低
能够打印复写纸	色彩功能有限

击打式打印机的类型

菊轮式打印机使用一个包含字母、数字和特殊字符的转轮。这个转轮可以旋转，直至所需的字符到达相应的位置。这时，一个机电锤会将字符按压至色带上。然后，字符会撞击纸面并印在纸上。

图9-5 击打式打印机

点阵式打印机与菊轮式打印机类似，但它的打印头的打印针四周是电磁铁，而不是转轮。这些打印针在通电后，向前推至色带上，从而在纸面上印出字符。打印头上的针数（9或24）表示打印的质量。由点阵式打印机产生的最高打印质量被称为接近字符质量（NLQ）。

大多数点阵式打印机都采用连续送纸（也称为牵引送纸）。打印纸的单页之间有排孔，侧边的打孔条用于送纸以及防止纸张歪斜或移位。一些高质量的打印机配备单页送纸器，一次打印一页纸。一个较大的辊子（称为压纸卷轴）会压着纸张以防滑纸。如果使用的是多份复印纸，则可以根据纸张厚度调整压纸卷轴的间隙。

9.3　安装和配置打印机

打印机已成为计算机用户通常添加的外围设备。一旦确定所需的打印机类型并且已经购买了相应的打印机，那么下一步就是安装和配置设备。这一部分提供有关打印机安装和配置的信息。

安装打印机

购买打印机时，制造商一般会提供安装和配置信息。打印机附带有一张安装 CD，其中包括驱动程序、手册和诊断软件。如果没有 CD，可以从制造商的网站下载相应的工具。

尽管不同打印机在连接和配置方面有些许差异，但有一些规程应该适用于所有打印机。在安装打印机之前，先拆除所有包装材料。取出任何防止活动部件在运送过程中移动的材料。务必保留原始包装材料，以备将打印机退回给制造商进行保修时使用。

注意：　在将打印机连接至 PC 前，先要阅读安装说明。在有些情况下，需要先安装打印机驱动程序，然后才能将打印机连接到 PC。

你可以连接并使用本地打印机或网络打印机。有些打印机既可以用作本地打印机，也可以用作网络打印机。本地打印机直接连接至计算机端口，如 USB 端口、并行端口或串行端口；由本地计算机管理打印作业并向打印机发送作业。本地打印机可通过网络与其他用户共享。网络打印机通过无线或以太网连接至网络。网络打印机允许多个用户通过网络向打印机发送文档。

如果打印机配有 USB、FireWire 或并行接口，应将对应的电缆连接至打印机端口。将数据线的另一端连接至计算机背面的对应端口。如果安装的是网络打印机，应将网线连接至网络端口。

正确连接数据线后，将电源线连接至打印机。将电源线的另一端连接至可用的电源插座。启动设备电源时，计算机会尝试确定要安装的正确设备驱动程序。

警告：　切勿将打印机的电源插头接入 UPS。启动打印机时产生的电源浪涌会损坏 UPS 装置。

打印机可以通过网络共享。在将打印机连接至网络时，需要使用与现有网络和打印机中安装的网络端口都兼容的电缆进行连接。大多数网络打印机都使用 RJ-45 接口连接至网络。

注意：　购买打印机时，务必检查电缆包装。许多制造商都不提供打印机的配套电缆，以此降低生产成本。如果要购买电缆，须确保型号正确。

9.4　打印驱动程序的类型

打印机驱动程序是一种使计算机和打印机可以互相通信的软件程序。配置软件提供了一个界面，让用户可以设置和更改打印机选项。每个型号的打印机都有各自的驱动程序和配置软件类型。

页面描述语言（PDL）是一种代码，它采用打印机可以理解的语言来描述文档的外观。一个页面的 PDL 包括文本、图形和格式信息。软件应用程序采用 PDL 将“所见即所得”（What You See Is What

You Get，WYSIWYG）型图像发送至打印机。打印机会转译PDL文件，因此计算机屏幕上显示的内容就是打印内容。PDL可以一次性发送大量数据，从而加快打印流程。此外，它们还可以管理计算机字体。

为了使字体和文本类型在屏幕和纸上具有相同的特性，Adobe Systems开发出了PostScript。而为了与早期的喷墨打印机通信，Hewlett-Packard又开发出打印机命令语言（PCL）。现在，PCL已经成为几乎所有打印机类型的行业标准。

表9-5是PostScript和PCL的比较。

表9-5 PostScript和PCL比较

PostScript	PCL
页面由打印机呈现	页面呈现在本地工作站上
输出质量更高	更快的打印作业速度
可处理更复杂的打印作业	所需的打印机内存更少
不同打印机的输出是相同的	不同打印机的输入略有不同

9.4.1 更新和安装打印驱动程序

将电源线和数据线连接至打印机后，操作系统就会发现打印机并安装驱动程序。

打印机驱动程序是一种使计算机和打印机可以互相通信的软件程序。该驱动程序还提供了一个界面，让用户可以设置打印机选项。每个型号的打印机都有各自唯一的驱动程序。打印机制造商会经常更新驱动程序，用以提高打印机性能、增加选项或解决问题。从制造商的网站可以下载更新的打印机驱动程序。

要安装打印机驱动程序，按以下步骤操作。

How To

步骤1 确定是否有可更新的驱动程序。大多数制造商网站都包含一个链接，可转向提供驱动程序和支持的页面。须确保该驱动程序与要更新的计算机及操作系统兼容。

步骤2 将打印机驱动程序文件下载到计算机中。大多数驱动程序文件都经过压缩，需要将驱动程序文件下载至某个文件夹并将其解压，并将说明或文档保存到计算机上的单独文件夹中。

步骤3 安装下载的驱动程序。可以自动或手动安装下载的驱动程序。大多数打印机驱动程序都有一个设置文件，可以自动搜索系统中的旧版驱动程序并将其替换为新的驱动程序。如果没有可用的设置文件，则按照制造商提供的说明执行操作。

步骤4 测试新的打印机驱动程序。运行多个测试以确保打印机正常工作，使用各种应用程序打印不同类型的文档，更改并测试每个打印机选项。

打印的测试页应该包含可读的文本。如果文本不可读，则可能是由于驱动程序故障或使用的PDL错误造成的。

9.4.2 打印机测试页

安装打印机后，打印一张测试页以确认打印机工作正常。测试页可确认驱动程序软件已正确安装、可正常工作，且打印机和计算机通信正常。

1. 打印测试页

要在 Windows 7 中手动打印测试页，按以下顺序操作。

步骤 1　**开始>设备和打印机**。

步骤 2　此时将显示“设备和打印机”控制面板。右键单击所需的打印机。

步骤 3　按以下顺序操作：**打印机属性>常规选项卡>打印测试页**。

要在 Windows Vista 中手动打印测试页，按以下顺序操作。

步骤 1　**开始>控制面板>打印机**，此时将显示“打印机和传真机”菜单

步骤 2　在“打印机和传真机”菜单中，右键单击所需的打印机

步骤 3　按以下顺序操作：**属性>常规选项卡>打印测试页**

则会显示一个对话框，询问页面是否打印正确。如果未打印页面，可使用内置的帮助文件来排除故障。

要在 Windows XP 中手动打印测试页，按以下顺序操作。

步骤 1　**开始>打印机和传真机**，此时将显示“打印机和传真机”菜单。

步骤 2　在“打印机和传真机”菜单中，右键单击相应的打印机并选择**属性>常规选项卡>打印测试页**。

2. 从应用程序打印

可以从应用程序（如记事本或写字板）打印测试页，以测试打印机。要在 Windows 7、Windows Vista 和 Windows XP 中访问记事本，按以下顺序操作。

开始>所有程序>附件>记事本

在打开的空白文档中输入一些文本。按以下顺序操作，打印该文档。

文件>打印

3. 测试打印机

可以通过从命令行打印来测试打印机。从命令行打印仅适用于 ASCII 文件，如.txt 和.bat 文件。

要在 Windows 7 中将文件从命令行发送到打印机，按以下顺序操作。

步骤 1　单击**开始**按钮。在“搜索程序和文件”字段中键入 cmd，然后单击**确定**。

步骤 2　在命令行提示符中，输入命令 Print *filename*.txt。

要在 Windows Vista 中将文件从命令行发送到打印机，按以下顺序操作。

步骤 1　**开始>开始搜索**。在“运行”框中键入 cmd，然后单击**确定**。

步骤 2　在命令行提示符中，输入命令 Print *filename*.txt。

要在 Windows XP 中将文件从命令行发送到打印机，按以下顺序操作。

步骤 1　**开始>运行**。在“运行”框中键入 cmd，然后单击**确定**。

步骤 2　在命令行提示符中输入以下命令：Print *filename*.txt

4. 通过打印机面板测试打印机

大多数打印机都有一个带控件的前置面板，可以通过它来生成测试页。这种打印方法无需使用网络或计算机，即可检查打印机的工作情况。有关如何通过打印机前置面板打印测试页的信息，可参阅打印机制造商的网站或文档。

在安装任何设备时，必须成功测试设备所有功能后，才算安装完成。打印机的功能可能包括：

- 打印双面文档；
- 针对不同纸张大小使用不同纸盘；
- 更改彩色打印机的设置，实现以黑白或灰度模式打印；
- 以草稿模式打印；
- 使用光符识别（OCR）应用程序。

对于多功能一体式设备，所有功能包括：

- 传真至另一台正在工作的已知传真机；
- 生成文档副本；
- 扫描文档；
- 打印文档。

注意： 有关清除卡纸、安装墨盒和装载纸盘的信息，应查看制造商的文档或网站。

9.5 配置选项和默认设置

对于某些安装而言，使用打印机上的默认设置即可，但其他一些则需要自定义打印机设置。本节将确定常见的可配置设置以及配置它们的方法。

9.5.1 常见配置设置

每台打印机都可能具有不同的配置和默认选项。查阅打印机文档了解有关配置和默认设置的特定信息。图 9-6 显示了打印机配置设置示例。

以下是打印机提供的一些常见配置选项。

- **纸张类型**：标准、草稿、光面纸或相纸。
- **打印质量**：草稿、标准或相片。
- **彩色打印**：使用多种颜色。
- **黑白打印**：仅使用黑色墨水。
- **灰度打印**：仅使用不同色度的黑色墨水打印图像。
- **纸张大小**：标准纸张大小、信封或名片。
- **纸张方向**：横向或纵向。
- **打印布局**：标准、条幅、手册或海报。
- **双面**：两面打印。

用户可以配置的常见打印机选项包括介质控制和打印机输出。

以下介质控制选项可设置打印机的介质管理方式。

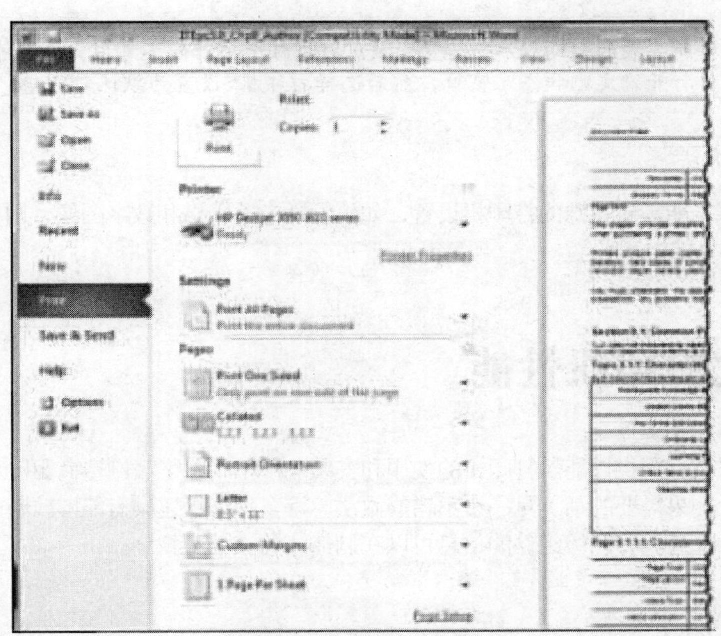

图 9-6 打印机配置设置

- 进纸盘选择。
- 输出路径选择。
- 介质大小和方向。
- 纸张重量选择。

以下打印机输出选项可管理介质上墨水或碳粉的应用方式。

- 颜色管理。
- 打印速度。

9.5.2 全局和单个文档选项

一些打印机使用控制面板上的按钮来选择选项，另一些打印机则使用打印机驱动程序选项。这些选项既可以全局设置，也可以根据每个文档设置。

1. 全局方法

全局方法是指所设置的打印机选项能够影响所有文档。每次打印文档时，系统都会使用全局选项，除非这些选项被单个文档选项取代。

要在 Windows 7 中更改打印机的全局配置，按以下顺序操作。

开始>控制面板>设备和打印机>右键单击相应的打印机

要指定默认打印机，右键单击相应打印机，然后选择**设置为默认打印机**。

要在 Windows 7 中将页面方向更改为横向，右键单击相应的打印机，然后选择**打印首选项**。在**布局**选项卡中，从方向下拉菜单中选择**横向**。单击**确定**。

要在 Windows Vista 和 Windows XP 中更改打印机的全局配置，按以下顺序操作。

开始>控制面板>打印机和传真机>右键单击相应的打印机

要指定默认打印机，右键单击相应的打印机，然后选择**设置为默认打印机**。

注意： 根据所安装的驱动程序，设置为默认打印机选项可能不可用。在这种情况下，双击打印机打开“文档状态”窗口，然后选择打印机>设置为默认打印机。

2. 单个文档方法

一些文档类型可能需要特殊的打印机设置，如信函、电子表格和数字图像，则可以通过更改文档打印设置来更改单个文档的设置。

9.6 优化打印机性能

本节将讨论强化打印机性能。打印机的使用和安装各不相同；下载制造商驱动程序以访问所有可用的打印机功能（如果需要的话）是一个不错的做法。许多打印机还具有能够改善性能的可升级至更高标准的硬件组件。有关可升级组件的信息可以在制造商的文档中找到。

9.6.1 软件优化

打印机的大多数优化工作都可以通过驱动程序随附的软件完成。

以下工具可以优化性能。

- **打印后台设置：**取消或暂停打印机队列中的当前打印作业。
- **颜色校正：**调整设置，使屏幕上的颜色与打印页上的颜色相匹配。
- **纸张方向：**选择横向或纵向图像布局。

打印机通过打印驱动程序软件进行校准。校准可确保打印头对齐并且可在各种介质（如卡片纸、相纸和光盘）上打印。一些喷墨式打印头与墨盒配套，因此可能需要在每次更换墨盒时重新校准打印机。

9.6.2 硬件优化

一些打印机可以通过增加硬件进行升级，以便提高打印速度并承载更多打印作业。这些硬件可能包括额外的纸盘、送纸器、网卡和扩展内存。

1. 固件

固件是打印机内部的执行软件。固件可控制打印机的工作方式。固件升级步骤与安装打印机驱动程序的步骤类似。由于固件不会自动更新，因此应访问打印机制造商的主页，了解是否有新固件。

2. 打印机内存

通过升级打印机内存，可以提高打印速度并增强复杂打印作业的执行性能。所有打印机都具有RAM。打印机的内存越多，工作效率越高。新增的内存可以帮助处理作业缓冲、页面创建、高质量照片打印和图形处理等任务。

打印作业缓冲发生在打印机内存获取到打印作业时。缓冲允许计算机继续处理其他工作，无需等待打印机完成缓冲作业。在激光打印机和绘图仪，以及高级喷墨式打印机和点阵式打印机中，缓冲是一种常见功能。

打印机出厂时通常配有足够大小的内存，可以处理包含文本的作业。但对于包含图形（尤其是照片）的打印作业，如果打印机的内存足以在启动前存储整个作业，则可执行更高效的处理。如果收到内存过低错误，可能是打印机内存不足或内存过载。在这种情况下，可能要增加内存。

安装打印机内存

在安装额外的打印机内存之前，应阅读打印机文档以确定以下信息。

- **内存类型：**内存的物理类型、速度和容量。一些内存是标准类型，而一些打印机需要特殊或专用内存。
- **内存数量和可用性：**正在使用的和可用的内存升级插槽的数量。可能要打开一个舱室来检查 RAM。

打印机制造商设定了一系列升级内存的程序，其中包括以下任务。

- 拆下护盖检修内存区域。
- 安装或拆除内存。
- 初始化打印机以识别新内存。
- 根据需要安装更新后的驱动程序。

3. 额外的打印机升级

一些打印机允许额外执行打印机升级。

- 双面打印，用于实现正反两面打印。
- 额外的托盘，用于装载更多纸张。
- 专用托盘类型，用于不同的介质。
- 网卡，用于访问有线和无线网络。
- 固件升级，用于增加功能或修复漏洞。

安装或升级组件时，要遵循打印机随附的说明书。如果在安装升级程序时出现任何问题，应联系制造商或授权的服务技术人员以获得更多信息。务必遵循制造商列出的所有安全程序。

9.7 共享打印机

共享打印机是一种高效的方法，它使得用户无需购买硬件即可访问打印机。本节概述了在 Windows 操作系统中共享打印机的过程。

9.7.1 配置打印机共享

要在 Windows 7 中通过网络上的另一台计算机连接至打印机，按以下步骤操作。

How To

步骤 1 选择**开始>设备和打印机>添加打印机**。

步骤 2 此时将显示“添加打印机”向导。

步骤 3 选择**添加网络、无线或蓝牙打印机**。

步骤 4 此时将显示一个共享打印机列表。如果未列出相应打印机，选择**未列出我想要的打印机**。

步骤 5 选择打印机后，单击**下一步**。

步骤 6 此时虚拟打印机端口将创建并显示在**添加打印机**窗口。所需的打印驱动程序会从打印服务器下载并安装在计算机上。接下来，向导将完成安装。

要在 Windows Vista 中通过网络上的另一台计算机连接至打印机，按以下步骤操作。

How To

步骤 1 单击**开始>控制面板>打印机>添加打印机**。

步骤 2 此时将显示“添加打印机”向导。

步骤 3 选择**添加网络、无线或蓝牙打印机**。

步骤 4 此时将显示一个共享打印机列表。如果未列出相应打印机，选择**未列出我想要的打印机**。

步骤 5 选择打印机后，单击**下一步**。

步骤 6 此时虚拟打印机端口将创建并显示在**添加打印机**窗口。所需的打印驱动程序会从打印服务器下载并安装在计算机上。接下来，向导将完成安装。

要在 Windows XP 中通过网络上的另一台计算机连接至打印机，按以下步骤操作。

How To

步骤 1 选择**开始>设备和打印机>添加打印机**。

步骤 2 此时将显示“添加打印机”向导。

步骤 3 选择**添加网络、无线或蓝牙打印机**。

步骤 4 此时将显示一个共享打印机列表。如果未列出相应打印机，选择**未列出我想要的打印机**。

步骤 5 选择打印机后，单击**下一步**。

步骤 6 此时虚拟打印机端口将创建并显示在**添加打印机**窗口。所需的打印驱动程序会从打印服务器下载并安装在计算机上。接下来，向导将完成安装。

Windows 允许计算机用户与网络中的其他用户共享打印机。

在 Windows 7 中，要将已连接打印机的计算机配置为接受来自其他网络用户的打印作业（如图 9-7 所示），按以下步骤操作。

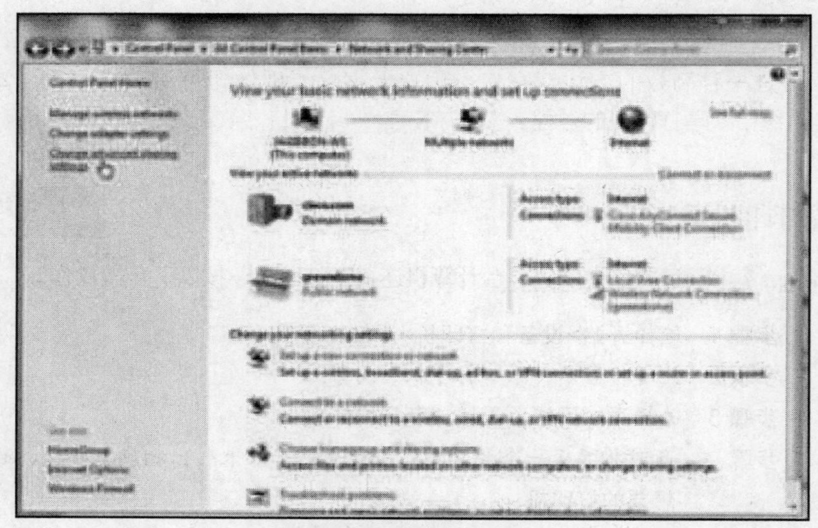

图 9-7 共享打印机

How To

步骤 1 选择**开始>控制面板>网络和共享中心>更改高级共享设置**。

步骤 2 扩展网络列表，查看网络配置文件。

步骤 3 如果打印机共享处于关闭状态，在**文件和打印机共享**下选择**开启文件和打印机共享**，然后单击**保存更改**。

在 Windows Vista 中，要将已连接打印机的计算机配置为接受来自其他网络用户的打印作业，按以下步骤操作。

How To

步骤 1 选择**开始>控制面板>硬件和声音>打印机**。

步骤 2 右键单击要共享的打印机，然后选择**共享**。此时将打开**打印机属性**对话框。

步骤 3 选择**共享此打印机**，然后输入要共享的打印机名称。该名称将向其他用户显示。

步骤 4 确认共享是否已成功。在“打印机”窗口中，查看打印机下方是否有共享图标，共享图标表明该打印机为共享资源。

在 Windows XP 中，要将已连接打印机的计算机配置为接受来自其他网络用户的打印作业（如图 9-8 所示），按以下步骤操作。

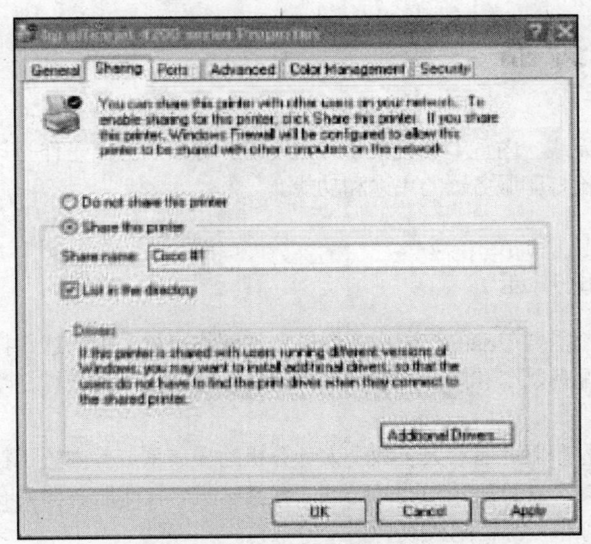

图 9-8 Windows XP 共享打印机向导

How To

步骤 1 选择**开始>控制面板>打印机和其他硬件>打印机和传真机**。

步骤 2 选择要共享的打印机。此时，左侧将显示**打印机任务**框。

步骤 3 选择**共享此打印机**。此时将打开**打印机属性**对话框。

步骤 4 在**共享**选项卡中，选择**共享此打印机**并输入打印机名称。该名称将向其他用户显示。

步骤 5 确认共享是否已成功。在“打印机和传真机”文件夹中，查看打印机图标下方是否有一个手形图案，手形图案表明该打印机为共享资源。

现在，可以连接至共享打印机的用户，他们可能未安装所需的驱动程序。他们还可能与托管共享打印机的计算机使用不同的操作系统。Windows 可以自动为这些用户下载适当的驱动程序。单击**其他驱动程序**按钮，选择其他用户使用的操作系统。单击**确定**关闭该对话框时，Windows 会询问是否获取这些额外的驱动程序。如果其他用户也使用相同的 Windows 操作系统，则无需单击**其他驱动程序**按钮。

9.7.2 无线打印机连接

无线打印机允许主机通过蓝牙、802.11x 或红外线（IR）进行无线连接和打印。要让无线打印机使用蓝牙，打印机及主机设备都必须具备蓝牙功能并配对。如有必要的话，可以通过 USB 端口为计算机添加蓝牙适配器。无线蓝牙打印机可轻松实现从移动设备进行打印。

符合 802.11 标准的无线打印机配备有无线网卡，并且可直接连接至无线路由器或访问点。通过使用随附软件将打印机连接至计算机，或者使用打印机显示面板将打印机连接至无线路由器，即可完成设置。

最早的无线打印形式是红外线（IR）打印，它需要在两台设备上都配备发送器和接收器。两台设备的发送器和接收器之间都必须具有清晰的视距范围，最长距离为 12 英尺（3.7 米）。

9.8 打印服务器

打印服务器可以是无线、内置、外置或嵌入式设备。打印服务器是作为计算机和打印机之间接口的设备。这一部分将讨论打印服务器的用途和功能。

9.8.1 打印服务器的用途

通常，许多打印机都需要单独的打印服务器以允许网络连接，因为这些打印机没有内置的网络接口。硬件打印服务器是配备网卡和内存的非计算机设备。它连接至网络和打印机，以便通过网络共享打印机。

计算机也可以用作打印服务器。大多数个人计算机的操作系统都内置了打印机共享功能。

打印服务器能够让多个计算机用户同时访问一台打印机。打印服务器具有 3 项功能。

- 为客户端提供打印资源访问权限。
- 将打印作业存储在队列中以进行管理，直至打印设备准备就绪，然后将打印信息馈送或脱机发送到打印机。
- 向用户提供反馈。

9.8.2 网络型、专用型和计算机共享型打印服务器

1. 硬件打印服务器

硬件打印服务器允许网络上的多位用户同时访问一台打印机。硬件打印服务器可以通过有线或无线连接管理网络打印。硬件打印服务器的一个优点是，服务器会接受来自计算机的入站打印作业，因此计算机可以继续处理其他任务。与通过用户计算机共享的打印机不同，用户随时可以使用硬件打印服务器。

2. 专用 PC 打印服务器

专用 PC 打印服务器能以最有效的方式处理客户端打印工作，而且一次可以管理多个打印机。打印服务器必须具备以下资源才能满足打印客户端的请求。

- **强大的处理器：**由于 PC 打印服务器使用处理器来管理和发送打印信息，因此其速度必须足以处理所有入站请求。
- **充足的硬盘空间：**PC 打印服务器从客户端获取打印作业并将其置于打印队列，然后及时地发送至打印机。这个过程需要计算机具有足够的存储空间，能够保存这些作业直至作业完成。
- **充足的内存：**服务器处理器和 RAM 负责向打印机发送打印作业。如果服务器的内存不足以处理整个打印作业，则必须通过硬盘发送作业，而后者的速度要慢很多。

3. 计算机共享型打印机

连接有打印机的计算机可以与网络中的其他用户共享该打印机。例如，在家庭网络中，用户可以使用无线笔记本电脑，从家里的任何位置打印文档。在小型办公室网络中，共享打印机意味着一台打印机可以为多位用户服务。

通过一台计算机共享打印机也存在一些缺点。共享打印机的计算机使用自身资源来管理进入打印机的打印作业。如果这台计算机的用户在工作时，网络中有用户进行打印，该计算机用户可能会发现计算机性能下降。此外，如果用户重启或关闭了连接共享打印机的计算机，其他用户就无法使用打印机。

9.9 打印机的预防性维护方法

预防性维护是减少打印机问题和延长硬件寿命的一种积极主动的方法。应该根据制造商的指南，建立并实施预防性维护计划。本节将讨论预防性维护指南和最佳实践。

9.9.1 厂商指南

预防性维护可减少故障并延长组件的使用寿命。因此务必要维护打印机，保持其正常工作。一个合理的维护计划可保证高质量的打印和不间断操作。打印机文档中包含了有关如何维护和清洁设备的信息。

阅读每台新设备随附的信息手册。遵循建议的维护说明。使用制造商列出的耗材。价格更便宜的耗材虽然可以节约成本，但可能会影响打印效果、损坏设备或使质保失效。

警告： *在开始任何维护之前，务必先拔下打印机的电源插头。*

完成维护后，重置计数器可保证在正确的时间执行下次维护。许多类型的打印机都可以通过 LCD 显示屏或主护盖内部的计数器来查看页数。

大多数制造商都会销售一些适用于其打印机的维护套件。对于激光打印机，该套件可能包含常常会破损或磨损的部件的更换件。

- 热定影器组件。
- 转印辊。
- 分页器。
- 搓纸辊。

图 9-9 显示了一部分维护套件（包含常常会破损或磨损的部件的更换件）。

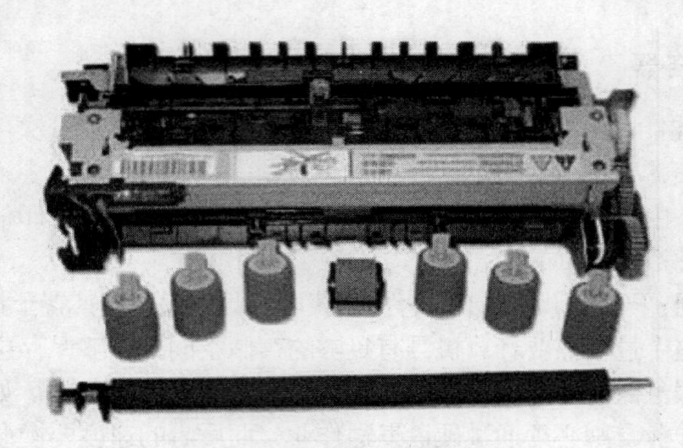

图 9-9　维修工具

在安装新部件或更换碳粉和墨盒时，目视检查所有内部组件并执行以下任务。

- 清除纸屑和灰尘。
- 清洁溅出的墨水或碳粉。
- 检查是否有磨损的齿轮、塑料碎片或破碎的零件。

如果不知道如何维护打印设备，可致电供应商的认证技术人员寻求帮助。

9.9.2　更换耗材

所用纸张和墨水的类型和质量会影响打印机的使用寿命。市面上有许多类型的打印机纸张，包括喷墨式和激光式。打印机制造商可能会建议使用哪种类型的纸张以获得最佳效果。一些纸张（尤其是相纸、胶片和多层复写纸）区分正反面。应按照制造商的说明装纸。

制造商会推荐使用的墨水品牌和类型。如果装入的墨水类型不正确，打印机可能无法工作，或者打印质量可能会下降。避免重填墨盒，因为墨水会泄漏。

如果喷墨式打印机打印出空白页，那么墨盒可能已空。如果其中一个墨盒已空，一些喷墨式打印机可能不会再打印任何页。激光打印机不会产生空白页。相反，它们会开始打印低质量的打印件。大多数喷墨式打印机都配有一个实用程序，可以显示每个墨盒的墨水量（如图 9-10 所示）。一些打印机配有 LCD 消息屏幕或 LED 指示灯，当墨水供应不足时会向用户发出警告。

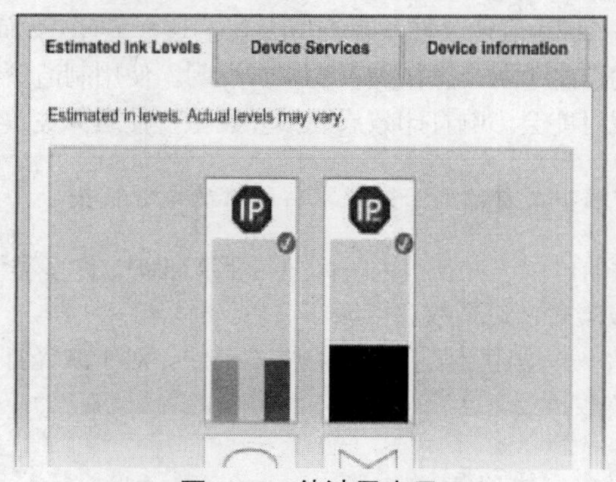

图 9-10　估计墨水量

一种检查墨水量的方法是查看打印机内部的页面计数器或打印机软件，确定已经打印的页数。然后，查看墨盒标签信息。标签上应该介绍了墨盒可以打印多少页。便于轻松估计还能再打印多少页。

为了便于跟踪用量，每次更换墨盒时都要重置计数器。此外，一些打印输出使用的墨水量会比其他打印输出使用的更多。例如，信函使用的墨水量比照片使用的更少。

打印机软件可以设置为节约碳粉模式或草稿质量模式，以减少打印机使用的墨水量或碳粉量。这些设置也会降低激光打印机和喷墨打印机的打印质量，并且会缩短喷墨式打印机打印文档所花费的时间。

击打式打印机类似于打字机，因为打印头通过撞击带墨水的色带将墨水转印到打印输出上。如果击打式打印机打印出的字符褪色或颜色较浅，则表明色带磨损，需要更换。如果所有字符都出现了相同的裂纹，则表明打印头堵塞或破损，需要更换。

9.9.3 清洁方法

清洁打印机时，一定要遵循制造商的指南。制造商的网站或文档中介绍了正确的清洁方法。

警告： 在清洁前，应拔下打印机电源插头，以防高电压带来危险。

打印机维护

在执行维护前，要确保已关闭打印机并拔下打印机插头。用湿布擦拭装置外部的灰尘、纸粉和溅出的墨水。

对于某些喷墨式打印机，在更换墨盒时也会更换打印头。但有时打印头会堵塞，需要清洁。须使用制造商随附的实用工具清洁打印头。清洁后，需进行测试。重复执行这一流程，直至测试能生成干净、一致的打印效果。

打印机可能配有活动部件。一段时间后，这些部件会堆积灰尘、脏物和其他碎屑。如果不定期清洁，打印机可能无法正常工作，或者可能完全停止工作。清洁点阵式打印机时，用湿布清洁辊子表面。对于喷墨式打印机，用湿布清洁纸张处理设备。一些打印机部件必须使用特殊的润滑油进行润滑。查看相关文档确认打印机是否需要此类润滑油，以及润滑油的使用位置。

警告： 清洁激光打印机时，不要触碰到硒鼓，否则可能损坏硒鼓表面。

激光打印机一般不需要太多维护工作，除非它们位于多灰尘区域或非常老旧。清洁激光打印机时，要使用专门设计的真空吸尘器吸取碳粉颗粒。标准真空吸尘器无法吸附微小的碳粉颗粒，可能导致它们四处飞散。只能使用配有高效颗粒空气（HEPA）过滤功能的真空吸尘器。HEPA 过滤功能会将微小颗粒吸入过滤器内。

图 9-11 显示了带有 HEPA 过滤功能的专门设计的真空吸尘器，能够吸取激光打印机上的微小颗粒（如碳粉）。

图 9-11 真空吸尘器

热敏打印机通过产生的热量在专用纸上生成图像。为了延长打印机的使用寿命，须定期使用异丙醇清洁热敏打印机的加热元件。

为打印机选择正确的纸张类型可延长打印机的使用寿命并提高其打印效率。市面上提供了几种类型的纸张。每种类型的纸张都标明了适用的打印机类型。打印机的制造商可能也会推荐最佳纸张类型。

9.9.4 操作环境

与所有其他电子设备一样，打印机也受到温度、湿度和电子干扰的影响。激光打印机会产生热量，因此应该在通风良好的区域操作，以防止过热。

纸张和碳粉盒应保存在原始包装材料中。这些耗材还应该存放在阴凉、干燥、无尘的环境中。湿度高会导致纸张吸收空气中的水汽。这可能会导致纸张卷曲，继而使纸黏在一起或者在打印过程中被卡住。湿度高还会使碳粉无法正确地吸附到纸上。如果纸张和打印机上有灰尘，可以使用压缩空气将灰吹走。常见的操作环境指南有：

- 保持纸张干燥；
- 将打印机存放在阴凉、无尘的环境中；
- 将碳粉存放在洁净、干燥的环境中；
- 清洁扫描仪上的玻璃。

9.10 打印机的基本故障排除流程

故障排除是一项非常宝贵的技能。使用有计划的问题解决方法将会帮助技术人员提高他们的故障排除技能。这一部分概述了系统化的故障排除方法，并针对如何解决打印机出现的特定问题给出了详细解释。

9.10.1 查找问题

打印机问题可能是硬件、软件和连接等多种问题兼有的综合性问题。这一部分研究了六步故障排除模型。对于技术人员来说，故障排除是一项重要的技能。技术人员必须能够确定打印设备、电缆连接以及打印机所连的计算机是否存在问题。要修理打印机，计算机技术人员必须能够分析问题并且确定错误的原因。

故障排除流程的第一步是查找问题。下面列出了一系列要询问客户的开放式问题和封闭式问题。

查找问题

开放式问题：

- 您的打印机或扫面议遇到了哪些问题？
- 最近您的计算机上哪个硬件或软件发生了变化？
- 您收到了哪些错误消息？
- 发现问题的时候，您正在做什么？

封闭式问题：

- 打印机是否在保修期内？

- 能否打印测试页？
- 是新打印机吗？
- 打印机加电了吗？

9.10.2 推测可能原因

在与客户谈话后，可以推测可能的原因。下面列出了一些常见的可能导致打印机问题的原因。

推测可能的原因

打印机问题的常见原因：

- 电缆连接松动。
- 卡纸。
- 设备电源。
- 墨水不足警告。
- 缺纸。
- 设备显示错误信息。
- 计算机屏幕显示错误信息。

9.10.3 测试推测以确定原因

对问题进行了一些推测之后，应该验证这些推测，以便确定问题原因。下面列出了一系列快速程序，它们可帮助确定问题的确切原因，有时甚至能纠正问题。如果某个快速程序确实纠正了问题，那就可以验证全部系统功能。如果某个快速程序未纠正问题，那么需要进一步研究问题，以便确定确切原因。

测试推测以确定原因

用于确定原因的常见步骤：

- 重新启动打印机。
- 断开并重新连接电缆。
- 重新启动计算机。
- 检查打印机是否卡纸。
- 重新将纸放在纸盘内。
- 开合打印机纸盘。
- 确保打印机门关闭。
- 安装新墨盒或碳粉盒。

9.10.4 制定行动方案以解决问题，并实施解决方案

在确定了问题的确切原因之后，应制定解决问题的行动计划，并实施解决方案。下面列出了一些信息源，你可以使用这些信息源来搜集更多信息以解决问题。

制定行动方案以解决问题，并实施解决方案

如果在前面的步骤中未得出解决方案，则需要通过如下方式进一步研究解决方案。

- 帮助台修复日志。
- 其他技术人员。

- 制造商常见问题。
- 技术网站。
- 新闻组。
- 手册。
- 在线论坛。
- Internet 搜索。

9.10.5 验证全部系统功能并实施预防措施

更正问题之后，应验证全部功能，并根据需要实施预防措施。下面列出了用于验证解决方案的步骤。

验证全部系统功能，并根据需要实施预防措施

验证全部功能：
- 重启计算机。
- 重启打印机。
- 通过打印机控制面板打印测试页。
- 从应用程序打印文档。
- 重新打印客户的问题文档。

9.10.6 记录发现的问题、采取的措施和最终结果

故障排除流程的最后一步是记录发现的问题、采取的措施和最终结果。下面列出了记录问题和解决方案需要执行的任务。

记录发现的问题、采取的措施和最终结果

记录发现的问题、采取的措施和最终结果：
- 与客户一起讨论实施的解决方案。
- 请客户验证问题已解决。
- 为客户提供所有书面文件。
- 在工单和技术人员日志中记录为解决问题而执行的步骤。
- 记录在修复过程中使用的任何组件。
- 记录解决问题所有的时间。

9.11 打印机的常见问题和解决方案

打印机问题可能有许多来源，如打印机硬件、打印机驱动程序、打印服务器，或者就网络打印机而言，问题可能与网络有关。本节的主题是识别问题的来源并确定解决方案。

查找常见问题和解决方案

打印机问题可归为硬件问题、软件问题、网络问题或上述三种问题的各种组合。有些类型的问题

发生频次较高。

图 9-6 显示了常见问题和解决方案。

表 9-6 常见问题和解决方案

查找问题	可能的原因	可能的解决方案
应用程序文档未打印	打印队列中存在文档错误	在打印队列中取消该文档，然后重新打印，以此管理打印作业
无法添加打印机，或者存在打印机后台处理程序错误	打印机服务停止或者无法正常工作	启动打印机后台处理程序，并在必要时重启计算机
用户收到“无法打印文档”消息	电缆松动或者连接断开 打印机不再共享	检查并重新连接电缆 将打印机配置为共享
打印机打印出的颜色不正确	打印机墨盒是空的 打印机墨盒有缺陷 安装的墨盒类型不正确 需要清洁并校准打印头	将墨盒更换为正确的墨盒 清洁并校准打印头

9.12 总结

本章讨论了各种类型的打印机。我们可以了解到打印机有许多不同的类型和规格，并且每一种都具有不同的功能、速度和使用方法。同时还了解到打印机可以直接连接至计算机，或者在网络内共享。本章介绍了可用于连接打印机的各种电缆和接口。

本章需要牢记的概念要点如下。

- 有些打印机的输出品质较低，适合家庭使用；有些打印机的输出品质较高，可满足商业应用。
- 打印机的打印速度和打印质量可能各不相同。
- 老式打印机使用并行电缆和端口。新式打印机通常使用 USB 或 FireWire 电缆和连接器。
- 对于新的操作系统，计算机会自动安装识别打印机并且安装必要的驱动程序。
- 如果计算机没有自动安装设备驱动程序，可从供应商网站下载或使用随附的 CD 安装。
- 大多数优化工作都通过软件驱动程序和实用程序完成。
- 设置好打印机后，可与网络中的其他用户共享该设备。这种安排可以节省成本，因为不是每一位用户都需要配置一台打印机。
- 一个合理的预防性维护计划可以延长打印机的使用寿命，并保持其性能良好。
- 使用打印机时，须始终遵循安全操作规程。打印机中的许多部件都含有高电压，或者在使用时会变得很烫。
- 按照一套步骤来修复问题。在确定一系列措施之前，先从简单的任务开始。如果问题太难，无法自己解决，应致电获得认证的打印机技术人员。

9.13 检查你的理解

您可以在附录 A 中查找下列问题的答案。

1. 在大多数情况下，打印哪种类型的文档花费时间较长？
   A. 草稿照片质量打印输出 B. 数字彩色照片
   C. 草稿文本 D. 高质量文本页
2. 每英寸点数用作打印机哪个特征的衡量标准？
   A. 拥有成本 B. 速度
   C. 可靠性 D. 打印质量
3. 用户如何能够与相同网络上的其他用户共享本地连接的打印机？
   A. 安装共享的 PCL 驱动程序。 B. 启用打印共享。
   C. 安装 USB 集线器。 D. 删除 PS 驱动程序。
4. 技术人员想要在网络上共享打印机，但是根据公司政策，PC 不能有直接连接的打印机。技术人员将需要哪台设备？
   A. 扩展坞 B. USB 集线器
   C. 硬件打印服务器 D. LAN 交换机
5. 技术人员已确定在计算机上卸载当前打印机驱动程序然后安装更新的驱动程序，这可能是打印机问题的潜在解决方案。此解决方案可以解决哪个打印机问题？
   A. 打印机中卡纸
   B. 打印机电源 LED 不亮
   C. 打印机不打印测试页
   D. 打印机不打印某一个应用程序的文档，但是打印所有其他应用程序的文档
6. 技术人员在对打印机问题进行故障排除时，发现打印机连接到了错误的计算机端口。此错误会产生哪个打印机问题？
   A. 打印队列正常工作，但是打印作业不会打印
   B. 打印机打印空白页
   C. 打印文档时，页面上出现未知字符
   D. 打印后台处理程序显示错误
7. 共享计算机直接连接的打印机有哪两项缺点？（选择两项）
   A. 每次只有一台计算机能够使用打印机
   B. 共享打印机的计算机使用其自己的资源来管理进入打印机的所有打印作业
   C. 其他计算机不需要通过电缆直接连接到打印机
   D. 所有使用打印机的计算机都需要使用相同的操作系统
   E. 直接连接到打印机的计算机始终需要打开电源，即使不使用也是如此
8. 对打印机执行预防性维护时，首先应该执行哪项操作？
   A. 断开打印机的电源连接 B. 从网络中断开打印机
   C. 从打印机纸盘中取出纸张 D. 使用打印机软件实用程序清洁打印头
9. 如果用非制造商建议的部件或组件更换打印机耗材，两个潜在缺点是什么？（选择两项。）
   A. 打印质量可能不佳 B. 制造商保修可能失效
   C. 非建议的部件可能较便宜 D. 可能需要更加频繁地清洁打印机
   E. 非建议的部件可能更容易获得
10. 建议使用哪种方法来清洁喷墨打印机的打印头？
    A. 用异丙醇擦拭打印头 B. 用湿布擦拭打印头
    C. 使用压缩空气 D. 使用打印机软件应用工具

第 10 章

安全性

学习目标

通过完成本章的学习，您将能够回答下列问题：

- 涉及恶意软件的几类安全威胁是什么？
- 涉及 Internet 安全的几类安全威胁是什么？
- 涉及数据和设备访问的几类安全威胁是什么？
- 几类安全规程各是什么？
- 强有力的安全策略的组成要素是什么？
- 保护数据和账户信息安全的几种方法是什么？
- 保护物理设备的几种方法是什么？
- 有关安全性的几种预防性维护技术是什么？
- 如何排除安全故障？
- 安全性故障排除的流程是什么？

关键术语

下列为本章所用的关键术语。您可以在本书的术语表中找到其定义。

内部威胁
外部威胁
物理威胁
数据威胁
恶意软件
广告软件
间谍软件
灰色软件
网络钓鱼
病毒
蠕虫
特洛伊木马
病毒防护软件
Rootkit
Web 工具
ActiveX 控件
ActiveX 筛选
弹出窗口
弹出窗口阻止程序
SmartScreen 筛选器
InPrivate 浏览
垃圾邮件
死机蓝屏（BSOD）
拒绝服务（DoS）
分布式 DoS（DDoS）
僵尸电脑
僵尸网络
SYN 泛洪
欺骗
中间人攻击
重放攻击
DNS 毒化
社会工程学
数据擦除
消磁
高级格式化
低级格式化
安全策略
权限级别
日志
CONVERT
最小权限原则
权限传播
软件防火墙

例外情况
生物识别安全性
个人资料
视网膜扫描
智能卡
安全密钥卡
数据备份
加密
加密文件系统（EFS）
BitLocker
BitLocker 驱动器准备工具
可信平台模块（TPM）
防病毒程序
反间谍软件程序
按键记录器
防广告软件程序
防网络钓鱼程序
流氓防病毒软件
签名
镜像
哈希编码
消息摘要
安全哈希算法（SHA）
消息摘要 5（MD5）
数据加密标准（DES）
对称加密
三重数据加密标准（3DES）
非对称加密
公钥加密
私钥
数字签名
RSA
服务集标识符（SSID）
MAC 地址过滤
有线等效保密（WEP）
Wi-Fi 保护访问（WPA）
Wi-Fi 保护访问 2（WPA2）
临时密钥完整性协议（TKIP）
可扩展身份验证协议（EAP）
受保护的可扩展身份验证协议（PEAP）
高级加密标准（AES）
Wi-Fi 保护设置（WPS）
硬件防火墙
数据包过滤器
状态包侦测（SPI）
代理
非军事区（DMZ）
端口转发
端口触发
自动运行
自动播放
双因素身份验证
钥匙卡
线管
令牌
隐私保护屏幕
补丁
服务包

计算机和网络安全有助于确保只有获得授权的人员才有访问网络和设备的权限。它还有助于保证数据和设备正常运行。安全威胁可能来自组织内部，也可能来自组织外部，其潜在破坏等级各不相同。

- **内部威胁：**对数据、设备和网络具备访问权限的用户和员工。
- **外部威胁：**对网络或资源没有访问权限的组织外部用户。

盗窃、数据丢失、网络入侵和物理损坏都是网络或计算机可能遭受的破坏方式。设备损坏或中断就意味着工作效率下降。对公司来说，维修和更换设备既耗时又费钱。未经授权使用网络可能会泄露机密信息、违反数据完整性以及减少网络资源。

有意降低计算机或网络性能的攻击也会破坏组织的工作效率。无线网络设备安全措施的实施效果不佳，表明未经授权的入侵者并不一定需要依靠物理连接进行访问。

技术人员的主要职责包括数据和网络安全。客户或组织可能需要您确保他们的数据和计算机设备安全。您的任务可能比分配给普通员工的任务更敏感。工作内容可能包括维修、调整和安装设备。您需要知道如何配置网络安全设置，同时还要让需要访问网络的用户仍可进行访问。一些必须确保的事项包括：应用软件补丁和更新、安装防病毒软件以及使用反间谍软件。此外，可能还需要指导用户如何保持良好的计算机设备安全做法。

本章回顾了威胁计算机及其所含数据安全的攻击类型。技术人员负责组织中数据和计算机设备的安全。本章介绍了如何与客户合作确保实施尽可能最好的保护措施。

为成功保护计算机和网络，技术人员必须要了解计算机安全面临的两种威胁类型。

- **物理威胁：**窃取、破坏或毁坏设备（如服务器、交换机和接线）的事件或攻击。
- **数据威胁：**删除、破坏、拒绝获得授权的用户访问；允许未经授权的用户访问或窃取信息的事件或攻击。

10.1 安全威胁

针对计算机和网络有许多类型的的安全威胁。本节将定义并解释几类威胁，包括来自恶意软件的威胁、计算机和网络攻击，以及来自未经授权访问数据和设备的威胁。

10.1.1 广告软件、间谍软件和网络钓鱼

恶意软件是旨在执行恶意操作的任何软件。恶意软件包括广告软件、间谍软件、灰色软件、网络钓鱼、病毒、蠕虫、特洛伊木马和Rootkit。恶意软件通常在用户不知情的情况下安装于计算机。这些程序会在计算机上打开额外的窗口或更改计算机配置。恶意软件可以通过修改Web浏览器打开非所需的特定网页。这称为浏览器重定向。恶意软件还可以在未经用户同意的情况下收集计算机上存储的信息。

1. 广告软件

广告软件是在计算机上显示广告的软件程序。广告软件通常和下载的软件一起分发。广告软件通常显示在弹出式窗口中。广告软件弹出式窗口有时很难控制，其打开新窗口的速度比用户关闭它们的速度更快。

2. 间谍软件

间谍软件类似于广告软件。它在无用户干预或不知情的情况下分发。间谍软件安装并运行后，便

会监控计算机上的活动。然后，间谍软件将信息发送给启动该间谍软件的个人或组织。

3. 灰色软件

灰色软件类似于广告软件。灰色软件可能是恶意软件，但有时是在用户同意的情况下安装的。例如，免费的软件程序可能需要安装一个工具栏，用于显示广告或跟踪用户的网站记录。

4. 网络钓鱼

在网络钓鱼中，攻击者将自己伪装成外部机构（如银行）的合法人员。他们通过电子邮件、电话或文本消息联系潜在受害者。攻击者可能会声称，为了避免某些严重后果，要求对方提供验证信息（如密码或用户名）。

许多恶意软件攻击都是网络钓鱼攻击，诱使用户在不知情的情况下向攻击者提供个人信息。当您在填写在线表格时，数据就会发送给攻击者。恶意软件可通过病毒、间谍软件或广告软件清除工具删除。

注意：几乎很少需要在线提供敏感的个人或财务信息。合法企业不会要求您通过电子邮件提供敏感信息。请务必提高警惕。如有疑问，可通过邮件或电话联系相关人员确保请求的真实性。

10.1.2 病毒、蠕虫、特洛伊木马和 Rootkit

1. 病毒

病毒是由攻击者恶意编写并发送的程序。病毒通过电子邮件、文件传输和即时消息传播到其他计算机。病毒可将自身附加到计算机代码、软件或计算机上的文档并隐藏起来。当这些文件被访问时，病毒会运行并感染计算机。病毒有可能会破坏甚至删除计算机上的文件、借助用户的电子邮件传播到其他计算机、阻止计算机开机、导致应用程序无法加载或无法正常运行，甚至擦除整个硬盘。如果病毒传播到其他计算机，则这些计算机也会继续传播病毒。

有些病毒非常危险。最具破坏性的一种病毒是用于记录键击操作的病毒。攻击者可以利用这些病毒获取敏感信息（如密码和信用卡号码）。该病毒会将收集的数据发送回攻击者。病毒还可以更改或破坏计算机上的信息。隐蔽式病毒可以感染计算机并使自身处于休眠状态，直至攻击者唤醒该病毒。

2. 蠕虫

蠕虫是一种对网络有害的自我复制型程序。蠕虫通常在没有用户干预的情况下，利用网络将自己的代码复制到网络主机上。蠕虫与病毒不同，它无需附加到程序来感染主机。蠕虫通常会自动利用合法软件中的已知漏洞进行传播。

3. 特洛伊木马

特洛伊木马是伪装成合法程序的恶意软件。木马威胁隐藏于软件中，表面上看似不执行任何操作，暗中却会执行恶意操作。木马程序可以像病毒一样复制并传播到其他计算机。计算机数据损坏、登录信息泄露和工作效率降低所带来的损失可能十分巨大。技术人员可能需要进行维修，而员工可能会丢失数据或必须替换数据。受到感染的计算机可以将关键数据发送给竞争对手，同时感染网络上的其他计算机。

4. 病毒防护软件

病毒防护软件也称为防病毒软件，专用于在计算机感染前检测、禁用和删除病毒、蠕虫和木马。但杀毒软件很快会过时，因此技术人员在定期维护计划过程中应负责应用最新的更新、补丁和病毒定义。许多组织都制定了书面安全策略，明确规定不允许员工安装非本公司提供的任何软件。同时，组织也会让员工认识到打开可能包含病毒或蠕虫的电子邮件附件的危险性。

5. Rootkit

Rootkit 是一种能获得计算机系统完全访问权限的恶意程序。它通常利用已知的漏洞或密码直接攻击系统，以获得管理员账户级别的访问权限。由于 Rootkit 获得了这种访问特权，该程序可以隐藏自身使用的文件、注册表编辑项和文件夹，使得典型的病毒或间谍软件程序无法被检测到。Rootkit 的存在很难被发现，因为它有权控制和修改安全程序，否则这些安全程序应该可以检测到恶意软件的安装。专用的 Rootkit 删除软件可用于删除部分 Rootkit，但有时必须重新安装操作系统才能确保完全删除 Rootkit。

注意： 请不要假设电子邮件附件一定是安全的，即使它们来自值得信赖的联系人。发送者的计算机可能感染了试图传播的病毒。请始终在打开电子邮件附件前先进行扫描。

10.1.3 Web 安全

工具既可以使网页变得更强大，功能更多，也可以使计算机更容易受到攻击。下面是一些 Web 工具示例。

- **ActiveX**：一种由 Microsoft 创建的技术，可用于在网页上控制交互性。如果网页上已启用 ActiveX，则必须下载 applet 或小程序才能获得所有功能的访问权限。
- **Java**：一种编程语言，允许 applet 在 Web 浏览器中运行。Java applet 示例包括计算器或页面点击计数器。
- **JavaScript**：一种编程客户端脚本语言，针对与 HTML 源代码交互而开发，从而实现网站的交互性。示例包括旋转标语或弹出式窗口。
- **Adobe Flash**：一种多媒体工具，可用于创建网络交互式媒体。Flash 用于在网页上创建动画、视频和游戏。
- **Microsoft Silverlight**：一种工具，可用于创建丰富的网络交互式媒体。Silverlight 与 Flash 相似，并具有许多相同的功能。

攻击者可能会利用上述任何一种工具在计算机上安装程序。为了防止这些攻击，大多数浏览器都进行了一些设置，强制计算机用户授权下载或使用这些工具。

1. ActiveX 筛选

浏览 Web 时，有些网页可能需要安装 ActiveX 控件才能正常运行。有些 ActiveX 控件由第三方编写，可能是恶意控件。ActiveX 筛选允许在不运行 ActiveX 控件的情况下进行 Web 浏览。

为某个网站安装 ActiveX 控件后，此控件也可在其他网站上运行。这可能会降低性能或带来安全风险。启用 ActiveX 筛选后，可以选择允许运行 ActiveX 控件的网站。未经批准的站点无法运行这些控件，并且浏览器不会提示安装或启用控件。

要在 Internet Explorer 9 中启用 ActiveX 筛选，按以下顺序操作。

工具> ActiveX 筛选

要在启用 ActiveX 筛选后浏览含有 ActiveX 内容的网站，在地址栏中单击“ActiveX 筛选”蓝色图标，然后单击**关闭 ActiveX 筛选**。

浏览内容后，可以按照相同的步骤重新打开网站的 ActiveX 筛选功能。

2. 弹出窗口阻止程序

弹出窗口是指在 Web 浏览器窗口顶部打开的另一个 Web 浏览器窗口。有些弹出窗口在浏览时启动，如页面上的链接，链接会打开弹出窗口来提供额外信息或特写图片。其他弹出窗口则由网站或广告商启动，这些窗口往往是不需要的窗口或让人反感的窗口，尤其是多个弹出窗口同时在网页上打开。

弹出窗口阻止程序是一个内置于 Web 浏览器或作为独立程序操作的工具。它让用户可以在浏览网页时限制或阻止大多数弹出窗口的出现。Internet Explorer 内置的弹出窗口阻止程序会在浏览器安装时默认开启。当遇到包含弹出窗口的网页时，系统将显示已阻止弹出窗口的消息。消息中有一个按钮可用于允许弹出窗口一次，或更改网页的弹出窗口阻止选项。

要关闭 Internet Explorer 中的弹出窗口阻止程序，按以下顺序操作。

工具>弹出窗口阻止程序>关闭弹出窗口阻止程序

要更改 Internet Explorer 中的弹出窗口阻止程序设置，按以下顺序操作。

工具>弹出窗口阻止程序>弹出窗口阻止程序设置

可以配置以下弹出窗口阻止程序设置（如图 10-1 所示）。

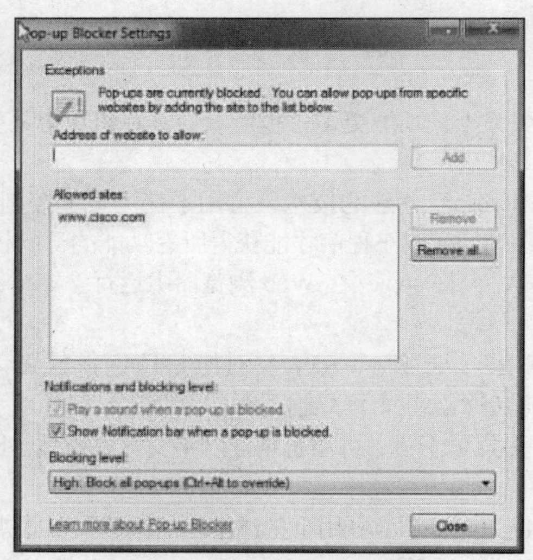

图 10-1 弹出窗口阻止程序设置

- 添加允许弹出窗口的网站。
- 更改阻止弹出窗口时的通知。
- 更改阻止级别。“高”阻止所有弹出窗口，“中”阻止大多数自动弹出窗口，“低”允许来自安全网站的弹出窗口。

3. SmartScreen 筛选器

在 Internet Explorer 中，SmartScreen 筛选器（如图 10-2 所示）可检测钓鱼网站、分析网站可疑项、检查网站和下载已知恶意网站和文件列表。SmartScreen 筛选器在安装 Internet Explorer 时默认开启。要关闭 SmartScreen 筛选器，按以下顺序操作。

工具> SmartScreen 筛选器>关闭 SmartScreen 筛选器

图 10-2　SmartScreen 筛选器

要分析当前网页，按以下顺序操作。

工具> SmartScreen 筛选器>检查此网站

要报告可疑网页，按以下顺序操作。

工具> SmartScreen 筛选器>报告不安全网站

10.1.4　InPrivate 浏览

Web 浏览器会保留有关访问的网页、执行的搜索、用户名、密码的信息和其他可识别信息。在家中使用受密码保护的计算机时，这种功能非常方便。但不是在家中使用笔记本电脑，或在公共场所（如图书馆或网吧）使用计算机时，Web 浏览器中保留的信息可能会被入侵。在您之后使用该计算机的任何人都可以利用您的信息窃取身份、盗取钱财或更改您的重要账户密码。

在浏览 Web 时可以不保留个人信息或浏览习惯，这称为 InPrivate 浏览。InPrivate 浏览可阻止 Web 浏览器存储下列信息：

- 用户名；
- 密码；
- Cookie；
- 浏览历史记录；
- Internet 临时文件；
- 表单数据。

要在 Windows 7 中开始 InPrivate 浏览，按以下顺序操作。

右键单击 **Internet Explorer>**单击**开始 InPrivate 浏览**

如果已启动 Internet Explorer，按以下顺序操作。

工具>InPrivate 浏览

或者，按下 Ctrl+Shift+P。

在浏览时，浏览器会存储一些信息（如临时文件和 Cookie），但会在 InPrivate 会话结束时删除这些信息。

开始 InPrivate 浏览会打开一个新的浏览器窗口。不仅在此窗口中提供隐私保护，而且在此窗口中打开的任何新选项卡也会获得相同保护。其他浏览器窗口则不受 InPrivate 浏览保护。关闭该浏览器窗口将结束 InPrivate 浏览会话。

10.1.5 垃圾邮件

垃圾邮件是指未经请求而发送的电子邮件。大多数情况下，垃圾邮件仅作为一种广告手段。然而，垃圾邮件也可以用来发送有害的链接、恶意程序或欺骗性内容，企图获得敏感信息（如社会保险号或银行账户信息）。

作为一种攻击手段时，垃圾邮件可包含受感染网站的链接或可感染计算机的附件。点击这些链接或附件会出现大量弹出窗口，旨在引起您的注意并带您进入广告网站。过多弹出式窗口会迅速覆盖用户屏幕，既占用资源又降低计算机运行速度。在极端情况下，弹出窗口能导致计算机锁定不动或显示死机蓝屏（BSOD）。

许多防病毒软件程序和电子邮件软件程序会自动检测并删除电子邮件收件箱中的垃圾邮件。ISP 通常会在垃圾邮件到达用户收件箱之前过滤大部分垃圾邮件。但有些垃圾邮件仍可能会到达收件箱。注意一些比较常见的垃圾邮件标识：

- 电子邮件没有主题行；
- 电子邮件内容是请求更新账户；
- 电子邮件中有很多拼写错误的单词或奇怪标点符号；
- 电子邮件内链接过长或是代码；
- 电子邮件伪装成来自合法企业的信件；
- 电子邮件请求您打开附件。

大多数垃圾邮件由网络上已感染病毒或蠕虫的多台计算机发出。这些受感染的计算机会尽可能多地成批发送电子邮件。

10.1.6 TCP/IP 攻击

TCP/IP 是控制 Internet 通信的协议簇。但是，TCP/IP 的某些功能可能会被操纵，从而导致网络漏洞。

1. 拒绝服务

拒绝服务（DoS）是一种阻止用户访问正常服务（如电子邮件或 Web 服务器）的攻击形式，原因是系统忙于处理大量异常请求。DoS 的工作原理是通过发送大量请求占用系统资源，以致请求的服务过载并停止运行。

2. 分布式 DoS

分布式 DoS（DDoS）攻击利用许多感染病毒的计算机（称为僵尸电脑或僵尸网络）发起攻击。其目的是阻止或淹没其他用户对目标服务器的正常访问。僵尸电脑分布在不同的地理位置，因此难以追查攻击发源地。

3. SYN 泛洪攻击

SYN（同步）请求是指为建立 TCP 连接而发送的初始通信。SYN 泛洪攻击在攻击源处随机打开 TCP 端口并用大量伪造 SYN 请求捆绑网络设备或计算机。这会导致用户与其他设备或计算机的正常会话将被拒绝，如图 10-3 所示。SYN 泛洪攻击是一种 DoS 攻击。

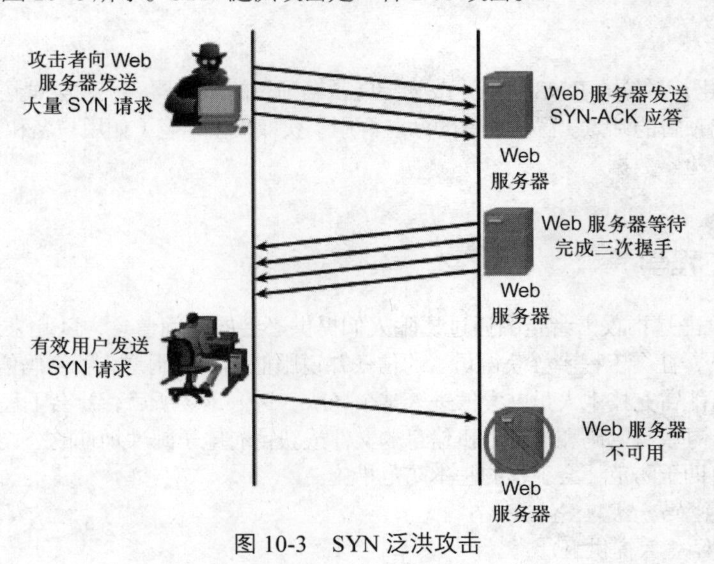

图 10-3 SYN 泛洪攻击

4. 欺骗

在欺骗攻击中，计算机伪装成受信任的计算机以访问资源。该计算机利用仿冒的 IP 或 MAC 地址冒充网络上受信任的计算机。

5. 中间人

攻击者截获计算机之间的通信来窃取通过网络传送的信息，以此执行中间人攻击。中间人攻击也可用于操纵主机之间的消息并传播虚假信息，如图 10-4 所示，原因是主机并不知道消息已被修改。

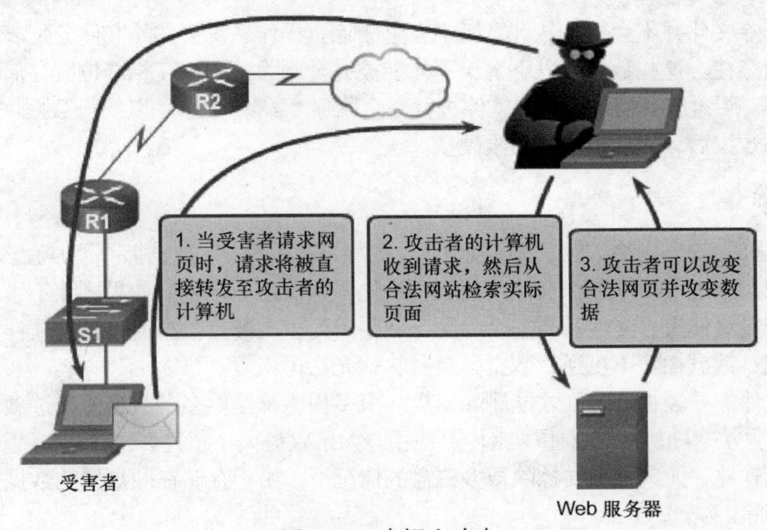

图 10-4 中间人攻击

6. 重放

为了执行重放攻击，攻击者会截取数据传输并记录。这些传输接着会重放到目的计算机。目的计算机会将这些重放的传输当成由原始源发送的真实传输进行处理。攻击者就是通过这种方式，未经授权进入系统或网络。

7. DNS 毒化

利用 DNS 毒化，系统的 DNS 记录更改为指向冒名顶替的服务器。用户尝试访问合法站点，但流量却被转移到冒名顶替的站点。冒名顶替的站点可用于获取机密信息（如用户名和密码）。然后，攻击者就可以从该位置检索数据。

10.1.7 社会工程学

社会工程学攻击是指攻击者企图通过诱骗人们提供必要的访问信息，以此来访问设备或网络的情况。通常情况下，社会工程者会获得员工的信任并说服他们泄露用户名和密码信息。

社会工程者可能冒充技术人员以尝试进入某个场所。进入该场所后，社会工程者可能通过偷瞄收集信息，在桌面上寻找有密码和电话分机信息的文件或获得有电子邮件地址的公司号码簿。

以下是一些有助于防范社会工程的基本防范措施。

- 不要公布密码。
- 始终要求陌生人提供 ID。
- 限制来访者访问权限。
- 护送所有来访者。
- 不要在工作区张贴密码。
- 离开办公桌前锁定计算机。
- 在需要门卡入内时不要让任何人尾随。

10.1.8 数据擦除、硬盘销毁和回收

从硬盘中删除文件并不会将其从计算机中完全删除。操作系统会删除文件分配表中的文件参考信息，但数据依然存在。这些数据在以下情况下才能被完全删除：硬盘在相同位置存储了其他数据并覆盖了之前的数据。硬盘应当使用专门的软件进行完全删除（擦除数据），以防止数据恢复的可能性。完全删除硬盘上的数据后，才能销毁或回收硬盘。

1. 数据擦除

数据擦除也称为安全删除，是指从硬盘中永久删除数据的程序。数据擦除通常在含有敏感数据（如财务信息）的硬盘上进行。仅删除文件或甚至格式化驱动器还不足够。如果删除不当，仍可以通过某些软件工具来恢复文件夹、文件甚至整个分区。一些专为多次覆盖数据而设计的软件可用来使数据不可用。务必牢记：数据擦除不可逆，数据一旦删除就无法再恢复。

安全删除软件需要较长的时间才能删除磁盘。很多程序都提供多种数据覆盖选项。特殊格式的二进制指令、数学算法、随机位和多重覆盖均可使用。如果磁盘大小超过 2TB 并由多重覆盖，那么就不能使用数据擦除软件，尤其是在要擦除很多磁盘的情况下。由于存储在硬盘里的数据具有磁性，因此可用磁铁进行删除。

2. 消磁

消磁能干扰或消除用于存储数据的硬盘上的磁场。电磁铁是一种磁铁，通电后磁场会变得非常强。消磁工具需要花费 20000 美元或更多，因此对于大多数用户来说，该解决方案并不可行。消磁硬盘只需 10 秒钟左右，因此在需要安全删除大量硬盘的情况下，这种方法可以节约大量的时间和成本。

较小的工作也可以使用消磁棒（如图 10-5 所示）处理。消磁棒使用强力磁铁代替电磁铁，其成本更低。要使用消磁棒，必须拆卸硬盘并将盘片放在消磁棒前 2 分钟左右。

图 10-5 消磁棒

3. 硬盘销毁

拥有敏感数据的公司应制定明确的硬盘处理政策。务必注意，执行格式化并在计算机上重新安装操作系统，并不能确保这些信息无法恢复。对拥有敏感数据的公司来说，销毁硬盘是最好的选择。在驱动器盘片上钻孔并不是最有效的硬盘销毁方法。数据仍可以通过先进的数据取证软件得到恢复。要充分保证数据无法从硬盘恢复，可用锤子小心地粉碎盘片，然后安全处理碎片。

4. 固态驱动器（Solid State Drive，SSD）

SSD 由闪存而非磁性盘片组成。消磁和粉碎等常用的数据删除方法并不实用。要充分确保数据无法从 SSD 恢复，可执行安全擦除或将驱动器粉碎成碎片。

其他存储介质如光盘和软盘也必须销毁。请使用专用于销毁此类媒体的切碎机。

5. 硬盘回收

没有敏感数据的硬盘应该在其他计算机上重复使用。驱动器可以重新执行格式化并安装新的操作系统。格式化操作可包含以下两种类型。

- **标准格式化：**也称高级格式化，在磁盘上创建引导扇区并设置文件系统。标准格式化只能在完成低级格式化后执行。
- **低级格式化：**磁盘表面有扇区标记，指明数据在磁盘上的物理存储位置，并且会建立跟踪信息。低级格式化经常在制成硬盘后于工厂内进行。

10.2 安全规程

保护计算机、网络和数据是技术人员的基本职责。本节将讨论保护设备和数据以防止安全威胁的安全规程。

10.2.1 什么是安全策略

安全策略是一系列规定、准则和核对表。组织的网络技术人员和管理人员共同根据计算机设备的安全需求制定相关规定和准则。安全策略包括以下要素。

- 组织可以接受的计算机使用声明。
- 允许使用计算机设备的员工。
- 允许在网络上安装的设备以及安装条件。例如，调制解调器和无线接入点等硬件可能使网络遭受攻击。
- 在网络中保持数据机密性需要满足的要求。
- 员工访问设备和数据的流程。该流程可能会要求员工签署一份关于公司规定的协议，协议还会列出违规后果。

安全策略应说明公司如何解决安全问题。虽然不同组织之间的本地安全策略可能会有所不同，但是所有组织都应该考虑下列问题。

- 哪些资产需要保护？
- 可能面临哪些威胁？
- 如果出现安全入侵事件，应该怎么办？
- 需要开展哪些培训以指导最终用户？

注意： *要使安全策略有效，所有员工都必须贯彻执行该策略。*

10.2.2 安全策略要求

物理设备的价值通常远远低于其所包含数据的价值。如果敏感数据落入公司的竞争对手或者是犯罪分子手中，将会造成严重的损失。这类损失可能会导致大众对该公司缺乏信心，负责计算机安全的技术人员也可能会被解雇。要保护数据，可以采取多种安全保护方法。

公司应该竭力达到效果最佳、成本最低的安全保护水平，防止数据丢失或软件和设备受损。网络技术人员和公司管理层必须同心协力，制定出一套可保护数据和设备免受安全威胁影响的安全策略。在制定策略时，管理层应该估算数据丢失产生的损失成本和安全保护的费用，权衡后作出可接受的取舍。安全策略应包含有关所需安全级别以及如何实现这种安全性的全面说明。

您可能会参与某位客户或某家公司的安全策略制定工作。在制定安全策略时，可询问以下问题确定安全因素。

- **计算机是放在家里还是公司？**家用计算机易受无线入侵攻击。商用计算机易受网络入侵威胁，因为企业更易成为黑客的目标，而且合法用户可能会滥用访问权限。
- **是否提供全天候 Internet 接入服务？**计算机与 Internet 的连接时间越长，受攻击的几率越高。接入 Internet 的计算机必须使用防火墙和防病毒软件。
- **是否为笔记本电脑？**笔记本电脑存在物理安全性问题。一些方法可用于保护笔记本电脑的安全，如钢缆锁、生物识别和跟踪技术。

制定安全策略时，需要明确一些主要方面。

- 处理网络安全事件的流程。
- 核查现有网络安全的流程。

- 实施网络安全的常规安全框架。
- 允许的行为。
- 禁止的行为。
- 要记录哪些内容以及如何存储这些日志：事件查看器、系统日志文件或安全日志文件。
- 通过账户权限来访问网络资源。
- 数据访问身份验证技术：用户名、密码、生物识别和智能卡。

安全策略还应该提供有关紧急情况中以下问题的详细信息。

- 出现安全漏洞后采取的措施。
- 紧急情况联系人。
- 与客户、供应商和媒体共享的信息。
- 转移过程中使用的备用位置。
- 紧急事件结束后采取的措施，包括要还原的服务优先级。

策略的适用范围以及违规后果必须给予明确说明。安全策略应该定期审核并根据需要更新。修订历史记录应该给予保留，以便跟踪所有策略更改。确保安全性是公司每位员工的责任。所有员工（包括非计算机用户）都必须经过相应的培训以了解安全策略，并获悉每次安全策略更新。

在安全策略中还应该定义员工对数据的访问权限。策略应该防止高度敏感数据的公共访问，同时确保员工仍能执行各自的工作任务。数据分类可以从公共到绝密，两者之间还可以有多个不同级别。公共信息可以对所有人显示，没有安全要求。但公共信息不能恶意用于伤害公司或个人。绝密信息需要的安全性最高，原因是此类数据泄露会对政府、公司或个人造成极大的危害。

10.2.3 用户名和密码

用户名和密码是用户登录计算机时需要提供的两项信息。如果攻击者知道其中一项，则只需破解或找出另一项即可获得对计算机系统的访问权限。因此务必更改账户的默认用户名（如 administrator 或 guest），原因是这些默认用户名广为人知。但一些家庭联网设备的默认用户名无法更改。若可能，应尽量更改计算机和网络设备上所有用户的默认用户名。

在创建网络登录信息时，系统管理员通常会定义用户名的命名约定。常见的一个用户名示例是该用户名字的首字母加上完整的姓氏。命名约定应该保持简单，以免用户难以记住。用户名和密码一样，也是一项重要信息，不能透露。

需要密码

密码指导原则是安全策略的一个重要组成部分。对于任何必须登录计算机或连接至网络资源的用户，都应当要求提供密码。密码有助于防止数据被窃取和恶意使用。密码还可确保登录用户的真实性，有助于确保事件记录正确。

网络登录提供了一种记录网络活动的方式，既可以阻止访问资源，也可以允许访问资源。如果您无法登录计算机，请不要使用其他用户的用户名和密码，即便他们是您的同事或好友，因为这样可能会使记录无效。相反，您应该将登录计算机时出现的任何问题告知网络管理员，或者根据安全网络资源进行身份验证。

在任何组织中，最低要求应当是对具有网络接入服务的计算机使用安全、加密的登录信息。恶意软件可以监控网络并记录纯文本密码。如果密码已加密，攻击者必须解密密码才能知道密码。

攻击者可以获得对未受保护的计算机数据的访问权限。密码保护可以防止未经授权访问内容。所有计算机都应该设有密码保护。建议采用三种级别的密码保护。

- **BIOS**：防止在未提供正确密码的情况下启动操作系统或更改 BIOS 设置。
- **登录**：防止未经授权访问本地计算机。
- **网络**：防止未经授权的人员访问网络资源。

10.2.4 密码要求

分配密码时，密码控制级别应该与所需的保护级别相匹配。密码必须满足最小长度，并且包含大小写字母、数字和符号。这种密码被称为“强密码”。安全策略常常要求用户定期更改密码，并且监控尝试输入密码的次数。一旦超过该次数，账户将被暂时锁定。以下是关于创建强密码的一些指导原则。

- **长度**：最少包含 8 个字符。
- **复杂度**：包括字母、数字、符号和标点。可使用键盘上的各种键，而不仅是常用的字母和字符。
- **变化**：经常更改密码。设置一个密码更改提醒，平均每三四个月提醒您更改一次电子邮件、银行和信用卡网站的密码。
- **多样性**：为使用的每个站点或每台计算机设置不同的密码。

要在 Windows 7 或 Windows Vista 中创建、删除或修改密码，按以下顺序操作。

开始>控制面板>用户账户

要在 Windows XP 中创建、删除或修改密码，按以下顺序操作。

开始>控制面板>用户账户>更改账户>单击要更改的账户

要防止未经授权的用户访问本地计算机和网络资源，请在离开时锁定工作站、笔记本电脑或服务器。

屏幕保护程序需要密码

用户离开计算机时，务必确保计算机受到保护。安全策略应该包含有关要求计算机在屏幕保护程序启动时即锁定的规则。这样可以确保屏幕保护程序在用户离开计算机短时间后启动，在用户重新登录前，该计算机一直无法使用。

要在 Windows 7 和 Windows Vista 中设置屏幕保护程序锁定，按以下顺序操作。

开始>控制面板>个性化>屏幕保护程序。

选择一个屏幕保护程序和等待时间，然后选择**在恢复时显示登录屏幕**选项。

要在 Windows XP 中设置屏幕保护程序锁定，按以下顺序操作。

开始>控制面板>显示>屏幕保护程序。

选择一个屏幕保护程序和等待时间，然后选择**在恢复时使用密码保护**选项。

10.2.5 文件和文件夹权限

权限级别配置用于限制个人或群组用户对特定数据的访问权限。FAT32 和 NTFS 都允许为可访问网络的用户提供文件夹共享和文件夹级别的权限。表 10-1 显示了文件夹权限。而文件级权限的额外安全性仅适用于 NTFS。表 10-2 显示了文件级权限。

表 10-1 文件夹权限

权　限	完全控制	修　改	读取和执行	列出文件夹目录	读取	写入
遍历文件夹	是	是	是	是	否	否
列出文件夹	是	是	是	是	是	否

续表

权　限	完全控制	修　改	读取和执行	列出文件夹目录	读取	写入
查看文件夹属性	是	是	是	是	是	否
查看扩展文件夹属性	是	是	是	是	是	否
在文件夹中创建文件	是	是	否	否	否	是
创建文件夹	是	是	否	否	否	是
写入文件夹属性	是	是	否	否	否	是
写入扩展文件夹属性	是	否	否	否	否	是
删除子文件夹和文件	是	否	否	否	否	否
删除文件夹	是	否	否	否	否	否
查看文件夹权限	是	是	是	是	是	是
更改文件夹权限	是	否	否	否	否	否

表 10-2　文件权限

权　限	完全控制	修　改	读取和执行	读　取	写　入
执行文件	是	是	是	否	否
查看数据	是	是	是	是	否
查看文件属性	是	是	是	是	否
查看扩展属性	是	是	是	是	否
写入数据	是	是	否	否	是
附加数据	是	是	否	否	是
写入文件属性	是	是	否	否	是
写入扩展文件属性	是	否	否	否	是
删除文件	是	否	否	否	否
查看文件权限	是	是	是	是	是
更改文件权限	是	否	否	否	否
取得所有权	是	否	否	否	否
同步	是	是	是	是	是

要配置文件级或文件夹级权限，按以下顺序操作。

右键单击相应的文件或文件夹，然后选择**属性>安全性>编辑**。

为具有 NTFS 的计算机配置网络共享权限时，需创建一个网络共享，然后将共享权限分配给用户或群组。只有同时具有 NTFS 权限和共享权限的用户和群组才能访问网络共享。

要在 Windows 7 中配置文件夹共享权限，按以下顺序操作。

右键单击相应的文件夹，选择 **Share with（共享对象）**。

可以选择 4 个文件共享选项。

- **Nobody（无对象）：**文件夹未共享。
- **家庭组（读取）：**文件夹仅与家庭组成员共享。家庭组成员只能读取文件夹的内容。
- **家庭组（读/写）：**文件夹仅与家庭组成员共享。家庭组成员可以读取文件夹内容，也可以在文件夹中创建文件和文件夹。

- **特定用户**：此时将打开“文件共享”对话框。选择要与其共享文件夹内容的用户和群组，然后分别为其选择权限级别。

要在 Windows Vista 中配置文件夹共享权限，按以下顺序操作。

右键单击相应的文件夹，选择**共享**。

要在 Windows XP 中配置文件夹共享权限，按以下顺序操作。

右键单击相应的文件夹，选择**共享和安全**。

所有文件系统都会跟踪资源，但只有包含日志（系统的特殊区域，会在更改文件前先记录更改）的文件系统可以按照用户、日期和时间记录访问信息。FAT32 文件系统不具备日志和加密功能。因此在需要良好安全性的情况下，通常会采用 NTFS 进行部署。如果需要更高的安全性，则可以运行特定实用程序（如 CONVERT），将 FAT32 文件系统升级为 NTFS。该转换过程不可逆。因此在执行转换前，必须明确定义相关目标。表 10-3 显示了两种文件系统类型的比较。

表 10-3 FAT32 和 NTFS 比较

	FAT32	NTFS
安全性	低安全性	文件和文件夹级权限，加密
兼容性	与所有 Windows 版本兼容	与所有 Windows 版本兼容
文件大小	限制为 4GB 文件/32GB 卷	限制为 1TB 文件/256TB 卷
每卷文件数	417 万	42.9 亿
文件大小效率	大型集群会浪费一些空间	小型集群能更好地利用可用空间；内置压缩可最大程度地利用空间
可靠性	不跟踪对文件系统所做的更改	包括日志功能，帮助在系统崩溃或断电后重建文件系统

1. 最小权限原则

用户的权限应该仅限于访问计算机系统或网络中的所需资源。例如，如果他们只需要访问单个文件夹，则不应将他们设置为能够访问服务器上的所有文件。虽然向用户提供整个驱动器的访问权限可能更简单，但将访问权限仅限于他们完成工作所需的文件夹可能更加安全。这被称为最小权限原则。有限的资源访问也可以防止用户的计算机被感染后，恶意程序访问这些资源。

2. 限制用户权限

文件和网络共享权限可以授予给个人，也可以授予给群组中的成员。如果个人或群组被拒绝授予网络共享权限，则该拒绝将覆盖授予的任何其他权限。例如，如果您拒绝向某位用户提供某个网络共享的权限，该用户将无法访问此共享，即使该用户是管理员或管理员群组成员也不例外。本地安全策略必须指明允许每位用户或每个群组访问的资源和访问类型。

文件夹权限发生变化时，用户可以选择对所有子文件夹应用相同的权限。这称为权限传播。权限传播是一种快速将权限应用至多个文件和文件夹的简单方式。设定父文件夹权限后，在该父文件夹中创建的文件夹和文件会继承相应的权限。

10.2.6 软件防火墙

软件防火墙是计算机上运行的一种程序，可允许或拒绝当前计算机与连接至它的其他计算机之间进行通信。软件防火墙会应用一组数据传输规则，对各个数据包进行检查和筛选。Windows 防火墙就是软件防火墙的一个例子。它在安装操作系统时默认安装。

使用 TCP/IP 进行的每次通信都有一个关联的端口号。例如，HTTP 默认使用端口 80。软件防火墙（如图 10-6 所示）能够防止黑客通过数据端口入侵计算机。通过选择要打开和阻止的端口，可以控制发送至其他计算机的数据类型。要允许特定通信或应用程序连接至计算机，必须创建一些例外情况。原因是防火墙会阻止入站和出站网络连接，除非定义一些例外情况来打开和关闭程序所需的端口。

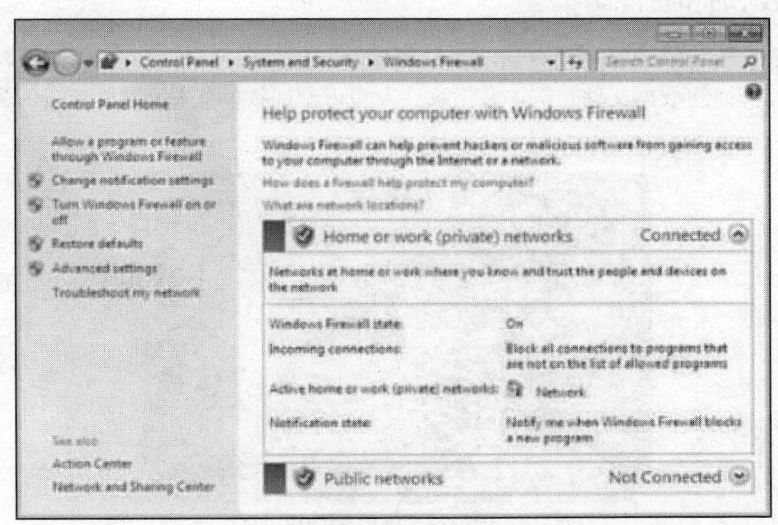

图 10-6 Windows 软件防火墙

要在 Windows 7 中通过 Windows 防火墙禁用端口，按以下顺序操作。

How To

步骤 1 选择**开始>控制面板> Windows 防火墙>高级设置**。

步骤 2 在左窗格中选择**配置入站规则**或**出站规则**，然后在右窗格中点击**新规则**。

步骤 3 选择**端口**单选按钮并单击**下一步**。

步骤 4 选择 **TCP** 或 **UDP**。

步骤 5 选择**所有本地端口**或**特定本地端口**来定义单个端口或端口范围，然后单击**下一步**。

步骤 6 选择**阻止连接**并单击**下一步**。

步骤 7 选择应用规则的时间，然后单击**下一步**。

步骤 8 为规则提供名称并选择性地提供描述，然后单击**完成**。

要在 Windows Vista 中通过 Windows 防火墙禁用端口，按以下顺序操作。

How To

步骤 1 选择**开始>控制面板> Windows 防火墙>更改设置>继续>例外>添加端口**。

步骤 2 提供一个名称和端口号或端口范围。

步骤 3 选择 TCP 或 UDP，然后单击**确定**。

要在 Windows XP 中通过 Windows 防火墙禁用端口，按以下顺序操作。

How To

步骤 1 选择**开始>控制面板> Windows 防火墙>例外>添加端口**。

步骤 2 提供一个名称和端口号或端口范围。

步骤 3 选择 TCP 或 UDP，然后单击**确定**。

注意： 在安全网络中，启用内部操作系统防火墙可提高安全性。如果防火墙未正确配置，一些应用程序可能无法正常运行。

10.2.7 生物识别和智能卡

生物识别安全性将物理特征与存储的个人资料进行比较，用以验证用户身份。个人资料是一个包含已知个人特征的数据文件。例如，指纹、人脸识别或视网膜扫描（如图 10-7 所示）都属于生物识别数据。

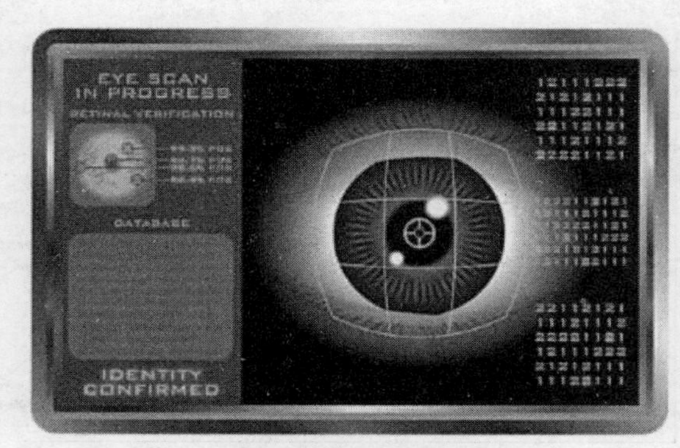

图 10-7 视网膜扫描

从理论上讲，生物识别安全性比密码或智能卡等安全措施更加安全，因为密码可能会泄漏，智能卡可能会被窃取。市面上常见的生物识别设备包括指纹识别器、视网膜扫描仪以及人脸和声音识别设备。如果用户的特征与保存的设置相匹配，并且提供了正确登录信息，则该用户将获得访问权限。

生物识别设备测量用户的物理信息，与辅助安全措施（如密码或 PIN）结合后特别适合对安全性要求较高的领域。但对于大多数小型组织来说，此类解决方案成本过高。

1. 智能卡安全性

智能卡是一张小型塑料卡，大小与信用卡相当，内嵌小型芯片。该芯片是智能数据载体，能够处理、存储和保护数据。智能卡可存储私人信息，如银行账号、个人身份信息、病历和数字签名。智能卡提供身份验证和加密功能以保证数据安全。

2. 安全密钥卡

安全密钥卡是一个类似钥匙圈的小型设备。它装有无线通信设备，可与计算机短距离通信。密钥卡非常小，足以扣在钥匙圈上。计算机接受用户名和密码前，必须先检测来自密钥卡的信号。

10.2.8 数据备份

数据备份可将计算机上的信息副本存储到可移动备份介质中，而可移动介质又能保存在安全位置。备份数据是防止数据丢失的最有效方法之一。数据可能会在盗窃、设备故障或灾难等情况下丢失或受损。如果计算机硬件出现故障，则可以从备份中将数据还原到正常工作的硬件中。

数据备份应该定期执行并纳入安全计划中。最新的数据备份通常离站存储，以便在主要设施出现任何问题时保护备份介质。备份介质一般会重复利用以节约介质成本。因此务必遵循组织的介质轮换相关规定。

数据备份时需要注意以下问题。

- **频率**：备份可能需要很长时间。有时，较简单的办法是每月或每周进行一次完全备份，然后经常对自上次完全备份以来发生变化的数据进行部分备份。但是，过多部分备份会增加还原数据所需的时间。
- **存储**：为了提高安全性，应该按照安全策略的要求，每日、每周或每月轮换将备份传输至批准的离站存储位置。
- **安全性**：可以使用密码来保护备份。在还原备份介质上的数据之前，要求先输入密码。
- **验证**：始终验证备份以确保数据的完整性。

10.2.9 数据加密

加密常常用来保护数据。加密是指采用复杂算法来转换数据，使其无法读取。然后必须使用特殊的密钥才能将不可读取的信息还原为可读取的数据。一些软件程序可用于加密文件、文件夹，甚至整个驱动器。

加密文件系统（EFS）是 Windows 的一项功能，可用来加密数据。EFS 直接与特定用户账户关联。使用 EFS 加密数据后，只有执行加密的用户才能访问该数据。

要使用 EFS 加密数据，按以下顺序操作。

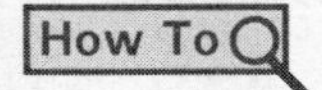

步骤 1 选择一个或多个文件或文件夹。

步骤 2 右键单击选定的数据，然后单击**属性**。

步骤 3 单击**高级**。

步骤 4 选中**加密内容以便保护数据**复选框。

已使用 EFS 加密的文件和文件夹将呈绿色（如图 10-8 所示）。

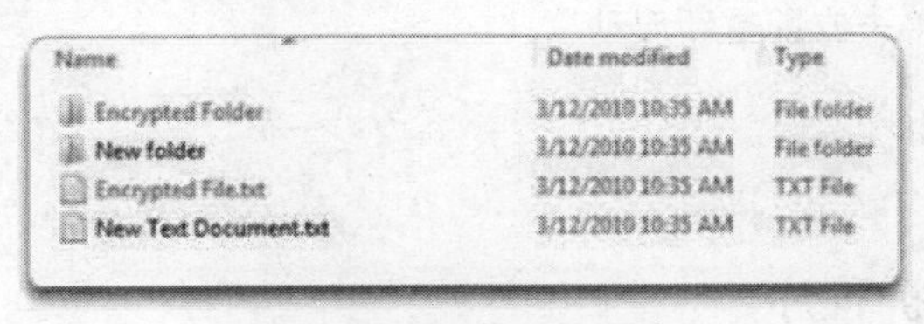

图 10-8 加密文件系统

Windows 7 以及 Windows Vista 旗舰版和企业版包含一项名为 BitLocker 的功能，用于加密整个硬盘卷。BitLocker 还可以加密可移动驱动器。要使用 BitLocker，硬盘上至少要显示两个卷。系统卷处于未加密状态，且大小必须至少达到 100MB。此卷用于保存 Windows 启动所需的文件。Windows 7 会在安装时默认创建此卷。

将 BitLocker 与 Windows Vista 配合使用时，可以使用一个特殊工具来缩小包含操作系统的卷，该工具名为 BitLocker 驱动器准备工具。缩小该卷后，即可创建一个符合 BitLocker 要求的系统文件。

创建系统卷后，必须初始化可信平台模块（TPM）模块。TPM 是安装在计算机主板上的一块专用芯片，用于进行硬件和软件身份验证。TPM 存储特定于主机系统的信息，如加密密钥、数字证书和密码。使用加密功能的应用程序可以利用 TPM 芯片来保护数据内容，如用户身份验证信息、软件许可保护，以及加密的文件、文件夹和磁盘。计算机系统集成硬件安全性（如 TPM）与软件安全性后，要比仅使用软件安全性的计算机系统更加安全。

要初始化 TPM 模块，按以下顺序操作。

How To

步骤 1 启动计算机，然后进入 BIOS 配置。

步骤 2 在 BIOS 配置屏幕内查找 TPM 选项。要找出正确的屏幕，可参阅主板手册。

步骤 3 选择**启用**并按下 **Enter**。

步骤 4 保存对 BIOS 配置所做的更改。

步骤 5 重新启动计算机。

要启用 BitLocker，按以下顺序操作。

How To

步骤 1 单击**开始>控制面板>安全性> BitLocker 驱动器加密**。

步骤 2 如果显示了 UAC 消息，则单击**继续**。

步骤 3 在 **BitLocker 驱动器加密**页，单击操作系统卷上的**启用 BitLocker**。

步骤 4 如果 TPM 未初始化，则将出现"Initialize TPM Security Hardware"（初始化 TPM 安全硬件）向导。按照向导提供的说明初始化 TPM。然后重新启动计算机。

步骤 5 "保存恢复密码"页包含以下选项。

- **在 USB 驱动器上保存密码**：此选项将密码保存至 USB 驱动器。
- **在文件夹中保存密码**：此选项将密码保存至网络驱动器或其他位置。
- **打印密码**：此选项将打印密码。

步骤 6 保存恢复密码后，单击**下一步**。

步骤 7 在 **Encrypt the selected disk volume**（加密选定磁盘卷）页，选中**运行 Bitlocker 系统检查**复选框。

步骤 8 单击**继续**。

步骤 9 单击**立即重新启动**。

此时将显示**加密进行中**状态栏。

10.2.10 恶意软件防护程序

某些类型的攻击（如间谍软件和网络钓鱼执行的攻击）会收集有关用户的数据，攻击者可以利用这些数据获取机密信息。

用户应该运行病毒和间谍软件扫描程序，检测和删除不需要的软件。许多浏览器目前都配备特殊的工具和设置，可防止多种形式的恶意软件运行。要完全删除所有恶意软件，可能需要多个不同程序和多种扫描。一次应仅运行一个恶意软件防护程序。

- **病毒防护**：防病毒程序通常在后台自动运行并监控问题。当检测到病毒时，程序会向用户发出警告，并且尝试隔离或删除病毒。
- **间谍软件防护**：反间谍软件程序会扫描按键记录器（该记录器会捕捉您的击键情况）以及其他恶意软件，以便将其从计算机中删除。
- **广告软件防护**：防广告软件程序会查找在计算机上显示广告的程序。
- **网络钓鱼防护**：防网络钓鱼程序会阻止已知网络钓鱼网站的 IP 地址，并且就可疑网站向用户发出警告。

注意： 恶意软件可以嵌入到操作系统中。用户可以从善于清理操作系统的安全软件开发公司获得特殊的删除工具。

1. 流氓防病毒软件

浏览 Internet 时，经常会看到产品和软件的广告。这些广告可能是感染用户计算机的一种手段。其中有些广告会显示消息，指明用户的计算机受到病毒或其他恶意软件感染。这些广告或弹出窗口看起来就像是真正的 Windows 警告窗口，其中指明计算机受到病毒感染，必须进行清理（如图 10-9 所示）。若单击“删除”、“清理”、“确定”，甚至是“取消”或“退出”，都会开始下载并安装恶意软件。此类攻击被称为“流氓防病毒软件”攻击。

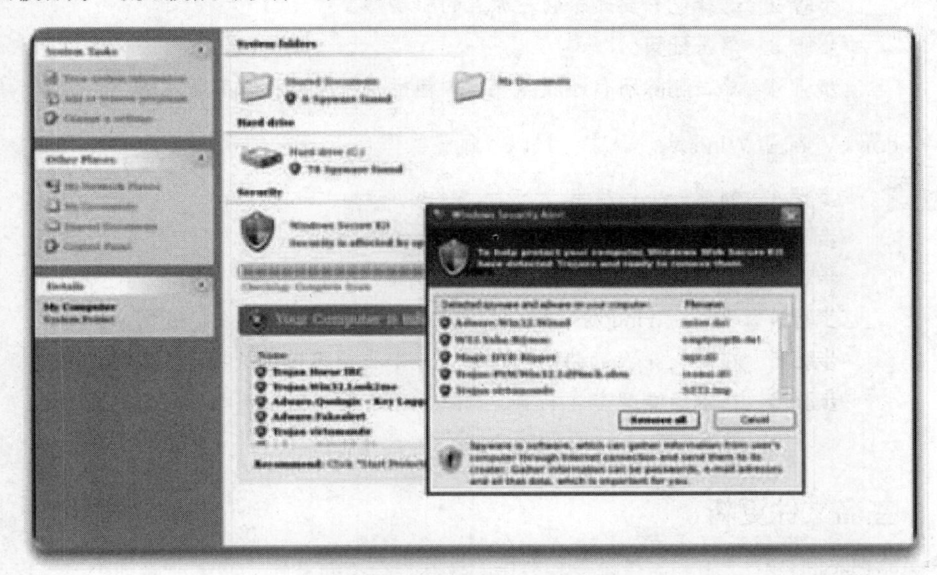

图 10-9 流氓防病毒软件

遇到可疑的警告窗口时，切勿在窗口内部点击，而是关闭选项卡或浏览器，查看该警告窗口是否会消失。如果选项卡或浏览器不关闭，按下 ALT+F4 关闭窗口，或者使用任务管理器来结束相应程序。如果警告窗口未消失，需使用已知的有效防病毒软件或广告软件防护程序扫描计算机，确保计算机未受感染。

2. 修复受感染的系统

恶意防护程序检测到计算机受感染后，会删除或隔离威胁。但该计算机很有可能仍处于危险之中。修复受感染计算机的第一步是将该计算机从网络中移除，以防感染其他计算机。拔下计算机的所有网络电缆并禁用所有无线连接。

接下来，按照所有适用的事件响应策略操作。这可能包括通知 IT 人员、将日志文件保存至可移动介质或关闭计算机。对于家庭用户，需更新已安装的恶意软件防护程序并对计算机上安装的所有介质进行全面扫描。许多防病毒程序都可以设置成在系统启动时但加载 Windows 之前运行。这使程序可以访问磁盘的所有区域，而不会受操作系统或任何恶意软件影响。

病毒和蠕虫可能难以从计算机中清除。用户需要使用软件工具来清除病毒，并且修复病毒修改过的计算机代码。操作系统生产商和安全软件公司会提供这些软件工具。请确保从合法站点下载这些工具。

在安全模式下启动计算机，可防止加载大多数驱动程序。通过安装更多恶意软件防护程序并执行全面扫描，来删除或隔离更多恶意软件。要确保计算机已完全清理，可能需要联系一名专家。在某些情况下，必须重新格式化计算机并将其从备份中还原，或者可能需要重新安装操作系统。

系统还原服务可能在还原点就包含受感染的文件。清除计算机中的任何恶意软件后，应该删除系统还原文件。如果通过系统还原功能来还原计算机，则包含受感染文件的还原点将不会列出，因此也就不会再次感染计算机。

要在 Windows 7 中删除当前系统还原文件，按以下顺序操作。

How To

步骤 1 单击 **Windows 开始**按钮>右键单击**计算机**>单击**属性**>**系统保护**选项卡。

步骤 2 选择包含要删除的还原点的驱动器。

步骤 3 单击**配置**。

步骤 4 单击**删除所有还原点（其中包括系统设置和以前版本的文件）**旁的**删除**。

在 Windows Vista 和 Windows XP 中，按以下顺序操作。

How To

步骤 1 创建一个还原点。

步骤 2 右键单击包含要删除的还原点的驱动器。

步骤 3 选择**属性**>**常规**选项卡>**磁盘清理**。

步骤 4 此时，Windows 将分析磁盘。

步骤 5 在（C:）盘的**磁盘清理**窗口，单击**更多选项**选项卡>**清理**。

步骤 6 在**磁盘清理**窗口中单击**删除**，删除最近还原点之外的所有还原点。

10.2.11 签名文件更新

安全策略在不断变化，用于保护设备和数据的技术也在不断变化。新漏洞层出不穷。攻击者一直在寻找侵入计算机和网络的新方法。软件制造商必须定期设计和发布新的补丁程序，以修复产品缺陷和漏洞。如果技术人员不对计算机进行保护，攻击者就可以获得访问权限。在 Internet 上，未加保护的计算机往往在数分钟内就会受到感染。

病毒和蠕虫对安全性的威胁始终存在。由于新病毒一直不断涌现，因此安全软件也必须不断更新。尽管更新过程可以自动执行，但技术人员也应该了解如何手动更新各种类型的防护软件和所有客户应用程序。

病毒、间谍软件和广告软件的检测程序会在计算机软件的编程代码中查找特定模式。这些模式是通过分析 Internet 和 LAN 上拦截的病毒来确定。这些代码模式称为签名。防护软件的发行商会将签名汇编到病毒定义表中。要更新防病毒软件和反间谍软件的签名文件，可先检查这些签名文件是否是最新的文件。通过导航至防护软件的"关于"选项，或者启动防护软件的更新工具，可以查看文件状态。

要更新签名文件，按以下顺序操作。

How To

步骤 1 创建一个 Windows 还原点。如果加载的文件受损，通过设置还原点，可以恢复原先的状况。

步骤 2 打开防病毒软件或反间谍软件程序。如果程序设置为自动执行或获取更新，则可能需要关闭自动功能以手动执行这些步骤。

步骤 3 选择**更新**按钮。

步骤 4 更新程序后，使用该程序来扫描计算机。

步骤 5 扫描完成后，查看报告中是否有无法自行处理或删除的病毒或其他问题。

步骤 6 将防病毒软件或反间谍软件程序设置为按计划自动更新和运行。

始终从制造商网站中检索签名文件，确保更新的真实性且未被病毒损坏。这可能会大大提高制造商网站的访问量，特别是在新病毒发布时。为了避免在一个网站产生过多流量，一些制造商会将签名文件分发到多个下载站点，以供用户下载。这些下载站点称为镜像。

警告： 从镜像下载签名文件时，需确保镜像站点为合法站点。请始终从制造商网站链接至镜像站点。

10.2.12 通用的通信加密类型

有多种不同类型的通信加密方式可用于保护计算机和网络安全。本节将描述其中一些类型，并解释它们如何加密数据通信。

1. 哈希编码

哈希编码（或称为哈希）可确保消息不会在传输过程中受损或被篡改。哈希法采用数学函数创建一个对数据具有唯一性的数字值。即使一个字符发生变化，函数输出（称为消息摘要）也会不同。但是，该函数是单向的。由于消息摘要不允许攻击者重新创建消息，因此很难拦截和更改消息。图 10-10 显示了哈希编码。最常用的哈希算法是安全哈希算法（SHA）、消息摘要 5（MD5）和数据加密标准（DES）。

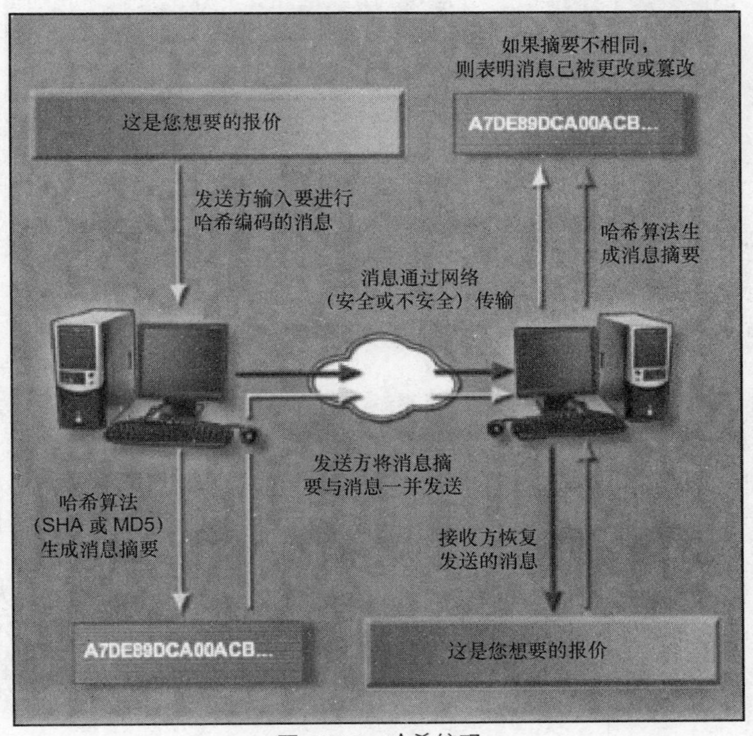

图 10-10 哈希编码

2. 对称加密

对称加密要求加密通信两端都使用加密密钥来编码和解码数据。发送方和接收方必须使用相同的密钥。图 10-11 显示了对称加密。DES 和三重数据加密标准（3DES）都是对称加密的例子。

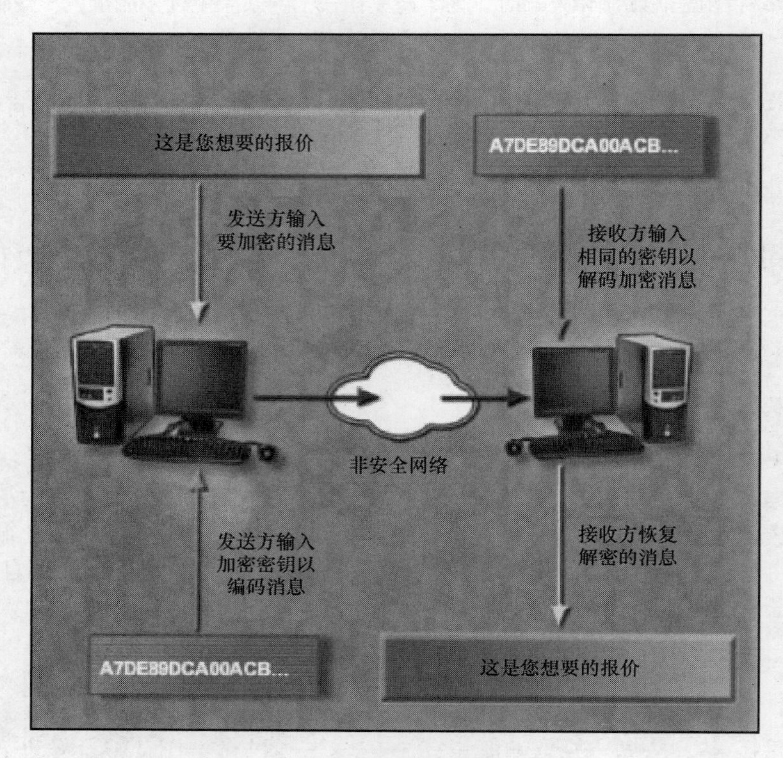

图 10-11 对称加密

3. 非对称加密

非对称加密要求两个密钥：一个私钥和一个公钥。公钥可以广泛公布，包括通过电子邮件以明文发送或发布在 Web 上。私钥由个人保管，并且不能向任何其他方泄露。这些密钥可有两种使用方式。

公钥加密用于单个组织需要接收来自多个来源的加密文本的情况。公钥可以广泛公布，并且可用于加密消息。目标收件人是拥有私钥的唯一接收方，私钥可用于解密消息。

在数字签名中，需要使用私钥来加密消息，并且使用公钥来解密消息。这种方法使接收方可以信任消息来源，因为只有使用发送方的私钥加密的消息才能使用公钥解密。图 10-12 显示了使用数字签名的非对称加密。RSA 是非对称加密最常见的例子。RSA 是用于公钥加密的一种算法。该缩略词实际上是 Ron Rivest、Adi Shamir 和 Leonard Adleman 三人姓氏的首字母组合，正是这三人首次描述了公钥密码术的这种算法。

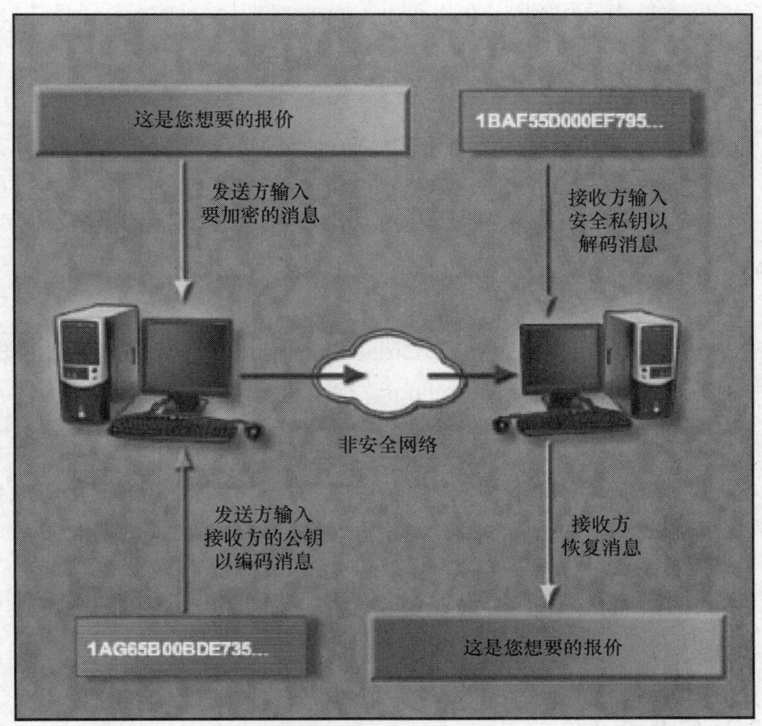

图 10-12 非对称加密

10.2.13 服务集标识符

由于无线电波可用于在无线网络中传输数据，因此攻击者无需通过物理方式连接至网络即可轻松监控和收集数据。攻击者可以通过进入未受保护的无线网络范围内获取网络访问权限。因此技术人员需要将接入点和无线 NIC 配置为适当的安全级别。

安装无线服务时，应立即应用无线安全技术以阻止不需要的网络接入。无线接入点应该配置与现有网络安全兼容的基本安全设置。

服务集标识符（SSID）是无线网络的名称。默认情况下，无线路由器或接入点会广播 SSID，以便无线设备能够检测到无线网络。如果无线路由器或接入点已禁用 SSID 广播，则在无线设备中手动输入 SSID 以连接至无线网络。

要禁用 SSID 广播，按以下顺序操作。

Wireless（无线）>Basic Wireless Settings（基本无线设置）>为 SSID 广播选择 **Disabled（已禁用）>Save Settings（保存设置）>Continue（继续）**

禁用 SSID 广播几乎不能提供安全性。如果 SSID 广播被禁用，要连接至无线网络的每位计算机用户都必须手动输入 SSID。在计算机搜索无线网络时，便会广播 SSID。高级黑客可以轻松拦截这一信息，然后利用它来冒充用户的路由器并获取凭证。

10.2.14 MAC 地址过滤

MAC 地址过滤是一种用在无线 LAN 上部署设备级安全性的技术。由于每个无线设备都具有唯一的 MAC 地址，因此无线路由器和接入点可以阻止无授权 MAC 地址的无线设备连接至网络。要强制实施 MAC 地址过滤，应输入每个无线设备的 MAC 地址。

要设置 MAC 地址过滤器，按以下顺序操作。

How To

步骤 1　选择 Wireless（无线）> Wireless MAC Filter（无线 MAC 过滤器）。

步骤 2　选择 Enabled（已启用）。

步骤 3　为访问限制类型选择 Prevent（阻止）或 Permit（允许）。

步骤 4　单击 Wireless Client List（无线客户端列表）。

步骤 5　选择客户端。

步骤 6　单击 Save to MAC Address Filter List（保存至 MAC 地址过滤器列表）> Add（添加）> Save Settings（保存设置）> Continue（继续）。

重复设置 MAC 地址过滤器的步骤可向 MAC 地址过滤器列表添加更多无线客户端。

在命令提示符中键入 **ipconfig/all** 可以查找无线 NIC 的 MAC 地址。MAC 地址的输出中标记了**物理地址**。对于非计算机设备，MAC 地址通常位于设备标签或者制造商说明中。

如果有许多设备连接至网络，则 MAC 地址过滤可能是一项费时的工作。此外，使用 MAC 地址过滤时，攻击者可以使用无线黑客工具探查 MAC 地址。攻击者得到 MAC 地址后，可以利用它来冒充已通过 MAC 地址过滤批准的计算机。因此需改用强加密技术。

10.2.15　无线安全模式

安全加密系统可以对发送的信息进行编码，防止不必要的数据获取和使用。每个链路的两端都必须采用相同的加密标准。

大多数无线接入点都支持多种不同的安全模式。最常见的安全模式如下所示。

- **有线等效保密（WEP）**：无线的第一代安全标准。攻击者很快就发现 WEP 加密很容易破解。那些对消息进行编码的加密密钥可由监控程序检测到。获取密钥后，就可以轻松解码消息。
- **Wi-Fi 保护访问（WPA）**：WEP 的改进版本，WPA 涵盖了整个 802.11i 标准（无线系统的安全层）。WPA 采用的加密技术比 WEP 加密更强。
- **Wi-Fi 保护访问 2（WPA2）**：WPA 的改进版本。该协议包含比 WPA 更高的安全级别。WPA2 支持强大的加密技术，可提供政府级安全性。WPA2 包含两种版本：个人版（密码身份验证）和企业版（服务器身份验证）。

WPA 和 WPA2 的新增内容

WPA 标准已添加其他安全措施。

- **临时密钥完整性协议（TKIP）**：该技术根据每个数据包更改加密密钥，并且提供了一种检查消息完整性的方法。
- **可扩展身份验证协议（EAP）**：使用集中身份验证服务器以提高安全性。
- **受保护的可扩展身份验证协议（PEAP）**：该协议不使用证书服务器。
- **高级加密标准（AES）**：一种对称密钥加密方法，仅添加至 WPA2。

要增加无线安全性，按以下顺序操作。

Wireless（无线）> Wireless Security（无线安全）>选择一种 Security Mode（安全模式）>选择一种 Encryption Type（加密类型）>键入 Pre-shared Key（预共享密钥）>设置 Key Renewal（密钥

更新间隔）> Save Settings（保存设置）> Continue（继续）

10.2.16 无线接入

无线通信极易被未经授权的用户监控。确保您的无线器材和设备已被保护是保护网络安全中至关重要的一步。

1. 无线天线

当天线连接至无线接入点时，天线的增益和信号模式可以影响信号的接收位置。通过安装一个模式可更改的天线为网络用户提供更好的服务，避免将信号传输到网络区域外。

一些无线设备允许更改无线电波的功率电平。这样可以通过两种方式带来益处。

- 无线网络的规模能够得以缩小，防止覆盖不需要的区域。笔记本电脑或移动设备可用于确定覆盖区域。通过降低无线电功率电平，直至覆盖区域达到所需的规模。
- 通过提高包含多个无线网络的区域的功率电平，帮助将来自其他网络的干扰保持在最低水平并帮助客户保持连接。

2. 网络设备接入

许多由特定制造商生产的无线设备都采用相同的默认用户名和密码来访问无线设备并进行配置。如果不更改这些参数，未经授权的用户就可以轻松登录接入点并修改设置。首次连接至网络设备时，应更改默认用户名和密码。一些设备允许更改用户名和密码，但另一些仅允许更改密码。

要更改默认密码（如图 10-13 所示），按以下顺序操作。

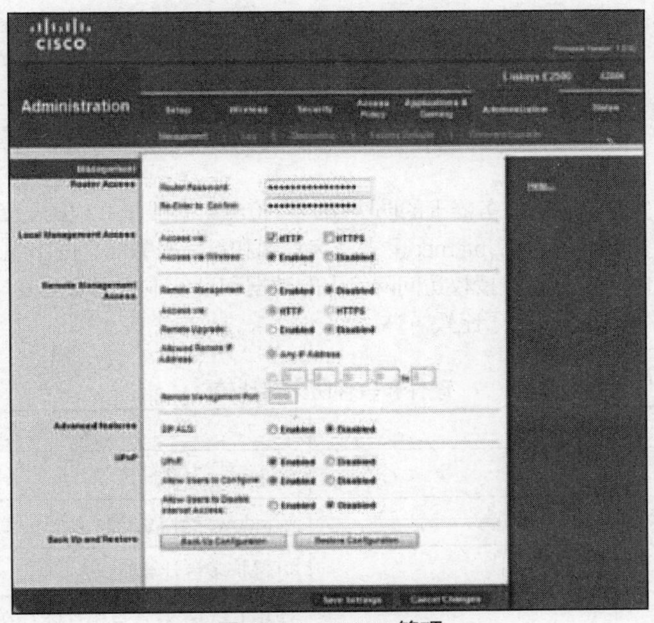

图 10-13 E2500 管理

Administration（管理）> Management（管理）>输入新的路由器密码>重新输入以确认>保存设置

3. Wi-Fi 保护设置

对于许多用户来说，设置无线路由器并手动输入配置非常困难。过去，许多用户都只是简单插入设备电源并使用默认设置。这些设置让设备可以轻松连接，但也遗留了一些安全漏洞，如缺少加密、使用默认 SSID 和使用默认管理密码。Wi-Fi 保护设置（WPS）的设计目的是帮助用户快速、轻松地设置无线网络并启用安全性。

用户使用 WPS 时最常用的连接方式是 PIN 方法。采用 PIN 方法后，无线路由器有一个出厂设置的 PIN（该 PIN 打印在标签上或显示在屏幕上）。当无线设备尝试连接至无线路由器时，路由器会要求提供 PIN。用户在无线设备上输入 PIN 后，设备将连接至网络并启用安全性。

WPS 存在一个严重的安全漏洞。目前已开发出一款可拦截流量并恢复 WPS PIN 和预共享加密密钥的软件。作为一项安全最佳做法，应该尽可能在无线路由器上禁用 WPS。

10.2.17 防火墙

硬件防火墙是一个物理过滤组件，它在网络数据包到达计算机和网络中的其他设备之前对其进行检测。硬件防火墙是一个独立装置，不会使用所保护的计算机的资源，因此不会对性能处理产生影响。防火墙可以配置为阻止多个端口、某个范围的端口，甚至特定于某个应用程序的流量。Linksys E2500 无线路由器也是一个硬件防火墙。

硬件防火墙将两种类型的流量传送到网络中：

- 对源自网络内部的流量的响应；
- 发送至有意保持打开的端口的流量。

硬件防火墙配置包含以下几种类型。

- **数据包过滤器**：数据包不能通过防火墙，除非它们满足防火墙中配置的既定规则集。流量可以根据各种属性进行过滤，如源 IP 地址、源端口或目标 IP 地址或端口。流量也可以根据目标服务或协议（如 WWW 或 FTP）进行过滤。
- **状态包侦测（SPI）**：这是一个防火墙，可跟踪经过防火墙的网络连接的状态。不属于已知连接的数据包将被丢弃。
- **应用层**：所有进出应用程序的数据包均被拦截。所有不需要的外部流量均被阻止到达受保护的设备。
- **代理**：这是安装在代理服务器上的防火墙，可检测所有流量并根据配置规则允许或拒绝数据包。代理服务器是一种在 Internet 上充当客户端和目标服务器之间中继站的服务器。

硬件和软件防火墙可阻止未经授权访问网络上的数据和设备。防火墙应该与安全软件配合使用。表 10-4 对硬件和软件防火墙进行了比较。

表 10-4 硬件和软件防火墙比较

硬件防火墙	软件防火墙
专用硬件组件	作为第三方软件提供，成本各不相同
硬件和软件更新的初始成本可能比较高	Windows 操作系统配套的免费版本
可保护多台计算机	可保护多台计算机
不会影响计算机性能	使用 CPU；对计算机性能存在潜在影响

要在 Linksys E2500 上配置硬件防火墙设置，按以下顺序操作。

Security（安全）> Firewall（防火墙）>针对 SPI 防火墙保护选择 Enable（启用）。然后选择所需的其他 Internet 过滤器和 Web 过滤器以保护网络安全。

单击 Save Settings（保存设置）> Continue（继续）。

注意： 即使在安全网络中，也应该启用内部操作系统防火墙以获得额外安全性。如果防火墙未正确配置，一些应用程序可能无法正常运行。

非军事区

非军事区（DMZ）是一个子网，可向不受信任的网络提供服务。电子邮件、Web 或 FTP 服务器常常放置在 DMZ 中，因此使用服务器的流量不会进入本地网络内部。这样可以防止内部网络受到此类流量攻击，但并不能以任何方式保护 DMZ 中的服务器。这是防火墙或代理管理流量进出 DMZ 的常用方式。

在 Linksys E2500 上，可以通过将所有流量端口从 Internet 转发到特定 IP 地址或 MAC 地址，为一个设备创建 DMZ。服务器、游戏机或 Web 摄像头都可以放置在 DMZ 中，这样任何用户都可以访问这些设备。但是，DMZ 中的设备也会受到 Internet 中黑客的攻击。

10.2.18 端口转发和端口触发

硬件防火墙可用于阻止端口，防止 LAN 内外未经授权的访问。但在某些情况下，必须打开特定端口以便某些程序和应用程序能够与不同网络上的设备通信。端口转发是一种基于规则的方法，用于在不同网络的设备之间转发流量。这种方法将设备置于 Internet 环境中，比使用 DMZ 更加安全。

当流量进入路由器时，路由器根据流量的端口号确定是否应该将流量转发至特定设备。端口号与特定服务相关联，如 FTP、HTTP、HTTPS 和 POP3。转发规则可确定哪些流量将发送至 LAN。例如，某个路由器可能配置为转发端口 80（与 HTTP 关联）。当路由器接收到来自目标端口 80 发送的数据包时，可将流量转发至为网页提供服务的网络内部的服务器。

要添加端口转发（如图 10-14 所示），按以下顺序操作。

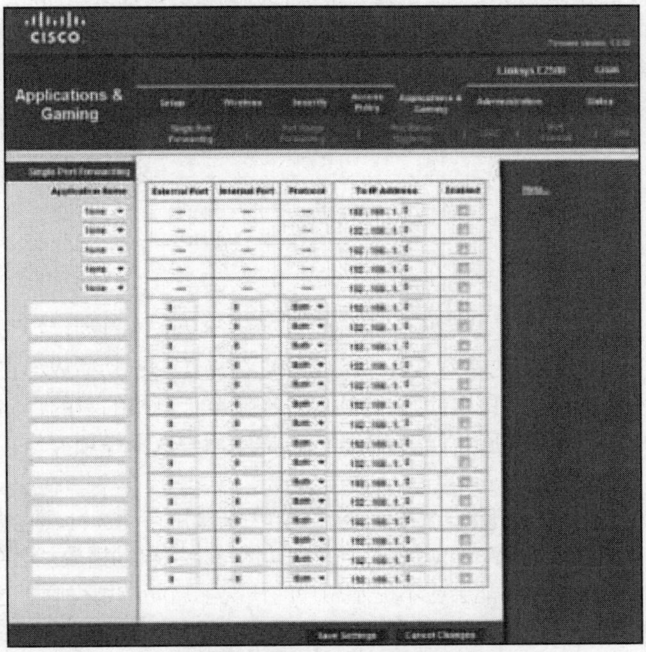

图 10-14 E2500 单一端口转发

How To

步骤 1 单击 Applications & Gaming（应用程序和游戏）> Single Port Forwarding（单一端口转发）。

步骤 2 选择或输入一个应用程序名称。您可能需要输入外部端口号、内部端口号和协议类型。

步骤 3 输入要接受请求的计算机的 IP 地址。

步骤 4 单击 Enable（启用）> Save Settings（保存设置）> Continue（继续）。

端口触发允许路由器通过入站端口临时将数据转发到特定设备。仅当指定端口范围可用于创建出站请求时，才能使用端口触发向计算机转发数据。例如，某个视频游戏可能使用端口 27000～27100 与其他玩家连接。这些就是触发端口。某个聊天客户端可能使用端口 56 连接相同的玩家，以便玩家之间可以相互交流。在这种情况下，如果触发端口范围内的某个出站端口上产生了游戏流量，端口 56 上的入站聊天流量将被转发至正用于玩视频游戏以及与朋友聊天的计算机。如果游戏结束，且触发端口不再被占用，端口 56 将无法继续向该计算机发送任何类型的流量。

要添加端口触发，按以下顺序操作。

How To

步骤 1 选择 Applications & Gaming（应用程序和游戏）> Port Range Triggering（端口范围触发）。

步骤 2 键入应用程序名称。输入触发端口范围的起始和结束端口号以及转发端口范围的起始和结束端口号。

步骤 3 单击 Enable（启用）> Save Settings（保存设置）> Continue（继续）。

10.2.19 物理设备保护方法

物理安全与数据安全同样重要。如果计算机被盗，数据也会被窃取。因此，务必用栅栏、门锁和大门限制进入设施场所。通过以下方式来保护网络基础设施（如布线、电信设备和网络设备）。

- 确保电信机房、设备机柜和机架安全。
- 对硬件设备使用钢缆锁和安全螺钉。
- 无线监测未经授权的接入点。
- 使用硬件防火墙。
- 使用网络管理系统检测接线和配线面板的变化。

1. 禁用自动运行

确保硬件安全的另一种方法是禁用操作系统的自动运行功能。自动运行会在发现新的存储介质时自动按照一个名为 autorun.inf 的特殊文件中的指示进行操作。自动播放与自动运行不同。自动播放功能是一种非常方便的方式，可以自动识别插入或连接至计算机的新的存储介质（如光盘、外置硬盘或 U 盘）。自动播放会根据新的存储介质的内容提示用户选择一项操作，如运行程序、播放音乐或浏览介质。

Windows 会先执行自动运行，除非已将其禁用。如果未禁用自动运行，它将按照 autorun.inf 文件中的指示操作。Windows Vista 和 Windows 7 不允许自动运行绕过自动播放。但在 Windows XP 中，自动运行可以绕过自动播放，并且可能会在不提示用户的情况下启动应用程序。这是一种安全风险，因为它可以自动运行恶意程序并破坏系统，因此建议禁用自动运行。

要在 Windows XP 中禁用自动运行，按以下顺序操作。

How To

步骤 1 选择**开始>运行**。

步骤 2 键入 regedit 并单击**确定**。

步骤 3 导航至 HKEY_LOCAL_MACHINE\SYSTEM\CurrentControlSet\Services\Cdrom。

步骤 4 双击**自动运行**。在“数值数据”文本框中键入 0，然后单击**确定**（如图 10-15 所示）。

步骤 5 关闭注册表编辑器。

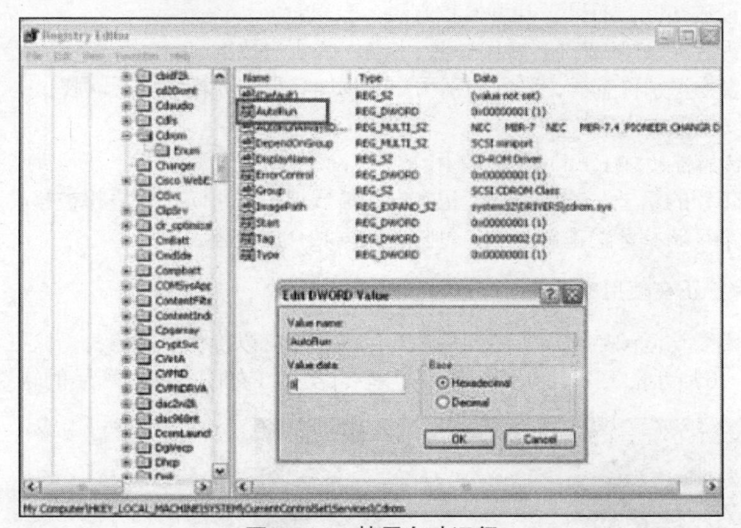

图 10-15 禁用自动运行

步骤 6 可能需要注销并重新登录以使更改生效。

2. 双因素身份验证

计算机设备和数据可以使用重叠的保护方法来保证安全，以防未经授权访问敏感数据。例如，同时使用密码和智能卡保护资产就属于重叠保护。这称为双因素身份验证。在考虑安全程序时，实施成本应该与要保护的数据或设备的价值进行衡量。

10.2.20 安全硬件

安全硬件有助于防止安全入侵以及数据或设备受损。物理安全访问控制措施包括锁门、视频监控和保安人员。钥匙卡可以保护物理区域的安全。如果钥匙卡丢失或被盗，只需停用丢失的卡。钥匙卡系统比安全锁更昂贵，但如果传统钥匙丢失，则必须换锁或重设密钥。

网络设备应该安装在安全区域。所有布线都应该封装在线管中或者在墙体内部走线，以防未经授权的接入或篡改。线管是一种防止基础架构介质受损或被未经授权接入的壳体。未使用的网络端口应该禁用。

生物识别设备可测量用户的物理信息，特别适合用于对安全性要求较高的领域。但对于大多数小型组织来说，此类解决方案成本过高。

安全策略应该指明可用于防止盗窃、破坏和数据损失的硬件和设备。物理安全包括 4 个相互关联的方面：访问、数据、基础架构和物理计算机。

下面几种物理方式可以保护计算机设备。

- 对设备使用钢缆锁。
- 锁上电信机房。
- 为设备安装安全螺钉。
- 在设备周围使用安全机架。
- 在设备上标记并安装传感器，如射频标识（RFID）标签。
- 安装由移动检测传感器触发的物理警报器。
- 配合使用网络摄像头与移动检测和监控软件。

对于设施访问，有以下几种保护方法。

- 钥匙卡，可以存储包括访问级别在内的用户数据。
- 生物识别传感器，可以识别用户的物理特征（如指纹或视网膜）。
- 安排保安人员。
- 传感器（如RFID标签），用于监控设备。

使用带锁的箱子、钢缆锁和笔记本电脑扩展坞锁，可防止计算机被移动。使用可上锁的硬盘托架并确保安全存储和运输备份介质，可防止数据和介质被盗。

1. 保护正在使用的数据

对于需要访问敏感网络资源的用户，可使用令牌以提供双因素身份验证。令牌可以采用硬件类型（如图10-16所示的PIN卡），也可以采用软件类型（如图10-17所示的软令牌程序）。

图10-16　PIN卡

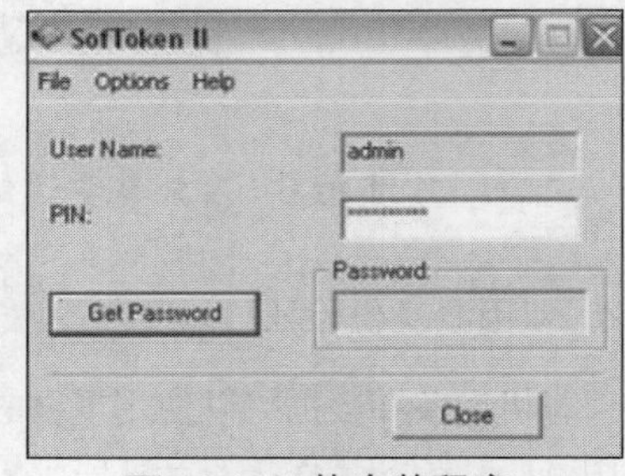

图10-17　软令牌程序

令牌可分配给计算机并在特定时间创建一个唯一的代码。当用户访问网络资源时，需要输入PIN和令牌显示的数字。令牌所显示的数字由内部时钟的计算值和令牌出厂时编码的随机数字组成。该数字通过知悉令牌数字且可以计算出相同数字的数据库进行验证。

隐私保护屏幕可防止计算机屏幕上的信息被偷窥。隐私保护屏幕是一块面板，通常由塑料制成。它可以防止光从低角度射入，因此只有直视屏幕的用户才能看到屏幕上的信息。例如，飞机上的用户可以防止邻座乘客看到自己笔记本电脑屏幕上的内容。

2. 适当的安全搭配

一些因素可确定能为设备和数据提供最有效保护的安全设备，其中包括：

- 设备的使用方式；
- 计算机设备的位置；
- 用户对数据所需的访问权限类型。

例如在热闹的公共场所（如图书馆）中，计算机需要额外保护，以防出现盗窃和破坏事件。在繁忙的呼叫中心，可能需要将服务器锁在设备间。如果需要在公共场所使用笔记本电脑，则可以使用安全软件狗，确保系统在用户离开笔记本电脑时即锁定。

10.3 安全维护

实施强有力的安全策略并设置保护以防止安全威胁是保护网络的开始。必须定期维护和更新所有的安全规程、软件和硬件以确保数据和设备的安全，防止安全威胁。

10.3.1 操作系统服务包和安全补丁

补丁是制造商提供的代码更新，旨在防止新发现的病毒或蠕虫成功攻击计算机。制造商会不时地将补丁和更新集成到一个全面的更新应用程序（称为服务包）中。如果更多用户下载并安装了最新的服务包，许多灾难性的病毒攻击可能就不会如此严重。

Windows 会定期检查 Windows 更新网站获取高优先级更新，帮助保护计算机免受最新安全威胁的影响。这些更新包括安全更新、重要更新和服务包。根据选择的设置，Windows 将自动下载并安装计算机需要的所有高优先级更新，或者在这些更新可用时发送通知。

更新必须进行安装，而非仅仅是下载更新。如果所使用的是自动设置，则可以预先安排安装时间和日期。否则，如果计算机处于开启状态或低电量状态，系统将默认在凌晨 3 点安装新的更新。如果计算机在计划更新时间处于关闭状态，系统将在下次启动计算机时安装更新。此外，也可以选择让 Windows 在新更新可用时发送通知，然后自行安装更新。

由于安全威胁在不断变化，因此技术人员应该掌握如何安装补丁和更新。他们还应该能够意识到何时会推出新的更新和补丁。一些制造商会在每月的同一日期发布更新，但也会在必要时发布重要更新。另一些制造商则提供自动更新服务以便在计算机每次启动时安装补丁，或者在新补丁或更新发布时通过电子邮件发送通知。

要使用安全包或安全补丁更新操作系统，按以下顺序操作。

How To

步骤 1 在安装更新之前先创建一个还原点。

步骤 2 检查更新以确保为最新更新。

步骤 3 使用“自动更新”或从操作系统制造商的网站下载更新。

步骤 4 安装更新。

步骤 5 根据需要重新启动计算机。

步骤 6 确保计算机能够正常运行。

默认情况下，Windows 会自动下载更新并将其安装到操作系统中。但是，更新可能会与组织的安全策略或计算机的其他设置冲突。因此可以使用以下 Windows 选项控制软件更新时间。

- **自动：**自动下载并安装更新，无需用户干预。
- **仅下载更新：**自动下载更新，但需要由用户安装更新。
- **通知我：**通知用户更新可用，并提供下载和安装选项。
- **关闭自动更新：**阻止任何更新检查。

要配置 Windows 更新，按以下顺序操作。

开始>所有程序>Windows 更新>更改设置

如果用户正在使用拨号网络，则应将 Windows 更新设置配置为在更新可用时通知用户，或者应该关闭 Windows 更新。拨号用户可能希望能够选择一个时间段，在此期间更新不会干扰其他网络活动或使用有限的可用资源，以此来控制更新。

在企业环境中，补丁管理策略详细介绍了如何在将更新部署至网络中的单台 PC 之前脱机下载和测试更新。

10.3.2 数据备份

Windows 备份可以手动执行，也可以根据预先安排的频率自动执行。要在 Windows 中成功备份和还原数据，必须具有适当的用户权限。

- 所有用户都可以备份各自的文件和文件夹。他们还可以备份具有读取权限的文件。
- 所有用户都可以还原具有写入权限的文件和文件夹。
- Administrators、Backup Operators 和 Server Operators（如果已加入某个域）组的成员可以备份和还原所有文件，而不管分配有何种权限。默认情况下，这些组的成员都具有备份和还原文件和目录的用户权限。

首次启动 Windows 7 备份文件向导，按以下顺序操作。

开始>所有程序>维护>备份和还原>设置备份

要在备份文件向导结束后更改 Windows 7 中的备份设置，按以下顺序操作。

开始>所有程序>维护>备份和还原>更改设置>更改备份设置>继续

要在 Windows 7 中还原备份文件，按以下顺序操作。

开始>所有程序>维护>备份和还原>还原我的文件

要启动 Windows Vista 备份文件向导，按以下顺序操作。

开始>所有程序>维护>备份和还原中心>备份文件

要更改备份设置，按以下顺序操作。

开始>所有程序>维护>备份和还原中心>更改设置>更改备份设置>继续

要在 Windows Vista 中还原备份文件，按以下顺序操作。

开始>所有程序>维护>备份和还原中心>还原文件

Windows 7 或 Windows Vista 备份文件的扩展名为.zip。备份数据会自动压缩，每个文件的最大压缩大小为 200MB。Windows 7 或 Windows Vista 备份文件可以保存至硬盘、任何可刻录介质或任何连接至网络的其他计算机或服务器。备份只能从 NTFS 分区进行创建。目标硬盘必须采用 NTFS 或 FAT 格式。

注意： 在 Windows 7 或 Windows XP 备份或还原实用工具向导中可以手动排除目录。但 Windows Vista 备份文件向导中不支持此功能。

要启动 Windows XP 备份或还原实用工具向导，按以下顺序操作。

开始>所有程序>附件>系统工具>备份

此时将启动备份或还原向导。要更改备份设置，按以下顺序操作。

开始>所有程序>附件>系统工具>备份高级模式>工具>选项

要在 Windows XP 的备份或还原向导中还原备份文件，按以下顺序操作。

下一步>还原文件和设置>下一步。

选择备份文件，然后单击**下一步>完成**

Windows 备份或还原实用工具向导和其他备份应用程序通常会提供如表 10-5 所示的一些备

份类型。

Windows XP 备份或还原实用工具向导文件的扩展名为.bkf。.bkf 文件可以保存至硬盘、DVD 或任何其他可刻录介质中。来源位置和目标驱动器可以是 NTFS 或 FAT。

Windows XP 备份操作可以在命令行执行，也可以使用 **NTBACKUP** 命令从批处理文件执行。**NTBACKUP** 的默认参数在 Windows XP 备份实用工具中进行设置。要覆盖的选项必须包含在命令行中。**NTBACKUP** 命令不能用于从命令行还原文件。

对于 Windows 7 或 Windows Vista，可使用 **WBADMIN** 命令。但不能使用在 Windows XP 中采用 **NTBACKUP** 命令创建的备份，也不能在 Windows 7 或 Windows Vista 中使用 **WBADMIN** 命令还原这些备份。要将 Windows XP 中的备份还原至 Windows 7 或 Windows Vista 中，可从 Microsoft 网站下载 **NTBACKUP** 命令的特殊版本。

各种备份类型配合使用可以有效地备份数据。表 10-5 介绍了各种备份类型。备份数据可能需要一些时间，因此最好在计算机和网络使用需求较低时执行备份。

表 10-5 注册表备份类型

备份类型	描述
完整或标准备份	该备份类型复制所有选定文件，并将每个文件标记为已备份
增量备份	该备份类型仅备份自上次完整或增量备份后创建或更改的文件。恢复文件时需要具备最新的完整备份集和所有增量备份集
差异备份	该备份类型仅复制自上次完整备份后创建或更改的文件。恢复文件时需要具备最新的完整备份和一个差异备份
每日备份	该备份类型复制在执行每日备份的当天修改的所有选定文件
复制备份	该备份类型复制所有选定文件，但不会将文件标记为已备份

10.3.3 配置防火墙类型

防火墙会选择性地拒绝发送至计算机或网段的流量。防火墙的工作原理一般是打开和关闭各种应用程序使用的端口。通过仅在防火墙上打开所需的端口，可以实施限制型安全策略：任何未经明确允许的数据包都会被拒绝。相反，许可型安全策略允许通过除明确拒绝的端口外的所有端口访问。过去，软件和硬件发货时包含许可型设置。由于用户会忽略对设备的配置，因此默认的许可型设置会使许多设备受到攻击者的攻击。目前，大多数设备发货时的设置都尽可能具有限制性，但仍然可以轻松设置。

Windows 7 或 Windows Vista 防火墙的配置可以通过两种方式完成。

- **自动**：系统提示用户针对自发的请求选择**保持阻止**、**解除阻止**或**稍后询问**。这些请求可能来自之前未配置的合法应用程序，也可能来自被感染系统的病毒或蠕虫。
- **管理安全设置**：用户手动添加网络上正在使用的应用程序所需的程序或端口。

要允许程序通过 Windows 7 中的 Windows 防火墙访问，按以下顺序操作。

开始>控制面板> Windows 防火墙>允许程序或功能通过 Windows 防火墙>允许运行另一程序

要允许程序通过 Windows Vista 中的 Windows 防火墙访问，按以下顺序操作。

开始>控制面板>安全中心> Windows 防火墙>更改设置>继续>例外>添加程序

要允许程序通过 Windows XP 中的 Windows 防火墙访问，按以下顺序操作。

开始>控制面板>安全中心> Windows 防火墙>例外>添加程序

要在 Windows 7 中禁用 Windows 防火墙，按以下顺序操作。

开始>控制面板> Windows 防火墙>启用或关闭 Windows 防火墙>关闭 Windows 防火墙（不推荐）>确定

要在 Windows Vista 中禁用 Windows 防火墙，按以下顺序操作。

开始>控制面板>安全中心> Windows 防火墙>启用或关闭 Windows 防火墙>继续>关闭（不推荐）>确定

要在 Windows XP 中禁用 Windows 防火墙，按以下顺序操作。

开始>控制面板>安全中心> Windows 防火墙

10.3.4　维护账户

组织内部员工常常需要不同级别的数据访问权限。例如，经理和会计可能是组织中唯一可以访问薪酬文件的员工。

员工可以按工作要求进行分组，然后根据组权限授予相应的文件访问权限。此过程有助于管理员工的网络访问权限。对于需要短期访问权限的员工，可以为其设置临时账户。网络访问封闭式管理有助于限制有漏洞的区域，否则这些区域可能允许病毒或恶意软件进入网络。

1. 终止员工访问权限

员工离职后，应该立即终止该员工对网络数据和硬件的访问权限。如果前员工在服务器的个人空间中存储了文件，可通过禁用相应账户取消访问权限。如果该员工的继任者需要访问应用程序和个人存储空间，则可以重新启用该账户并将账户名更改为新员工的姓名。

2. 访客账户

临时员工和访客可能需要访问网络。例如，访客可能需要访问电子邮件、Internet 和网络上的打印机。这些资源可以通过一个名称为“访客”的特殊账户进行访问。如有访客，可将其分配至“访客”账户。如果没有访客，则可禁用该账户，直至下一位访客来访。

一些访客账户需要广泛的资源访问权限，就像会计或财务审计师需要的权限一样。这种访问权限只能在完成工作所需的时间段内授予。

要配置计算机上的所有用户和组，可在搜索框中输入 lusrmgr.msc 或运行命令行实用程序，如图 10-18 所示。

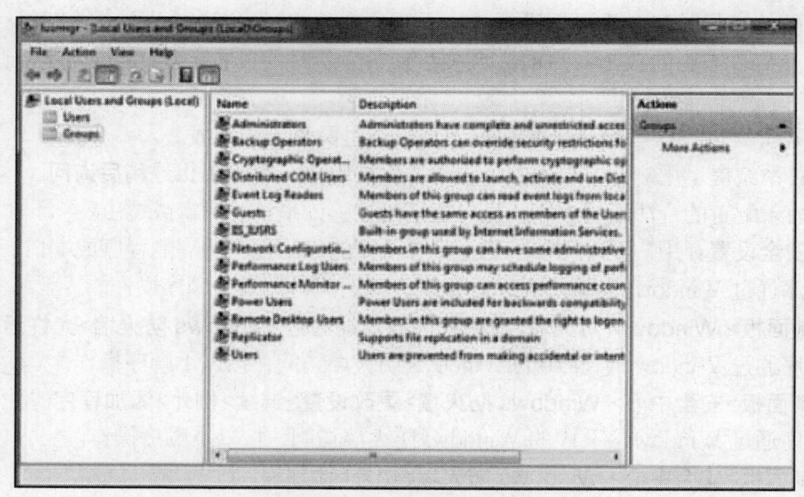

图 10-18　lusrmgr.msc

10.4 运用故障排除流程修复安全性问题

采用故障排除流程来查找和纠正安全问题将有助于技术人员保持一致的方法，以此管理和减轻对数据和设备的威胁。了解伴随安全性发生的一些常见问题和解决方案能够有助于加速故障排除流程。

10.4.1 查找问题

故障排除流程可用于帮助解决安全问题。这些问题涵盖的内容既有防止他人偷看您的信息之类的小问题，也有从多台联网计算机中手动删除受感染文件的复杂问题。我们将以故障排除步骤为指导原则，协助您诊断和修复问题。

计算机技术人员必须能够分析安全威胁，并确定相应的方法来保护资产和弥补损失。故障排除流程的第一步是找出问题。表 10-6 显示了一系列要询问客户的开放式问题和封闭式问题。

表 10-6 步骤 1：查找问题

开放式问题	问题是什么时候开始的？ 您遇到了什么问题？ 您最近访问了哪些网站？ 您的计算机上安装了哪些安全软件？ 最近除您之外还有谁用过您的计算机？
封闭式问题	您的安全软件是最新的吗？ 最近是否对计算机进行过病毒扫描？ 您打开过任何可疑电子邮件的附件吗？ 您最近更改过密码吗？ 您共享了密码吗？

10.4.2 推测可能原因

在与客户交谈后，可以推测可能的原因。表 10-7 列出了安全问题的一些常见可能原因。

表 10-7 步骤 2：推测可能原因

安全性问题的常见原因	病毒 特洛伊木马 蠕虫 间谍软件 广告软件 灰色软件或恶意软件 网络钓鱼方案 密码泄露 未受保护的设备间 未加保护的工作环境

10.4.3 测试推测以确定原因

对问题进行了一些推测之后，可根据推测进行测试，以确定问题的原因所在。表 10-8 显示了一系列快速程序，它们可帮助确定问题的确切原因，有时甚至能纠正问题。如果快速程序纠正了问题，便可验证全部系统功能。如果快速程序未纠正问题，可能需要进一步研究问题，以便确定确切原因。

表 10-8 步骤 3：测试推测以确定原因

用于确定原因的常见步骤	断开网络连接 更新防病毒软件和间谍软件签名 使用保护软件扫描计算机 检查计算机是否有最新的操作系统补丁和更新 重启计算机或网络设备 以另一用户的身份登录并更改密码 保证设备间安全 保证工作环境安全 实施安全策略

10.4.4 制定解决问题的行动计划，并实施解决方案

在确定了问题的确切原因之后，应制定解决问题的行动计划，并实施解决方案。表 10-9 显示了一些信息源，可以使用这些信息源来搜集更多信息以解决问题。

表 10-9 步骤 4：制定解决问题的行动计划，并实施解决方案

如果在上一个步骤中未得出解决方案，则需要进一步研究以实施解决方案	帮助台修复日志 其他技术人员 制造商常见问题 技术网站 新闻组 计算机手册 设备手册 在线论坛 Internet 搜索

10.4.5 验证全部系统功能，并根据需要实施预防措施

更正问题之后，应验证全部功能，并根据需要实施预防措施。表 10-10 显示了用于验证解决方案的步骤。

表 10-10 验证全部系统功能，并根据需要实施预防措施

检验全部功能	重新扫描计算机，确保没有病毒残留 重新扫描计算机，确保没有间谍软件残留 检查安全软件日志，确保没有问题残留 检查计算机是否有最新的操作系统补丁和更新 测试网络和 Internet 连接 确保所有应用程序都工作 检验对授权资源（如共享打印机和数据库）的访问权限 确保条目受到保护 确保安全策略已实施

10.4.6 记录发现的问题、采取的措施和最终结果

故障排除流程的最后一步是记录发现的问题、采取的措施和最终结果。表 10-11 列出了记录问题和解决方案需要执行的任务。

表 10-11 步骤 6：记录发现的问题、采取的措施和最终结果

记录发现的问题、采取的措施和最终结果	与客户讨论实施的解决方案 请客户验证问题已解决
	为客户提供所有书面文件 在工单和技术人员日志中记录为解决问题而执行的步骤 记录修复过程中使用的任何组件 记录解决问题所用的时间

10.4.7 找出常见问题和解决方案

安全性问题可归为硬件问题、软件问题或连通性问题，又或是其中两种甚至三种问题兼有的综合性问题。有些类型的安全性问题发生频率较高。表 10-12 显示了常见的安全性问题和解决方案。

表 10-12 常见问题和解决方案

问题症状	问题原因	可能的解决方案
即使使用了 128 位 WEP 加密，无线网络仍被入侵	黑客发布了通用无线入侵工具破解加密	升级至 WPA2 加密 为不支持 WPA2 的早期客户端添加 MAC 地址过滤
用户每天会收到成百上千封垃圾邮件	网络未针对垃圾邮件发送者的电子邮件服务器提供检测或保护服务	安装防病毒软件或可删除电子邮件收件箱中垃圾邮件的电子邮件软件程序
发现陌生的打印机维修人员正在键盘下或桌面上搜寻什么	未正常监控访客，或者访客盗取了用户凭证并进入大楼	联系保安人员或警察 建议用户不要将密码藏在工作区域附近
网络上发现未经授权的无线接入点	某位用户添加了一个无线接入点来扩展公司网络的无线覆盖范围	断开并没收未经授权的设备 对负责安全入侵事件的员工进行处分，以此贯彻安全策略

续表

问题症状	问题原因	可能的解决方案
用户闪存驱动器中的病毒感染了网络中的计算机	闪存驱动器受病毒感染，网络计算机访问该驱动器时未使用病毒防护软件进行扫描	将病毒防护软件设置为在访问可移动介质上的数据时扫描可移动介质
系统显示安全警报	Windows 防火墙被关闭	启用 Windows 防火墙
	病毒定义已过期	更新病毒定义
	检测到恶意软件	扫描计算机，以删除所有恶意软件
Windows 更新失败	所下载的更新已损坏	手动下载更新并安装
	更新所需的上一更新尚未安装	使用“系统还原”将计算机还原至尝试更新之前的状态
		从备份中还原计算机
系统文件已重命名	计算机感染了病毒	使用防病毒软件删除病毒
		从备份中还原计算机
您的电子邮件联系人举报您的地址发送了垃圾邮件	您的电子邮件已被黑客入侵	更改您的电子邮件密码
		联系电子邮件客服人员以重置账户

10.5 总结

本章讨论了计算机安全，以及为什么保护计算机设备、网络和数据非常重要。本章还讨论了与数据和物理安全相关的威胁、安全规程和预防性维护，帮助保持计算机设备和数据的安全。本章需要掌握的一些重要概念如下。

- 安全威胁可能来自组织内部和外部。
- 病毒和蠕虫是攻击数据的常见威胁。
- 应制定和维护安全计划，以防数据和物理设备遭受损失。
- 持续更新操作系统和应用程序，并安装补丁和服务包确保安全。

10.6 检查你的理解

您可以在附录 A 中查找下列问题的答案。

1. 以下哪一项是实现物理安全性的示例？
   A. 在每台计算机上建立个人防火墙
   B. 对存储在服务器上的所有敏感数据进行加密
   C. 要求员工在进入安全区域时使用密钥卡
   D. 确保所有操作系统和防病毒软件为最新状态
2. 计算机可以成功地 ping 到本地网络之外，但无法访问任何万维网服务。此问题最可能的原因是什么？

A. Windows 防火墙正在阻拦端口 80
B. 默认情况下，Windows 防火墙阻拦端口 23
C. 计算机网络接口卡有故障
D. BIOS 或 CMOS 设置正在阻拦 Web 访问

3. 在从存储机密信息所用的硬盘中擦除数据时，可以接受哪两种方法？（选择两项）
A. 格式化
B. 消磁
C. 钻通硬盘
D. 数据擦除
E. 重新安装操作系统
F. 整理碎片

4. 计算机上的个人防火墙有什么用途？
A. 保护硬件免于火险
B. 过滤进出 PC 的流量
C. 保护计算机不受病毒和恶意软件的攻击
D. 提高 Internet 连接的速度

5. 为了确保计算机上的防病毒软件可以检测和清除最新病毒，必须执行什么操作？
A. 定期下载更新病毒库
B. 计划每周进行一次扫描
C. 使用 Windows 任务管理器计划防病毒更新
D. 按照防病毒制造商网站上的防火墙配置指南进行操作

6. 下列哪项陈述是差异备份的特征？
A. 差异备份复制所有选定文件，并将每个文件标记为已经备份
B. 差异备份复制在执行每日备份的当天修改的所有选定文件
C. 差异备份复制自上次增量备份后更改过的所有文件
D. 差异备份复制自上次完全备份后更改过的所有文件

7. 哪种类型的程序会在无任何用户干预的情况下让标语和广告出现在桌面上？
A. 广告软件
B. 间谍软件
C. 隐蔽式病毒
D. 特洛伊木马

8. 攻击者在哪种类型的攻击中从位于不同地理位置的若干台计算机向服务器发送大量请求？
A. DDoS
B. DoS
C. 电子邮件炸弹
D. 死亡之 ping

9. 哪项措施可用来确定主机是否在网络上受到危害并且正在溢出流量？
A. 在主机上先拆下然后重新连接硬盘驱动器连接器
B. 将主机与网络断开
C. 检查主机硬盘驱动器是否有错误和文件系统问题
D. 在主机上的设备管理器中检查是否有设备冲突

10. 支持技术人员在系统上排除安全问题时，先应执行哪项操作，然后再记录调查发现并关闭故障单？
A. 在安全模式下启动系统
B. 从网络中断开系统
C. 确保所有应用程序都工作
D. 询问客户遇到了什么问题

第 11 章

IT 专业人员

学习目标

通过完成本章的学习，您将能够回答下列问题：

- 为什么良好的沟通技巧和专业行为很重要？
- 从事计算机技术工作有道德和法律方面的问题吗？
- 什么技术可用于让顾客专注于他们需要注意的问题？
- 沟通与故障排除之间的关系是什么？
- 什么是良好的压力和时间管理技术？
- 什么是呼叫中心环境？技术人员的责任是什么？

关键术语

下列为本章所用的关键术语。您可以在本书的术语表中找到其定义。

故障排除
沟通技巧
专业性
封闭式问题
网络礼仪
工作站人体工程学
时间管理
压力管理
服务级别协议（SLA）
客户呼叫规则
呼叫中心员工规则
计算机取证
网络法
第一反应
证据链
一级技术人员
二级技术人员

学习在 IT 行业工作所需要的技术知识仅仅是成为一名成功的 IT 专业人员必需的一个方面；但是，这需要的不仅仅是技术知识。IT 专业人员必须熟悉本行业固有的法律和道德问题。在每次与客户接洽期间，在现场、办公室或在呼叫中心通过电话与客户交流时，都必须考虑隐私和保密问题。如果您成为一名工作台技术人员，那么虽然您可能不用直接跟客户交流，但是您仍可以访问他们的隐私和机密数据。本章讨论一些常见的法律和道德问题。

呼叫中心技术人员专门通过电话与客户接洽。本章涵盖常规呼叫中心过程，以及与客户交流的过程。

作为 IT 专业人员，您将排除计算机故障和修复计算机，并且频繁与客户和同事沟通。事实上，故障排除不仅是了解修理计算机的方法，也是与客户沟通的过程。在本章中，您将学习如何像使用螺丝刀那样游刃有余地运用良好的沟通技巧。

11.1 沟通技巧与 IT 专业人员

本节提出了在为客户工作时正确的沟通技巧。作为一名技术人员，有必要探索这些主题，因为它会影响客户服务。发展友好关系，与客户建立专业关系，将有利于提高您的信息收集和问题解决能力。

11.1.1 沟通技巧与故障排除间的关系

回忆一下您呼叫修理人员来修理东西时的情景。您是否觉得此事很紧急？有可能您对修理人员的服务很不满意。修理人员似乎对您或您的问题不在乎。下次您还会再呼叫他来帮助您解决问题吗？

也有可能您对修理人员的服务感到很满意。他耐心地听您说明问题，然后问了您几个问题以获得更多信息。如果修理人员设身处地地为您着想并且反应迅速，您是否感到欣慰？下次您还会再呼叫他来帮助您解决问题吗？

技术人员具备良好的沟通技巧对故障排除过程很有帮助。培养良好的沟通技巧和故障排除技巧都需要时间和经验。随着您对硬件、软件和操作系统知识的增加，您所具备的快速确定问题和查找解决方案的能力也会提高。同样的原理也适用于培养沟通技巧。您练习良好沟通技巧的机会越多，在与客户合作时就会越有效。知识全面并掌握了良好沟通技巧的技术人员在招聘市场中总是很紧俏。

为了排除计算机故障，您需要从客户那里了解问题的详细信息。大多数需要修复计算机问题的人很可能感到有些压力。如果与客户之间建立起融洽的关系，客户就会放松一些。放松的客户更能提供您需要的信息，从而帮助您确定问题源头，然后修复问题。

与客户直接对话通常是解决计算机问题的第一步。作为技术人员，您还能使用多种沟通和研究工具。所有这些资源都可用来帮助在故障排除过程中收集信息。

11.1.2 沟通技巧与专业行为之间的关系

无论您在电话中还是面对面跟客户交谈，良好的沟通和专业的表现都显得非常重要。您的专业性和良好的沟通技巧将会增强客户对您的信任。

如果面对面与客户对话，客户可以看到您的肢体语言。如果通过电话跟客户通话，客户可以听到您的叹息，并感觉您可能在嘲笑他。反之，客户也可能在通过电话跟您对话时，感到您在微笑。很多呼叫中心技术人员会在其桌子上放一面镜子来监控自己的面部表情。

成功的技术人员会在不同的客户呼叫之间控制自己的反应和情绪。所有技术人员都应遵循的一条金玉良言是，新的客户呼叫意味着全新的开始。不要将一次通话产生的不良情绪带入下一次通话。

11.2 与客户合作

客户通常会向计算机技术人员寻求支持，因为他们正面临系统问题。在提供具有专业性和共鸣的积极的客户体验时，确定问题是技术人员的职责所在。本节将讨论如何确定客户类型并与客户联系以提供质量支持。

11.2.1 使用沟通技巧确定客户问题

技术人员的首要任务之一是确定客户遇到的计算机问题的类型。

在开始对话时，牢记以下三条规则。

- **认识**：称呼客户姓名。
- **关联**：经过简短的沟通后，与客户建立一对一联系。
- **理解**：确定客户的计算机知识程度，以便了解如何与客户有效沟通。

为了完成此任务，须练习积极的聆听技巧。让客户说出整个过程。在客户解释问题时，偶尔插入少量词语，如“我知道”、“是”、“明白”或“好的”。此行为让客户知道您正在那里聆听。

但是，技术人员不应为了提问或发言而打断客户。这很粗鲁、失礼，并容易造成紧张。对话中，在对方说完之前，您可能多次发现自己正在思考应该说些什么。当您这样做时，实际上并未真正聆听。您应在别人说话时尽量仔细聆听，并让他们陈述完自己的想法。

在听完客户说明整个问题后，应澄清客户讲述的内容。这有助于向客户证明您已听到，并了解情况。好的澄清方法是，在改述客户说明的内容之前，先说“对于您刚刚讲述的内容，您看我理解的对不对”。这是向客户证明您已聆听并理解的有效手段。

在让客户确信您理解了问题之后，您可能会提出一些后续问题。确保这些问题是相关的。不要问客户在陈述问题期间已经回答的问题，除非是为了澄清问题。这样只会激怒客户，并表明您没有认真聆听。

后续问题应该是基于您已收集到的信息提出的有针对性的封闭式问题。封闭式问题应侧重于获取具体信息。客户应该能用简单的“是”或“否”或事实反应来回答封闭式问题，如“Windows XP Pro”。将您从客户那里收集到的所有信息填入工单。

11.2.2 向客户展现专业行为

在与客户交流时，必须从自己的角色出发，展现出全面的专业性。接待客户时，必须尊重并重视客户。在通电话时，确保知道如何让客户等待，以及如何在转接客户的同时避免挂断电话。电话通话的方式非常重要，您的工作是帮助客户聚焦和沟通问题，以便您（或其他技术人员）解决此问题。

在与客户沟通时，应该积极主动。告诉客户您可以做些什么。不要强调您不能做什么。准备好用于帮助客户的替代方法，例如用电子邮件发送信息、传真分步指导，或者使用远程控制软件解决问题。客户很快就能感觉到您是否诚心帮助他们。

在让客户等待之前，应遵循一定的过程。首先，让客户陈述完毕。然后说明您必须让客户等待，并请求客户允许这样做。当客户同意等待时，向客户致谢。告诉客户您将离开几分钟，并说明在这段时间里您将做些什么。表11-1概述了在让客户等待之前，应遵循的过程。

表 11-1 如何让客户等待

宜	忌
让客户陈述完毕	打断客户讲话
向客户说明您不得不让客户等待并解释原因	突然让客户等待
询问是否可以让客户等待	未经解释，也未经客户同意便让客户在线等待
征得同意后，告诉客户你将仅离开几分钟	

这是转接呼叫的过程。呼叫转移应遵循与让客户等待时相同的过程。让客户陈述完毕，然后解释您必须转接呼叫。当客户同意转接时，告诉客户您要把他转接到哪个电话号码。您还应告诉新技术人员您的姓名、您要转接的客户姓名，以及相关凭单号。表 11-2 概述了转接呼叫的过程。

表 11-2 如何转接呼叫

宜	忌
让客户讲完话	
说明您必须转接呼叫，告诉客户转接给谁，并解释原因	打断客户讲话
告诉客户您要将其转接给哪个号码	突然转接呼叫
询问客户是否可以立即转接呼叫	未经解释，也未经客户同意便进行转接
征得同意后，开始转接	转接时未向新技术人员说明相关信息
告诉新技术人员您是谁、凭单号以及客户名称	

在与客户交流时，有些禁忌是技术人员需要避免的。以下列表描述了在与客户沟通时的禁忌。

- 不要轻视客户的问题。
- 不要使用行话、缩写词、首字母缩写词和俚语。
- 不要使用消极的态度或口气。
- 不要与客户争论或为自己辩护。
- 不要讲不顾及文化差异的话。
- 不要妄加评判或贬低客户，或直呼客户名字。
- 在与客户对话时，避免分心和被打断。
- 在与客户对话时，不要接听个人电话。
- 在与客户对话时，不要跟同事谈论无关话题。
- 避免不必要的等待和突然中断。
- 不要在未说明转接原因并获得客户同意的情况下转接呼叫。
- 不要跟客户谈论有关其他技术人员的负面评价。

11.2.3 使客户专注于问题

在电话呼叫期间让客户集中注意力是您工作的一部分。在客户专注于问题的情况下，有利于您掌控通话。这样可以充分利用好您和客户的时间来排除问题。不要发表任何个人评论，也不要回击任何客户的评论或批评。努力让客户保持冷静，那么电话焦点将始终围绕查找问题的解决方案。

就像有很多不同的计算机问题一样，也有很多不同类型的客户。对待不同类型的麻烦客户时可以采用多种策略。下列表格代表多种不同的问题客户类型；但它们并不全面。客户往往可能表现为多种特征的组合，但下面这些意在帮助技术人员识别客户所表现的特征。识别这些特征有助于掌控相应的通话。

1. 健谈型客户

通话期间，健谈型客户会讨论问题以外的其他话题。这类客户往往使用电话作为社交机会。让健谈型客户专注于问题难度可能很大。表 11-3 概述了如何应对健谈型客户。

表 11-3 应对健谈型客户

宜	忌
让客户说 1 分钟 尽可能多地收集关于问题的信息 礼貌地介入，让客户把焦点收回到问题上，这是从不打断客户规则的例外情况 在重新获得通话控制权后，根据需要询问尽可能多的封闭式问题	鼓励与问题无关的对话，如询问“您今天感觉怎么样？”之类的社交问题

2. 粗鲁型客户

粗鲁型客户在电话期间喜欢抱怨，并且往往对产品、服务和技术人员发表负面评价。这类客户有时粗言秽语，不愿合作，而且很容易被激怒。表 11-4 概述了如何应对粗鲁型客户。

表 11-4 应对粗鲁型客户

宜	忌
仔细倾听，因为您不能指望客户重复任何信息 遵循确定和解决问题的分步方法 如果客户有喜欢的技术人员，请尝试联系该技术人员，看看他们能否接手呼叫。例如，告诉客户“我可以立即帮助您，或者看看（客户首选的技术人员）是否有空。他们将在两小时后有空。您觉得可以吗？” 如果客户希望等待其他技术人员，请将其记录到凭单中 为等待时间和给客户造成的不便致歉（即使没有等待时间也应致歉） 重申您希望尽快为客户解决问题	在不需要客户介入也有办法确定问题的情况下，让顾客执行任何显而易见的步骤 以牙还牙，粗鲁地对待客户

3. 愤怒型客户

愤怒型客户大声说话，并经常试图在技术人员说话时说话。愤怒型客户通常因为遇到的问题而受挫，并且因为要找人修复而心浮气躁。表 11-5 概述了如何应对愤怒型客户。

表 11-5 应对愤怒型客户

宜	忌
让客户说出他们的问题而不要打断，即使他们非常愤怒。这样可以让客户宣泄一下怒气，然后再继续 对客户的问题表示同情 为等待时间和给客户造成的不便致歉	让客户等待或转接呼叫（如果可能的话） 将通话时间用在讨论造成问题的原因上（而不是将对话引导到如何解决问题上）。

4. 知识渊博型客户

知识渊博型客户希望与在计算机方面具有同等经验的专业人员对话。这类客户通常试图掌控通话，并且不愿意跟一级技术人员通话。

表 11-6 概述了如何应对知识渊博型客户。

表 11-6 应对知识渊博型客户

宜	忌
如果您是一级技术人员，可以尝试与二级技术人员建立通话	让客户执行分步过程
针对您试图验证的内容，为客户提供整体方案	要求客户检查显而易见的问题，如电源线或电源开关。例如，您可以建议客户重启系统

5. 无经验型客户

无经验型客户难以描述问题。这些客户通常无法正确地执行指示，并且无法说清他们遇到的错误。表 11-7 概述了如何应对无经验型客户。

表 11-7 应对无经验型客户

宜	忌
使用简单的分步指导过程	使用行业术语
使用浅显的术语	流露出优越感或轻慢客户

11.2.4 使用正确的网络礼仪

您是否见过在线论坛上，两、三个人不再讨论问题，转而开始相互谩骂的？这些被称为"网络口水战"，它们经常发生在博客和电子邮件中。您有没有想过，如果他们真的面对面的话，是否会对彼此讲出这样的话？也许，您收到过一封电子邮件，里面没有任何问候语，或者完全用大写字母书写。在您读到这种邮件时，您的感觉如何？

作为技术人员，应该在与客户的所有沟通方式中表现出专业性。对于电子邮件和文本通信，有一组被称为网络礼仪的个人和商务礼仪规则。以下列出的是网络礼仪的基本规则。

- 举止文雅而礼貌。
- 在每封电子邮件的开头都要用恰当的问候语，即使是在反复往来的电子邮件中也要使用。
- 不要通过电子邮件发送连锁信。
- 不要发送或回复攻击性邮件。
- 使用混合大小写。大写被视为吼叫。
- 发布之前检查语法和拼写。
- 遵守道德规范。
- 不要用邮件发送或发布您不会当面对人说的话。

除了电子邮件和文本网络礼仪外，还有适用于您与客户和同事之间的所有在线交互的通用规则。

- 尊重他人的时间。
- 分享专业知识。
- 尊重他人的隐私。
- 原谅他人的过失。

11.3 员工最佳做法

有效的时间管理对于压力更小的生活而言意义重大。本节详述了管理二者的各种技术。

11.3.1　时间和压力管理技巧

作为技术人员，您非常繁忙。善用正确的时间和压力管理技巧对于您的幸福来说非常重要。

11.3.2　工作站人体工程学

工作区域的人体工程学可提高您的工作效率，也可能加大工作难度。由于您的大部分时间都花在工作站上，因此应确保桌面布局合理。将您的耳机和电话放在容易够到和使用的位置上。将座位高度调整到舒适的位置。将计算机屏幕调整到舒适的角度，以便您无需抬头或俯视就能看到屏幕。确保键盘和鼠标也处于让您感到舒适的位置。打字时不要弯曲手腕。尽可能减少外部干扰，如噪音。

1. 时间管理

按优先级排列各种活动非常重要。确保严格遵守公司的业务政策。公司政策可能要求，您必须先接听“停机”电话，即使这些问题可能更难解决。停机电话通常意味着服务器无法工作，整个办公室或公司都在等待问题解决后恢复业务。

如果必须给客户回电话，应该确保回电话的时间尽可能地接近回拨时间。保留一份回电客户的名单，每完成一个回电，勾掉一个名字。这样做可确保您不会漏掉客户。

服务多位客户时，不要因为偏爱某些客户，就为他们提供更快或更好的服务。查看呼叫板时，不能只接听容易解决的客户电话。除非拥有相应权限，否则不要接听其他技术人员的电话。

见图11-1客户呼叫板示例。

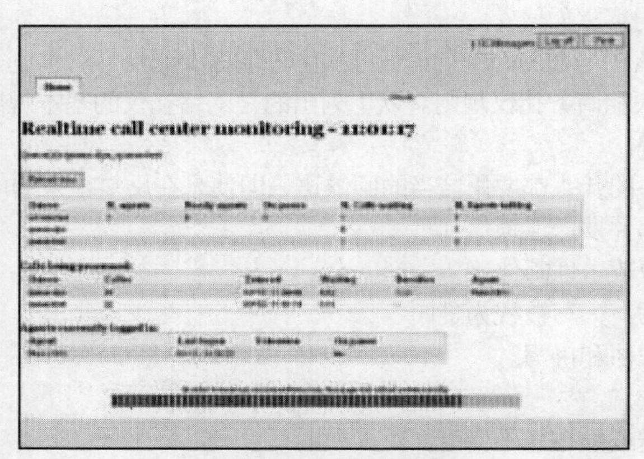

图11-1　呼叫板

2. 压力管理

在客户呼叫之间，花点时间让自己冷静。每个呼叫应该与其他呼叫无关。不要将上一次通话产生的任何不良情绪带入下一次通话。

您可能必须做一些物理活动才能释放压力。偶尔站起来走动走动。做一些简单的伸展运动或抓握压力球。如果可以，休息一下，并尝试放松。然后，您就能有效地接听下一个客户呼叫。以下列出了一些放松方法。

- 练习放松呼吸：吸气-屏息-呼气-重复。
- 听舒缓的音乐。

■ 按摩太阳穴。
■ 休息片刻；散会儿步，或者爬楼梯。
■ 吃些小点心（最好的是富含蛋白质的小点心）。
■ 计划你的周末。
■ 避免咖啡、碳酸饮料和巧克力之类的刺激性食物。他们含有咖啡因，这可能会增加压力。

11.3.3 遵守服务级别协议

在与客户交流时，遵守客户的服务级别协议（SLA）非常重要。SLA 是一种合同，它定义了组织与服务提供商之间的期望，以便提供双方商定的支持级别。作为服务公司的员工，您的工作是遵守你们与客户之间的 SLA。

SLA 通常是包含所有相关方的责任和义务的法律协议。SLA 的内容通常包括以下内容：

■ 响应时间保证（通常根据呼叫类型和服务协议级别而定）；
■ 所支持的设备和软件；
■ 提供服务的地点；
■ 预防性维护；
■ 诊断；
■ 零部件的供应（相当的零部件）；
■ 成本和罚金；
■ 提供服务的时间（例如，24×7 或东部标准时间周一至周五上午 8 点到下午 5 点）。

图 11-2 展示了服务级别协议和一些标准部分的示例。

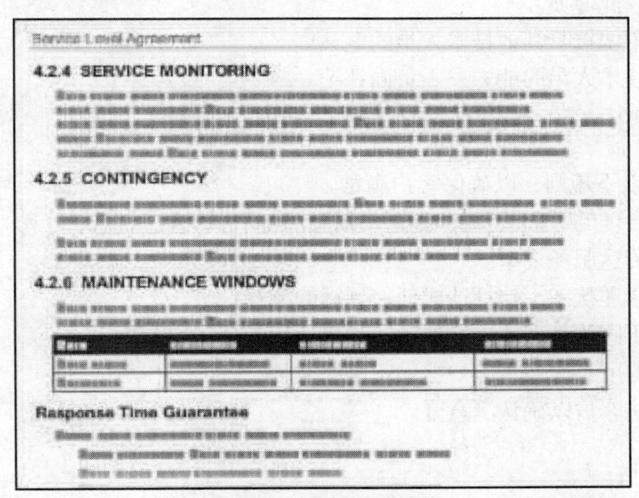
Service Level Agreement

4.2.4 SERVICE MONITORING

4.2.5 CONTINGENCY

4.2.6 MAINTENANCE WINDOWS

Response Time Guarantee

图 11-2 服务级别协议

有时候，SLA 可能会有例外。某些例外可能包括客户选择升级服务级别，或将问题上报管理层以供审核。上报管理层应保留用于特殊情况。例如，长期客户或大公司客户可能遇到超过其 SLA 规定范围的问题。在这些情况下，管理层可能会出于客户关系的原因而选择支持客户。

11.3.4 遵循业务策略

作为技术人员，您应该了解与客户呼叫相关的所有业务策略。您不需要向客户做出您无法兑现的承诺。此外，还应该充分了解所有员工管理规则。

1. 客户呼叫规则

以下是呼叫中心可能用来处理客户呼叫的规则示例。

- 最大通话时间（示例：15 分钟）。
- 呼叫的最大排队时间（示例：3 分钟）。
- 每天的呼叫数（示例：最少 30 个）。
- 将呼叫转接到其他技术人员（例如：只在绝对必要且已获得该技术人员的许可时）。
- 可以和不可以向客户做出的承诺（相关详情请参阅客户的 SLA）。
- 何时遵循 SLA 和何时上报到管理层。

2. 呼叫中心员工规则

还有一些涵盖员工的一般日常活动的规则。

- 准时到达工作站，并提前做好准备（通常在第一次呼叫前的 15 到 20 分钟）。
- 不要超过允许的休息次数和长度。
- 如果呼叫板上仍有呼叫，请不要休息或吃午餐。
- 不要跟其他技术人员同时休息或吃午餐（跟技术人员错时休息）。
- 不要留下仍在进行的呼叫而去休息、吃午餐或享受一些个人时间。
- 在您必须离开时，确保有其他技术人员在场。
- 如果快要错过预约，应跟客户联系。
- 如果没有其他技术人员在场，应跟客户商量，看看能否稍后回电。
- 不要对客户厚此薄彼。
- 未经允许，不要接听其他技术人员的电话。
- 不要对其他技术人员的能力发表负面评论。

3. 客户满意度

所有员工应遵循以下规则，以确保客户满意。

- 设定和遵守合理的呼叫或预约时间，并将此时间告诉客户。
- 尽早向客户传达服务期望。
- 与客户沟通修理状态，包括造成任何延迟的解释。
- 向客户提供不同的修理或更换选项（如果适用的话）
- 针对已提供的所有服务为客户提供正确的文档。
- 稍后几天回访客户以确认满意度。

11.4 IT 行业中的道德和法律问题

作为信息技术专业人员，认识到自己的职责以及在访问客户的个人和职业信息时需要履行的道德义务，这一点尤为重要。

11.4.1 IT 中道德方面的注意事项

当你与客户及其设备打交道时，有一些应该遵守的一般道德规范和法律规则。这些规范和规则通常重叠。

您应该始终尊重客户及其财产。计算机和显示器是财产，但是财产还包括可以访问的任何信息或数据，例如：

- 电子邮件；
- 电话列表；
- 计算机上的记录或数据；
- 文件的复印件、信息或留在桌面上的数据。

在访问计算机账户前，包括管理员账户，应获得客户的许可。在故障排除过程中，您可能收集了一些隐私信息，如用户名和密码。如果你记录了这类隐私信息，必须将其保密。将客户信息透露给其他人不仅不道德，而且可能是违法的。客户信息的法律细节通常在SLA内约定。

不要向客户发送未经请求的消息。不要向客户发送未经请求的群发邮件或连锁信。不要发送假冒或匿名邮件。所有这些活动都被视为不道德，某些情况下，可能被视为违法。

11.4.2 IT中法律方面的注意事项

不同国家/地区和法律管辖区的法律各不相同，但一般而言，下面所述的行为将被视为违法。

- 未经客户允许，对系统软件或硬件配置进行任何更改。
- 未经允许，访问客户或同事的账户、隐私文件或电子邮件消息。
- 安装、复制或共享违反版权法和软件协议或适用法律的数字内容（包括软件、音乐、文本、图像和视频）。版权法和商标法因州/省、国家和地区而异。
- 将客户公司的IT资源用于商业用途。
- 将客户的IT资源供未获授权的用户使用。
- 明知故犯，将客户公司的资源用于非法目的。犯罪或非法使用通常包括淫秽、儿童色情、威胁、骚扰、侵犯版权、商标侵权、诽谤、盗窃、身份盗窃和未经授权的访问。
- 共享敏感客户信息。不维护这些数据的机密性。

此列表并不详尽。所有企业及其员工都必须了解并遵守所在地法律管辖区的所有适用法律。

11.5 法律程序概述

随着公司在业务的各个方面使用计算机和计算机网络，出现了许多法律和道德问题。所有类型的关于业务流程以及客户和员工的数据都会被收集和存储。在刑事调查、审计和诉讼过程中，数据可能会被要求作为采取法律行动的一部分。本节讨论不同法律目的的处理数据的方法。

11.5.1 计算机取证

在刑事调查过程中需要收集并分析来自计算机系统、网络、无线通信和存储设备的数据。此类数据收集和分析被称为计算机取证。计算机取证过程涉及IT和具体的法律，以确保收集的任何数据在法庭上可作为证据。

根据国家或地区，非法的计算机或网络使用可能包括：

- 身份盗窃；
- 使用计算机销售假冒产品；

- 在计算机或网络上使用盗版软件；
- 使用计算机或网络创建版权保护资料的未授权副本，如影片、电视节目、音乐和视频游戏；
- 使用计算机或网络销售版权保护资料的未授权副本；
- 色情。

这并不是详尽列表。

在执行计算机取证程序时，将收集两类基本数据。

- **持久数据**：持久数据存储在本地驱动器（如内部或外部硬盘驱动器）或光盘上。计算机关闭时会保留此数据。
- **易失数据**：RAM、缓存和寄存器中包含易失性数据。在存储介质与CPU之间传送的数据也是易失数据。了解如何捕获这些数据非常重要，因为一旦关闭计算机，它们就会消失。

11.5.2 网络法和第一反应

1. 网络法

被称为“网络法”的法律并不存在。网络法是一个术语，用于描述影响计算机安全专业人员的国际、地区、国家和州法律。IT专业人员必须了解网络法，才能理解与网络犯罪相关的责任和义务。

网络法解释了在什么情况下可以从计算机、数据存储设备、网络和无线通信设备中收集数据（证据）。它们还可能规定用什么方式收集这些数据。在美国，网络法有三个主要元素：

- 窃听法案；
- 笔式记录器与诱捕和追踪设备法；
- 存储电子通信法案。

IT专业人员应了解其所在国家、地区或州的网络法。

2. 第一反应

“第一反应”是一个术语，用来描述有资格收集证据的人员所采用的官方程序。系统管理员（如执法人员）通常是在潜在的犯罪现场的第一反应人员。当有明显的非法活动迹象时，计算机取证专家将参与进来。

例行的管理任务可能影响取证过程。如果取证过程执行不当，那么收集到的证据可能不能在法庭上被采纳。

作为现场或工作台技术人员，您可能是发现非法计算机活动或网络活动的人。如果发生这种情况，不要关闭计算机。关于计算机当前状态的易失数据可能包括正在运行的程序、打开的网络连接，以及登录到网络或计算机的用户。这些数据有助于确定安全事件的逻辑时间线，还可能有助于识别非法活动的责任人。这些数据在计算机关闭后可能丢失。

应熟悉贵公司有关网络犯罪的政策。知道要呼叫谁、应该做什么，同样重要的是，知道不应该做什么。

11.5.3 文档和证据链

证据链能够使收集、保护和记录证据的过程方法合法化，以便能够证明其真实可靠。在法律行为中，使用证据是至关重要的。为确保证据链保存严谨完整，必须存有详细记录。

1. 文档

系统管理员和计算机取证专家需要的文档极其详细。它们不仅必须记录收集了什么证据，还要记录如何收集，以及用什么工具收集。事件文档应使用统一的命名约定，以用于取证工具输出。用时间、日期以及执行取证的人员的身份作为日志戳记。尽可能多地记录有关安全事件的信息。这些最佳做法提供了信息收集过程的审计线索。

即使您不是系统管理员或计算机取证专家，为您所做的所有工作创建详细的记录也是一种良好的习惯。如果在您工作的计算机或网络上发现非法活动，那么至少记录以下内容：

- 访问计算机或网络的初衷；
- 时间和日期；
- 连接到计算机的外围设备；
- 所有网络连接；
- 计算机所在的物理区域；
- 您发现的非法材料；
- 您目击（或您怀疑发生）的非法行为；
- 您在计算机或网络上执行了哪些操作程序。

第一反应人员想知道您做过什么，没做过什么。您的文档可能成为起诉犯罪证据的一部分。如果增加或更改了此文档，务必通知所有相关方，这一点至关重要。

2. 证据链

为了使证据得到承认，必须证明其真实性。系统管理员可证明所收集的证据。但是他或她还必须能够证明收集此证据的方式、存放证据的物理位置，以及在从收集证据到证据进入法庭诉讼的这段时间之内谁曾访问过此证据。这被称为证据链。为了证明证据链，第一反应人员必须遵守用于跟踪所收集证据的文档程序。这些程序还能防止证据篡改，从而保证证据的完整性。

将计算机取证程序融入计算机和网络安全方法可确保数据的完整性。这些程序有助于在发生网络入侵时捕获必要的数据。确保捕获到的数据的存续性和完整性有助于起诉入侵者。

11.6 呼叫中心技术人员

呼叫中心技术人员除了应具备技术技能外，还需要具有良好的书面表达和口头交流能力。本节将描述呼叫中心环境以及呼叫中心技术人员的职责。

11.6.1 呼叫中心

呼叫中心环境通常非常专业，而且节奏很快。客户打进电话，希望针对特定的计算机相关问题获得帮助。在典型的呼叫中心工作流中，客户呼叫显示在呼叫板上。一级技术人员按照呼叫到达的顺序接听呼叫。如果一级技术人员无法解决问题，问题将上报到二级技术人员。无论什么情况，技术人员都必须提供客户 SLA 中概述的支持级别。

呼叫中心可能存在于公司内，为公司员工以及购买公司产品的客户提供服务。呼叫中心也可能是一个向外部客户推销计算机支持服务的独立部门。无论是哪种情况，呼叫中心的工作都非常繁忙，节奏很快，通常一天 24 小时提供服务。

呼叫中心往往有很多隔间。每个隔间都有一把椅子、至少一台计算机、一部电话和一个耳机。在这些隔间工作的技术人员有不同的计算机经验等级，有些人在特定类型的计算机、硬件、软件或操作系统方面有专长。

呼叫中心中的所有计算机都有帮助台软件。技术人员使用此软件管理很多工作职能。

表11-8显示了帮助台软件的一些功能。

表11-8 帮助台软件的功能

功能	说明
记录和跟踪事件	该软件可以管理呼叫队列、设置呼叫优先级、分派呼叫和上报呼叫
记录联系人信息	该软件可以在数据库中存储、编辑和提示客户名称、电子邮件地址、电话号码、位置、网站、传真号码和其他信息
研究产品信息	该软件可以为技术人员提供与所支持的产品有关的信息，包括功能、局限性、新版本、配置限制、已知缺陷、产品可用性、在线帮助文件的链接以及其他信息
运行诊断实用程序	该软件可能包含多种诊断实用程序，包括远程诊断软件，通过此软件，技术人员无需离开呼叫中心的桌面即可接管客户的计算机
研究知识库	该软件可能包含预编入的常见问题及其解决方案的知识库。此数据库会随着技术人员不断添加自己的问题和解决方案记录而增长。
收集客户反馈	该软件可以收集与呼叫中心产品和服务的客户满意度有关的客户反馈

每个呼叫中心都有与呼叫优先级相关的业务策略。表11-9提供了如何命名呼叫、定义呼叫和设定呼叫优先级的示例图表。

表11-9 呼叫优先级

名　称	定　义	优先级
停机	公司无法运行其任何计算机设备	1（最紧急）
硬件	公司的一台（或多台）计算机无法正常工作	2（紧急）
软件	公司的一台（或多台）计算机遇到软件或操作系统错误	2（紧急）
网络	公司的一台（或多台）计算机无法访问网络	2（紧急）
增强	公司请求获得更多计算机功能	3（重要）

11.6.2 一级技术人员职责

呼叫中心的一级技术人员有时候有不同的名称。这些技术人员可能被称为一级分析员、调度员或事件筛选员。无论职衔是什么，一级技术人员的职责在不同的呼叫中心都非常相似。

一级技术人员的主要职责是从客户那里收集相关信息。技术人员必须准确地将所有信息输入凭单或工单。以下是一级技术人员必须获取的信息类型示例。

- 联系人信息。
- 计算机的制造商和型号。
- 计算机使用的操作系统。
- 计算机使用交流电源还是直流电源。
- 计算机是否已接入网络？如果是，是有线连接还是无线连接？
- 发生问题时，是不是正在使用特定应用程序？
- 最近有没有安装任何新的驱动程序或更新？如果有，包括哪些？

■ 问题的描述。
■ 问题的优先级。

有些问题解决起来非常简单，一级技术人员通常可以自行处理，而无需将工单上报给二级技术人员。

通常有些问题需要二级技术人员的专业知识。这种情况下，一级技术人员必须能够将客户的问题描述转换为一、两句简要的语句，并输入工单。此转换非常重要，因为这样其他技术人员就能快速了解情况，而无需再向客户询问相同的问题。

11.6.3 二级技术人员职责

与一级技术人员一样，呼叫中心有时候对二级技术人员也有不同的称呼。这些技术人员可能被称为产品专家或技术支持人员。二级技术人员的职责在不同的呼叫中心通常都相同。

二级技术人员在技术上通常比一级技术人员更全面，或者已经为公司工作了很长时间。当问题在预定的时间量内无法解决时，一级技术人员可准备上报工单。二级技术人员收到包含问题描述的上报工单，然后回电客户，询问任何其他问题并解决问题。

二级技术人员还可使用远程访问软件连接到客户的计算机来更新驱动程序和软件、访问操作系统、检查 BIOS，以及收集其他诊断信息来解决问题。

11.7 总结

本章探讨了沟通技巧和故障排除技巧之间的关系。要成为成功的技术人员，需要同时具备这两种技巧。本章还讨论了与计算机技术和客户财产有关的法律方面和道德方面的问题。

本章需要牢记的概念要点如下。

■ 要成为成功的技术人员，您必须与客户和同事练习良好的沟通技巧。这些技巧与技术专业知识一样重要。
■ 在客户和同事面前，应该始终表现出专业的举止。专业行为会增强客户信心和提高您的信誉。您还应学会识别麻烦客户的典型特征，并了解在与这类客户通话时应该做什么、不应该做什么。
■ 在呼叫期间可以使用一些技巧让麻烦客户专注于问题上。首要的是，您必须保持冷静，并以适宜的方式询问相关问题。这些技巧将让您掌控通话过程。
■ 让客户等待或将客户转接到其他技术人员分正确的方法和错误的方法。学会并始终运用正确的方法。错误地执行上述任何操作都可能给公司与客户之间的关系造成负面影响。
■ 网络礼仪是在每次通过电子邮件、短信、即时消息和博客沟通时都要遵循的一系列规则。
■ 您必须了解并遵循客户的 SLA。如果问题超出 SLA 的规定范围，则寻找积极的方法告诉客户您可以做些什么来提供帮助，而不是告诉他您不能做什么。在特殊情况下，可以将工单上报给管理层。
■ 除了 SLA 外，您还必须遵循公司的业务策略。这些策略包括公司如何安排呼叫的优先级、如何将呼叫上报管理层和何时上报，以及何时允许您休息和用午餐。
■ 计算机技术人员的工作压力很大。您很少会碰到心情愉悦的客户。可以将工作站设置得尽可能最符合人体工程学以缓解某些压力。每天练习时间和压力管理技巧。
■ 在计算机技术行业工作会涉及到道德和法律方面的问题。您应该了解公司的策略和做法。此外，您可能还需要熟悉当地或国家/地区的商标法和版权法。

- 收集并分析来自计算机系统、网络、无线通信和存储设备的数据的过程被称为计算机取证。
- 网络法解释了在什么情况下可以从计算机、数据存储设备、网络和无线通信设备中收集数据（证据）。“第一反应”是一个术语，用来描述有资格收集证据的人员所采用的官方程序。
- 即使您不是系统管理员或计算机取证专家，为您所做的所有工作创建详细的记录也是一种良好的习惯。能够证明收集证据的方式，以及在从收集证据到证据进入法庭诉讼的这段时间之内存放证据的位置，这被称为证据链。
- 呼叫中心是快节奏的环境。一级技术人员和二级技术人员都有各自的具体职责。这些职责可能因不同的呼叫中心而稍有不同。

11.8 检查你的理解

您可以在附录A中查找下列问题的答案。

1. 哪个主题领域描述了收集和分析计算机系统、网络和存储设备中数据的过程（作为调查所谓的非法活动的一部分）？

   A. 网络法　　B. 计算机取证
   C. 加密　　D. 灾难恢复

2. 在计算机取证调查过程中，计算机断电时会丢失哪种类型的数据？

   A. 存储在固态驱动器上的数据　　B. 存储在RAM中的数据
   C. 存储在磁盘上的数据　　D. 存储到外部驱动器的数据

3. 与客户通信时，哪种技术人员行为被认为是符合道德规范的？

   A. 技术人员可以将仿冒的电子邮件发送给客户
   B. 技术人员可以将大量电子邮件发送给客户
   C. 技术人员只能发送请求的电子邮件
   D. 向客户发送连锁电子邮件，这很正常

4. 为了更改客户计算机上安装的软件，技术人员需要什么？

   A. 级别更高的技术人员的授权　　B. 客户授权
   C. 检验软件是否合法　　D. 两个见证人

5. 术语SLA的定义是什么？

   A. 一份规定技术人员在支持客户时的相关期望的合同
   B. 一份包含服务提供商的责任和义务的法律协议
   C. 应力水平协议的首字母缩写词
   D. 客户在技术人员提供硬件和软件支持时所负的责任

6. 技术人员收到“故障”呼叫时意味着什么？

   A. 技术人员与客户之间突然中断的呼叫
   B. 较容易解决的呼叫
   C. 超出了最大响应时间的呼叫
   D. 表明大部分IT基础结构出现故障从而影响了公司业务能力的呼叫

7. 下列哪项陈述最准确地描述了呼叫中心？

   A. 它是一个客户用于进行预约以报告其计算机问题的帮助台
   B. 它是通过计算机电话集成技术向客户提供服务与支持的地方

C. 它是一个在技术人员解决计算机问题后记录问题的繁忙、快节奏的工作环境

D. 它是一个客户携带计算机进行修理所前往的帮助台环境

8. 一级技术人员必须具备哪项技能?

A. 能够从客户那里收集相关信息并将信息传递给二级技术人员，以便可将信息输入到工单中

B. 能够提出与客户相关的问题，并在工单中包含此信息后立即将其上报给二级技术人员

C. 能够将客户对问题的描述转换成简洁易懂的语句并输入到工单中

D. 能够获取二级技术人员准备好的工单并尝试解决问题

9. 在与客户交流时，哪两种行为将被认为是缺乏沟通技巧的示例?（选择两项）

A. 最大程度减少客户问题

B. 负面评价其他技术人员

C. 说明将呼叫转给其他技术人员的目的

D. 与客户交谈时拒绝个人呼叫

E. 使用自信的口吻

10. 哪项任务会要求将问题上报给二级技术人员?

A. 更改 CMOS 设置

B. 清洁鼠标

C. 更换墨粉盒

D. 检查松动的外部电缆

第 12 章

高级故障排除

学习目标

通过完成本章的学习，您将能够回答下列问题：

- 什么是六步高级故障排除流程？
- 如何运用故障排除流程修复计算机组件和外围设备问题？
- 如何运用故障排除流程修复操作系统问题？
- 如何运用故障排除流程修复网络问题？
- 如何运用故障排除流程修复笔记本电脑问题？
- 如何运用故障排除流程修复打印机问题？
- 如何运用故障排除流程修复安全性问题？
- 计算机组件和外围设备的常见问题和解决方案是什么？
- 操作系统的常见问题和解决方案是什么？
- 网络的常见问题和解决方案是什么？
- 笔记本电脑的常见问题和解决方案是什么？
- 打印机的常见问题和解决方案是什么？
- 常见的安全性问题和解决方案是什么？

关键术语

蓝屏死机（BSOD）

自动重新启动功能

在技术人员的职业生涯中，学习计算机组件、操作系统、网络、笔记本电脑、打印机和安全性问题的故障排除技术和诊断方法，掌握其高级技能极其重要。高级故障排除有时可能意味着问题非常独特或解决方案难以执行，更为常见的情况是，很难诊断问题的可能原因。

高级故障排除不仅需要技术人员运用高级诊断技巧操作硬件和软件，还需要他们与客户或其他技术人员进行有效的沟通。与客户和其他技术人员的合作方式将决定诊断和解决问题的速度和难度。通过充分调动已有的资源、其他技术人员以及在线技术社区，可以帮助解决诊断难题，有时，还可能帮助其他技术人员解决问题。

12.1　运用故障排除流程修复计算机组件和外围设备问题

本节将描述如何运用六步故障排除流程修复计算机组件和外围设备问题，并提供了常见问题和技术人员用于排除这些问题的解决方案。本节最后的实验将帮助您练习使用故障排除步骤。

12.1.1　计算机组件和外围设备高级故障排除的六个步骤

故障排除流程帮助解决计算机或外围设备问题。这些问题有的简单（如更新驱动），有的复杂（如安装 CPU）。我们将以故障排除步骤为指导原则，协助您诊断和修复问题。

故障排除流程的第一步是找出问题。表 12-1 显示了一系列要询问客户的开放式问题和封闭式问题。

表 12-1　　**步骤 1：查找问题**

开放式问题	您的计算机是什么类型的？ 计算机的品牌和型号是什么？ 您能否描述一下计算机启动时的情况？ 计算机启动失败的频率是多少？ 打开计算机时看到的第一个屏幕是什么？ 计算机启动时发出的声音是什么样的？
封闭式问题	最近有人对计算机执行过修复工作吗？ 有其他人用过计算机吗？ 软驱或光驱中有软盘或光盘吗？ 计算机连接了 USB 驱动器吗？ 计算机能用来连接到无线网络吗？ 晚上把计算机放在上锁的房间内吗？ 手头是否有 Windows 安装介质？

在与客户谈话后，可以推测可能的原因。表 12-2 显示了造成计算机或外围设备问题的一些常见原因的列表。

表 12-2 步骤 2：推测可能原因

硬件问题的常见原因	计算机电源问题 外部电缆连接松脱 数据电缆连接松脱 适配卡松动 RAM 有问题 设备驱动程序不正确 风扇脏污 跳线设置错误 CMOS 电池问题 固件不正确 部件失效

对问题进行了一些推测之后，可根据推测进行测试，以确定问题的原因所在。表 12-3 显示了一系列快速过程，它们可帮助确定问题确切原因，有时甚至能纠正问题。如果快速过程纠正了问题，那么可以跳至步骤 5 来验证全部系统功能。如果快速过程未纠正问题，可能需要进一步研究问题，以便确定确切原因。

表 12-3 步骤 3：测试推测以确定原因

用于确定原因的常见步骤	重新启动计算机 断开外部电缆并重新连接电缆 断开内部电缆并重新连接电缆 紧固适配卡 回滚或重新安装设备驱动程序 更换 RAM 清洁风扇 重置跳线 紧固或更换 CMOS 电池 更新固件 听蜂鸣声 查找错误代码或消息

在确定了问题的确切原因之后，应制定解决问题的行动计划，并实施解决方案。表 12-4 显示了一些信息源，可以使用这些信息源来搜集更多信息以解决问题。

表 12-4 步骤 4：制定解决问题的行动计划，并实施解决方案

如果在上一个步骤中未得出解决方案，则需要进一步研究以实施解决方案	帮助台修复日志 其他技术人员 制造商常见问题 技术网站 新闻组 计算机手册 设备手册 在线论坛 Internet 搜索

更正问题之后，应验证全部功能，并根据需要实施预防措施。表 12-5 显示了验证解决方案的步骤列表。

表 12-5 步骤 5：验证全部系统功能，并根据需要实施预防措施

验证解决方案和全部系统功能	重新启动计算机 重新启动外部设备 访问所有驱动器和共享资源 打印文档 读写所有存储设备 验证 RAM 容量、CPU、速度以及日期和时间 测试网络连通性 执行常用应用程序

故障排除流程的最后一步是记录发现的问题、采取的措施和最终结果。表 12-6 列出了记录问题和解决方案需要执行的任务。

表 12-6 步骤 6：记录发现的问题、采取的措施和最终结果

记录发现的问题	与客户讨论实施的解决方案 请客户验证问题已解决 为客户提供所有书面文件 在工单和技术人员日志中记录为解决问题而执行的步骤 记录修复过程中使用的任何组件 记录解决问题所用的时间

12.1.2 组件和外围设备的常见问题和解决方案

计算机问题可归为硬件问题、软件问题、网络问题或其中两种甚至三种问题兼有的综合性问题。有些类型的问题发生频次较高。表 12-7 中显示常见问题和解决方案。

表 12-7 组件和外围设备的常见问题和解决方案

查找问题	可能原因	可能的解决方案
计算机启动时出现“找不到操作系统”的错误消息	硬盘驱动器故障 硬盘驱动器跳线不正确 在 BIOS 中未正确设置启动顺序 MBR 损坏	更换硬盘驱动器 更改硬盘驱动器上的跳线设置 更改 BIOS 中的启动顺序，从正确的硬盘驱动器启动 启动计算机进入恢复控制台。在命令提示符下，在 Windows 7 或 Windows Vista 中使用 **bootrec/fixmbr** 或 **bootrec/fixboot** 命令，在 Windows XP 中使用 **fixmbr** 命令
找不到 RAID	连接到硬盘驱动器的电缆连接不正确 外部 RAID 控制器未通电 RAID 控制器失效 BIOS 设置不正确	检查阵列中所有驱动器的电缆连接 检查 RAID 控制器的电源连接 更换 RAID 控制器 重新配置 RAID 控制器的 BIOS 设置

续表

查找问题	可能原因	可能的解决方案
RAID 停止工作	外部 RAID 控制器未通电 RAID 控制器失效 BIOS 设置不正确	检查 RAID 控制器的电源连接 更换 RAID 控制器 重新配置 RAID 控制器的 BIOS 设置
计算机表现出低性能	计算机没有足够的 RAM 计算机运行的程序过多 硬盘驱动器已满	安装额外的 RAM 关闭不需要的程序 运行磁盘清理，或将硬盘驱动器更换为更大容量的硬盘驱动器
计算机不识别 SCSI 驱动器	SCSI 驱动器没有正确的 SCSI ID SCSI 终结设置不正确 启动计算机前，外部 SCSI 驱动器未通电	重新配置 SCSI ID 确保 SCSI 链终结在正确的端点 启动计算机前打开驱动器
计算机不识别可移动的外部驱动器	操作系统没有可移动外部驱动器的正确驱动程序 USB 端口连接的设备太多，无法提供充足的电力	下载该驱动器的正确驱动程序 将外部电源连接到设备，或者移除某些 USB 设备
更新 CMOS 固件后，计算机没有启动	CMOS 固件更新未安装正确	如果有板载备份，从备份中还原原始固件 联系主板制造商获得新的 CMOS 芯片 如果主板有两个 CMOS 芯片，可以使用第二个 CMOS 芯片
计算机重新启动而无警告、锁死或者显示错误消息或 BSOD	前端总线（FSB）设置得过高 CPU 倍频设备得过高 CPU 电压设置的过高	重置为主板的出厂默认设置 降低 FSB 设置 降低倍频设置 降低 CPU 电压设置
从单核 CPU 升级到双核 CPU 后，计算机运行更慢，并且在“任务管理器”中只显示一个 CPU 图形	BIOS 不能识别多核 CPU	更新 CMOS 固件以支持多核 CPU

12.1.3 运用故障排除技能修复计算机组件和外围设备问题

掌握故障排除流程之后，就可运用倾听和诊断技能解决问题。

第一个实验旨在检验您对计算机和外围设备问题的故障排除技能。您将为一台无法启动的计算机排除故障，然后进行修复。

第二个实验旨在巩固沟通和故障排除技能。在此实验中，您将执行以下步骤。

步骤 1 接收工单。

步骤 2 跟客户解释打算尝试的各个步骤，并解决问题。

步骤 3 记录问题和解决办法。

第三、第四和第五个实验旨在巩固处理计算机和外围设备问题的技能。您将为一台有多种问题的计算机排除故障，然后进行修复。

12.2 操作系统

本节将描述如何运用六步故障排除流程修复计算机操作系统问题，并提供了常见问题和技术人员用于排除这些问题的解决方案的图表。本节最后的实验将帮助您练习使用故障排除步骤。

12.2.1 操作系统高级故障排除的六个步骤

故障排除流程帮助解决操作系统问题。我们将以故障排除步骤为指导原则，协助您诊断和修复问题。

故障排除流程的第一步是找出问题。表 12-8 显示了一系列要询问客户的开放式问题和封闭式问题。

表 12-8 步骤 1：查找问题

开放式问题	计算机上安装的是什么操作系统？ 最近安装过什么程序？ 安装过什么更新或服务包？ 收到过什么错误消息？ 发现问题的时候，您正在做什么？
封闭式问题	有其他人遇到过此问题吗？ 您最近更改过密码吗？ 对计算机进行过任何更改吗？ 有其他人接触过此计算机吗？ 以前发生过此问题吗？

在与客户谈话后，可以推测可能的原因。表 12-9 显示了操作系统问题的一些常见的可能原因。

表 12-9 步骤 2：推测可能原因

操作系统问题的常见原因	系统文件损坏或缺失 设备驱动程序不正确 更新或服务包安装失败 注册表损坏 硬盘驱动器失效或有故障 密码不正确 病毒感染 间谍软件

对问题进行了一些推测之后，可根据推测进行测试，以确定问题的原因所在。表 12-10 显示了一系列快速过程，它们可帮助确定问题的确切原因，有时甚至能纠正问题。如果快速过程纠正了问题，那么可以跳至步骤 5 来验证全部系统功能。如果快速过程未纠正问题，可能需要进一步研究问题，以

便确定确切原因。

表 12-10 步骤 3：测试推测以确定原因

用于确定原因的常见步骤	重启计算机 检查事件日志 运行 sfc/scannow 回滚或重新安装设备驱动程序 卸载最近安装的更新或服务包 运行系统还原 运行 CHKDSK 使用其他用户身份登录 启动到最近一次的正确配置 运行病毒扫描 运行间谍软件扫描

在确定了问题的确切原因之后，应制定解决问题的行动计划，并实施解决方案。表 12-11 显示了一些信息源，可以使用这些信息源来搜集更多信息以解决问题。

表 12-11 步骤 4：制定解决问题的行动计划，并实施解决方案

如果在上一个步骤中未得出解决方案，则需要进一步研究以实施解决方案	帮助台修复日志 其他技术人员 制造商常见问题 技术网站 新闻组 计算机手册 设备手册 在线论坛 Internet 搜索

更正问题之后，应验证全部功能，并根据需要实施预防措施。表 12-12 显示了验证解决方案的步骤列表。

表 12-12 步骤 5：验证全部系统功能，并根据需要实施预防措施

验证解决方案和全部系统功能	重启计算机 访问所有驱动器和共享资源 检查事件日志确保没有新的警告或错误 检查设备管理器确保没有警告或错误 确保应用程序运行正确 确保可以访问 Internet 检查任务管理器，确保没有身份不明的程序运行

故障排除流程的最后一步是记录发现的问题、采取的措施和最终结果。表 12-13 列出了记录问题

和解决方案需要执行的任务。

表 12-13 步骤 6：记录发现的问题、采取的措施和最终结果

记录发现的问题	与客户讨论实施的解决方案 请客户验证问题已解决 为客户提供所有书面文件 在工单和技术人员日志中记录为解决问题而执行的步骤 记录修复过程中使用的任何组件 记录解决问题所用的时间

12.2.2 操作系统的常见问题和解决方案

操作系统问题可归为硬件问题、软件问题、网络问题或其中两种甚至三种问题兼有的综合性问题。某些类型的操作系统问题发生频次较高。停止错误是造成系统锁死的硬件或软件故障。此类错误的一个例子是所谓的“蓝屏死机”（BSOD），当系统无法从错误中恢复时，就会出现此错误。BSOD 通常由设备驱动程序错误造成。

事件日志和其他诊断实用工具可用于调查停止错误或 BSOD 错误。为了防止这类错误，须验证硬件和软件驱动程序之间的兼容性。此外，安装 Windows 最新的补丁和更新。当系统在启动期间锁死时，计算机可自动重新启动。重新启动是由 Windows 中的自动重新启动功能引起的，并造成难以看到错误消息。

自动重新启动功能可在“高级启动选项”菜单中禁用。表 12-14 中显示操作系统常见问题和解决方案。

表 12-14 操作系统常见问题和解决方案

查找问题	可能原因	可能的解决方案
加电自检后，计算机显示“启动盘无效”错误	驱动器介质上没有操作系统 在 BIOS 设置中未正确设置启动顺序 检测不到硬盘驱动器或者跳线设置不正确 硬盘驱动器没有安装操作系统 MBR 损坏 计算机有引导扇区病毒 硬盘驱动器故障	取出驱动器中的所有介质 更改 BIOS 设置中的启动顺序，以从启动驱动器启动 重新连接硬盘驱动器电缆，或重置硬盘驱动器跳线 安装操作系统 在 Windows 7 或 Windows Vista 的“系统恢复”选项中使用 **bootrec/fixmbr** 命令 仅在 Windows XP 中，从 CLI 运行 **fdisk/mbr** 运行病毒移除软件 更换硬盘驱动器
加电自检后，计算机显示“无法访问启动设备”错误	最近安装的设备驱动程序与启动控制器不兼容 Windows 7 或 Windows Vista 中的 BOOTMGR 损坏 Windows XP 中的 NTLDR 损坏	使用最近一次的正确配置启动计算机 在安全模式下启动计算机，并加载安装新硬件前的还原点 从 Windows 7 或 **Windows Vista** 安装介质还原 BOOTMGR 文件 从 Windows XP 安装介质还原 NTLDR

续表

查找问题	可能原因	可能的解决方案
在 Windows 7 和 Windows Vista 中，计算机在加电自检（POST）后显示“BOOT MGR 缺失”错误	BOOTMGR 缺失或损坏 引导配置数据缺失或损坏 在 BIOS 设置中未正确设置启动顺序 MBR 损坏 硬盘驱动器故障 硬盘驱动器跳线设置不正确	从安装介质还原 BOOTMGR 从安装介质还原引导配置数据 更改 BIOS 设置中的启动顺序，以从启动驱动器启动 在“系统恢复”选项中使用 **bootrec/fixmbr** 命令 从恢复控制台运行 **chkdsk/F/R** 更换硬盘驱动器 重置硬盘驱动器跳线
在 windows XP 中，计算机加电自检（POST）后显示“NTLDR 缺失”错误	NTLDR 丢失或损坏 ntdetect.com 缺失或损坏 boot.ini 丢失或损坏 在 BIOS 设置中未正确设置启动顺序 MBR 损坏 硬盘驱动器故障 硬盘驱动器跳线设置不正确	从安装介质还原 NTLDR 从安装介质还原 ntdetect.com 从安装介质还原 boot.ini 更改 BIOS 设置中的启动顺序，以从启动驱动器启动 在命令提示符下运行 **fdisk/mbr** 从恢复控制台运行 **chkdsk/F/R** 重置硬盘驱动器跳线
计算机启动时某个服务无法启动	服务未启用 服务设置为手动 未能启用的服务需要具备另一服务方能启用	启用服务 将服务设置为自动 重新启用或重新安装所需的服务
计算机启动时某个设备无法启动	外置设备未加电 数据电缆或电源电缆未连接到设备 设备在 BIOS 设置中禁用 设备故障 设备与新安装的设备有冲突 驱动程序损坏 驱动程序仍在安装中	为外置设备加电 紧固连接到设备的数据电缆或电源电缆 在 BIOS 设置中启用设备 更换设备 卸下新安装的设备 重新安装或回滚驱动程序 允许计算机完成启动过程
找不到注册表中列出的某个程序	删除了一个或多个程序文件 卸载程序不能正常工作 安装目录已移除 硬盘驱动器已损坏 计算机感染了病毒	重新安装程序 重新安装程序，然后再次运行卸载程序 运行 **chkdsk/F/R** 修复硬盘驱动器文件条目 扫描并删除病毒
计算机不断重新启动，但不显示桌面	计算机设置为在有故障时重新启动 启动文件已损坏	按 F8 打开“高级选项菜单”，然后选择“禁用系统故障时自动重新启动” 从恢复控制台运行 **chkdsk/F/R**

续表

查找问题	可能原因	可能的解决方案
计算机显示黑屏或蓝屏死机（BSOD）	驱动程序与硬件不兼容 RAM 故障 电源故障 CPU 故障 主板故障	研究 STOP 错误和造成错误的模块名称 将所有故障设备更换为已知良好的设备
计算机锁死且没有显示任何错误信息	主板或 BIOS 设置中的 CPU 或 FSB 设置不正确 计算机过热 某个更新损坏了操作系统 RAM 故障 硬盘驱动器故障 电源故障 计算机感染了病毒	检查并重新设置 CPU 和 FSB 设置 检查所有散热设备，如有必要进行更换 卸载软件更新，或执行系统还原 从恢复控制台运行 **chkdsk/F/R** 将所有故障设备更换为已知良好的设备 扫描并删除病毒
应用程序未安装	下载的应用程序安装程序包含病毒，并被病毒防护软件阻止安装 安装磁盘或文件损坏 安装应用程序与操作系统不兼容 有过多程序正在运行，没有足够的剩余内存来安装应用程序 硬件不符合最低要求 安全警告被忽略或取消	获取新的安装磁盘或删除的文件，并重新下载安装文件 在兼容模式下运行安装应用程序 安装新程序前关闭应用程序 安装符合最低安装要求的硬件 再次运行安装，并接受安全警告
安装了 Windows 7 的计算机不运行 Aero	计算机不符合运行 Aero 的最低硬件要求	升级处理器、RAM 和视频卡，以符合 Aero 的最低 Microsoft 要求
搜索功能用了很长时间才能找到结果	索引服务没有运行 索引服务没有在正确的位置建立索引	使用 services.msc 启动索引服务 在“高级选项”面板中更改索引服务的设置
UAC 不再提示用户需要权限	UAC 已关闭	在控制面板的“用户账户”小程序中打开 UAC
桌面上未出现小工具	从未安装小工具，或者小工具已卸载 呈现小工具所必需的 XML 被破坏、损坏或未安装	右键单击桌面 > 单击小工具 > 右键单击小工具 > 单击添加 在命令提示符下输入 regsvr32 msxml3.dll，然后按 Enter 键注册文件 msxml3.dll
计算机运行缓慢，响应延迟	某个进程占用了大部分的 CPU 资源 硬件不符合运行 Aero 的要求	使用 services.msc 重新启动进程 如果不需要该进程，用任务管理器结束该进程 重新启动计算机 禁用 Aero

续表

查找问题	可能原因	可能的解决方案
缺少操作系统	分区未设置为活动分区 Windows 缺少启动文件	使用硬盘管理实用工具设置活动分区 运行 Windows 启动修复
运行程序时，显示“缺失或损坏 DLL”消息	使用该 DLL 文件的一个或多个程序已卸载，并移除了该 DLL 文件，而另一个程序需要该 DLL DLL 文件未注册 DLL 文件在一次错误的安装中损坏	重新安装 DLL 文件缺失或损坏的程序 重新安装卸载该 DLL 的应用程序 使用 regsvr32 命令注册 DLL 文件 在安全模式下运行 sfc/scannow
安装期间未检测到 RAID	Windows 7 未包含正确的驱动程序，无法识别 RAID 在 BIOS 中的 RAID 设置不正确	安装正确的驱动程序 在 BIOS 中更改设置以启用 RAID
系统文件损坏	计算机关闭不当	从“高级启动选项”菜单修复计算机 在安全模式下启动计算机，并运行 sfc/ scannow
所有用户的 GUI 丢失或 GUI 加载失败	Windows 缺少启动文件 Windows 更新损坏了操作系统	从“高级启动选项”菜单修复计算机 运行 Windows 启动修复 重新安装操作系统
计算机关闭而无警告	程序造成 Windows 操作系统意外关闭	启动到安全模式，并使用 msconfig 命令实用工具管理启动应用程序
计算机启动到安全模式	安装了造成计算机启动到安全模式的程序 计算机已配置为在安全模式下启动	使用 msconfig 调整程序的启动设置 使用 msconfig 配置计算机正常启动
计算机只启动到 VGA 模式	视频驱动器损坏	重新安装视频驱动器

12.2.3　运用故障排除技能修复操作系统问题

掌握故障排除流程之后，就可运用倾听和诊断技能解决问题。

第一个实验旨在巩固您处理操作系统问题的技能。您将检查使用 Windows 更新前后的还原点。

第二个实验旨在巩固沟通和故障排除技能。在此实验中，您将执行以下步骤。

步骤 1　接收工单。

步骤 2　跟客户解释打算尝试的各个步骤，并解决问题。

步骤 3　记录问题和解决办法。

第三、第四和第五个实验旨在巩固处理操作系统问题的技能。您将为一台有多种问题的计算机排除故障，然后进行修复。

12.3　网络

本节将描述如何运用六步故障排除流程修复网络问题，并提供了常见问题和技术人员用于排除这些问题的解决方案的图表。本节最后的实验将帮助您练习使用故障排除步骤。

12.3.1 网络高级故障排除的六个步骤

要开始排查网络问题，应首先尝试查找问题的来源。检查是一组用户还是只有一个用户遇到问题。如果只有一个用户有问题，那么从该用户的计算机开始排查。

故障排除流程的第一步是找出问题。表 12-15 显示了一系列要询问客户的开放式问题和封闭式问题。

表 12-15 步骤 1：查找问题

开放式问题	问题是什么时候开始的？ 哪些网络 LED 点亮？ 您遇到了什么问题？ 能告诉我一些关于该问题的其他信息吗？ 其他用户有什么问题？ 能否描述一下您的网络配置？
封闭式问题	改动过网络设备吗？ 添加过外围设备到计算机中吗？ 添加过其他计算机到网络中吗？ 重新启动过计算机吗？

在与客户谈话后，可以推测可能的原因。表 12-16 显示了网络问题的一些常见的可能原因。

表 12-16 步骤 2：推测可能原因

网络问题的常见原因	IP 信息不正确 无线配置不正确 网络连接禁用 检验无线路由器配置 检验电缆和连接 检验网络设备设置

对问题进行了一些推测之后，可根据推测进行测试，以确定问题的原因所在。表 12-17 显示了一系列快速过程，它们可帮助确定问题的确切原因，有时甚至能纠正问题。如果快速过程纠正了问题，那么可以跳至步骤 5 来验证全部系统功能。如果快速过程未纠正问题，可能需要进一步研究问题，以便确定确切原因。

表 12-17 步骤 3：测试推测以确定原因

用于确定原因的常见步骤	重新启动网络设备 续租 IP 地址 重新连接所有网络电缆 检验无线路由器配置 ping 本地主机 ping 默认网关 ping 外部网站 检验网络设备设置

在确定了问题的确切原因之后，应制定解决问题的行动计划，并实施解决方案。表12-18显示了一些信息源，可以使用这些信息源来搜集更多信息以解决问题。

表12-18 步骤4：制定解决问题的行动计划，并实施解决方案

如果在上一个步骤中未得出解决方案，则需要进一步研究以实施解决方案	帮助台修复日志 其他技术人员 制造商常见问题 技术网站 新闻组 计算机手册 设备手册 在线论坛 Internet 搜索

更正问题之后，应验证全部功能，并根据需要实施预防措施。表12-19显示了验证解决方案的步骤列表。

表12-19 步骤5：验证全部系统功能，并根据需要实施预防措施

验证解决方案和全部系统功能	重新启动所有网络设备 重新启动遇到网络问题的所有计算机 验证网络设备上的所有LED 使用 **ipconfig/all** 命令显示所有网络适配器的IP编址信息 使用 **ping** 命令检查到外部网站的网络连接 使用 **nslookup** 命令查询DNS服务器 使用 **net view** 命令显示网络上可用的共享资源 发送到共享打印机上打印

故障排除流程的最后一步是记录发现的问题、采取的措施和最终结果。表12-20列出了记录问题和解决方案需要执行的任务。

表12-20 步骤6：记录发现的问题、采取的措施和最终结果

记录发现的问题	与客户讨论实施的解决方案 请客户验证问题已解决 为客户提供所有书面文件 在工单和技术人员日志中记录为解决问题而执行的步骤 记录修复过程中使用的任何组件 记录解决问题所用的时间

12.3.2 网络的常见问题和解决方案

网络问题可能归为硬件问题、软件问题或者两者兼有的综合性问题。有些类型的问题发生频次较高，有些问题可能需要更深入的故障排除技能。

1. 网络连接问题

这些类型的连接问题通常与不正确的 TCP/IP 配置、防火墙设置或停止工作的设备有关，如表12-21所示。

表 12-21 网络连接的常见问题和解决方案

查找问题	可能原因	可能的解决方案
计算机可能按 IP 地址连接到网络设备，而不是按主机名	主机名不正确 DNS 设置不正确 DNS 服务器未工作	重新输入主机名 重新输入 DNS 服务器的 IP 地址 重新启动 DNS 服务器
计算机未获取或续租 IP 地址	计算机使用静态 IP 地址 网络电缆松动 防火墙阻止 DHCP	使计算机自动获取 IP 地址 检查电缆连接 更改防火墙设置以允许 DHCP 流量
在新计算机接入网络时，显示 IP 地址冲突消息	同一个 IP 地址分配给了网络上两个不同的设备	为每个设备配置唯一的 IP 地址
计算机可以访问网络，但是不能访问 Internet	网关 IP 地址不正确 路由器配置不正确	重启路由器并重新配置路由器设置
计算机自动获取 IP 地址 169.254.x.x，但是无法连接到网络	DHCP 服务器未启用 计算机无法与 DHCP 服务器通信 另一台计算机已被分配了一个静态 IP 地址，该静态 IP 地址已被从 DHCP 池分配出去	打开 DHCP 服务器 运行 **ipconfig/release**，然后运行 **ipconfig/renew** 重启计算机 从 DHCP 池中删除该静态 IP 地址从而使得该地址不会再次被意外分配，或者将计算机的静态 IP 地址更改为一个不包含在 DHCP 池中的 IP 地址
用户遇到无线网络传输速度缓慢的问题	无线安全性未实施，从而允许未经授权的用户访问 过多用户连接到接入点	安装无线安全方案 添加其他接入点
用户遇到无线网络连接时断时续的问题	用户离接入点太远 无线信号遇到外部源的干扰 过多用户连接到接入点	确保接入点位于中心 更改无线网络上的通道 添加其他接入点

2. 电子邮件故障

无法发送或接收电子邮件通常是由不正确的电子邮件软件设置、防火墙设置和硬件连接问题造成，如表 12-22 所示

表 12-22 电子邮件的常见问题和解决方案

查找原因	可能原因	可能的解决方案
计算机无法发送或接收电子邮件	计算机上的电子邮件客户端设置不正确 电子邮件服务器停机 网络电缆松脱或断开	重新配置电子邮件客户端设置 重新启动电子邮件服务器或者通知电子邮件服务提供商检查电缆连接
计算机可发送电子邮件，但是不能接收电子邮件	收件箱满	存档或删除电子邮件以腾出空间
计算机无法接收某些电子邮件附件	电子邮件附件过大 电子邮件附件包含病毒，并被病毒防护程序拦截	请发件人将附件拆分成更小的部分，然后分成多封邮件分别发送请发件人扫描附件后再发出
计算机未能通过电子邮件服务器身份验证	电子邮件服务器设置不正确	输入正确的电子邮件服务器设置

3. FTP 和安全 Internet 连接问题

FTP 客户端和服务器之间的文件传输问题通常由不正确的 IP 地址和端口设置，或者安全策略造成。

安全 Internet 连接问题通常与证书设置不正确和软件或硬件拦截的端口有关，如表 12-23 所示。

表 12-23 FTP 和安全 Internet 连接的常见问题和解决方案

查找原因	可能原因	可能的解决方案
计算机无法访问 FTP 服务器	路由器上未启用端口转发 已达到最大数量的用户	在路由器上启用端口转发，将端口 21 转发到 FTP 服务器的 IP 地址 增加FTP 服务器上并发 FTP 用户的最大数量
FTP 客户端软件找不到 FTP 服务器	FTP 客户端的 IP 地址或端口设置不正确 FTP 服务器未运行	在FTP客户端中输入正确的IP地址和端口设置 重新启动 FTP 服务器
FTP 服务器在短暂不活动后断开与客户端的连接	FTP 服务器不允许连接的客户端在没有命令发送给 FTP 服务器时保持连接	增加允许 FTP 客户端不执行任何操作而保持连接的时间长度
计算机无法访问特定的 HTTPS 站点	浏览器证书 SSL 设置不正确	清除 SSL 状态 添加可信的根证书 选择“工具>Internet 选项>高级”选项卡，并确保选中 SSL 复选框

4. CLI 命令揭示的问题

来自 CLI 命令报告的异常信息通常由不正确的 IP 地址设置、硬件连接问题和防火墙设置造成，如表 12-24 所示。

表 12-24 使用网络故障排除工具的常见问题和解决方案

查找原因	可能原因	可能的解决方案
计算机可以 ping 到 IP 地址，但是不能 ping 主机名	主机名不正确 计算机的 DNS 设置不正确 DNS 服务器工作不正常 未启用 TCP/IP 上的 NetBIOS	输入正确的主机名 输入正确的 DNS 设置 重新启动 DNS 服务器 启用 TCP/IP 上的 NetBIOS
一个网络上的计算机无法 ping 到另一个网络上的计算机	两个网络之间的连接有问题或者有设备损坏 ICMP 回显请求被禁用	使用 tracert 查找哪个连接断开，并修复断开的连接 确保 ICMP 回显请求启用
nslookup 报告“无法找到地址 127.0.0.0 的服务器名称：超时”	本地计算机上未配置 DNS IP 地址 DNS IP 地址不正确	将有效 DNS 服务器的 IP 地址添加到 LAN 适配器的 TCP/IP 属性 在 LAN 适配器 TCP/IP 属性中纠正有效 DNS 服务器的 IP 地址
计算机无法使用 **net use** 命令连接到共享网络文件夹	文件夹未共享 计算机不在同一个工作组中	确保使用 **net share** 命令共享网络文件夹 将计算机设置为与共享网络文件夹的计算机同属一个工作组

续表

查找原因	可能原因	可能的解决方案
在尝试使用**ipconfig/release**或**ipconfig/renew**命令时，您收到消息："不允许在适配器上执行任何操作，它已断开媒体链接"	网络电缆没有插好 计算机配置了静态 IP 地址	重新连接网络电缆 将 LAN 适配器的 TCP/IP 属性更改为使用 DHCP
计算机无法 telnet 到远程计算机	telnet 服务已停止 远程计算机未配置为接受 telnet 连接	在远程计算机上启动 telnet 服务 将远程计算机配置为接受 telnet 连接
通知区域的网络图标显示黄色感叹号。在尝试使用**ipconfig/release** 或 **ipconfig/renew** 命令时，您收到消息："操作失败，没有适配器处于允许此操作的状态"	静态 IP 地址已分配到接口	将配置从静态 IP 地址更改为自动获取 IP 地址

12.3.3 运用故障排除技能修复网络问题

掌握故障排除流程之后，就可运用倾听和诊断技能解决问题。

第一个实验旨在巩固您的网络技能。您将为一台无法联网的计算机排除故障，然后进行修复。

第二个实验旨在巩固沟通和故障排除技能。在此实验中，您将执行以下步骤。

步骤 1 接收工单。

步骤 2 跟客户解释打算尝试的各个步骤，并解决问题。

步骤 3 记录问题和解决办法。

第三、第四和第五个实验旨在巩固您对网络问题的故障排除技能。您将为一台具有多种问题的计算机排除故障，然后进行修复。

12.4 笔记本电脑

本节将描述如何运用六步故障排除流程修复笔记本电脑问题，并提供了常见问题和技术人员用于排除这些问题的解决方案的图表。本节最后的实验将帮助您练习使用故障排除步骤。

12.4.1 笔记本电脑高级故障排除的六个步骤

故障排除流程帮助解决笔记本电脑问题。这些问题有的简单（如更新驱动程序），有的复杂（如更换变换器）。我们将以故障排除步骤为指导原则，协助您诊断和修复问题。

故障排除流程的第一步是找出问题。表 12-25 显示了一系列要询问客户的开放式问题和封闭式问题。

表 12-25 步骤 1：查找问题

开放式问题	您在什么环境中使用笔记本电脑？ 问题什么时候开始的？ 您遇到了什么问题？ 笔记本电脑启动时发生了什么情况？ 您看到屏幕上显示什么？ 能告诉我一些关于该问题的其他信息吗？
封闭式问题	最近有人对笔记本电脑执行过修复工作吗？ 有其他人用过笔记本电脑吗？ 笔记本电脑连接 Internet 吗？ 笔记本电脑中有无线网卡吗？ 以前碰到过任何类似的问题吗？

在与客户谈话后，可以推测可能的原因。表 12-26 列出了笔记本电脑问题的一些常见的可能原因。

表 12-26 步骤 2：推测可能原因

笔记本电脑问题的常见原因	笔记本电脑电池没电 笔记本电脑电池无法充电 电缆连接松动 变换器不工作 外接键盘不工作 数字锁定键打开 RAM 松动 Fn 键禁用了某个功能 按钮或滑动开关已禁用了无线连接

对问题进行了一些推测之后，可根据推测进行测试，以确定问题的原因所在。表 12-27 显示了一系列快速过程，它们可帮助确定问题的确切原因，有时甚至能纠正问题。如果快速过程纠正了问题，那么可以跳至步骤 5 来验证全部系统功能。如果快速过程未纠正问题，可能需要进一步研究问题，以便确定确切原因。

表 12-27 步骤 3：测试推测以确定原因

用于确定原因的常见步骤	使用 AC 电源而不是电池 更换 AC 电源适配器 先卸下再重新插入电池 更换电池 检查 BIOS 设置 断开再重新连接电缆，一次一根 更换变换器 检查 Fn 键设置 检验无线连接按钮或滑动开关处于正确的位置 断开再重新连接外围设备，一次一根 检验数字锁定键是否关闭 重新安装 RAM 重启笔记本电脑

在确定了问题的确切原因之后，应制定解决问题的行动计划，并实施解决方案。表 12-28 显示了

一些信息源，可以使用这些信息源来搜集更多信息以解决问题。

表 12-28　　步骤 4：制定解决问题的行动计划，并实施解决方案

如果在上一个步骤中未得出解决方案，则需要进一步研究以实施解决方案	帮助台修复日志 其他技术人员 制造商常见问题 技术网站 新闻组 计算机手册 设备手册 在线论坛 Internet 搜索

更正问题之后，应验证全部功能，并根据需要实施预防措施。表 12-29 显示了解决方案验证步骤的列表。

表 12-29　　步骤 5：验证全部系统功能，并根据需要实施预防措施

验证解决方案和全部系统功能	重新启动计算机 连接所有外围设备 仅使用电池运行笔记本电脑 从应用程序打印文档 输入示例文件以测试键盘 检查事件查看器是否有警告或错误

故障排除流程的最后一步是记录发现的问题、采取的措施和最终结果。表 12-30 列出了记录问题和解决方案需要执行的任务。

表 12-30　　步骤 6：记录发现的问题、采取的措施和最终结果

记录发现的问题	与客户讨论实施的解决方案 请客户验证问题已解决 为客户提供所有书面文件 在工单和技术人员日志中记录为解决问题而执行的步骤 记录修复过程中使用的任何组件 记录解决问题所用的时间

12.4.2　笔记本电脑的常见问题和解决方案

笔记本电脑问题可归为硬件问题、软件问题、网络问题或其中两种甚至三种问题兼有的综合性问题。有些类型的笔记本电脑问题发生频次较高。

如果需要更换笔记本电脑组件，应确保具备制造商推荐的正确的更换组件和工具。

表 12-31 显示笔记本电脑显示屏常见问题和解决方案。在更换笔记本电脑部件前，要确保自己掌握了更换部件的相关步骤，以及安装所需的技能。

表 12-31 笔记本电脑显示屏的常见问题和解决方案

查找原因	可能原因	可能的解决方案
笔记本电脑黑屏或很暗，还可能听到声音	笔记本电脑显示屏变换器或背景光灯泡故障	更换显示屏的变换器 更换背景光灯
笔记本电脑屏幕只显示颜色变化的竖线	笔记本电脑显示屏故障	更换笔记本电脑显示屏
连接到笔记本电脑的外接笔记本显示屏上显示内容，但是笔记本电脑自带的屏幕空白	笔记本电脑屏幕未设置为显示输出	按 Fn 键以及相应的功能键在笔记本电脑屏幕上显示输出
笔记本电脑显示屏和外接显示器不显示图像，但笔记本电脑硬盘驱动器和风扇正常工作	笔记本电脑主板或视频卡发生故障	如果有板载视频卡，更换笔记本电脑主板 更换视频卡
笔记本电脑未从待机或休眠模式下返回	笔记本电脑在BIOS设置和Windows电源管理设置之间有冲突	重新配置笔记本电脑 BIOS 设置与 Windows 电源管理设置

表 12-32 显示存储设备和 RAM 的常见问题和解决方案。存储设备和内存的大多数更换步骤遵循常规安装过程。

表 12-32 笔记本电脑存储设备和 RAM 的常见问题和解决方案

查找原因	可能原因	可能的解决方案
笔记本电脑硬盘驱动器有数据访问错误，并发出异常噪音	硬盘驱动器故障	更换硬盘驱动器
笔记本电脑将不启动或访问新安装的硬盘驱动器	硬盘驱动器连接不当 BIOS 不能识别新的硬盘驱动器	重新连接硬盘驱动器 更新笔记本电脑 BIOS
笔记本电脑过度访问硬盘驱动器	虚拟内存设置不正确 需要更多的 RAM 可用硬盘驱动器空间受限	更改虚拟内存设置 安装额外的 RAM 删除或移除不需要的文件和应用程序
笔记本电脑在安装新 RAM 后发出长蜂鸣声	安装的 RAM 类型错误 RAM 安装不正确 安装了损坏的 RAM 模块	安装正确类型的 RAM 先卸下再重新安装 RAM 更换损坏的 RAM 模块

表 12-33 显示电源和输入设备的常见问题和解决方案。大多数笔记本电脑电池的更换步骤都遵循常规安装过程。

表 12-33 笔记本电脑电源和输入设备的常见问题和解决方案

查找原因	可能原因	可能的解决方案
当笔记本电脑插入 AC 插座后，笔记本电脑 LED 电源灯不亮	AC 电源不工作 电源线未牢牢连接到笔记本电脑 AC 适配器有缺陷	将笔记本电脑插入已知良好的电源 拔下电源线，再将电源线牢牢连接到笔记本电脑 更换 AC 适配器
笔记本电脑在只使用电池时不加电	电池连接不正确 电池无电量 电池有缺陷	先卸下再重新连接电池 给电池充电 更换电池
使用电池的笔记本电脑工作时间非常短	电池陈旧	更换电池

续表

查找原因	可能原因	可能的解决方案
笔记本电脑接通电源时，日期和时间不正确	CMOS 电池发生故障	更换 CMOS 电池
	CMOS 电池松脱	先卸下再重新安装 CMOS 电池
笔记本电脑触摸板或指针设备无响应	触摸板或指针设备禁用	从控制面板启用指针设备
	触摸板或指针设备有缺陷	更换指针设备
		使用鼠标作为新的指针设备
笔记本电脑键盘不工作，或个别键不工作	键盘已被液体损坏	清理键盘
	笔记本电脑键盘连接松动	重新连接笔记本电脑键盘
	键盘损坏或陈旧	更换笔记本电脑键盘
		使用外接键盘

表12-34显示通风、CPU、声音和扩展卡的常见问题和解决方案。所有PC扩展卡，包括ExpressCard，其安装和拆除步骤都类似。

表 12-34 其他笔记本电常见问题和解决方案

查找原因	可能原因	可能的解决方案
笔记本电脑无故关机或过热	笔记本电脑通风不良	清理所有通风口
	笔记本电脑风扇故障	更换所有故障风扇
	CPU 散热片太脏或松脱	清理并重新安装散热片
笔记本电脑将不会启动，只有风扇和 LED 工作	CPU 故障	更换 CPU
笔记本电脑的内置扬声器不发出任何声音	在 BIOS 中音频禁用	在 BIOS 中启用音频
	声音为静音	取消静音
	笔记本电脑内置扬声器损坏	更换扬声器
		使用外置扬声器
无法将 PC 卡插入笔记本电脑	笔记本电脑不支持 PC 卡	将 PC 卡换成 ExpressCard
	塑料保护器安装在卡槽中	从卡槽中移除塑料保护器
		购买 PC 卡转 ExpressCard 适配器

12.4.3 运用故障排除技能修复笔记本电脑问题

掌握故障排除流程之后，就可运用倾听和诊断技能解决问题。

工作表用来核对工单信息，并调查技术支持网站和笔记本电脑维修公司。

本实验旨在考查您对笔记本电脑硬件和软件问题的故障排除技能。您将排查一台有多种问题的笔记本电脑的故障，然后将其修复。

12.5　打印机

本节将描述如何运用六步故障排除流程修复打印机问题，并提供了常见问题和技术人员用于排除这些问题的解决方案的图表。本节最后的实验将帮助您练习使用故障排除步骤。

12.5.1　打印机高级故障排除的六个步骤

对于打印机问题，技术人员必须能够确定问题是出在设备、电缆连接，还是与其相连的计算机。应按照本节阐述的步骤准确查找、修复和记录问题。本章中将介绍修复有本地配置和网络配置的打印机。

故障排除流程的第一步是找出问题。表 12-35 显示了一系列要询问客户的开放式问题和封闭式问题。

表 12-35　步骤 1：查找问题

开放式问题	您使用什么类型的打印机？ 您的打印机是什么品牌和型号？ 您使用什么类型的纸张？ 您的打印机遇到什么问题？ 最近您的计算机上更换过什么软件或硬件？ 发现问题时您正在做什么？ 您收到过什么错误消息？
封闭式问题	打印机是否在保修期内？ 能否打印测试页？ 是新打印机吗？ 打开打印机电源了吗？ 是不是每一页都有问题？ 最近换过纸张吗？ 问题只出在这台打印机上吗？ 在使用其他应用程序时，是否出现此问题？ 打印机是否无线连接到网络？

在与客户谈话后，可以推测可能的原因。表 12-36 显示了打印机问题的一些常见可能原因。

表 12-36 步骤 2：推测可能原因

打印机问题的常见原因	电缆连接松动 卡纸 设备电源 墨水不足警告 缺纸 设备显示错误消息 计算机屏幕显示错误消息 墨盒为空 打印服务器未工作 打印机无法建立与无线网络的连接

对问题进行了一些推测之后，可根据推测进行测试，以确定问题的原因所在。表 12-37 显示了一系列快速过程，它们可帮助确定问题的确切原因，有时甚至能纠正问题。如果快速过程纠正了问题，那么可以跳至步骤 5 来验证全部系统功能。如果快速过程未纠正问题，可能需要进一步研究问题，以便确定确切原因。

表 12-37 步骤 3：测试推测以确定原因

用于确定原因的常见步骤	重新启动打印机 断开电缆，再重新连接电缆 重新启动计算机 检查打印机是否卡纸 在纸盒中重新放置纸张 打开再关闭打印机纸盒 确保打印机门关闭 清除打印机队列中的作业 重新启动打印后台处理程序服务 重新安装打印机软件 从喷墨盒喷嘴臂上取下包装胶带 重新启动打印服务器 重新配置打印机的无线设置

在确定了问题的确切原因之后，应制定解决问题的行动计划，并实施解决方案。表 12-38 显示了一些信息源，可以使用这些信息源来搜集更多信息以解决问题。

表 12-38 步骤 4：制定解决问题的行动计划，并实施解决方案

如果在上一个步骤中未得出解决方案，则需要进一步研究以实施解决方案	帮助台修复日志 其他技术人员 制造商常见问题 技术网站 新闻组 计算机手册 设备手册 在线论坛 Internet 搜索

更正问题之后，应验证全部功能，并根据需要实施预防措施。表 12-39 显示了验证解决方案的步骤列表。

表 12-39 步骤 5：验证全部系统功能，并根据需要实施预防措施

验证解决方案和全部系统功能	重启计算机 重启打印机 从打印机控制面板打印测试纸 从应用程序打印文档 重新打印客户的问题文档

故障排除流程的最后一步是记录发现的问题、采取的措施和最终结果。表 12-40 列出了记录问题和解决方案需要执行的任务。

表 12-40 步骤 6：记录发现的问题、采取的措施和最终结果

记录发现的问题	与客户讨论实施的解决方案 请客户验证问题已解决 为客户提供所有书面文件 在工单和技术人员日志中记录为解决问题而执行的步骤 记录修复过程中使用的任何组件 记录解决问题所用的时间

12.5.2 打印机常见问题和解决方案

打印机问题可归为硬件问题、软件问题、网络问题或其中两种甚至三种问题兼有的综合性问题。有些类型的问题发生频次较高。表 12-41 中显示打印机常见问题和解决方案。

表 12-41 打印机的常见问题和解决方案

查找问题	可能原因	可能的解决方案
打印机打印未知字符	打印机可能已插入 UPS 安装的打印机驱动程序不正确 打印机电缆松脱 打印机设置为暂停打印 打印机设置为脱机使用打印机	将打印机直接插入墙面插座 卸载不正确的打印驱动程序，并安装正确的驱动程序 紧固打印机电缆 将打印机设置为“联机使用打印机”
打印时卡纸	使用的纸张类型不正确 湿度造成纸张黏在一起	将纸张更换成制造商推荐的纸张类型 在纸盘中加入新纸
打印机不会打印大型或复杂的图像	打印机没有足够内存	为打印机添加更多内存

续表

查找问题	可能原因	可能的解决方案
激光打印机在每页打印竖线或条纹	硒鼓损坏	更换硒鼓，或者在墨盒包含硒鼓时更换墨盒 拆下并摇动墨盒
碳粉未在纸张上定影	热定影器有缺陷	更换热定影器
纸张打印后有折痕	拾纸轮阻塞、损坏或变脏	清洁或更换拾纸轮
纸张未送进打印机	拾纸轮阻塞、损坏或变脏	清洁或更换拾纸轮
每次网络打印机重启时，用户都会收到“文档打印失败”消息	打印机的 IP 配置设置为 DHCP 网络上的设备与网络打印机的 IP 地址相同	为打印机分配静态 IP 地址 为打印机分配其他的静态 IP 地址

12.5.3 运用故障排除技能修复打印机问题

掌握故障排除流程之后，就可运用倾听和诊断技能解决问题。

第一个实验旨在巩固您的打印机故障排除技能。

第二个实验旨在巩固您的沟通技能和打印机故障排除技能。在此实验中，您将执行以下步骤。

步骤 1 接收工单。

步骤 2 跟客户解释打算尝试的各个步骤，并解决问题。

步骤 3 记录问题和解决办法。

第三、第四和第五个实验旨在巩固处理打印机问题的技能。您将排查多种打印问题并将其修复。

12.6 安全性

本节将描述如何运用六步故障排除流程修复安全性问题，并提供了常见问题和技术人员用于排除这些问题的解决方案的图表。本节最后的实验将帮助您练习使用故障排除步骤。

12.6.1 安全性高级故障排除的六个步骤

计算机技术人员必须能够分析安全威胁，并确定相应的方法来保护资产和弥补损失。此过程称为故障排除。

故障排除流程的第一步是找出问题。表 12-42 显示了一系列要询问客户的开放式问题和封闭式问题。

表 12-42	步骤 1：查找问题
开放式问题	您遇到了什么问题？
	问题是什么时候开始的？
	您如何连接到 Internet？
	您使用什么防火墙类型？
	您的计算机上安装了什么安全软件？
	可使用无线访问哪些网络资源？
	您有什么资源权限？
封闭式问题	是否有防火墙？
	有没有其他人使用过计算机？
	您的安全软件是否是最新的？
	您最近有没有扫描过计算机病毒？
	您以前有没有碰到过此问题？
	您最近是否更改了密码？
	您有没有在计算机上收到过任何错误消息？
	您是否共享了密码？
	您是否有权限访问资源？

在与客户谈话后，可以推测可能的原因。表 12-43 列出了安全性问题一些常见的可能原因。

表 12-43	步骤 2：推测可能原因
安全性问题的常见原因	用户账户禁用
	用户使用不正确的用户名或密码
	用户没有正确的文件夹或文件权限
	防火墙配置不正确
	用户的计算机已受病毒感染
	无线安全性配置在客户端上不正确
	无线接入点上的安全性配置不正确

对问题进行了一些推测之后，可根据推测进行测试，以确定问题的原因所在。表 12-44 显示了一系列快速过程，它们可帮助确定问题的确切原因，有时甚至能纠正问题。如果快速过程纠正了问题，那么可以跳至步骤 5 来验证全部系统功能。如果快速过程未纠正问题，可能需要进一步研究问题，以便确定确切原因。

表 12-44 步骤 3：测试推测以确定原因

用于确定原因的常见步骤	检验用户的账户设置 重置用户密码 检验用户对文件夹和文件的权限 检查防火墙日志以查找错误 检验防火墙设置 扫描并移除计算机上的病毒 检验客户端的无线安全性配置 检验无线接入点上的安全性配置

在确定了问题的确切原因之后，应制定解决问题的行动计划，并实施解决方案。表 12-45 显示了一些信息源，可以使用这些信息源来搜集更多信息以解决问题。

表 12-45 步骤 4：制定解决问题的行动计划，并实施解决方案

如果在上一个步骤中未得出解决方案，则需要进一步研究以实施解决方案	帮助台修复日志 其他技术人员 制造商常见问题 技术网站 新闻组 计算机手册 设备手册 在线论坛 Internet 搜索

更正问题之后，应验证全部功能，并根据需要实施预防措施。表 12-46 显示了验证解决方案的步骤列表。

表 12-46 步骤 5：验证全部系统功能，并根据需要实施预防措施

检验解决方案和全部系统功能	重启计算机 登录到计算机 使用无线连接到网络 检验文件和文件夹访问 检验病毒扫描未找到病毒

故障排除流程的最后一步是记录发现的问题、采取的措施和最终结果。表 12-47 列出了记录问题和解决方案需要执行的任务。

表 12-47 步骤 6：记录发现的问题、采取的措施和最终结果

记录发现的问题	与客户讨论实施的解决方案 请客户验证问题已解决 为客户提供所有书面文件 在工单和技术人员日志中记录为解决问题而执行的步骤 记录修复过程中使用的任何组件 记录解决问题所用的时间

12.6.2 常见的安全性问题和解决方案

安全性问题可归为硬件问题、软件问题、网络问题或其中两种甚至三种问题兼有的综合性问题。有些类型的安全性问题发生频次较高。

1. 恶意软件设置

恶意软件防护问题通常与软件设置或配置不当有关。错误的设置可能导致计算机出现恶意软件和引导扇区病毒造成的一种或多种症状，如表 12-48 所示。

表 12-48 恶意软件的常见问题和解决方案

查找原因	可能的原因	可能的解决方案
启动时出现“MBR 已更改或修改”消息	引导扇区病毒更改了主引导记录	用可启动的软盘或闪存驱动器启动计算机，并运行防病毒软件移除引导扇区病毒
Windows 7 或 Windows Vista 计算机启动时有错误消息：“加载操作系统错误”	病毒损坏了主引导记录	从安装介质启动计算机。在安装 Windows 屏幕上，选择“修复计算机”。在命令提示符下输入 **bootrec.exe/fixmbr**
Windows 7 或 Windows Vista 计算机启动时有错误消息：“警告：此硬盘可能已被病毒感染！”	病毒损坏了引导扇区	从安装介质启动计算机。在安装 Windows 屏幕上，选择“修复计算机”。在命令提示符下输入 **bootrec.exe/fixboot**
Windows XP 计算机不启动	病毒损坏了主引导记录	从 XP 安装介质启动计算机。在设置屏幕上，选择“恢复控制台”。访问 Windows 启动修复工具恢复损坏的系统文件
您的联系人收到来自您的电子邮件账户的垃圾邮件	您的电子邮件账户已被病毒或间谍软件劫持	运行防病毒软件并修复、删除或隔离受感染的文件。运行反间谍软件并移除所有全部受间谍软件感染。清理计算机后，更改电子邮件账户密码

2. 用户账户和权限

未经授权的访问或被阻止访问通常是用户账户设置或权限设置不正确引起，如表 12-49 所示。

表 12-49 用户权限的常见问题和解决方案

查找原因	可能原因	可能的解决方案
用户可以登录，但是在试图访问某些文件夹和文件时收到“拒绝访问”消息	用户不是有权访问文件夹和文件的组的成员	将该用户添加到正确的组 将正确用户的权限添加到文件夹和文件
用户可以查找服务器上的文件，但是无法下载该文件	用户权限不正确	将用户对文件夹的权限更改为读取和执行
用户获得了某个子文件夹的访问权限，但是该文件夹不应该可访问	子文件夹从上级文件夹继承权限	更改子文件夹权限设置，使其不从父文件夹继承权限。设置子文件夹的相应权限
某个组的用户无法看到某个文件夹，但是他们应该有权访问该文件夹	文件夹权限设置为拒绝	将文件夹权限更改为允许
通过网络移动到新计算机的加密文件不再加密	新的计算机没有 NTFS 分区	将新计算机上的分区转换为 NTFS，并重新加密文件

3. 计算机安全性

计算机安全性问题可能由BIOS或硬盘驱动器中的安全设置不正确引起，如表12-50所示。

表12-50 计算机安全性设置的常见问题和解决方案

查找原因	可能原因	可能的解决方案
计算机每天在同一时间运行缓慢	防病毒软件设置为每天在同一时间扫描计算机	将防病毒软件设置为不使用计算机时扫描计算机
用户抱怨计算机BIOS设置不断更改	未设置BIOS密码，使得他人可以更改BIOS设置	设置密码以保护对BIOS设置的访问
可信平台模块（TPM）未在设备管理器中显示	TPM禁用	在BIOS中启用TPM

4. 防火墙和代理设置

到联网资源和Internet的连接被阻止通常与防火墙和代理规则以及端口设置不当有关，如表12-51所示。

表12-51 防火墙或代理商设置的常见问题和解决方案

查找原因	可能原因	可能的解决方案
计算机无法ping到网络上的另一台计算机	Windows防火墙拦截了ping请求 路由器阻止了ping请求	将Windows防火墙配置为允许ping请求 将路由器配置为允许ping请求
笔记本电脑防火墙例外允许来自流氓计算机的未授权的连接	Windows防火墙设置不正确 Windows防火墙禁用	将Windows防火墙设置为“在使用公共网络时不允许例外” 启用Windows防火墙
计算机无法telnet到另一台计算机	Windows防火墙默认阻止端口23 路由器阻止端口23	配置Windows防火墙打开端口23 配置路由器允许端口23
电子邮件程序配置正确，但无法连接到电子邮件服务器	电子邮件服务器停机 Windows防火墙阻止电子邮件软件	检验电子邮件服务器正在工作 为电子邮件软件创建Windows防火墙例外
计算机可以ping到本地网络之外，但是没有Internet连接	Windows防火墙阻止端口80 路由器阻止端口80	配置Windows防火墙打开端口80 配置路由器允许端口80
计算机可以ping到代理服务器，但是没有Internet连接	浏览器代理服务器设置不正确 代理服务器停机	重新输入代理服务器设置，包括代理服务器的IP地址和端口，以及应该定义的任何例外 重新启动代理服务器

12.6.3 运用故障排除技能修复安全性问题

掌握故障排除流程之后，就可运用倾听和诊断技能解决问题。

第一个实验旨在考查安全性问题的故障排除技能。您将排除并修复计算机无法连接无线网络的安全性问题。

第二个实验旨在巩固沟通和故障排除技能。在此实验中，您将执行以下步骤。

步骤1 接收工单。

步骤2 跟客户解释打算尝试的各个步骤，并解决问题。

步骤3 记录问题和解决办法。

第三、第四和第五个实验旨在考查对安全性问题的故障排除技能。您将排除存在多种安全性问题的网络问题，然后将其修复。

12.7 总结

本章为您提供了多种途径，供您学习故障排除知识，锻炼故障排除技能。

本章介绍了收集计算机硬件或软件问题信息时应询问的高级诊断问题，进一步深入讲解了计算机组件和外围设备、操作系统、网络、笔记本电脑、打印机和安全性的常见问题及解决方案。

在实验当中，先让您修复了一个简单的问题，接着练习了在修复该问题过程中，如何像呼叫中心技术人员一样，跟别人交谈。最后，还在 Windows 7、Windows Vista 和 Windows XP 中排除较为复杂的硬件和软件问题。

12.8 检查你的理解

您可以在附录 A 中查找下列问题的答案。

1. 用户无法打开经常使用的一些文件。系统显示一条消息指明文件已损坏。问题的原因可能是什么？
   A. 硬盘驱动器开始出现故障
   B. RAM 数量不足
   C. 需要更新 BIOS
   D. 需要升级 CPU
2. 笔记本电脑工作速度非常慢。检查设备时，技术人员发现硬盘 LED 活动指示灯大部分时间处于亮起状态。查看硬盘属性时显示有 196 GB 空间可用。哪种可能的解决方案最适合解决此问题？
   A. 将主板重置为出厂默认设置
   B. 添加附加 RAM
   C. 将现有硬盘更换为容量更大的硬盘
   D. 对 CPU 进行超频
   E. 重新配置 BIOS 设置
3. 客户留下笔记本电脑维修时，抱怨在笔记本电脑上搜索任何文件花费的时间太长。技术人员返还笔记本电脑时，解释说现在已经为文档文件夹启用了索引服务。这发生在故障排除流程的哪个步骤？
   A. 查找问题
   B. 推测可能原因
   C. 确定确切原因
   D. 实施解决方案
   E. 验证解决方案和全部系统功能
   F. 记录发现的问题
4. 某网络用户正在尝试访问电子邮件，但是电子邮件客户端反复询问用户名和密码。但同一建筑物内的其他用户没有遇到电子邮件服务问题。此问题最可能的两个原因是什么？
   A. PC 的默认网关设置不正确
   B. 输入的用户名或密码不正确
   C. 缺少与 DHCP 服务器的连接
   D. 电子邮件服务器工作不正常
   E. 网络电缆与 PC 断开连接
   F. 启用了大写锁定功能
5. 笔记本电脑在仍连接至电源时总是关闭而不发出警告。问题的原因可能是什么？
   A. 笔记本电脑过热

B. 未正确安装笔记本电脑电池
C. 需要更新 BIOS
D. 电源设置配置有误

6. 用户抱怨 Windows XP 笔记本电脑加载文件太慢。技术人员注意到笔记本电脑访问硬盘过于频繁。此问题有哪两条可能的原因?
A. 电源选项配置不正确
B. 笔记本电脑需要更多 RAM
C. CPU 有缺陷
D. BIOS 设置错误
E. 硬盘有碎片

7. 某用户报告每次打开笔记本电脑电源后，笔记本电脑的日期和时间总是不对。问题出在哪里?
A. LCD 功率变换器发生了故障
B. 未正确配置驱动程序
C. CMOS 电池需要更换
D. 主板连接器出现故障或有短路

8. 用户抱怨激光打印机打印的每页纸上都出现条纹和线条。问题的原因可能是什么?
A. 硒鼓损坏
B. EP 盒中的墨粉量不足
C. 热定影器发生故障
D. 打印机没有足够内存

9. 技术人员正在尝试修理打印时卡纸的激光打印机。下列哪两项可能会导致此问题?
A. 打印机中有灰尘或碎屑
B. 热定影器发生故障
C. 硒鼓损坏
D. 使用了错误的纸张类型
E. EP 盒中的墨粉不足

10. 用户需要打开远程计算机中共享的一些文件。但是，用户尝试打开某些文件和文件夹时收到 “access denied”（拒绝访问）消息。此问题的可能原因是什么?
A. TPM 必须处于启用状态
B. BIOS 设置配置不正确
C. 防火墙阻止访问那些资源
D. 用户不是有权访问那些资源的组的成员

附录

“检查你的理解”问题答案

第 1 章

1. B。PC 电源支持 110V 输入、220V 输入或两者都支持。双电压电源通常有一个选择器，它可以控制在适当的环境中应使用的电压类型。
2. B。1394——一种 IEEE 串行总线接口标准，也被称为 FireWire。
   1284——一种适用于更快吞吐和双向数据流的 IEEE 标准，是用于 PC 的一种增强型并行接口。它主要用于连接打印机和扫描仪，但现在 USB 比并行连接使用更为普遍。
3. D。USB 1.0 用于最大 1.5Mbit/s 的低速设备和 12Mbit/s 的全速设备。
   USB 2.0 最高速度为 480Mbit/s，于高速设备。
   USB 3.0 速度为 480Gbit/s，用于超速设备。
4. D。键盘、视频、鼠标（KVM）切换器是一种硬件设备，可实现用一套键盘、显示器和鼠标控制多台计算机。KVM 切换器可以用一套键盘、显示器和鼠标提供对多台服务器经济高效的访问。
5. A。不要打开电源外壳。即使在断开主电源之后，电源内部的电容器仍然可以长期储存电荷。
6. C。超频是用于使处理器的工作速度超过其原始规格的一种技术。
   降频能够降低 CPU 运行速度，因此 CPU 不必超负荷运转。
   多任务是指 CPU 从一个程序切换至另一个程序，由于切换速度如此之快，以至于 CPU 看上去是在同时处理所有程序。
   超线程是一种 Intel 多处理器技术，这种技术使得单个多处理器对操作系统而言表现得如同两个独立的处理器。
7. D。独立磁盘冗余阵列（RAID）提供了一种跨多个硬盘存储数据以实现冗余和数据保护的方法。
8. C。可热插拔的驱动器无须关闭计算机即可连接至计算机或从计算机上断开连接。通常，要安装 eSATA 硬盘，应该关闭计算机、连接驱动器，然后重新打开计算机。可热插拔的 eSATA 驱动器可以随时插入计算机。
9. A。在虚拟环境中浏览 Internet，病毒只会影响一个虚拟环境。病毒不会影响独立的虚拟化工作环境。
   虚拟计算的其他功能包括以下几个方面：
   - 在不损害当前操作系统环境的环境中测试软件或软件升级；
   - 在同一台计算机上使用其他操作系统，如 Linux 或 Ubuntu；
   - 运行现代操作系统不兼容的早期应用程序。
10. A、B 和 E。规格尺寸与主板和机箱的形状相关。此外，机箱必须能适应电源的形状。
    不正确的选择取决于主板上的连接器和总线类型。
11. A。电源将来自墙壁插座的交流（AC）电转换成电压较低的直流（DC）电。计算机内部的所有组件都需要直流电。

第 2 章

1. B。接触计算机机箱的未喷漆部分可以释放积聚在人身体上的所有静电。计算机机箱喷涂部分不具备相同功能。防静电腕带和防静电垫都需要持续连接才会有效。
2. B。材料安全数据表包含此信息。ESD 指静电放电，OSHA 指职业安全与健康管理局，UPS 是指不间断电源。
3. B 和 C。A 和 F 指 RMI 和 EMI。无论计算机是否加电，静电都会损害计算机组件。低温、干燥的空气会增加静电的产生。
4. B。始终遵循紧急出口程序，发生火灾时不要使用电梯或者在火势失控时尝试灭火。
5. C。电涌保护器有助于防止电源浪涌和尖峰的损害。电源板只是带有几个电源插座的延长线。当电压降至正常值以下时，备份电源提供备用电池以供给电源。不间断电源为设备提供一致水平的电功率。
6. E。防火墙旨在阻止来往计算机的未经授权的通信。防病毒和反恶意软件可用于防止感染恶意软件。端口扫描程序可用于测试网络连接以确定哪些 PC 端口是积极利用的。Windows 中的安全中心可跟踪 PC 上的安全软件和设置，并在保护软件需要更新时提供警告。
7. D。可以使用玻璃清洁剂和软布来清洁鼠标。不要使用氨水或其他刺激性化学物品清洁 LCD 屏幕。外用酒精会损坏组件，因此应该用异丙酮代替。不要使用任何布擦拭机箱内部。应该使用特制的用于清洁机箱内部的罐装空气或真空吸尘器。
8. A。Windows 系统文件检查器（SFC）用于查找和替换损坏的系统文件。Chkdsk 用于扫描文件系统和物理驱动器。Fdisk 用于在磁盘上创建和删除分区。碎片整理用于优化硬盘上的空间。
9. C。尖峰是指超过线路正常电压的 100%。电力管制是指降低交流电源电压水平。浪涌是指高于正常水平的电压急剧增加。骤降在本课程中不使用。
10. A。万用表也可以用来测试电路的完整性以及计算机组件的电能质量。电源测试仪仅用于测试计算机上的电源。电缆测试仪用于验证电缆的功能性，回环塞（或适配器）可用于测试计算机端口。

第 3 章

1. A。不正确的答案是没有安装硬件。
2. D 和 E。

   EIDE 是一种计算机和大容量存储设备之间的标准电子接口，并且连接到主板内部。

   Molex 连接器用于为内部设备供电，如主板、硬盘驱动器及其他设备。

   PATA 是一种计算机和大容量存储设备之间的标准电子接口，并且连接到主板内部。

   PS/2 和 USB 是两种常见的外部线缆连接。
3. C。外用酒精可能含有水的含量高于比例更高的异丙醇。

   在重新安装散热器时，使用异丙醇清洁散热器的底座。异丙醇可以擦干净残留的旧散热膏，以便新涂抹的散热膏正常发挥作用。

   热化合物有助于 CPU 散热。
4. A。在安装内存模块之前，务必确认没有兼容性问题。DDR3 RAM 模块无法安装在 DDR2 插槽中。最好通过查阅主板文档或访问制造商网站来进行确认。
5. D。ATX（先进技术扩展）主电源连接器可以是 20 针或 24 针。电源也可能有连接至主板的 4 针或 6 针辅助 (AUX) 电源连接器。因此 20 针连接器可以在具有 24 针插座的主板上使用。

不正确的答案并不是 ATX 主板上的针脚数量的正确选项。

6. C。访问主板制造商网站可获取正确的软件来更新位于 BIOS 芯片上的 BIOS 程序。
7. A 和 B。Lojack 是一个用于保护计算机的双部件系统。第一个部件（保留模块）由制造商安装在 BIOS 中。第二个部件是应用代理并由用户进行安装。保留模块一旦被激活就无法关闭。如果计算机被盗，所有者可以与 Absolute Software 联系并执行以下功能：远程锁定计算机，显示一条消息以便丢失的计算机可以返还给所有者，删除计算机上的敏感数据，使用地理定位技术定位计算机。
8. C。在新主板安置妥当并且连接了电缆之后，应该安装并固定所有扩展卡。最后，连接键盘、鼠标和显示器，然后打开计算机电源检查是否有问题。
9. A。SCSI 驱动器是以串联方式配置的，每台设备都有自己的设备 ID。软盘驱动器和 SATA 驱动器不需要任何特殊配置，只需插入正确的电缆且方向正确即可。只有 PATA 驱动器要求配置主/从设置。
10. B。增加 CPU 时钟速度将使计算机以较快速度运行，但也会产生更多的热量并导致过热问题。
11. C。Molex 连接用于将电源连接到内部的磁盘驱动器，以提供直流电源。
    Berg 和 Mini Molex 是为软盘驱动器和其他组件提供直流电的一种连接器术语。
    20 引脚 ATX 连接器是主板电源连接器。
12. B。主板的插槽和内存模块采用锁定式设计，因此除非这两个组件上的缺口对齐否则无法安装。

第 4 章

1. A。这是故障排除过程的第 2 步。B、C、D 和 E 发生在故障排除过程的不同步骤中。
2. B。用压缩空气清洁计算机的内部时，固定住风扇叶片，以防止转子旋转过快或风扇沿错误的方向移动。当清洁的时候，CPU 不能移动。你不能清洁硬盘的磁头。而且当你喷涂时，永远不要将有空气的罐倒挂。
3. A。故障电源还可能会导致计算机无法启动或意外重启。闪烁的光标和 POST 错误代码通常有其他的原因，如果电源线连接不正确，则所使用电源线的类型可能不正确。
4. A 和 B。驱动程序不正确、过热和读写头不干净不是 PATA 驱动器的常见问题。
5. B。在进行硬盘驱动器故障排除之前务必要备份用户数据。执行磁盘清理是预防性维护的一部分，与数据恢复公司沟通不是标准的故障排除过程的一部分，更换硬盘没有在这个阶段中的处理中指示。
6. D。这是故障排除过程的第 5 步：检验全部系统功能。其他答案不是不属于这个阶段的故障排除过程。
7. C。处理器问题通常由 BIOS 兼容性问题引起。RAM 和操作系统问题不会导致这种症状，安装的 CPU 类型不正确会导致其他症状。
8. A。 延长组件寿命可降低成本和停机时间。其他答案不适用于预防性维护。
9. C。 确保风扇工作的最佳方法是目视检查风扇。使用手指或压缩空气旋转叶片可能会损坏风扇，监听风扇旋转的声音可能会造成混淆，因为在计算机中有多于一个的风扇。
10. C。如果计算机运行正常，则可能是主板到 LED 灯的电缆松动。如果数据电缆和电源出现故障就会造成明显的问题，并且 BIOS 可能需要更新，但它不会引起与 LED 灯有关的问题。

第 5 章

1. D。Sysprep 与映像软件配合使用，在可能具有不同硬件的多台计算机上部署相同的 Windows 操作系统。

第三方工具可用来创建磁盘映像。

设备管理器和 Windows 更新可用于安装或更新硬件的设备驱动程序。

2. A。Windows XP 升级到 Vista 的计算机可能没有都充分履行和运行 Aero 所需的内存和处理资源。
3. A。线程是执行中程序的一小部分。
   多重处理与具有多个处理器的系统有关。
   多用户与同时支持多个用户的系统有关。
   多任务是一个可以同时执行多项任务的系统。
4. A 和 C。 正确的答案不产生错误，但下面的列表显示了这将是由不正确的答案产生的错误。
   当 NTLDR 丢失或损坏时，计算机显示以下消息之一（加电自检后）：
   - “缺少 NTLDR”；
   - “无法访问启动设备”。

   当 MBR 损坏时，计算机显示以下消息之一（加电自检后）：
   - “启动盘无效”；
   - “缺少 BOOTMGR”；
   - “缺少 NTLDR”。

   在 BIOS 中未正确设置启动顺序时，计算机显示以下消息之一（加电自检后）：
   - “缺少 NTLDR”；
   - “启动盘无效”；
   - “缺少 BOOTMGR”。
5. A。虚拟 PC 是第 2 类（托管）虚拟机监控程序，因为它由操作系统托管并且不直接在硬件上运行。
   Windows XP 模式是一种程序，可用于 Windows 7 的专业版、企业版和最终版。Windows XP 模式使用虚拟化技术，允许用户在 Windows 7 上运行 Windows XP 程序。
   OpenGL 和 DirectX 是应用程序接口（API）。
6. A。所示错误的可能原因包括：
   - 驱动器中具有无操作系统的介质；
   - 在 BIOS 中未正确设置启动顺序；
   - 未检测到硬盘或者未正确设置跳线；
   - 硬盘中未安装操作系统；
   - MBR 损坏；
   - 计算机感染引导区病毒；
   - 硬盘发生故障。
7. D。在 Windows 命令提示符使用 at 命令，可以安排命令和程序在特定的日期和时间运行。后面跟有/? 的任何命令都会列出与特定命令关联的选项。
8. C。还原点用于将系统和注册表设置回滚到特定的日期和时间。
   自动更新工具确保操作系统和应用程序能够不断更新，以达到安全的目的，并且增加功能。
   NTBackup 是在 Windows NT 及其所有的后续版本（包括 Windows 2000、Windows XP 和 Windows Server 2003）中介绍的内置备份应用程序。在 Windows Vista 和 Windows 7 中使用不同的版本。
   Scanreg 是 Windows 注册表检查工具。
   通过使用回滚驱动程序，可以将驱动程序回滚到以前的版本。
9. D。封闭式问题的答案往往为是或不是。开放式问题则留出更多余地供客户更加详细地进行说明。技术人员应该使用开放式问题来帮助查找 Windows 问题。
10. B 和 C。在执行故障排除流程期间，如果快速程序没有更正问题，则应该进一步研究以查找问题的确切原因。

11. B。attrib 命令显示与每个文件相关联的属性。可能的属性如下。
    - r：该文件是只读文件。
    - a：该文档在下一次磁盘备份时归档。
    - s：该文件被标记为系统文件，并在试图删除或修改文件时给予警告。
    - h：该文件隐藏在显示的目录中。
12. C。一个硬盘驱动器分成称为分区的特定区域。每个分区是一个逻辑存储单元，其可以被格式化来存储信息，诸如数据文件和应用程序。主分区通常是一个驱动器上的第一个分区，任何剩余的空间可以被用来创建一个扩展分区。每个物理磁盘上最多可创建 4 个主分区。
13. A。硬盘划分成各个特定区域，称为分区。任何时候，都只能将一个主分区标记为活动状态。活动分区是存储操作系统文件的分区并且用于启动计算机。
14. B。“性能”选项卡通常用于检查当前的计算机性能。所显示的两个主要区域为内存和 CPU 使用情况。

第 6 章

1. A。集线器可以重新生成信号。连接至集线器的所有设备均共享相同的带宽（与为每台设备提供专用带宽的交换机不同）。

   路由器进行网络分段，调制解调器在数字信号和模拟信号之间进行调制和解调。
2. C。5 类能够满足需求并且是最常见的电缆类型。3 类适用于电话。6A 和 7 类支持的速度最高可达到 10 Gbit/s，但这些并非最常见。
3. A。主机是适用于网络上可以发送和接收数据的任何设备的一般术语。其他的术语也可称为“主机”，如果他们能够在网络上发送和接收信息。
4. B。IEEE 标准描述了最新以太网功能。以太网的 IEEE 标准为 802.3。EIA/TIA 是指电信工业协会和电子工业协会。ANSI 指美国国家标准学会，CCITT 是国际电信联盟电信标准化组织的旧称。
5. B。与连接所在中心办公室的距离越近，可能的 DSL 速度就越高。与服务提供商设备之间的距离不会影响其他技术。
6. B。 全网状拓扑要求每个地点之间都有链路，链路数可用以下公式计算：n*(n−1)/2 = 链路总数。其中 n 是地点的数量，所以有 4×（4−1）/2=6。
7. C。物理拓扑定义了计算机和其它网络设备连接至网络的方式。编址方案和网络类型中可能包含，但是并未定义网络设备如何连接到 LAN，物理拓扑不会显示其中的设备访问网络的顺序。
8. A 和 E。在故障排除过程中，从用户那里收集了数据之后，技术人员必须查找问题。根据故障排除过程，A 和 E 是在连接断开时帮助技术人员确定原因的下一个步骤。在故障排除过程中，其他答案不能帮助技术人员确认这一阶段的问题。
9. C。LAN 比 WAN 小或者更容易被包含，而 WAN 则可以覆盖若干个城市。MAN 通常包含在一个城市中。PAN 是由彼此非常靠近（通常在一个人的活动范围内）的设备所组成的非常小的网络。
10. C。HTTP 是应用层相关。IP 和 ICMP 是网络层相关。TCP 是传输层相关。
11. A。802.11a 网卡工作在 5GHz 频段，不能在 2.4GHz 无线网络频段工作。采用 802.11b、802.11g 和 802.11n 的无线网卡可以在混合环境中工作。采用 802.11a 的无线网卡只能在采用 802.11n 的混合环境中工作。
12. C。制造商的网站总是寻找最新驱动程序的最好地方，其他的答案不是寻找新的驱动程序的最佳位置。
13. D。当 PC 没有静态 IP 地址或者无法从 DHCP 服务器选择地址时，Windows 将使用 APIPA（自动私有 IP 编址）为 PC 自动分配一个 IP 地址，APIPA 使用的地址范围为 169.254.0.0～169.254.255.255。其他答案不会使得计算机假设该地址。

第 7 章

1. A。笔记本电脑具有空间限制。因此，他们使用小型双列直插式内存模块（SODIMM）。SRAM 并不作为 RAM 模块用于台式机或笔记本电脑，而是用作 CPU 内部的 L1 缓存。SIMM 已由台式机上的 DIMM 替换作为 RAM 模块。
2. B。笔记本电脑 CPU 的设计原则是生成较少的热量，因此它们所需的冷却机械装置比台式机的冷却机械装置小。

由于笔记本电脑内部的紧凑性，内部组件通常不可与台式计算机进行互换。

CPU 降频是根据需要在便携式计算机上的 CPU 性能略有下降时修改时钟速度，以降低功耗和热量的产生。

笔记本电脑的组件需要需要更少的功耗，因为笔记本电脑的主要特点是便携性，这意味着使用电池供电，而不像台式机需要交流电源。

3. C。2 类蓝牙网络的最大距离为 10 米。1 类蓝牙网络的最大距离为 100 米。3 类蓝牙网络的最大距离为 1 米。
4. C。有些笔记本电脑包含 PC 卡插槽或 ExpressCard 插槽。AGP、ISA 和 EISA 不是笔记本电脑插槽。USB 是端口，PCI 是内部插槽，不是外部插槽。
5. A。主动保持笔记本电脑清洁是指预测可能的意外情况，如液体溅落或食物掉落到设备上。错误选项都是在计算机变脏后安排的清洁任务。
6. B。使用压缩空气或者真空静电清理通风口中的灰尘。
7. A。封闭式问题是用于确定故障问题确切原因的问题。它侧重于故障问题的特定方面，并且用于推测可能原因。B 和 C 是开放式问题。D 不涉及可能的笔记本电脑电池故障问题。
8. D。与键盘相关的一些常见问题通常是由于打开了数字锁定键所引起的。错误选项与键盘无关。
9. C。S4：CPU 和 RAM 断电。RAM 中的内容已被保存到硬盘上的临时文件中。
   S0：计算机通电，CPU 正在运行。
   S1：CPU 和 RAM 仍通电，但是未使用的设备断电。
   S2：CPU 断电，刷新 RAM。
   S3：CPU 断电，将 RAM 设置为缓慢的刷新频率。
   S5：计算机断电。
10. D。具有集成蜂窝广域网能力的笔记本电脑不需要安装软件，不需要额外的天线或附近。对于任何集成设备，都要确保在 BIOS 设置中启用该设备。

第 8 章

1. A。快速响应 (QR) 代码是一种旨在由移动设备的相机进行扫描的条形码。它与标准的条形码的图案不同，与设备的相机校准或用户的视觉援助无关。
2. A 和 B。设备使用 GPS 无线接收器或者来自 Wi-Fi 和蜂窝网站的信息来定位自己的位置。许多设备在定位时两者都使用。用户配置文件无法用来定位，也没有设备使用来自相机的图像或与其他设备的相对位置进行定位。
3. C。由于移动设备应用程序确实在沙盒（一个被隔离的位置）中运行，因此恶意程序难以感染设备。运营商可以根据服务合同禁止访问某些功能和程序，但这不是安全功能。密码和远程锁定功能可以保护物理设备。

4. B和E。“获取根权限”和“越狱”这两个术语描述了解除锁定设备的引导加载程序。“打补丁”、“远程擦除”和“建立沙盒”是设备上标准操作系统特性和功能的示例。
5. C。在故障排除过程的第1步技术人员已经确定了问题。第2步和第3步是推测可能的原因并测试推测，以确定原因。其他答案是故障排除过程中的后续步骤。
6. A。在故障排除过程的第1步技术人员已经确定了问题。其他答案是故障排除过程中的后续步骤。
7. B。添加坞站的能力被认为是一种功能，因为它增强了设备的功能。升级内存或维修零件则不被视为一种功能，大多数移动硬件不能进行升级。
8. C。通用分组无线服务（GPRS）是2G标准的扩展，是一种2.5G标准。GSM和CDMA是2G标准，LTE是4G标准。
9. A。在两个蓝牙设备之间建立连接的正确术语是配对。其他的术语在这里是不正确的。
10. B。大多数航空公司不允许在飞机起飞和着陆过程中使用无线设备。“飞行模式”关闭可以传输数据的所有服务，但是允许用户继续使用它们进行其他工作。它不会调整音量、允许设备漫游或者锁定设备。

第9章

1. B。打印输出的结构越复杂，打印所需的时间就越长。照片质量的图片、高质量文本以及草稿文本都没有数字彩色照片复杂。
2. D。每英寸点数越多，图片的分辨率越佳，因此打印质量也越佳。
3. B。如果启用打印共享，则允许计算机通过网络共享打印机。打印驱动程序不提供打印机共享功能。如果安装 USB 集线器，则允许很多外围设备连接至同一计算机。
4. C。硬件打印服务器允许多位用户连接到一台打印机，而不需要计算机来共享打印机。USB 集线器、LAN 交换机和扩展坞无法共享打印机。
5. C。打印机无法打印测试页通常表示驱动程序有问题。卡纸和没电是打印机硬件问题。LED会影响打印机操作。当打印机遇到一个特定文档或应用程序的问题时，通常表示打印队列有问题。
6. A。 如果打印机连接到了错误的计算机端口，则打印作业将出现在打印队列中，但打印机不会打印文档。
7. B和E。打印机使用其自己的资源来管理进入打印机的所有打印作业。
多台计算机可以同时将打印作业发送到共享的打印机。
其它计算机不需要通过电缆直接连接到打印机，这是打印机共享的一项优点。
要共享打印机，计算机并不需要运行相同的操作系统。
直接连接到打印机的计算机确实需要打开电源，即使不使用也是如此。
8. A。在对打印机、任何计算机或外围设备执行维护之前，务必要断开电源以防止接触危险电压。
9. A和B。 如果使用非制造商建议的组件，可能导致打印质量差并且会使制造商保修失效。非建议部件的价格和可获得性可能存在优势，并且清洁要求可能不同。
10. D。通常无法通过物理方式有效地清洁喷墨打印头。建议使用供应商提供的打印机软件实用程序。

第10章

1. C。员工进入安全区域时需要使用钥匙卡。加密数据、保持软件最新状态以及使用个人防火墙全都是安全防范措施，但不会将安全区域的物理访问权限仅局限于授权人员。
2. A。万维网 (HTTP) 协议使用端口 80；Telnet 使用端口 23。如果成功 ping 通其他设备，则表示网络接口卡工作正常。BIOS 和 CMOS 设置控制系统硬件功能，而不是诸如万维网之类的网络应用程序。

3. B 和 D。消磁能够破坏或消磁磁盘驱动器上的磁场。数据擦除是使用专门设计的软件多次覆盖数据。格式化硬盘不会擦除数据。即使格式化深入到硬盘盘片之后，数据仍可被恢复。重新安装操作系统和整理磁盘碎片不会擦除硬盘上的数据。
4. B。防火墙的用途是过滤进出 PC 的流量。计算机防火墙无法拒绝计算机的所有非法流量，也无法提高任何连接的速度。它也无法保护硬件免于火险。
5. A。在计算机上安装防病毒程序不能保护 PC 免受病毒攻击，除非定期进行签名更新才能检测到较新以及新出现的威胁。如果没有更新签名文件，扫描将无法检测到新的威胁。Windows 任务管理器不执行此功能。防火墙配置不是用来更新杀毒软件的。
6. D。答案 D 描述了差异备份。完整备份将复制和标记所有选定的文件，每日备份将复制在执行每日备份的当天修改的所有选定文件，增量备份将备份自上次增量备份或完全备份以来更改过的任何文件。
7. A。广告软件和间谍软件的主要差别是：广告软件旨在目标系统上显示广告；间谍软件旨在目标系统上收集关于用户活动的信息。C 和 D 都是病毒。
8. A。分布式拒绝服务（DDoS）攻击使用许多感染的计算机（称为僵尸电脑）对目标发起协同攻击，主要目的是拒绝从合法主机访问目标。C 和 D 都是拒绝服务（DoS）攻击，他们通常来自同一来源。
9. B。如果网络遇到特别大的流量，则从网络中断开主机可以确认主机在网络上是否受到危害并且正在溢出流量。其他问题则是硬件问题，通常与安全性无关。
10. C。记录发现的问题之前，最后一步是验证全部系统功能。例如，确保所有应用程序都工作就是验证功能。询问用户遇到了什么问题属于第一步：查找问题。从网络中断开以及在安全模式下重启都属于第三步：确定确切原因。

第 11 章

1. B。计算机取证领域涉及收集和分析计算机系统、网络、无线通信和存储设备中的数据。网络法是一种术语，用来描述影响计算机安全专业人员的国际、区域、国家和州的法律。
2. B。计算机断电时，缓存、RAM 和 CPU 寄存器中所包含的易失性数据将会丢失。不正确的答案都是非易失性存储介质。
3. C。发送未经请求、连锁和仿冒的电子邮件是不道德行为，并且可能是非法行为，因此技术人员不得向客户发送这些电子邮件。
4. B。若要对计算机进行任何更改，技术人员需要获得客户的授权。即使软件是合法的，另一位技术人员或其他见证人的在场也不意味着技术人员有权安装或修改该软件。
5. B。服务等级协议 (SLA) 规定了技术人员或服务提供商必须向客户提供的服务的等级。它概述了责任和义务，例如提供服务的时间和地点、响应时间保证以及在违反协议的情况下所适用的赔偿。
6. D。“故障”呼叫通常意味着服务器不工作，整个办公室或公司正在等待解决问题后以恢复业务。
7. B。呼叫中心可能位于公司内部，为公司员工以及公司客户提供服务。呼叫中心也可能是一个向外部客户推销计算机支持服务的独立部门。无论是哪种情况，呼叫中心的工作都非常繁忙，节奏很快，通常一天 24 小时提供服务。
8. C 一级技术人员必须能够将客户问题的描述转换成一两句简洁的句子并将其输入到工单中。
9. A 和 B。与客户交流是一项非常敏感的任务。在呼叫过程中表现出非常专业的行为以及避免让客户感到不安、担忧或生气非常重要。有些事情技术人员一定不要做，例如与客户争论、使用行话以及与客户交谈时接听个人呼叫。

10. A。诸如清洁鼠标、更换打印机墨粉以及检查电缆之类的简单任务可由一级技术人员来处理。通常，诸如更改 CMOS 设置和运行诊断软件等较复杂的任务应该上报给二级技术人员。

第 12 章

1. A。文件损坏是硬盘驱动器故障的症状。BIOS 过时、缺少 RAM 或 CPU 功率不足都不可能导致文件损坏。
2. B。所描述的症状表明笔记本电脑中 RAM 不足，而不是硬盘中缺少可用空间。当 RAM 已满时，计算机将使用 HDD 作为临时存储设备。对 CPU 进行超频、重新配置 BIOS 设置或者将主板重置为出厂默认设置都不会解决此问题。
3. F。在故障排除流程即将完成时，还有一项与客户讨论实施的解决方案的任务，这也属于记录发现的问题部分。其他答案是故障排除过程的不同步骤。
4. B 和 F。因为提示用户输入用户名和密码，所以电子邮件服务器工作正常。这意味着网络电缆已连接并且 DHCP 服务器工作正常。在此情况下，网关配置错误的可能性极小。用户名和密码区分大小写，如果无意中打开了大写锁定，则将无法识别用户名和密码。
5. A。作为一项安全防范措施，过热可能导致笔记本电脑关闭。如果笔记本电脑连接到电源，拿走电池将不会引起关闭。BIOS 更新和不正确的电源设置配置造成这一问题的可能性很小，但是在搜索过热原因时，一定要研究制造商网站中关于 BIOS 更新的重要通知。
6. B 和 E。系统上的页面文件或虚拟内存用于长期存储 RAM 数据，以及在 RAM 变满时用于溢出。如果 RAM 太少，则将导致分页写入速度快，并且会降低系统性能。碎片多的驱动器也将导致系统变慢，因为必须从驱动器的若干个不同区域中访问数据。电源选项配置不正确、BIOS 设置不正确和 CPU 有缺陷不太可能引起这些症状。
7. C。如果 CMOS 电池陈旧，它会失去存储电荷的能力。这将使笔记本电脑上系统时钟的时间变快或变慢。配置不正确的驱动程序对 CMOS 电池性能不会产生这种影响。LCD 功率变换器故障会导致屏幕变暗，而故障主板的表现形式是崩溃或组件故障，不是日期和时间错误。
8. A。硒鼓损坏会导致打印页面上出现线条或条纹。墨粉不足会导致打印输出褪色或不完整。故障的热定影器使墨粉无法嵌入（熔入）到纸张中。内存不足导致细节丰富的复杂打印作业失败，或者打印输出不完整。
9. A 和 D。打印机中的灰尘和碎屑或者加载错误纸张可能会导致打印机卡纸。硒鼓损坏会导致打印页面上出现线条或条纹。热定影器故障将意味着墨粉不会熔入到纸张上。墨粉不足会导致图像褪色或不完整。
10. D。当用户缺少访问资源所需的权限时会出现拒绝访问消息。配置有误的 BIOS 设置不会阻止访问文件。防火墙与文件系统访问无关，TPM 用于保护对系统的访问。